生 土 建 造

［法］雨果·胡本　　［法］于贝尔·圭劳德　著

陈立超　魏超超　译

中国美术学院出版社

在法国阿博岛（Isle d'Abeau）新城的拉戴（Domaine de la Terre）地区，这些现代的社会性住宅使用了压制土砖、夯土或是黏土秸秆的材料。

——蒂埃里·乔夫罗伊（Thierry Joffroy） 卡戴生土建筑国际研究中心（CRA Terre-EAG）

生土建造系列

生土建造

一本全面的指导手册

［法］雨果·胡本　　［法］于贝尔·圭劳德　著

卡戴生土建筑国际研究中心（CRA Terre-EAG）

陈立超　魏超超　译

Intermediate Technology Publications Ltd

Trading as Practical Action publishing

Schumacher Centre for Technology and Development

Bourton on Dunsmore, Rugby,

Warwickshire CV23 9QZ,UK

www.practicalactionpublishing.org

CRATerre-EAG

Maison Levrat, Rue du Lac, BP 53, F-38092, Villefontaine cedex, France

封面图片：用土建造的城市 - 也门哈班（Habban, Yemen）

本书最早由 Editions Parentheses（Marseille）以 *Traite de construction en terre de CRATerre* 出版，作者：雨果·胡本（Hugo Houben）和 于贝尔·圭劳德（Hubert Guillard）。

© Editions Parentheses（Marseille）1989

英文版首版由中间技术发展集团（ITDG）出版社在 1994 出版

2001, 2003, 2005 三次再版

ISBN 978 I 85339 193 4

CRATerre-EAG，位于格勒诺布尔的国际生土建筑中心和建筑学院，通过在五十多个国家的二十多年经验积累了丰富的生土建造知识。其活动包括经济建设、工业化和遗产保护方面的研究，技术援助，传播和培训。作为国际建筑咨询服务和信息网络（BASIN）的成员，CRATerre 在所有层面为生土建造技术各个方面提供咨询。

自 1974 年以来，实践行动（Practical Action）出版社出版和发行了支持世界各地国际化发展工作的书籍和资料。实践行动出版社（原中间技术发展集团出版社）是中间技术发展集团出版公司的商标名（公司注册号：1159018），也是中间技术发展集团有限公司的全资子公司（工作名称：实践行动）。Practical Action 出版社只为支持其母公司的慈善目标而进行交易，任何收益都将反馈给实践行动（慈善注册号：247257，集团增值税注册号：880 9924 76）。

排版由 J&L Composition Ltd, 法利, 北约克郡

印刷由 Peplika Press Pvt.Ltd

作者

雨果·胡本 (Hugo Houben), 卡戴生土建筑国际研究中心 (CRATerre-EAG)

于贝尔·圭劳德 (Hubert Guillaud), 卡戴生土建筑国际研究中心 (CRATerre-EAG)

科学指导

帕特里斯·多特 (Patrice Doat), CRATerre-EAG

地震章节的合著者

米歇尔·戴尔 (Michel Dayre), 格勒诺布尔大学 (University of Grenoble)

皮埃尔·伊夫·巴德 (Pierre-Yves Bard), 格勒诺布尔大学 (University of Grenoble)

盖伊·佩里尔 (Guy Perrier), 格勒诺布尔大学 (University of Grenoble)

胡里奥·巴尔加斯 (Julio Vargas), 利马天主教大学 (Catholic University of Lima)

维护章节的合著者

亚历杭德罗·阿尔瓦 (Alejandro Alva), 国际文物保护与修复研究中心 (ICCROM)

助手

泰坦·加勒 (Titane Galer), 卡戴生土建筑国际研究中心 (CRATerre-EAG)

玛丽·法兰西·鲁特 (Marie-France Ruault), 卡戴生土建筑国际研究中心 (CRATerre-EAG)

绘图

法比安·达斯 (Fabienne Dath)

英文版翻译

阿尔伯特·贡珀斯 (Albert Gompers)

珍妮丝·希尔德曼 (Janice Schilderman)

编辑

西奥·希尔德曼 (Theo Schilderman), 中间技术发展集团

此著作的出版得益于以下部门经费的支持：

格勒诺布尔建筑学院 / 法国基础设施、交通和旅游部建筑和城市化管理局

　　本书是基于"适用于发展中国家的生土建造技术"研究项目的背景进行的探索，是在汉·弗舒尔（Han Verschure）的支持下由鲁文·赫弗里（k . u . Leuven, Heverlee）的人类住区研究生中心实施的；在弗朗索瓦·马巴尔迪（Francois Mabardi）的协调下，与 UC louven -la- neuve 建筑研究中心合作；同时与法国、秘鲁和比利时的卡戴生土国际研究中心合作，则由雨果·胡本（Hugo Houben）协调，由布鲁塞尔的发展合作总署（GACD）资助，并得到联合国人类住区中心（内罗毕的联合国人类住区中心）的支持。

我们感到非常高兴，这本《生土建造》的中文版即将出版。感谢中国美术学院陈立超教授，他作为一名译者耐心而细致的翻译，数次来信和我反复核对文字中的疑惑之处，以确保翻译的质量。1984 年，在布鲁塞尔联合国人居中心主持的一次重大国际会议上，通过了题为"生土建造入门"的出版选题最初的英文名称。随后，在 1989 年出版了本书的法文版。1994 年，由英国中间技术发展集团（ITDG）更新并重新转译成英语，标题改为《生土建造——一部综合指南》。[中间技术发展集团（ITDG）是由《小即美》作者恩斯特·弗里德里希·舒马赫（Ernst Friedrich Schumacher）创建的著名国际合作机构。]本书一直以来在"南北"交流和"南南"交流中发挥着宣传"恰当技术"（英文缩写 I.T.）的作用。这本中文版以 1994 年的英文版为基础，将接续本书的非凡历程。这本书的法文和英文再版表明了广大国际读者的广泛兴趣，而这本中文版的出版无疑将进一步增加其影响的广泛度。本书的出版将进一步加深由著名的普利茨克奖获得者王澍教授主持的中国美术学院建筑艺术学院和全球可持续建筑奖获得者帕特里斯·多特教授的指导下的法国格勒诺布尔国立建筑学院（ENSAG）的卡戴生土建筑国际研究中心之间的合作，这两个机构已经在教育、技术和科学方面持续合作了十多年。这一成果丰硕的合作为在杭州建立一个生土建筑研究和教学实验室提供了机会，该实验室由该校的教师团队主导，在最初两名年轻的法国建筑师的技术支持下建立起来。这两名建筑师在格勒诺布尔获得了生土建筑专业文凭，即 DSA Terre 的硕士学位。

今天，在建筑中使用生土的做法迎来了惊人的复兴，这有助于创造一个更人性化的栖息地，更尊重我们的地球，并努力实现自然与文化的和解。事实上，生土建筑是碳基建筑和用工业材料建造的城市的替代品，这些材料消耗大量能源，并产生二氧化碳导致气候变化。这一替代选择有助于确保在"全球联盟"（世界性的）的基础上具体应用可持续发展模式，以利于保护生物多样性和传播文化多样性。也就是说，关于各民族的记忆，关于他们的物质和非物质价值观，没有这些价值观，任何社会都不可能存在。经过五十年来不断增加的学术研讨会、会议和代表大会、专业培训和高等教育以及科学研究的多方努力，这一复兴正在表现出它的活力，这是显而易见的，也是具有创造性的。这些努力证实了人们对生土建筑及其生态价值的认可。它们极大地促进了该领域前所未有的知识体系的形成，最近大量的多语种出版物证明了这一点。中国是这一领域的先驱国家，在 20 世纪 80 年代组织了第一届大型国际土石方工程大会。今天，几位著名的中国建筑师和新一代年轻建筑师正在追随中国美术学院以及王澍在杭州的学术团队的脚步，他们已经获得了生土建筑的生态优势。他们正在通过这些宏伟的项目睿智地复兴着当地建筑美学经典，这些项目正在恢复生土这种每个人都可以在"墙脚"接触到的古老的建筑材料，并以此提升环境质量。生土也有助于处于社会和经济状态不稳定的人们广泛地进入更有尊严的栖息地。为了在住房方面实现更大的社会公正这一目标，应充分重视生土建筑工人技能的培训，一些高等教育机构和许多专业培训机构正在逐步开展这项工作。

《生土建造》一书旨在支持这一复兴，并根据高度结构化的教学和理论框架，将最新的知识传播给最多的人，该框架分为十二章，涵盖了一百五十四个主题。每一个主题在理论习得的基础上，邀请教师和学生开发一种实践和实验教学法，促进知识和诀窍的"有用"整合：用头脑和双手思考。正如文艺复兴时期的法国哲学家蒙田曾经说过的那样："聪明的脑袋比饱满的脑袋好。"该系统将理论与实践有效结合，并在教学工作场所进行沉浸式的建筑和建筑学培训课程，无论是什么材料，都不再受到质疑。近年来，这一教学和教学模式已被更多的建筑学和建构学教师所采纳、吸收和改编。

我想我们的同事、朋友，合著者雨果·胡本（Hugo Houben）（不久前去世）会为本书中文版的出版感到骄傲。作为这本《生土建造》的作者之一，我希望它能够为中国生土建筑的进一步繁荣做出越来越大的贡献。

正如英国建筑师约翰．F．C．特纳（John F.C.Turner）所说："一种材料之所以有趣，不是因为它是什么，而是因为它能为社会做些什么。"

于贝尔·圭劳德教授

卡戴及联合国教科文组织生土建筑席位

2021 年 8 月 法国阿尔勒

致谢

本书作为一份重要的"技术研究报告",我们想要感谢所有为创作和出版这本书做出贡献的人。因此,我们首先要把最热烈的感谢给予所有研究人员和建造者,在过去的几年里,他们在建筑与技术跨领域的研究中,一直耐心和持久地进行着关于生土建造的研究。我们只不过是那些先辈的继承者;如果没有他们的工作,我们就不会取得今天这样的成就。这项耐心和细心的研究工作是卡戴生土建筑国际研究中心(CRA Terre-EAG)的主要工作任务之一,这项工作将继续并拓展下去,以确保更广泛地向众多潜在的设计师和建造者传播知识。我们还要向所有大型的国际组织、非政府组织、国家机构和众多私营公司的董事和工作人员表示衷心感谢,他们在过去 15 年中在道义和物质上都表示了信任和支持。我们还要感谢研究和教育监管机构,他们通过加强我们的团队,更新对研究和实验的援助,以及支持大学和专业的教育,为生土建造的新动态做出了最直接的贡献。我们还要特别感谢那些在道义上和财力上参与了这项创造性工作的组织和机构,没有他们的帮助这本书是不可能得以出版的。

雨果·胡本,于贝尔·圭劳德

Hugo Houben, Hubert Guillaud

序

1976 年在温哥华举行的"联合国人居国际会议——栖居 1"呼吁发展和推广适应当地条件的建筑材料和技术，重点在于制作和使用视听教学工具及文件，鼓励能够激发当地社区的创造力和自我发展的讨论。国际上普遍认为，传播信息和分享知识是合理运用一项技术的主要成功因素。会议还强调，在过去几年人类所使用的全部材料中，生土仍然是发展中国家低收入人群中最常使用的一种材料。最近的研究表明，生土在应对数百万人巨大的住房需求方面具有不可估量的潜力，这一研究表明我们需要对生土作为一种材料及其技术有更深刻的认识，以便使其性能得到逐步和实质性的改进，过去几年来所做的一切研究努力现在都开始显现切实的成果，大量的具有这方面丰富工作经验的科学家、技术人员、建筑师和工程师等终于能够利用他们的知识，从小规模的实验探索转向大规模的真实项目，包括生产管理。生土建造的这一新阶段无疑将有助于增加对这一材料的使用，并改善处境最不利人口的生活条件。

无论如何，为了确保生土建造对解决低成本住房危机的积极意义，了解其优势和需求是至关重要的。如果说技术对于建造而言是必不可少的话，那么仍然需要重视和推广大量的实践和技巧，才可以取得最大的效果。因此，我们欢迎《生土建造》的出版。这是一个颇有雄心的项目，意图从整体上把握一个不断发生着变化的领域，而不是列出具体的现状，因为这些现状将迅速变得僵化和落后。这个项目不仅仅是一本简单的"最先进的"手册，它本身就是不断变化的知识的一部分。这本手册阐述了一种通用的语言以及关于生土建造的科学技术文化，不仅有助于科学界对这一研究领域的研究，而且对希望了解这些问题的非科学工作者们的期望也做出了回应。

该出版物的目的不是"定义"知识，而是希望能促进对这一领域的持续深入研究，即测试方法、实用规则和建筑法规等，它还将应对整个生产流程上的无论是上游还是下游，提出的问题，从这个意义上引申出一个名副其实的"哲学"的生土建造。因此，这项工作是研究地域性建筑材料的第一步，这种适合可持续生产的技术现在已经成为专门研究的目标。我们希望以《生土建造》出版为起始的这项长期研究，能够成为一个灵感来源，并在其他技术领域推动类似的工作，从而造福更大的社会群体，他们可能希望认识、了解和使用促使其自身进步和发展的工具。

莫里斯·菲克森

（Maurice Fickelson）

RILEM（国际材料与建筑测试研究实验室联盟）秘书长

塞巴斯蒂安博士·教授

（Prof. DR GY Sebestyen）

GIB（国际建筑研究，研究和文献理事会）秘书长

前言

十五年来，格勒诺布尔建筑学院的卡戴（CRATerre）实验室团队从科学和技术层面探索并研究着生土。通过持久的耐心和持续的投入，希望使这种古老而又朴素的建筑材料现代化，以便提出一种替代现有的量产建筑的方法，这种批量化生产的建筑在能源和外汇稀缺的情况下代价高昂，尤其是对于第三世界国家中的贫穷地区。同时，这一目标也与建筑师和使用者之间重建必要对话的强烈愿望联系在一起，由于现代建筑技术带来的复杂性以及与人的距离感，如今建筑的使用者已经被逐渐剥夺了他们对自身生活环境的想象和实施的合法参与性。

1988 年 10 月 3 日在日内瓦万国宫举办的"世界人居日"上确认了我们有义务为世界上四分之一的人口提供居所，解决这 10 亿无家可归者数千万数量的住房需要，这些国家的决策者以及整个国际社会，在这一压倒性的现实面前都显得无能为力，他们必须调动最广泛、最有用的人力和物力资源，因为不能仅依靠工业化的材料保证所有无家可归者迅速获得体面的住房。因此，我们还必须依靠生土，依靠建造者意识到的巨大的技术和建筑潜力。

随着建筑研究、大学和专业教育领域的发展，示范项目的实施，国际的专业知识，以及在后者的内部大量知识和技能的传播，卡戴现在向我们展示了一个全球一致的行动计划，它能给生土建筑带来真正的未来。生土建造揭示了一项以交流技能为目标的伦理准则，目的是促进人们对自身环境的控制。这本书在这个新的技术领域提供了一个独特而完整的知识体系，这个领域是以卡戴丰富的在地经验为依据。它提供了采取行动的工具，理论和实际建议都可以帮助这些工具——这些都是有用的扩展新知识所必不可少的要素。

让·德蒂尔

Jean Dethier

巴黎乔治·蓬皮杜中心建筑部顾问

致雅克·肖杜瓦（Jacques Chaudoir，1948—1981），在阿尔及利亚，他让我了解到生土建造的实践可以是专业化的。

雨果·胡本

Hugo Houben

致让·皮耶里（Jean Pieri）教授，我的祖父，在人文、科学和技术之间寻找积极而又平衡的关系。

于贝尔·圭劳德

Hubert Guillaud

简介

本书所采用的方法和形式，其出发点是为生土建筑提出尽可能广泛的解决方案，以便做出合理的决策。对材料真正潜力的了解意味着它们可以被最大限度地利用，更重要的是，避免了对它们的滥用。其中后者更为重要，前提是生土的潜力不会因为人们的无知，甚至疏忽所导致的失败而被否定。

用生土建造同其他建筑技术一样，可以用类似的高科技来进行，这一领域目前所取得的研究成果便是最好的证明。如果使用者知道如何得益于材料宽泛的特质并改善其缺陷，那么材料的使用实际上是没有限制的。

传统的生土应用，代表了几个世纪使用知识和经验的积累；而现代的生土应用，已经能够引入相当复杂和先进的技术研究，它们都具有丰富的可能性，能够适应各种不同的环境。要在这两者之间评估相对的重要性，不是不可能，但是非常困难。事实上，许多传统的优良做法都符合现代的标准："科学"的专门知识与传统的专业技能相结合，它似乎只能证实传统解决技术和建筑问题的方法的正确性。这两种方法各有其固有的优点和不足，其有效性和多元性亦相似。

这本书的目的并不是要对生土建筑领域做出全新的贡献，而是鼓励对生土建造的整个过程进行反思。这是一个提供资料以便做出合乎逻辑和明智决策的问题，以一种永久性的交流方式解决各种问题，它不仅考虑技术因素，而且还考虑文化、社会和经济参数，并且是一种注重细节的方法。

初看起来，生土建造似乎是一个巨大而混乱的难题，然而，长久而缓慢的工作表明，这个难题可以通过组装和排序来解决，并耐心地找出它们适合的位置。

我们的第一个愿望是把大量分散在普通文献中的各种资料集合起来，对它们进行分类和整理，最后将它们简化，使之能够贴近各领域对此感兴趣的人和各类技术工种。为此，文字和图片刻意保持简洁，只处理必要的东西。随着本书各章节的推进，所有可能出现的问题都在不同层次上得到处理：从做出决定阶段，到逻辑有序的计划阶段，到设计并最后实现建造某一项目。本书的目的之一是希望所汇集的知识能够提供给需要的人，为他们提供指导。这个手册不仅是为实际工作的人准备的，也适用于为赞助者和其他相关人员提供必要的培训，因此还讨论了应用的问题。

此外，本书旨在作为一本实用手册和教学手册，针对参与生土建造项目的所有人员：决策者和规划师，建筑质检员、建筑师和工程师、各级技术人员、建筑推动者、砖瓦匠和分包商等。除这些外，我们希望这项工作也能为收集资料的学生及公众人士提供咨询。

为了能在各个层次上讨论基本问题，人们不可避免地想要分类和简化信息，这将使一些读者希望得到更详细的内容。希望这些读者能够使用本书中所列的大量的参考文献，获得更多的专业信息，或与作者本人取得联系。尽管如此，这是目前正在编写的一系列专门著作的第一册，这些参考文献将会更详细地介绍这里提到的各项主题和事项。

我们衷心希望这本书能成为培训项目的参考，并鼓励有效的和合乎逻辑的建造实践。

雨果·胡本，于贝尔·圭劳德
Hugo Houben, Hubert Guillaud

以土而做

作为一个建筑师，我再次和"土"这种材料结缘是在 2000 年。

那一年,我在杭州太子湾公园的第一届"西湖国际雕塑邀请展"上做了一个雕塑作品,材料主要是土,取名为"墙门"。我为什么想起来用土? 记得当时我被中国美术学院雕塑系的老师们请去为雕塑展做整体规划设计,顺便被邀请也做一个雕塑。雕塑家们的作品用什么材料的都有,铜、不锈钢、石头、砖头等,但不管怎样,都像是某种室内雕塑被放在室外,且是按照经典的西方雕塑观念,这些雕塑都有一个基座。公园的环境非常优美, 大树参天, 绿草如茵。我看着工人们挖土刨坑,再用混凝土去浇筑这些基座,草地就被挖得坑坑洼洼,我突然意识到,这些要表现美的雕塑,它们的实现,居然要以先破坏环境为代价,这肯定是个问题。而且,这些被挖出来的土还要想办法处理。于是,我决定把这些土都收集起来,作为我的作品的材料,并且施工方法和过程都尽可能不破坏土地。让这个雕塑从土中来,拆掉后又能够不留痕迹地回归于土地。正是从这个想法开始,我产生了贯穿后来一系列作品的一个重要观念:自然的建造。

我的这个作品就是两片土墙,中间夹着一条小径。那时候, 杭州正在拆河坊街的老房子,我就想去那里收集一些旧瓦片来铺这条小径,找一点江南园林的感觉。结果我被那种拆房的场景完全震撼到了。我突然意识到废墟居然有那么美! 所有的材料做法都不加修饰地暴露在那里, 还带着岁月的痕迹。废墟就是这种生命传承最直接的体现。在一堵清代的残墙里,我们看到了明代的、元代的,甚至是宋代的材料。没有什么会被浪费,我也突然明白了中国传统建筑美的核心,它的材料不仅是自然的,能够呼吸的,而且是循环使用的。它的建造过程必定是真实的,是不加掩盖的。它的表达也是有时间感的。

我的循环建造的概念后来因为宁波博物馆的成功而产生了国际性的影响。但这个观念的雏型就开始于这个用土为主材的建筑雕塑。现在想来,一同诞生的还有真实建造的观念,时间性建造的观念。或者说,关于废墟的观念。一直有人评论我的很多作品,如象山校园、宁波博物馆,等等,都给人某种废墟的感觉。这种感觉的初始,就是这个被我取名为"墙门"的小东西。墙门是杭州的本地叫法,就像北京的四合院,是家的代称。

拆墙门,就是拆人们的家,是拆人们关于家,关于这座城市的所有回忆。

没有回忆的城市最终必定是凄凉的。

我很幸运,在 2000 年的那个时刻,我重新发现了自然的材料,特别是土。用重新这个词,是因为我回忆起,在六岁,我就在新疆昌吉师范学校的大院里参加打造土砖的劳动了。多少年后,当我在法国卡戴研究所（CRA terre）和几个老先生讨论用土建造的问题,出现频率最高的专业词汇 pise,这种五千年前就在西亚地区使用的材料,就是人工压制的土砖。

我现在仍然记得,在新疆热烈的阳光下,我光着双脚,在一个木头模子里踩着泥,那么快乐。回头来看,儿童也可以参与的建造,意味着一种更加广阔的建筑活动,这种活动不只是掌控在专业建筑师手中,而是一种人们可以广泛参与的生存活动。这包含着一种和专业建筑学相当不同的建筑观念。

2001 年,因为"土木"建筑展的机会,我第一次出国,访问柏林。其中印象最深的是对柏林墙区域一座当时新建造的夯土小教堂的参观。那是一座单层的房子,不大,椭圆形平面,外墙是夯土的,土墙之外,有一层用木格栅围起来的檐廊。我再次被土这种材料的感觉震撼,那种温暖,亲切。让人特别感兴趣的是还有这个土墙的建造质量,很明显,它比我在中国乡村见过的土墙夯筑的更密实,质量更高,而且土墙直接就是完成面,它外面没有做任何额外的装饰。我记得建筑外的路边有一个橱窗,里面用照片介绍了整个建造过程,完全是现代的施工方法。我意识到一定有一个专业的研究团队在后面支撑这些,因为这显然超出了一般现代专业建筑师的能力。我当时外语很差,也不知道该怎么问。

但是，用土来建造一个房子，已经列入了我的工作计划当中。在 2001 年，听说张永和在北京长城脚下的公社设计了一个用土建造的房子。一直想去看看，但一直也没有机会去。

2003 年，我开始设计宁波"五散房"项目，决定运用五个房子，实验五种建筑原型，五种材料，五种工法。其中的第三个，就是用土。空间原型是"曲折"。做夯土的工匠头，也是后来做宁波博物馆瓦爿墙的，他向我保证，用宁波乡下最地道的方法来夯土。小木夹板，木夯锤。工匠们做得很卖力，但土的密实度和我在柏林看到的有明显的差距。用手去摸，明显会脱落掉粉。

2007 年，我获得首届法国全球可持续建筑大奖。

2008 年，我应邀赴巴黎做第二届可持续建筑大奖的评委，认识了评委让·德蒂尔（Jean Dethier）先生，他曾经做过很长时间的蓬皮杜艺术中心建筑部主任，人很有个性，永远穿一身红色衣服，甚至背的包也是红色的。

2010 年元月，我去巴黎讲座，又一次遇到让，我们之间发生了一次重要的谈话，地点是约在巴黎街头的一处咖啡馆，我记得是在圣日耳曼的月光咖啡馆。他很郑重地告诉我，很欣赏我在讲座中介绍的"五散房"中用土建造的作品。他正在写一本关于全世界夯土建筑的书，希望能收入我的这个房子。我欣然同意。他又告诉我，20 世纪 80 年代，他曾经在蓬皮杜中心策划了当时世界上第一个关于夯土建筑的展览，并送给我这个展览的画册。80 年代的画册，已经是收藏版了吧。接下来他又问我，你知道卡戴吗？我很茫然，甚至以为卡戴是一个人的名字？我只能坦白回答：不知道。他微笑地告诉我，你设计用土建造的房子，你当然应该知道卡戴！我问他，卡戴到底是什么？他笑着说：对我来说，卡戴就是三个老朋友。我随后知道，卡戴是一个研究所，最早由帕特里斯·多特（Patrice Doat）教授在 1979 年创建，在接下来的两年中，让和他们便开始了朋友间的交往和相互合作，他们致力于生土建筑研究超过三十年。卡戴研究所是联合国教科文组织认可的世界最重要的生土建筑研究所。让突然又对我说，卡戴正在巴黎的法国国家科学馆做一个大型回顾展，你知道吗？应该要去看看，你对夯土建造有兴趣，你想见其他两位先生吗？

无法形容我当时的激动，2001 年我在柏林猜想的那种研究机构就这样突然有了直接接触的可能？让说他来联系一下，看是否能在我第二天回中国前见到那几位研究夯土的先生。很快他就有了消息，两位老先生都已经回到格勒诺布尔市了。让说他会继续联系，一定要让我们见个面。

第二天，我和陆文宇一起去科学馆看了那个夯土建筑展览，规模很大，记录了卡戴研究所三十多年的研究工作，非常系统，也是一个很好的面向大众的科普展览，对推广现代夯土建筑应该很有效。在其中的一张照片中，我惊喜地发现了对柏林那个夯土小教堂的介绍，起初我以为是卡戴研究所为那个项目提供了夯土专业的支持，后来才确认给这个项目做夯土技术支持的是奥地利生土工程师马丁·劳奇（Martin Rauch）。

我忘记那一次回国的航班是当天晚上还是第二天早上的了，但登机之前，我们接到让的消息，那几个老先生一周后会再来巴黎。我告诉让，在中国我有很忙的工作，我必须回去，但我会在一周后再来巴黎与几位老先生见面。

一周后，我再飞巴黎，计划在巴黎待一天，然后就回国。当我再次见到让，他告诉我，几位先生临时改了行程，他代他们深表歉意。但是，他转告他们郑重的邀请，希望我一周后访问格勒诺布尔，访问卡戴，顺便在建筑学院做一个讲座。我告诉让，我一定去。

一周后，也是我一个月内第三次飞巴黎，从巴黎转高铁，三个小时的样子，到达格勒诺布尔，一座有山的城市。

多年以后我才意识到，几位老先生给我安排的旅程大有深意。第一站，是卡戴的起点，一座林间的二层小楼，在那里，我见到了帕特里斯先生，一个热情睿智的人，与让相似，也穿大红的衣服。在这里，我做了一个微型讲座。听众只有四五位，但我用一个精心制作的文件介绍了我在杭州中国美术学院建筑系所做的建筑教育实验，一切都围绕着一种自然而真实的建造，其中当然包含夯土。大家于是就有了一种久别重逢的感觉。

第二站，是在格勒诺布尔建筑学院。整个建筑群是 20 世纪 60 年代欧洲典型的野性主义先锋建筑，全清水混凝土的。卡戴研究所在这里也有一个空间，看来和学院的建筑教学一定有深度的结合。我在这里做了一个大讲座，听众爆棚，另一位于贝尔·圭劳德（Hubert Guillaud）先生给我主持。人们热情地告诉我：你是访问卡戴的第一个中国建筑师！我也访问了建筑的地下室，那里有大型的生土建造实验空间，但多年使用下来，显然已经相当拥挤了。我和圭劳德与帕特里斯两位先生在讲座后做了深入讨论，获赠了卡戴研究所出版的那本著名的生土建造《经书》，我提出希望与卡戴建立深度合作关系，希望能得到卡戴的技术支持，在杭州中国美术学院建筑学院创建生土建造实验室，并希望启动师生互访。圭劳德先生提出让我们也加入由卡戴牵头的联合国教科文组织全球可持续建筑教学联盟，我欣然接受。

第三站，我参观了卡戴前几年新建的实验培训中心。是一座钢结构大棚建筑，相当大，可以进行大型夯土实验。建筑由现任建筑系主任帕斯卡·若雷（Pascal Rollet）设计，他告诉我，这个中心现在每年能够接受欧洲十几个大学的生土建造实验教学项目。显然，这个设施对现代生土建筑的推广将会发挥重要作用。

帕特里斯先生又亲自带我参观了第四站，一座在里昂附近的现代生土住宅区，是由卡戴在三十几年前支持实施的。让在巴黎的时候就向我极力推荐过这个项目。整个设计有十几个建筑师参与，每人设计一个小组团，形成一种村落状态的新聚落，中心有个小塔，利用地形，从单层排屋到四层公寓类型都有，全以生土为主材，配合以混凝土、木材、钢材、石材与砖砌，各种有意思的生土建造实验，很多夯土手法我都在卡戴的实验室里见过。我没有想到的是，这组20世纪80年代的探索建筑，今天看来，完全没有过时的感觉，而且，维护得这么好。帕特里斯先生告诉我，按照法国的房产政策，这些住宅都是政府支持的实验，产权归政府，只租不售。这些年随着人们受生态观念的影响，这处住宅群越来越热，想租的人要排队。有点遗憾的是，这样大规模的现代生土建筑实验，自里昂这个项目之后，在法国也再没有出现过。帕特里斯教授对我在中国进行生土建筑实验与教育抱有很大的希望。

一周后，我回到国内，没有任何停顿，建筑学院的生土建造实验室在陆文宇主持下启动建设，我的学生陈立超已经留校任教，作为实验室副主任协助开展工作。他是我2000年回到美院带的第一个班的学生，记得指导他们做过一个校园边荷花池头老巷的旧宅改造设计，那个宅子的原型就是夯土建筑。后来这一批十个学生完成的作业先后参加了在北京由曾立策展的首届"梁思成建筑双年展"，随后一年，又参加了"上海双年展"的学生单元的展出。

卡戴对我们实验室建设的支持让人感动。他们无保留地提供了一个完整实验室建设所需的全部设备清单，并且答应我们，当设备进入安装阶段，卡戴将会派人来指导，并进行完整实验的培训。

这样的支持很重要，让我敢于在正进行中的学院专家楼设计里尝试使用超高超大的夯土墙建造。陈立超对这个实验也热情高涨，主动要求把原本设计院去完成的建筑施工图，改为由他自己完成建筑施工图的全部设计。

半年后，卡戴及时派了两个有生土建筑经验的年轻建筑师来到杭州。马克·奥泽（Marc Auzet）和朱丽叶·古迪（Juliette Goudy），两个从卡戴研究所毕业不久的硕士研究生，他们在杭州工作了一年多，不仅帮助我们初步完成了整个生土实验室的建设，培训了一批老师与学生，还帮助我们正在进行的学校专家楼工程（后被学校命名为"水岸山居"）的前期准备工作，解决了一系列很实际的专业问题，从土样的选择，到配方的实验选配，从模板的设计，到样墙的夯筑，从混凝土结构与夯土结构的结合方式，到中国工人的施工培训，他们都表现得训练有素，反映出卡戴研究所在生土建筑领域的教育已经非常成熟。陈立超则通过这样的全过程参与，初步具备了两方面的经验：作为建筑学院生土建造实验室中的研究人员，建立起从实验室到工程实践的完整认识；又作为业余建筑工作室里的一位建筑师，对于如何用自然建造去介入当下主流的人工化建造有了更加系统的体会。实际上，他是有点着魔了，从夯土建造阶段开始，他几乎每天都往工地跑。他后来就起了翻译卡戴这本生土建造《经书》的念头，在我看来，首先这是一种工作需要。

2016年，由卡戴研究所为主发起，在法国里昂召开了全球首届生土建筑大会，并在大会上颁发首届全球生土建筑大奖，受组委会邀请，我担任评委会主席。我和陆文宇一起，带着陈立超、宋曙华等年轻老师一道去参会。

2017年，名为"不断实验——中国美术学院建筑学院实验建筑教育十年展"的大型教学展览在中国美术学院美术馆展出，和卡戴有关的生土建筑教学实验也包括在其中。

而在业余建筑工作室的作品目录上，自 2013 年建成了水岸山居之后，又有富春山馆、文村更新、临安博物馆等一系列和夯土有关的建筑作品完成。尽管我们结合中国的夯土建筑传统与现实的施工体系做了很多延伸探索，但核心的新夯土技术体系仍然是来自卡戴的。

回头看来，正如我们在阅读这本著名的生土建造《经书》时一定也能体会到，这本书的作者就是想和所有感兴趣的建筑师、工程师与建造者分享他们所知道的关于生土建造的一切知识与经验，所以我称之为"夯土经书"，这种无私的分享，只是为了一个更加生态的世界，让我们不能不心生敬意。

陈立超能够在如此忙碌的状态下翻译出这本书，为现代生土建筑在中国的推广，肯定是做了一件朴素的好事。

王澍

2022 年 4 月 15 日

目录

6. 测试   131

7. 特征   145

8. 建造方法   163

9. 生产方法   193

也门传统的土制房屋

蒂埃里·乔夫罗伊（Thierry Joffroy）卡戴生土建筑国际研究中心（CRA Terre）

1. 生土建造

    自从人类在一万年前学会建造房屋和城市以来，生土无疑是世界上使用最广泛的建筑材料之一。

    几乎没有一块宜居大陆，甚至可能没有一个国家，不存在使用未经焙烧的土建成的建筑遗产，甚至在今天，超过三分之一的人类都居住在用生土建造的家园中。

用生土建造，就是用我们每天脚下的材料建造。然而，只有当这种材料满足了其作为天然粘结剂的特性，富有良好粘结性时，土才能被用于建造。

生土建筑是人类历史和文化领域一个幸存的见证者，特别是在那些保有丰富土壤结构的地貌中。

在传统的生土建筑中，我们可以识别出无数的建造方法，这些方法的多样性反映了地域和文化的特性。事实上，人们已经认识到 12 种主要的使用生土作为建筑材料的方法。其中有 7 种特别常用，代表着技术的主要类别。

土坯砖 晒干的土砖通常被称为土坯或土坯砖，它是用一种很厚的用可塑性泥料制成的，通常在泥中加入稻草。传统的土坯砖是利用木材或金属质地的模板手工成型的，但当前利用机器制作成型已经比较普及。

夯土 在模板内将生土压实，在许多国家使用木模和夯锤。该技术可以使得用夯实的生土建造整个墙体。

黏土秸秆（或草和泥） 在这项技术中，使用的土壤很粘，加水拌和成粘稠的泥堆，然后加入秸秆混合，土的作用是将秸秆粘结在一起。黏土秸秆可以很轻松地适应各种预制建筑组件，如砖、隔热板或地板。

板条泥墙 是一种承重结构，通常是木制的，将木格栅或植物编织的网用抹实的泥土作为填充。用一种极粘的土，与稻草或其他植物纤维混合以防止干燥时的收缩。

直接成型 这项非常古老的技术在许多国家被广泛使用。它使用的是可塑性的土料，可以不使用任何类型的模具或模板，只需要建造者的双手来直接塑形。

压制土砖 使用小的木模或钢模把土料手工压制成土块，这种方法已经沿用了几个世纪。如今，该工艺已经实现了机械化，使用了多种压机，包括手动压机和液压机，以及完全一体化的设备。产品范围从形状精确的实心、多孔和空心砖到地板和铺装元件。

垛泥墙 基本上垛泥墙的制作过程是将土球彼此堆摞在一起，然后用手或脚轻轻夯实它们，形成整体的墙面。土是通过添加纤维来加固的，这些纤维通常是由各种谷物或其他植物纤维（如草和小树枝）制成的稻草。

土坯砖、夯土、压制土砖是目前应用最广泛的技术，已达到极高的科学技术水平。但令人遗憾的是，或许因为这三种技术在该领域占据的主导地位，从而减少了其他几种技术的发展空间，而这几种技术仍然具有一定的价值。

上面提到的生土建造技术非常灵活，应用范围广泛，可以建造各种各样的单元和构造系统。如：

- 基础
- 基层
- 墙和柱
- 开口
- 地板和铺装
- 平屋顶和斜屋顶
- 拱和穹顶
- 瓷砖
- 保温隔音构件
- 楼梯
- 烟道和烟囱
- 内置家具
- 通风构件
- 等等

这些当然不是可以用生土建造的全部要素。还有许多其他的不属于住宅建设的应用领域。如：

- 排水沟
- 人行道
- 运河和水库
- 桥梁和渡槽
- 停车场和着陆带
- 道路
- 水坝
- 防护堤
- 等等

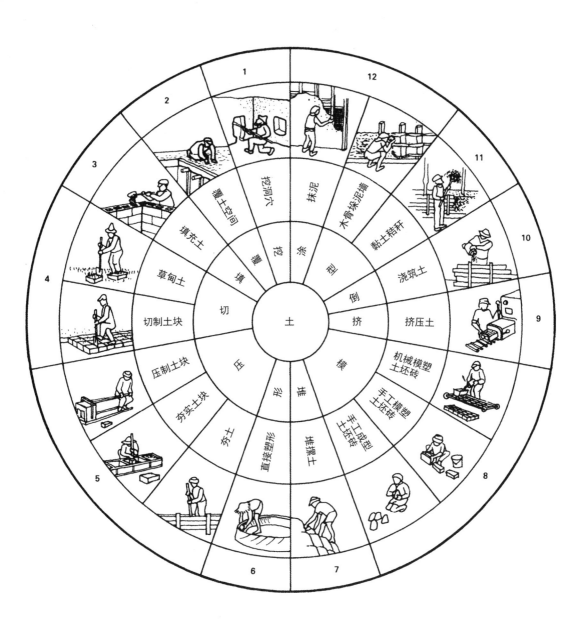

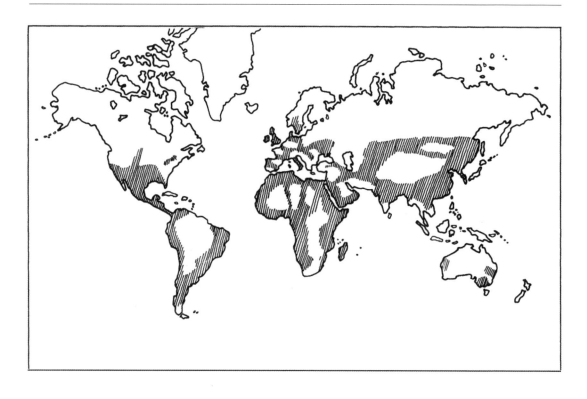

世界人口的 30%，或者说将近 1,500,000,000 人，住在用未经焙烧过的土建成的房子里。大约 50% 的发展中国家的人口，大多数农村人口，以及至少 20% 的城市和郊区人口居住在生土房子里。甚至可能这些数字还偏于保守。几位作者的著作倾向于证实这一观点。例如：据观察，在秘鲁，大约 60% 的房屋是用土坯砖或夯土来建造的。在卢旺达首都基加利，38% 的住房是由生土建造的；而在印度，1971 年的人口普查显示，72.2% 的房屋都是用土建造的，也就是说有 67,000,000 所房屋居住着近 3.75 亿人。再回到非洲大陆，我们看到绝大多数农村甚至城市建筑都是用 banco（西非），thobe（埃及和北非），dagga（东南非）或 leuh（摩洛哥）建造的。这些名称的多样性是可以理解的，这也反映了建筑技术的多样性和人们对生土工程质量非常精细的了解，这些都是人类很早以前就知道的。

从最卑微的出租小屋到千姿百态的各种粮仓，从尼日尔河畔的宫殿到摩洛哥南部的古苏尔（ksour）和卡斯巴（kasbah），从贝宁松巴（Somba）部落的坚固家园，到喀麦隆穆斯古姆（Mousgoum）部落的贝壳小屋，从城镇住宅到马里的清真寺（位于杰内（Djenne）和莫普蒂（Mopti））—— 非洲大陆的生土建筑反映了场地、材料和建造者的精神。生土建筑也深深植根于中东：在古代波斯的中心伊朗，在苏美尔文明的摇篮伊拉克，在阿富汗，在也门的北部和南部。桶状拱顶和穹顶的技术在伊朗得到了完善，因为在古代的中心巴恩（Barn）、亚兹德（Yazd）、塞扬（Seojan）和大不里士（Tabriz）都有见证。在也门南部的希巴姆（Shibam），有超过十层高的堆土建筑物。在中国的河南、山西和甘肃等省，超过 1000 万人住在从黄土层挖出的窑洞中。

在内蒙古，河北和吉林，四川和湖南，这里的农村住宅大多是用抹泥、土坯砖或夯土建造的。如圆形蒙古包在内蒙古的土地上形成了永恒的形式，在东北各省建有多达七个开间的长方形房屋；在浙江省，有带大型内院的住宅以及多层夯土房屋；在福建省，客家环形土楼的建筑工程一直持续到1954—1955年。在欧洲，用土建造的住宅仍然是几个国家农村的特色，包括瑞典、丹麦、德国、英国（特别是德文郡）、西班牙和葡萄牙。在法国，15%的人口（大部分是农村人口）居住在用夯土、土坯砖或抹泥建造的房屋中。

在这里，我们不得不提，土坯砖近几年作为一种建筑材料在美国西南部的受欢迎程度获得了显著增长。在1980年美国建造了将近176,000所生土房屋，其中97%位于西南部。在加利福尼亚，用土坯砖建造的房子每年增加约30%。在新墨西哥州，48个土坯砖生产商每年产量超过400万块。据估计，每年还会产生相似数量的自制土坯砖。

面对经济和能源的双重危机，工业化国家已开始就土作为一种建筑材料的复兴问题进行对话，并正在规划研究方案和付诸发展应用。美国已经正式承认土坯砖和夯土技术的使用，并将这些施工技术纳入国家和地区标准，对生土的物理特性研究项目的投资已达数百万美元。法国概述了未来几年内应集中研究土作为一种建筑材料的领域，用于研究这些优先领域的预算接近2400万法郎，其中83%将用于实操研究和培训。建造72个试验性住房（Domaine de la Terre）是该承诺将实际项目用于研究目的的证据。德意志联邦共和国、瑞士和比利时也开始了这方面的研究，国家内部和国际间的学术研讨会成倍增加，并为建筑师和建造技术人员举办专业培训课程。

在发展中国家，用土建造似乎是在短期内盖房子的有效手段，使尽可能多的人可以居住，同时鼓励使用当地资源的建筑材料、建筑技术人员和工匠的训练，以及创造就业机会，正如约翰·特纳（John·Turner）所阐述的那样，"材料本身并不具有吸引力，但它能为整个社会做些什么"。目前发展中国家对住房的需求是巨大的，最新的统计数据（缓存）显示，到2000年，仅非洲城市人口的发展就必须建造不少于36,000,000套住房。可行性研究表明，受这一巨大计划影响的人们别无选择，只能使用当地的材料来进行建造，在大多数情况下这意味着只能

使用脚下的泥土。我们可以预期，在发展中国家20%的城市住房，也就是大约700万套将在未来20年内用土建造。这意味着建造速度将达到每年35万套。

如果加上农村地区所需的数量，就可以看出这一数字被低估了。因此，无论赞成还是反对，土将继续是未来几年最重要的建筑材料之一。对世界上较贫穷的人民来说，纯粹和简单曾经是一种必要的东西，现在很可能成为一种偏爱。在这里，值得注意的是秘鲁报纸《邮报》Correo在1978年1月31日的一期《土坯砖将成为秘鲁建筑之星》中所表达的示范态度。同样，马里报纸《上升》L 'Essor，在1980年写到迫切需要"扭转目前的建设趋势……并为房屋建设和城市规划项目设定现实的计划，利用土、水、太阳，最重要的是马里人力资源"。已故的英迪拉·甘地（Indira·Gandhi）夫人也曾在1980年谈道："所有的新房子都是为能源消耗而建……然而我们的老房子不是。你不能保留所有的（旧技术）……但我认为其中很多都可以加以调整，提高效率。"

因此，似乎普遍使用生土进行建造仍将继续在全人类的未来中发挥作用。

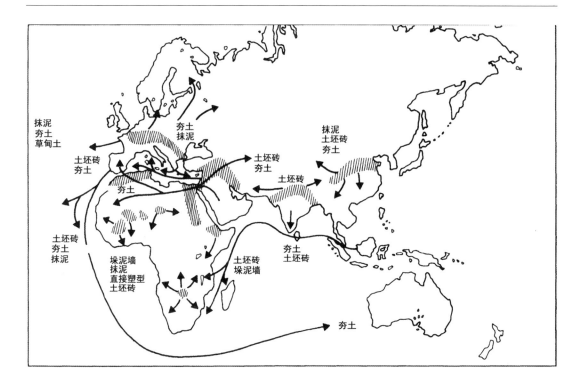

长久以来，先辈们用土建造的历史并没有被很好地记录，人们对这种往往被认为是低劣和古老的材料的兴趣，已经被专注于石头和木头这类"贵族"材料的兴趣所掩盖。然而，正是土与城市变革的决定性时期联系在一起，它不仅满足了古代最伟大文明的威望，也满足了人们的日常需要。许多遗址的考古发现都证明了这一点，时间的碎片已无法掩盖积累的证据，当下我们正在拯救这些遗迹。废墟裸露出来，被标记、分类、保护和恢复，我们越往前追溯历史，土似乎就越成为建造工匠们的材料选择，从最遥远的过去一直到现在。用土建造是在所有文明的主要发源地独立发展起来的技术：底格里斯河和幼发拉底河下游的山谷，尼罗河两岸，印度河和黄河。这些肥沃的地区有利于狩猎-采集部族的定居，这是转变为农耕文化的必要先决条件。

这些黏土和沙质冲积土，与种植谷物的秸秆混合在一起，为人类提供了第一种坚固耐用的建筑材料，并使人类定居的习惯成为必然，这就是泥制砖。但即使在新石器时代之前，狩猎采集者的半永久性的庇护所也有部分是用土建造的。在中石器时代，即人类驯化小型牲畜的时代，由黏土覆盖的树枝制成的小屋无疑形成了当时景观的特征，在此之前，狩猎的人们用覆盖着兽皮的树枝建造棚屋。这方面的证据来自坦桑尼亚的奥杜瓦伊（Olduvai）遗址和乌克兰的莫洛多瓦（Molodova）遗址。无论不同文明之间以土为建筑材料有过何种交集，我们可以相当肯定的是，这种材料的使用在每个地区都是独立产生的。考古学的研究结果证明了区域和全球的方法，而其他学科（历史、人类学、民族学）帮助我们从对移民、冲突和文化接触的研究中确定文化影响的方向。这些联系无论是假设的还是确认的，尽管是需要谨慎对待的，都会使评估建造技术的传承成为可能。在这里，我们将简要地考察主要的文明中心，并复现所能找到历史资料的一小部分。

非洲

非洲大陆在人类进化中所起的作用是巨大的。人类可能是在非洲［东非大裂谷和奥杜瓦伊（Olduvai）峡谷］首次登上世界舞台的。非洲也是埃及文明的发源地，埃及文明繁荣了近三千年。在尼罗河三角洲的梅利姆（Mer-imd）和法约姆（Fayum）遗址发现的第一批人类定居点的房屋是用编织的芦苇和覆盖着黏土或填满土块的树枝建造的。这些人类定居点可以追溯到公元前5000年。随着埃及王朝（公元前2900年）的建立，先进文明在非洲出现。尼罗河谷提供了最主要的建筑材料：粘质淤泥与沙漠边缘的砂子混合，再加入种植谷物的秸秆。起初这种材料是手工成型的，但后来用模具来制作生土砖，然后在阳光下晾干。第一个供皇室和高级官员使用的长方形陵墓就是用泥砖建造的，他们的外墙是阶梯式的，可能是模仿美索不达米亚的建筑。

塞加拉（Saqqarah）和阿比多斯（Abydos）的遗址挖掘表明了倾斜砖墙的发展趋势，这些砖墙最后被石头覆盖。土并没有因为石头是一种永恒的材料而黯然失色，它最初被用在由伊莫霍特普（Imohotep）建造的塞加拉的石灰石神庙中，它不仅用于民用建筑、贵族和国王的府邸和宫殿，而且也用于乡村住宅。J.P. 劳尔（J.P. Lauer）清楚地表明，塞加拉的石壳模仿了传统的晒干砖和抹泥板条墙的技术和形式。土因石头而不朽。墓葬纪念碑上的文字或绘画装饰，证实了直到埃及文明的最近时代人们还在使用晒干的土砖。然而，由于这些材料经不起时间的考验，考古学的遗迹非常罕见。留给我们的主要遗迹是埃及中部的阿玛纳（埃切顿）遗址和底比斯（Thebes）的墓地。此外，在坟墓中还发现了一些陶制的"灵魂之屋"，这让我们对普通人居住的环境有了一个概念。在新王国（公元前1552—前1070年）建造的阿玛纳（Tel el-Amarna）中心，我们发现工匠和贵族的家，宫殿和寺庙，都是用晒干的土砖建造的。普通住宅通常由一个或多个房间组成，房间的土墙用粉笔画装饰。贵族们的豪宅空间宽敞，巨大的接待室与各种房间相连，客厅有一根中央支柱，还有洗手间。

在花园的底部有附属建筑（仓库、马厩和厨房）和仆人宿舍，也是用晒干的砖盖的。在迪尔·麦地那（Deir el-Medineh），一个为底比斯（Thebes）墓地的工匠们修建的村庄，所有的房屋都是梯田式的，用土砖砌在石头地基上。每间房子依次具备接待室、休息室、卧室和厨房的功能，楼梯通向平坦的屋顶。这个由晒干的土砖盖起来的村庄，400年来居住着一代又一代皇家的匠人。埃及的建筑工人还发展了砖拱顶的艺术，这可以在卢克索（Luxor）和阿斯旺（Asswan）之间的下努比亚（约公元前1200年的拉美塞族粮仓）看到。

尽管埃及文明灿烂辉煌，但它仍然极度保守和孤立。从长远看，它对发展出了半永久房屋的非洲文化的影响是有限的，这些房屋由覆盖着黏土的树枝或完全由泥土制成的棚屋组成，使用了许多形式和技术。非洲大陆的北部地区受到临近地中海文明的影响，这些文明的影响是广泛使用土坯砖和夯土。东非受到来自印度洋的人（美拉尼西亚人Melanesians）的影响，他们使用抹泥技术和直接塑形法。从努比亚一直到肯尼亚，受到库施人（Kushite）的迁移和阿克苏姆（Axum）王国（公元3世纪—8世纪）的影响，这一地带可能已经传播了土坯砖的使用。然而，伊斯兰教的影响还要大得多。从11世纪开始，它给非洲古老中心的面貌带来了意义深远的变化，并引入了清真寺建筑。它们大部分都是用土建造的，使用当地可用的技术，可以是直接塑形、抹泥或是土坯砖等等各不相同的技术。其中最美丽的例子是马里的萨那清真寺、杰内大清真寺和莫普提清真寺，它们已成为邻国的典范。尽管存在所有真实的和理论的影响，然而这个巨大的非洲大陆已经孕育了特定的非洲文化，这些文化已经掌握并完善了使用土坯砖来建造的技术。这些技术在加纳（Ghana）王国（公元8—11世纪）、马里马林克（Malinke）王国（公元13世纪）、松黑（Song-hay）王国（公元14—16世纪）和豪萨（Hausa）国（公元10—19世纪）流传至今。

欧洲最古老的定居点可以追溯到公元前 6000 年，爱琴海海岸的原始住处，塞萨利（Argissa，Nea-Nicodemia，Seslko）是由木材和黏土交织而成，后来逐渐演变成由土坯砖砌成的方形结构体。在萨斯科（Sesklo）遗址，高处的房屋是用抹泥和土坯砖建造的，它有一个长方形的平面和一个上层结构（公元前 4600 年）。这种形式演变成了中央大厅，在希腊建筑中占据了主导地位。这个类型的房屋被带到了欧洲内陆，被北部的木结构和土结构所取代。这些是多瑙河文化的典型房屋，在青铜时代（公元前 1800—前 570 年）的中欧广泛传播。在德国科隆林登塔尔（Koln-Lindenthal）遗址的发掘中，发现了带有四个中殿的土木小屋的遗迹，部分长可达 25 米，宽可达 8 米。在爱琴海，迈锡尼人（Mycenae）在青铜时代晚期多里安人（Dorians）的进攻压力下建造了许多堡垒，用石头砌成的乱石墙代替了生土，原先这些土是为卫城泰林斯（Tyrinthe）中受保护的家园而储备的。在同一时代，克里特岛（Crete）的相对孤立有利于米诺斯（Minoan）文明的发展。

克诺索斯（Knossos）、法伊斯托斯（Phaistos）和马里亚（Mallia）的宏伟宫殿使用生土砖，与凝灰岩、石膏、片岩、大理石和木材连接，这些材料被涂成深红色、深蓝色和各种赭色。

靠近克里特岛的希拉岛（Thera）上的阿克罗提里（Acrotiri）考古发掘，以及赫拉克利翁博物馆（Herakleion Museum）可追溯到米诺斯中期（公元前 1900 年—前 1600 年）的著名陶制模型，证实了半木结构建筑在居住建筑中的重要性。这类房子有一到两层，它们是木框的，里面填满了抹泥或土坯砖。在希腊本土，多里安人入侵（公元前 1100—前 700 年）之后黑暗时代的标志是板条抹泥墙的回归。8 世纪，该国重组为地区性国家。尼科尔斯（R.V. Nicolls）的研究表明，在士麦那（Smyrna）的住宅中有半圆厅，是由厚厚的土砖外墙保护的。这些椭圆形房屋为 3 米 ×5 米，外墙有土砖覆盖，没有地基或底座。半圆形的大厅逐渐演化为长方形的大厅。在公元前 3 世纪末的雅典，一座城市在壮丽的菲迪亚斯卫城脚下拔地而起，由带有瓦或茅草屋顶的密集的土砖房子组成，给人以村落的印象。"Pentadoron" 和 "Tetradoron" 砖的使用一直持续到公元前 1 世纪，正如维特鲁威所说的那样，"朱庇特（Jupiter）神庙和赫拉克勒斯（Hercules）教堂

的墙壁……在萨尔德斯（Sardes）的克罗伊斯（Croesus）房屋以及哈利卡纳苏斯（Halicarnassus）强大的国王毛索勒斯（Mausolus）的宫殿都是用生土砖砌成的"。在古代腓尼基河岸的第一批定居点可以追溯到基督之前的第七个千年。大约 20 年前，在叙利亚西部地区的南侧进行的挖掘似乎表明了周边文明（杰里科 - 穆哈塔 Jericho-Munhata）的影响，这些文明在很早的时候就开始使用生土砖（特尔德拉斯沙姆拉遗址 Tell de Ras Shamra）。当提尔石（Tyre）的使用达到顶峰时（提尔、西顿、乌加利特），土被保留下来用在平屋顶，在板条上持续夯实和滚动，或者用于乡村建筑。

这些地区的建造者似乎很早就开发出了利用支撑结构建造生土砖穹顶的技术，并使之用于锥形谷物筒仓的建造。目前尚不清楚黎巴嫩和叙利亚的夯土传统是否起源于如此遥远的地方。然而，当腓尼基人（Phoenicians）将他们的文明迁移到地中海中部海岸时（迦太基（Carthage）在公元前 820 年建立），这种技术被他们用来建造村庄。普林尼（Pliny）在他的《自然史》中描述了这种方法，"我们必须对夯土墙说些什么呢？我们可以在巴巴里（迦太基）和西班牙看到夯土墙，在那里它们被称为模压墙，因为土是在两块木板之间模压而成的……"没有比这更坚固的水泥或砂浆了。汉尼拔（Hannibal）在西班牙建造的瞭望塔和瞭望台都是用夯土建造的。在毕尔萨（Byrsa）山上迦太基遗址的挖掘已经证实夯土被用来建造房屋。根据斯特拉邦（Strabon）的说法，在公元前 2 世纪，这座拥有 70 万人口的大城市里，用夯土砖建造的六层建筑（有时用石灰水粉刷或大理石饰面）非常普遍。

公元前 7 世纪早期，希腊人通过伊特鲁里亚人（Etruscans）间接地影响了罗马，当时的罗马不过是一个巨大的农村。在罗马七丘，由土和茅草盖成的木屋组成的民居，慢慢地被用生土砖墙盖起的长方形房屋所取代。这种材料被用来建造共和国的第一批神殿和公共建筑（公元前 4 世纪和前 3 世纪），但很快就被凝灰岩和大理石所取代，后来又被罗马帝国时期最负盛名的材料石灰岩所取代。在奥古斯都时代以前，土坯砖仍然是较为普通的房屋和穷人的住处所使用的材料。维特鲁威在他的《建筑论》中提到了这点。事实上，他非常看重这种材料，他说："这种材料非常有用，因为它不会给墙带来过多负载。"他建议使用，"……条件是必须小心恰当地使用它"。然而，由于法律禁止建造厚墙，生土砖只能在城外有限地被使用。在高卢凯尔特（Gallic Celtic）地区，铁器时代（公元前 750 年—50 年）的定居点采取了"奥皮杜姆"（oppidum）的形式，在防御工事后面用木头、抹泥和堆土建造了小房子。在地中海的高卢（Mediterranean Gaul），受希腊和迦太基的影响引入了生土砖和夯土，维特鲁威在马赛的马萨利亚（Massalia）观察到这种影响，拉拉格斯特（La Lagaste）和恩特里蒙特（Entremont）遗址的发掘也证实了这一点。在罗马人将烧制的砖和砌块的使用扩展到整个帝国之前，土坯砖广泛应用于高卢的阿尔卑斯山南地区（Cisalpine）的农村甚至城市建筑中。在卢格杜努姆（里昂）的挖掘工作中，发现了填满土坯砖和抹泥物的木框架结构。拉丁语动词 pinsare 的意思是"夯土"（法语 pise），意味着"夯土"技术早在古罗马时期就已经被人们所掌握，即使在挖掘工作中很少发现它的踪迹。中世纪的衰落时期见证了用木材杆件结合抹泥这类基本结构的回归。

这些技术在农村地区一直占主导地位，直到中世纪晚期，随着木工技术的发展，木框架建筑内开始填充抹泥或土砖。即便如此，直到 18 世纪，用生土、堆撵土、夯土和土砖建造的技艺才得以在欧洲国家的大部分农村地区重建，而且这种重建在整个 19 世纪得以延续。重农主义者希望改善乡村生活的悲惨状况，他们所传播的启蒙思想对夯土技术的发展至关重要。夯土技术最热心的倡导者之一是弗朗索瓦·科普特罗（Francois Cointereaux），他认为这是一种提供廉价、健康和耐用住房的方式。他的著作《72 本小册子》被译成各种语言在德国、丹麦、美国，甚至澳大利亚分发，毫无疑问，他在这些国家传播夯土技术方面发挥了作用。在欧洲，用土建造一直持续到 20 世纪 50 年代，在第二次世界大战后的几年中经历了惊人的复兴，当时工业材料匮乏，急需安置成千上万名无家可归的人。这些技术在德国得到了系统的发展，并建立了培训中心，结果用土建造了数千栋住房。从那时起，对现代化的渴望盖过了对土的利用。然而，如今能源成本已经上升到如此高的水平，以至于对土作为建筑材料的研究和使用再次成为一场热烈的讨论。

中东

中东地区的考古发掘工作带来了关于自新石器时代以来这些地区用土建造房屋的大量信息。耶利哥城（Jericho）占地四公顷，最古老的住宅（公元前8000年）是圆形的，石基结构的顶部覆盖着手工面包造型的土砖墙。在叙利亚的穆赖拜特（Mureybet），发掘的上部土层发现了四个角落的建筑物，以棋盘格式相邻排列。在伊拉克南部的哈苏那（Tell Hassuna）遗址，似乎证实了第一批砖为平行六面体形状的假设。奥贝丁（Obeidian）时代（公元前5000年—前3200年）出现了一座纪念性建筑，那是乌鲁克（Uruk）时代（公元前3200年—前2800年）未来庙宇城市的样子。第一座宗教寺庙建于公元前3000年（乌鲁克的伊安娜神庙，埃里杜的恩基神庙），使用的是糊状的砖，没有使用灰浆。乌珥（Ur）的房屋是用土建造的，房间位于两个楼层，面向一个朝天空的庭院。在阿舒尔（Assur）和马里，伊辛和拉尔萨王朝时期（公元前2015—前1516年）宫殿的建筑拥有生土砖墙，这为防御工事增添了力量。

亚述（Assyria）统治着近东直到公元前6世纪。其首都尼尼微（Nineveh）的巨大城墙完全是用土建造的，城墙上开了15个大门。在萨艮二世王宫（Sargon Ⅱ）里，生土砖和最好的材料一起使用，如象牙、檀木、乌木、红柳、大理石、玄武岩、黄金和白银。宫殿的长廊是拱形的，带有拱顶石的桶形拱是用生土砖砌成，砖块呈明显的梯形。巴比伦（Babylon）延续了用土建造的传统。著名的伊斯塔门（Ishtar Gate）上装饰着蓝釉浮雕，这是通往马杜克（Marduk）神庙的游行路线的第一站，它被90米高的埃特米南基（Etemenanki）金字塔所遮挡。巴比伦人是第一个走上发展生土结构加固技术道路的民族。扭曲的芦苇丛，像手臂一样厚，交织在土坯砖内，盖成了金字塔。与苏美尔人（Sumerians）同时代的埃兰（Elam）文明在伊朗西南部建立并迅速发展，土是埃兰人的主要建筑材料，埃兰人的土地包括胡齐斯坦（Khuzistan）平原，以及从这些土地上隆起的黏土高原。苏萨（Susa）的生土砖建筑很容易与美索不达米亚（Mesopotamia）的城市相比较，乔加赞比尔（Choga Zanbil）的金字塔雄伟地达到了不低于53米的高度。公元前2000年的印欧入侵只留下了少量的考古记录，直到米底亚人（Medes）王国（公元前9世纪—前6世纪）建立之前，这些考古记录一直很少。米底亚的宗教和行政中心都是用厚实的、锯齿状的生土砖块围成的。在米底亚人的首都埃克巴塔纳（Ekbatana），如今已经被现代化的城镇哈马丹（Hamadan）所掩埋，人们发现生土砖被用来建造承重墙和柱子，干燥的砖是用黏土灰浆砌成的。居鲁士大帝（Cyrus the Great）及其后继者的征战，将波斯阿契美尼亚（Achaemenian）帝国的疆域东扩至印度河沿岸，北至安纳托利亚，西至埃及和利比亚。在帕萨科（Parsagadae）（公元前546年），使用了石柱和生土砖墙，并引入了柱式大厅的原理。同样在波斯波利斯（Persepolis），所有的建筑都有高高的房间，屋顶由柱子支撑，柱子的两侧是走廊和入口大厅。尽管许多柱子和杉木屋顶的支撑已经倒塌，由生土砖砌成的墙体也已消失，但废墟仍然令人印象深刻，抛光的石板镶嵌在巨大的门之间，门楣上装饰着埃及风格的雕刻。像苏萨这样的阿契美尼德城市的防御工事也是用土建造的。波斯风格的建筑在掌握了建造拱顶和穹顶的技术后达到了顶峰。拱顶是在倾斜的桶形断面上建造的，穹顶是在穹隅或内角拱基础上建造的。拱顶和穹顶并没有局限在宫殿建筑中使用，而是被广泛应用于居住建筑中，一直流传到今天的伊朗。数不清的防御工事，废弃房屋的鬼城（伊朗东南部的谷仓要塞）和现代城镇大不里士（Tabriz）、塞扬（Seojan）、伊斯帕罕（Ispahan）见证了波斯土地上的生土建筑。

远东

我们现在必须把注意力转向远东和新世界。我们将首先完成对旧世界的考察。在印度，与乌尔（Ur）和巴比伦的繁盛同时期，印度河沿岸也出现了许多城市。俾路支省（Mehrarch）的新石器时代遗址可以追溯到公元前7000年。从这些遗址可以确定居民住在用生土砖建造的房子里。我们知道在前哈拉帕（pre-Harappan）时代，为村庄设计围墙的能力得到了发展（卡里班干遗址Kalibangan I），这些围墙完全是由泥砖建造的。在留下的250个已知居点中（公元前2500年—前1800年），有两个尤为重要，分别为摩亨佐达罗（Mohenjo Daro）和哈拉帕（Harappa），这样的大城市占地近850000平方米。摩亨佐达罗城的独特之处在于它建在两座土丘上。西土丘被生土砖建筑所占据，这些房子建在夯土平台上，周围有一堵坚固的墙，可能是公共建筑、浴室和谷仓。东边的土堆上盖着一组又一组房子，每个房子有一个内院，前面是长长的街道，这些建筑物都是由生土砖建造的，但外表却覆盖着烧制而成的砖。这种技术是吠陀（Vedic）时代哈拉帕（Harappan）文明的典型，在哈拉帕也可以看到，特别是在城市粮仓的基础遗迹中。

在中国，新石器时代的农耕社区出现在公元前5000年，建立在河流流经的黄土高原的北部和西北部。最早的住宅是在黄土中挖出来的，深达3米，底部有2米宽，当它们接近地面时会封闭起来。这些挖掘是"口袋"式的，呈圆形或椭圆形。后来，木材和土的结合逐渐使人类摆脱了在地面上的穴居生活。半坡是仰韶文化最著名的遗址之一。这个聚落建在黄河岸边，俯瞰着黄河的支流，周围环绕着一条沟渠和一道土堤。发掘出的遗迹展现了几十座房屋的圆形、椭圆形和方形的平面图，剖面宽度从3米到5米不等，这些房屋都面向村庄的中心。这些住宅部分建在地面以上，部分建在地下，给人一种小屋被埋在地下的印象。一个尺寸在10—11米的巨大的半地下房子似乎被建在半坡村的中心，考古学家认为这可能是一个祠堂，其平面图以土墙为标志，土墙约1米厚，50厘米高，其外表面已经由火烧而变硬。这圈圆形到顶的墙是用来支撑盖在房子上的沉重的木结构的。在商代，木材和土的结合提升了居住高度，使房子位于土壤平面之上，并过渡到一个被防御性夯土墙围合的矩形

平面，而这个时代的殷宫就建立在一个用土夯成的大平台上（安阳的发掘）。这些房子很长，有一个木制的框架，用防火的抹泥板隔开。这些建造原则在周朝（公元前12世纪—前5世纪）被保存下来。战国时期（公元5—3世纪），长城开始动工，其中有许多段都是用夯土建成的，这座6000公里长的建筑最终由明朝皇帝（公元15—17世纪）完成。

生土砖作为木框架建筑或承重结构的填充物出现似乎可以追溯到汉代（公元前3世纪—3世纪），这种技术在东汉时期（公元1—3世纪）的城市建筑中得到了应用。中国城镇采用了方形的平面，被划分为宫殿和住宅区域。城墙是用土夯成的，大门穿墙而过。北京的双层城墙一直保留到1950年。从明朝到近代，中国的建筑一直是用填充泥巴或土块的木结构和生土砖块来建造的。此外，似乎中国在三国时期（公元221年—581年）之后就开始发展夯土的建筑用途，采用在模板中夯实的泥土或由打入地下的桢杆固定的长板条木箱中夯实泥土，这个方法允许建造多层带有防御功能的寨楼。这些寨楼通常是长方形或圆形的，这种传统的例子可以在今天福建省的客家人那里看到。

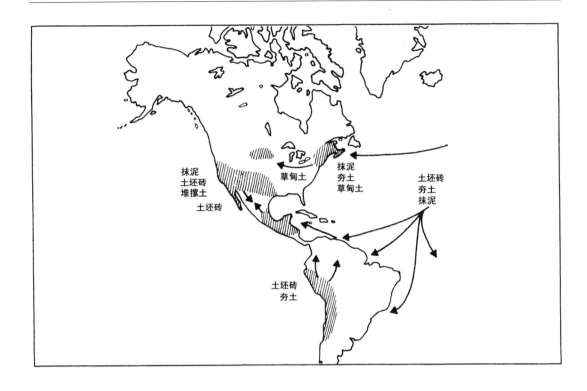

在美洲大陆上，狩猎-采集部落的游牧生活模式持续了几千年后才出现了农业。正是在中美洲，玉米的驯化使第一批永久性的前哥伦布时期（pre-Columbian）的村庄得以建立。在中美洲，大量文明中心在文明形成期（公元前1200年—300年）兴起，其典型特征是一个以宗教中心为基础的城镇化的复杂社会。奥尔梅克人（Tres Zapotes-La Venta）和萨普特人（Monte Alban）在公元前800年左右达到了这个阶段。拉文塔遗址由一个不少于65米宽和35米高的土造金字塔作为主导，房屋似乎是一个由小矩形建筑组成的开放系统，用轻质材料建造，如木材、抹泥或可用手操作的土球。土坯砖的使用出现在公元前500年到公元600年之间，这取决于社会的复杂程度和等级制度。石头被用于特奥卡里（Teocali）建筑的收边，特奥卡里是土丘和建在上面的庙宇的名字。在古典时期（公元300—900年），太阳金字塔建在特奥蒂瓦坎（Teotihuacan）的一个正方形底座上，边长225米，高63米,这个建筑表面覆盖着火烧岩，围绕着200万吨夯土的核心建造。与4公里长的"亡灵之路"相邻的寺庙也是遵循同样的方法设计的。仪式中心区域外围的挖掘工作已经发现了各种密集的居民区，残留的砌体基础，平整的地面，这些都表明上部墙体是用经石灰粉刷的生土砖块砌成的。13世纪，阿兹特克人（Aztecs）占领了德士可可湖（Texcoco）（墨西哥城的所在地）的沼泽岛屿，并慢慢地建造了他们的城市特诺奇提特兰（Tenochtitlan），这是在当代编年史学家口中一座西班牙人征服的辉煌城市。它由四个行政区域围绕一个文化中心组成，住宅区占地近1000公顷，宫殿有行政楼层，也有接待访客和居住的楼层。彩色的房子只有一层，屋顶是露台。它们大部分都完全是用生土砖块砌成的，用石灰涂成白色。石头用于宫殿、宗教建筑和防御建筑。1521年，特诺奇提特兰被赫尔南·科尔特斯（Hernan Cortes）的军队夷为平地。

在南美洲，土作为建材使用主要集中在冲积平原和海岸中，与山区不同，这些地区缺乏丰富的石头供应。安第斯地区最古老的瓦卡（huaca）（葬礼图腾）是由成堆的石头组成的，后来逐渐演变为金字塔，这种金字塔被设计成生土砖的外壳，里面填满了用夯土平整过的鹅卵石（里约热内卢赛科遗址 Seco，公元前1600年）。在秘鲁的查基洛天文台（Cero Sechin）遗址，有一座用生土砖块砌成的夏文（Chavin）（公元前1000—200年）圆锥形寺庙，周围环绕着一圈石刻的碑。土作为建材也被太平洋沿岸的莫奇卡（Mochica）文化（公元2—8世纪）广泛地使用，莫奇卡灌溉渠是用夯土和生土砖块砌成的真正的沟渠，莫奇（Moche）河上矗立着有史以来用生土砖块砌成的最大的金字塔——太阳庙（Huaca del Sol）和月亮庙（Huaca de la Lune），其内部结构由平行六面体造型的生土砖块砌成的密集柱子组成。奇木（Chimu）帝国的首都昌昌（Chan Chan）建于11世纪，完全是用土坯砖建成的。整个城市占地约20平方千米，周围环绕着一堵巨大的土墙，包括十几座有围墙的宫殿。

在冯·特舒迪（Von Tschudi）区，土坯墙上装饰着格子图案和用黏土塑造的动物浮雕。大部分的山地城市（库斯科、皮萨克、马丘比丘）都是在印加文明的鼎盛时期（公元1493—1525年）用巨大的石块建成的。然而，在安第斯海岸，土作为建材仍在被使用。在里约热内卢皮斯科（Pisco）山谷，科罗拉多州坦博（Tambo Colorado）市完全是由未经烤制的方形土块建成的，其墙壁是用明亮的黄色或红色的黏土粉刷而成的。绝大多数农村住房，包括村主任和行政官的住房，毫无疑问也是用土建造的。在月溪山谷，用土坯砖和夯土建造的大量住宅最近得到了修复。如今，土坯砖和夯土仍然是中美洲和南美洲的主要建筑材料。

在北美，西南部的印第安文化在很早的时候就开始将土用于建筑用途。霍霍坎（Hohokam）（亚利桑那州斯内克敦）的土坑住宅是用木材建造的，其上覆盖着泥土（殖民时期，公元500—110年）。在阿纳萨奇人（Anasazi）（公元1100—1450年）的推动下，霍霍坎（Hohokam）在地面建造房屋，随后在上层完全用土建造。卡萨格兰德（Casa Grande）遗址展示了由长1.5米，厚1.2米，高0.6米的垛泥墙构成的墙体。莫戈隆（Mogollon）文化发展出了一个具有特殊形状的住宅，就像一根短管，它是用木头建造的，覆盖着泥土。尽管如此，代表美国西南部众多印第安部落（霍皮人（Hopi）、祖尼人（Zuni）、阿科马人（Acoma）、普韦布洛人（Pueblo））共同遗产的阿纳萨奇文化留下了最多的遗产。

编筐文化（Basket Maker）一期（公元1—500年）是以其被称为浅坑屋的圆形土坑为特色的，这种土坑是由木杆和覆盖着泥土的树枝建成的。在编筐文化二期（公元500—700年）的影响下，这些住宅变成了矩形，呈现出被切去顶端的金字塔形状，但仍继续用木材和土建造（梅萨维德）。到了普韦布洛（Pueblo）一期和二期（公元700—1100年），地上住宅的结构变得更加坚固，墙壁上涂满了抹泥（Wattle houses），或者在框架上填满了土球（Jacal houses）。阿纳萨奇人从新墨西哥州的峡谷地区（梅萨维德，查科峡谷，1100—1300）向外扩散，并迁移到其他梅萨维德或峡谷地区。格兰德河和北布拉沃河的冲积河岸提供了适合用于建筑材料的壤土和砂子。普韦布洛印第安人（Pueblo Indians）的建筑显示出他们对生土砖技术的掌握是多么完美。在陶斯（Taos），分层的房屋形成了一个轻微锥形的金字塔。土坯砖墙是用泥土混合切碎的稻草建成的，或者是用手工压平的土球完成的。有突出椽子的屋顶用灌木覆盖，然后用夯土完成，这座高度发达的住宅是此后在美国西南部建造的拉美裔墨西哥土坯砖建筑的文化模型。如今，土坯砖和夯土是所有这些国家正在经历的"太阳能"建筑巨大发展的关键要素。

[1] DANZEN LIU, *La Maison Chinoise* [M]. Paris: Berger Levraut, 1980.

[2] *Encyclopedie d'archèologie de Cambridge* [C]. Paris: éditions du Fanal, 1981.

[3] GALDIERI, E. 'The use of raw clay in historic buildings: economical limitation of technological choice?' In *Ⅲ rd International symposium on mud brick (adobe) preservation*[C], Ankara: Icom-Icomos, 1980.

[4] Le Grand Atlas de *l'Architecture Mondiale* [S]. Paris: Encyclopédia Universalis, 1981.

[5] Le Grand Atlas de *l'Histoire Mondiale* [S], Paris: Encyclopédia Universalis, 1981.

[6] SMITH, *E. Adobe Bricks in New Mexico* [S]. Socorro: New Mexico Bureau of Mines and Mineral Resources, 1982.

[7] UPPAL, I.S. 'Des abris durables et bon marchés.' In *Bâtiment Build International Paris*[J], CSTB, 1972.

法国的"被动太阳能"住宅，由预制的垛泥墙块建造：厚墙储存太阳能（建筑师：瑞格尔
（Maryvonne Rigourd）

蒂埃里·乔夫罗伊（Thierry Joffroy） 卡戴生土建筑国际研究中心（CRA Terre）

2. 土壤

　　土壤是母岩长期退化及其物理化学演化的一个阶段。根据母岩和气候条件，土壤呈现出无限的形态，具有各种无穷无尽的特征。

　　在将某种土壤用于建筑之前，必须了解该土壤的特性。这些属性分为四大类：颗粒（微粒）尺寸分布、可塑性、可压缩性和粘结力。

　　必须对土壤进行分类，以使对其性质和知识的开发合理化和最优化。目前，最有用的分类是工程地质学和土壤科学的分类。

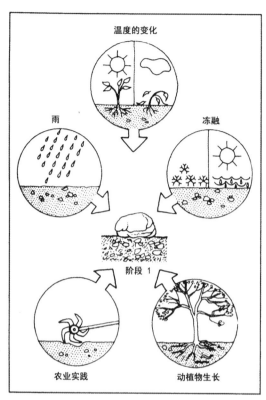

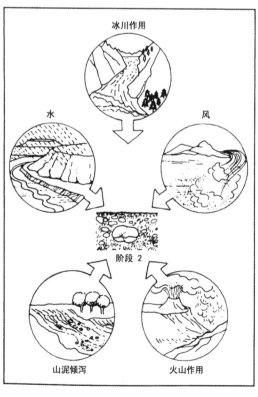

定义

　　地面是我们星球的固体部分。在它的表面是土壤——一种不同厚度的松散物质，它支撑着植被，承载着人类文明及其结构。土壤是在一系列与生物和气候条件以及动物和植物生命有关的物理、化学和生物过程的共同影响下，在下层母岩发生转变的结果。

　　土壤的形成和发展是母岩转化，有机材料的进一步改性，可溶性矿物的垂直浸出这三个不同过程或多或少同时相互作用的结果。

1. 母岩转化

　　当母岩因侵蚀而裸露时，许多气候因素立即对其起作用：阳光、雨水、霜冻和风。母岩可能是硬的（如花岗岩、片岩、砂石）、软的（如白垩、石膏、黏土）或松散的（如沙子、碎石、黄土），它会破裂，分解成更小的成分，并发生离解。最后，气候因素导致化学变化。这一过程的结果是各种元素、矿物和那些没有发生任何变化的物质的混合物：石块、砾石、砂子和粉状淤泥；一种由矿物的化学变化而产生的汞合金或"蚀变复合体"：一种黏土状的糊状物，有色的亚铁氧化物，或多或少含有钙、镁、钾、钠等的可溶性盐。

2. 有机材料的进一步改性

　　由矿物质和元素组成的解离和变质的土壤被动植物群定殖，这些植物群和动物群用化学和有机物质使土壤肥沃，这些物质统称为腐殖质。腐殖质的性质随气候、母岩和植被的不同而不同，在它和气候的影响下，土壤中的矿物质继续发生变化。新的未发育的土壤是匀质的，其物理、化学和生物特性继续保持不变。

3. 可溶性矿物的析出

在多雨的气候中，可溶性矿物向下迁移，这个过程被称为析出。在高蒸发率的干燥气候中，可溶性矿物倾向于迁移到土壤肥沃的表面。气候、土壤的渗透性和形成的腐殖质可以加速或减缓这些元素的迁移，在土壤中产生或多或少的不同层，并决定构成剖面的界限，成为土壤学家或土壤科学家研究的对象。（土壤学研究土壤的物理、化学和生物特征。）

土壤可划分为几大类。有年轻的或"未发育"的土壤，它们是浅层土壤，与下面的岩石差别不大，通常由单一的层组成。其他的是"发育"的土壤，这些土壤很深，以一系列淋滤和富集的地层为特征。

从本质上说，土壤的起源在很大程度上取决于母岩的性质、气候、植被和地形。

主要界限

地面的横断面可以观察到各种土壤层。

A0 覆盖在矿物土壤上的仅部分分解的有机物质的有机层（含有超过30%的有机物质）。

A1 混合界限，有机材料（-30%）和矿物质的混合物。

A2 "残积"界限，缺乏有机材料，黏土和氧化亚铁经常被浸出、变色。

A3 "残积"和"淀积"的过渡区域，此区域内胶质物开始积聚。

B1 含有机物质及铁、铝氧化物（倍半氧化物）的亚铁层。

B2 "淀积"界限，因黏土和氧化亚铁的堆积而丰富。

C 破碎的原始物质。

R 未经改变的母岩。

许多子分类被用来描述具体的情况。土层的确定使土壤的科学分类能够涵盖整个剖面。

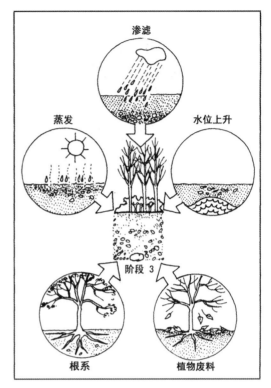

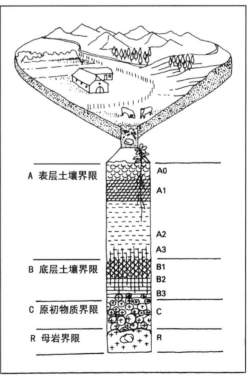

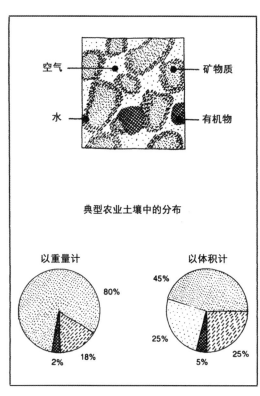

典型农业土壤中的分布

以重量计　　　　　　　以体积计

土是由许多物质组成的：

- 气体：主要是空气；
- 液体：主要是水；
- 固体：矿物和有机物质。

1. 气体成分

它们构成了土壤的内部气体，填补了土壤中的空隙，它们来自外部的大气、土壤中的有机生命和有机物的分解。大气的成分包括氮、氧和二氧化碳，有机物腐烂和生物呼吸产生的气体包括二氧化碳、氢气和甲烷。

2. 液体成分

它们是组成土壤的溶液。这些成分溶于水，来自雨和大气条件（雾，相对湿度），人类、岩石的风化和有机物的衰变。液体成分有：水、溶解在水中的可溶性物质，如有机化合物（糖、醇、有机酸）和矿物化合物（酸、碱、盐部分分解成钙离子、镁离子、钾离子、钠离子、磷酸根、硫酸根、碳酸根、硝酸根等）。

3. 固体成分

它们不溶于水。

土壤中或带入土壤的来自植物和动物的有机成分或有机物。可确定为四种：

- 活的动植物：细菌、真菌、藻类、高等植物、原虫、蠕虫、昆虫等。
- 动物粪便、未分解的植物和动物尸体。
- 在土壤中存在的微生物或"转化物"的作用下分解有机物质。
- 腐殖质，有机物中稳定的胶质部分，仅非常缓慢地分解。

矿物成分或物理成分，由母岩的分解或人类的活动而产生。"沙元素"是母岩分解的结果，要么是岩石碎片（石头和砾石），要么是构成这些岩石的矿物（沙子和淤泥）。它们的成分与这些矿物相同，可能是硅、硅酸盐或石灰石。

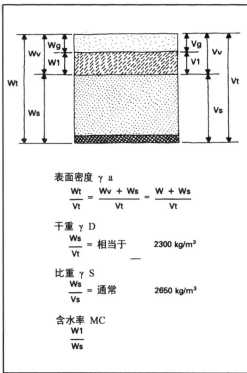

表面密度 γa

$$\frac{Wt}{Vt} = \frac{Wv + Ws}{Vt} = \frac{W + Ws}{Vt}$$

干重 γD

$$\frac{Ws}{Vt} = 相当于 \qquad 2300\ kg/m^3$$

比重 γS

$$\frac{Ws}{Vs} = 通常 \qquad 2650\ kg/m^3$$

含水率 MC

$$\frac{W1}{Ws}$$

这些成分的各自比例和分布决定了土壤的结构和质地，而结构和质地又决定了土壤的性质。

结构

土壤的成分或多或少是均匀排列，或者紊乱混杂，或者交织在一起的。在某个既定时刻固体成分的组合方式决定了土壤的结构，并因此影响水和空气的循环以及其他物理性质。一般认为有三种结构：

1. **颗粒状结构** 像砾石。惰性元素之间几乎没有黏土粘合。
2. **碎片状结构** 易碎结构，砂砾之间通过黏土将附着物彼此粘结在一起。
3. **连续状结构** 布丁状结构，惰性元素被包裹在大量的黏土（和淤泥）中。

质地

这反映了土壤中所含颗粒的大小。质地会影响土壤的性质，因为如果土壤中含有足够数量的颗粒粒级，那么每一种具有特定特征的颗粒粒级都可以影响土壤的性质。例如，含有 10% 的黏土是具有粘性和可塑性的土壤。含有 40%—50% 黏土粉末的土壤呈现出黏土的特性。分为以下五种主要质地类型：

1. **有机土壤** 例如泥炭；
2. **砾石土壤** 以砾石和卵石为主；
3. **砂质土壤** 以沙为主；有砂浆的外观；
4. **粉质土壤** 以粉质为主；土质细密，粘合力低，表面柔滑；
5. **黏质土壤** 以粘性为主；粘性极强的土壤，潮湿时具有粘性和延展性。

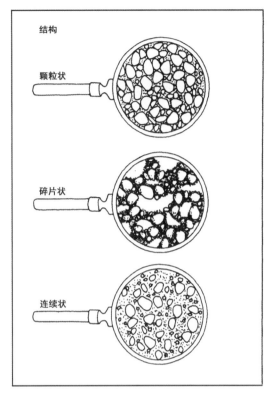

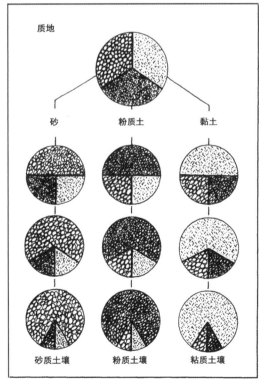

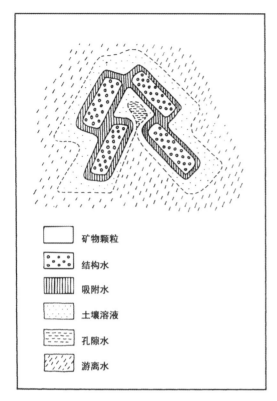

矿物颗粒

结构水

吸附水

土壤溶液

孔隙水

游离水

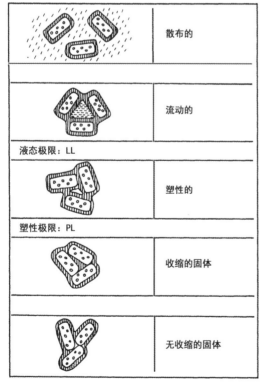

	散布的
	流动的
液态极限：LL	
	塑性的
塑性极限：PL	
	收缩的固体
	无收缩的固体

土壤的性质因空气和含水量的不同而不同。

空气

空气对土壤的强度没有贡献，如果可能的话，应该在土壤中减少空气含量。土壤中的空气还会吸附各种微生物，如细菌和霉菌，这些微生物会破坏建筑材料中的有机成分。空气间隙形成通道，使水以水蒸气的形式渗透进去，含水率可能因材料的不同部分而有所不同，土壤中水蒸气的相对湿度随类型、含水量和温度的不同而产生变化。热带和干旱地区的土壤在含水量和温度上的各种变动会增加水蒸气的运动。

水

渗入土壤并被其保留的水可分为不同的类别。它们在确定土壤性质方面起着重要作用。

1. **游离水** 在地下水运动、大气压力和温度日常变化的影响下，在重力或毛细作用下移动。积聚在颗粒表面的细孔中的水不会被吸收，它会在正常室温下蒸发掉。

2. **孔隙水** 保留在极细孔中，孔内毛细作用大于水的自身动力。这种水不会在常温下蒸发，只能在长时间干燥或50℃至120℃的窑炉中干燥之后消除。

3. **土壤溶液** 在固体颗粒周围形成薄膜，并通过极性和静电力以及离子水合作用保持在其表面上。它会在正常室温下蒸发掉。

4. **吸附水** 以一种非常薄的薄膜的形式覆盖在外部和内部表面。控制这些水的力量非常强大，导致这种水难以移动。当温度加热到100℃到200℃时会蒸发掉。

5. **结构水** 不是真正意义上的水，因为它代表了形成固体晶体网络的羟基。加热温度在600℃时会脱去这种水。

水的影响

游离水，孔隙水和土壤溶液的差异可以改变土壤的物理性质。在粗砂中，孔隙水占主导地位；而在细小的黏土中，土壤溶液占主导地位。后一种类型的土壤的结构和水力特性关系受到土壤水膜厚度的影响，而土壤水膜的厚度又受到溶解在水中的元素的影响。

1. 流动性造成的影响

凝聚力 细粒（粉质土和黏土）的粘结性部分归因于连接它们的水膜。这些凝聚力有两种类型，即由于空气/水面交界处水的张力（大颗粒）和由黏土颗粒和极化水分子相互作用产生的力。

吸力 由颗粒表面水合作用产生的力与表面张力相结合，产生吸水性，随着含水量的减少而增加。

膨胀 在黏土表面，作用在水分子上的吸入力很强，随着黏土变得阻尼系数增大，吸入了水的部分膨胀，土壤体积增加。

收缩 黏土的收缩通常是水蒸发的结果。

可塑性 在达到其弹性极限后，与水结合良好的粘性土壤可以变形而不会破裂。由颗粒之间的水膜的润滑作用产生的可塑性取决于黏土颗粒的表面积、形状和化学组成。

2. 溶剂作用引起的影响

可溶性盐 在溶液中，它们离解成钠离子（Na+）、镁离子（Mg+）、钙离子（Ca+）和铝离子（Al+）的金属阳离子，被吸收到颗粒表面。硫酸钠、镁和钙通过结晶使土地变脆而影响土质。

有机质 可以影响土壤中矿物元素的重新分布，对铁来说尤其如此。

水作用于土壤后的 12 种状态

岩石结核 粗糙材料的整块团聚体，是密实而沉重的土壤，难以切割。

易碎的结核 易碎的块料或分解材料，包括泥炭和草甸土，容易切割。

固体结核 完全干燥的土壤，大块或坚实的块状物。

易碎的聚合物 粉末形式的绝对干燥土壤。

干燥的土壤 其土壤特征是自然湿度低（4% 至 10%）；触感是干燥的而不是湿润的。

潮湿的土壤 土壤触感明显湿润（8% 至 18%），但无法成型，因为它缺乏可塑性。

固体糊状物 可形成需要用手指用力揉捏而成的土球（含水率 15% 至 30%），当从 1 米高处落下时，只会轻微变平。

半固体糊状物 只需轻微的手指压力就足以形成土球（含水率 15% 至 30%），当从 1 米高处落下时，只会轻微变平，但不会瓦解。

半软糊状物 使用这种非常匀质的材料，很容易做成一个既没有明显粘性也不会沾染的土球（含水率为 15% 至 30%），当从 1 米的高度落下时，该土球会明显变平，但不会崩解。

全软糊状物 这种土壤是非常粘稠和容易沾染的（含水率为 20% 至 35%）。即便有可能，要想塑成土球也是非常困难的。

软泥 这种土壤被水浸透，并形成一种粘稠的、多少具有流质属性的物质。

泥浆 由悬浮在水中的黏土颗粒组成，一种具有高度流动性的液体粘合剂。

塑性状态的极限，或称塑限（PL），大约位于固体糊状物和半固体糊状物的状态之间。液体状态的极限，或称液限（LL），大约位于软泥和泥浆的状态之间。

* 含水率数值仅为指示性的，并因土壤类型不同而有很大差异。

土壤的固体部分是由下面的母岩的物理离解和化学变化所产生的矿物和有机质组成的，有机质基本上是或多或少已分解的植物和动物有机体的遗骸。

有机物

通常，有机物集中在土壤表层，深度在 5 厘米—35 厘米之间。有时有机物可能含有可见的植物成分。在有些地方，植物组织的分解程度非常高以至于出现了黑色的物质，这叫作腐殖质。

新近分解的有机物具有与腐殖质不同的性质。它由大颗粒或纤维组成，从物理或化学的角度来看，它们是相对惰性的。

腐殖质是胶质和酸性的，具有非常高的阳离子交换能力，并且能够吸收水，从而增加其体积。

有机物具有开放的海绵状结构，力学强度低。含水率可能非常高（从 100% 到 500%），导致力学稳定性完全消失。有机成分的酸性容易引发土壤中与水的酸性反应，从而导致与之接触的物质的腐蚀。有机物质的浓度和种类一旦超过 2% 至 4%，就会对自然土壤的特性产生显著的影响。

矿物质

土壤中的矿物或无机成分通常是土壤中最多的部分。

可分为两类矿物：

未经风化的矿物质 或未完全风化的矿物质，这些矿物的成分与衍生它们的母岩相同，包括鹅卵石和砾石，沙子和黏土，这些属于砂质元素。

风化矿物质 母岩矿物的化学风化作用的结果，以其极其微小为特点（小于 2 微米），由于这些风化矿物颗粒很小，如果它们被浸湿，就会有一种粘稠的外观。它们被称为胶体，来源于法语的单词 colle，意思是"胶水"，是因为它们在土壤中会形成粘合剂。主要粘合剂是黏土，因此工程地质学将它们称为黏土部分而不是胶体部分。

砂质元素

这些可能是二氧化硅、硅酸盐或石灰石。

二氧化硅 能抵抗化学风化。它们是砂岩和结晶岩崩解形成的石英颗粒。它们在较大或较细的碎片中均能被发现。

硅酸盐 这些物质的化学风化是连续的，但非常缓慢。它们由云母、长石和其他游离矿物的颗粒组成，这些游离矿物是由花岗岩和火山岩等结晶岩的崩解而形成的。随着晶粒尺寸的减小，这些元素的风化作用会越来越明显。

石灰石 是由碳酸钙构成的沙土的一部分。在石灰岩母岩上形成的土壤和在非石灰岩母岩上形成的土壤之间必然存在差异。石灰石并不总是存在于土壤中，但所有土壤都含有以钙离子形式固定在黏土上的钙或以可溶性钙盐形式存在于土壤溶液中。

为了便于鉴别，将矿物成分用颗粒来区分。

1. 卵石

卵石的大小从 20 毫米到 200 毫米不等。它们是母岩崩解形成的一种粗糙物质，它们的基本特性是从母岩中带出来的。它们也可能是从其他地方运来的，初期的卵石棱角分明，风化严重的卵石是圆形的，正如那些被河道或冰川裹挟而来的卵石一样。

2. 砾石

砾石的尺寸范围从 2 毫米到 20 毫米不等。由母岩和卵石分解的小颗粒的粗糙材料组成，它们也会被水道裹挟而变得圆润，但也会存在棱角砾石。砾石构成了土壤的骨架，它限制土壤的毛细作用和收缩。

3. 砂

砂的大小范围从 0.06 毫米到 2 毫米。它通常由二氧化硅或石英颗粒组成，有些海滩砂含有碳酸钙（贝壳碎片）。土壤的沙性成分以其强大的内摩擦力为特征，由于水膜在砂粒表面的作用较弱，使砂粒缺乏内聚力，这些表面的低吸附性限制了土壤的膨胀和收缩，松散结构和高渗透性是砂的典型特征。

4. 粉质土

粉质土的粒度范围为 0.002（2 微米）~ 0.06 毫米。从物理和化学的角度看，粉质土的成分几乎和砂的成分一样，唯一的区别是大小不同。粉质土通过增加内摩擦力使土壤稳定。颗粒间的水膜使粉质土具有一定的粘结力，由于其高渗透性，粉质土对霜非常敏感，它们易受细微膨胀和收缩的影响。

5. 黏土

黏土颗粒小于 2 微米，它们在化学成分和物理性质上不同于其他颗粒。在化学术语中，它们是由作用于岩石中主要矿物的浸出过程所形成的水化铝硅酸盐。从物理上讲，黏土通常呈片状拉长的形状，它们的单位表面积比那些更粗糙的圆形或棱角分明的粒子的单位表面积大得多，黏土很容易膨胀和收缩。

6. 胶质物

砂性材料通常裹有一种粘性糊状物，将其粘在一起，这种糊状物由"胶质物"组成，其尺寸小于 2 微米。其中一些是母岩风化的结果，这些属于矿物胶质物，首要的就是黏土，但黏土不是唯一的矿物胶质物。它通常与非常细的石英颗粒（1—2 微米），水合二氧化硅，石灰石和镁胶体的极细晶体，以及胶体铁和氧化铝，统称为倍半氧化物（sesquioxides）。其他胶质物是有机物分解的产物，属于有机胶质物，包括腐殖质和细菌胶体。

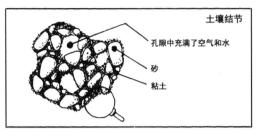

土壤结节

孔隙中充满了空气和水

砂

粘土

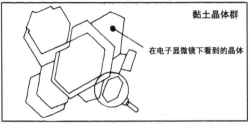

黏土晶体群

在电子显微镜下看到的晶体

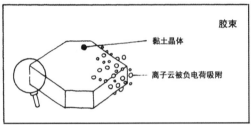

胶束

黏土晶体

离子云被负电荷吸附

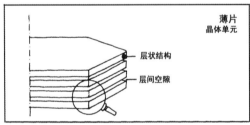

薄片
晶体单元

层状结构

层间空隙

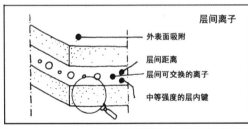

层间离子

外表面吸附

层间距离

层间可交换的离子

中等强度的层内键

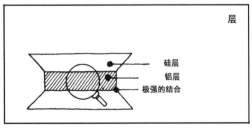

层

硅层

铝层

极强的结合

起源

黏土是岩石，特别是硅酸盐（长石、云母、角闪石、辉石等）化学风化的结果。

结构体

大的黏土分子（或胶束）是不规则或六边形的精细晶体。后者是最常见的，但也有其他形状，包括假六角晶圆片、圆柱形或中空管状纤维、厚片或圆盘等。黏土微胶粒是由薄片或页片组成的，这就是为什么黏土质矿物被称为千枚岩（这个名称希腊语中就是页的意思）。像云母一样，它们形成一组被称为层状硅酸盐的物质。

每个胶束由几十片甚至几百片薄片组成，这些薄片的结构决定了矿物的结构以及晶体的根本性质，包括类似胶质物的吸附性质。这些薄片的化学组成随黏土的类型和水化程度以及厚度和间距而变化，即从 7 埃到 20 埃（1 埃 = 千万分之一毫米）。它们的大小大约是 0.01 微米到 1 微米。一些薄片是由二氧化硅（由氧原子包围的硅原子）制成的，另一些薄片是由氧化铝（由氧原子和羟基包围的铝原子）制成的。

然而，也有其他黏土，它们的基体不是硅（Si）和铝（Al），而是硅（Si）和镁（Mg）或硅（Si）和铁（Fe）。尽管如此，铝硅酸盐代表了 74% 的地壳（1），我们将只考虑这些。

像大多数硅酸盐一样，黏土质矿物的结构是由氧和羟基的排列方式决定的。它们可能位于四面体腔或八面体腔中。

黏土的物理和化学性质是高度复杂的，因为黏土质矿物会受到无数电现象的影响。

主要分类

黏土矿物有几个科，几十个组。然而，三种主要类型构成了最常见的黏土：高岭土、伊利土和蒙脱土。

1. 高岭土

这些薄片由一层以硅为中心的氧四面体和一层以铝镍为中心的氧（或氢氧根）八面体组成。高岭土仅在片状边缘带负电荷，其离子固定能力较低。薄片之间的距离是常数，是 7 埃。晶体厚度在 0.005～2 微米之间。外部面积 OA 在每克 10—30 平方米之间，内部面积 IA = 0。高岭土与水接触一般比较稳定。

2. 伊利土

该基团具有三层结构：一个主要是铝质八面体的层，夹在两个主要为硅质的四面体的层之间。镁或铁离子可以部分地代替铝层中的铝离子，并且铝离子可以代替硅层中的硅。由于片材是非饱和的，负电荷由 K 离子平衡，K 离子粘合片材，片材之间的距离是 10 埃，晶体厚度在 0.005～0.05 微米之间。OA = 80m²/g，IA 是 800m²/g。伊利土与水接触时特别不稳定，容易膨胀。

3. 蒙脱土

该基团的结构与伊利土相近，但在八面体氧化铝层中发生了置换：铝离子可以被镁、铁、锰、镍等取代。这些片材不是电中性的，它们之间的连接很弱。片材间的离子不是 K 离子，而是可交换的阳离子（钠、钙）和水分子。片材之间的距离从 14 到 20 埃。晶体的厚度介于 0.001～0.02 微米之间。OA = 80m²/g，IA 是 800m²/g。蒙脱土与水接触不稳定，膨胀严重。

4. 其他

还有很多其他种类的黏土，如绿泥石、白云母、埃洛石、蛭石、海泡石、石榴石等，以及层间材料，它们是各种黏土的复杂组合。

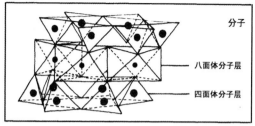

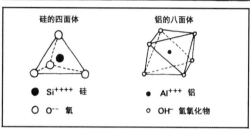

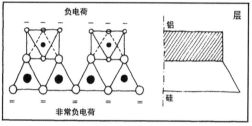

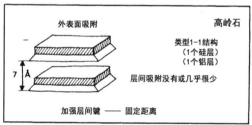

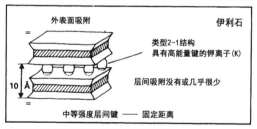

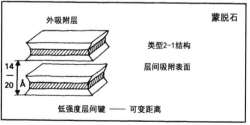

内部

有许多不同的结合力作用于土壤颗粒，使它们凝聚在一起。这些力的变化非常大，并且取决于每个单独的组件的特性。

这使得不可能引用一个单一的值来表示凝聚力。对于砂粒级的凝固物，破坏最弱的环节往往产生较小的团聚体，但具有较高的内部凝聚力。在极端情况下，团聚体的分解会导致基本矿物颗粒的粘结力类似于晶体矿物的粘结力。因此，直径为 > 2 微米的矿物颗粒具有高度的粘结性：它们的化学键在三维空间中为原子间键。这些石英或长石矿物构成了土壤的骨架，当它们以足够的密度相互接触时，土壤具有很强的抗变形能力。

另一方面，对于胶体部分，直径 < 2 微米的颗粒具有基本的二维键（片状结构）。这种键属于分子间键（即物理键，力中等或弱）。主要是层状硅酸盐，如高岭土、伊利土、蒙脱土、云母、水铝氧化物等。

外部

黏土起着水泥的作用。它将惰性颗粒维系在一起，并在很大程度上提供了土壤的内聚力。因此黏土胶束的内聚力值得特别研究。虽然不可能说单一力，但可以说结合力基本上是静电力。虽然许多吸引力和排斥力发挥作用，但静电力仍然是最重要的。

1. 静电力

黏土的胶束不是电中性的，它们可能带负电荷，也可能带正电荷。

负电荷   可以出现在两种不同的方式：

• 未填充价态，无论是在裂纹片材（氧原子）的末端或在外平面上，都是由于羟基（高岭土片材）中氢离子的离解。

• 取代：硅（Si）和铝（Al）原子可被低价原子取代：例如在一片二氧化硅中，硅（Si^{++++}）原子被铝（Al^{+++}）原子取代，其价数较低，将出现未被氧原子补偿的负电荷。以相同的方式，铝板中的铝（Al^{+++}）原子可以被镁（Mg^{++}）原子取代。

正电荷   不如负电荷普遍。它们可能出现在片材断裂点，如果断裂暴露出二氧化硅分子或铝原子，其中正电荷不再被氧原子或羟基平衡，或者作为黏土和铁或铝氢氧化物之间的频繁结合的结果，通过解离释放羟基离子。

机理   作为吸引力的结果，黏土胶束之间可以建立表面到侧面的键。然而，也可以建立带负电荷的表面键或侧面键。絮凝理论（分散的对立面）有助于解释这些现象。土壤中的水是一种粘合剂。它装载了大量的正离子或阳离子（钠离子、钙离子、铝离子），足以平衡晶粒的负电荷：总的来说，系统是电中性的。根据它们的水合程度，阳离子会产生水分子的定向链。当水合阳离子靠近粒子时，两组水分子将离子和粒子表面连接起来。类似的，一个离子可以充当两个相邻黏土颗粒之间的桥梁。

2. 其他力

黏土胶束之间，黏土和惰性颗粒之间以及惰性颗粒之间的结合意味着存在其他力。在这里，我们可以指出胶结作用、毛细作用和电磁力的重要性。

胶结 他是沉淀和溶解循环的结果，表现为在相似或不同组成的颗粒之间粘合剂的"纽带"。胶结剂的主要成分是方解石、二氧化硅、氧化铁、细菌粘合剂等。

毛细作用 类似于胶结作用，尽管毛细结合不是那么僵硬并且是可逆的。当流体浸渍颗粒时，它会沿着毛细管路径或通道流动，分离被毛细管束缚的粒子可能需要极强的张力。除了由界面张力引起的引力之外，水可以充当在颗粒之间传递力或作为一种非传导性的试剂。毛细作用产生的强收缩力可以增强弱收缩力的作用，减小颗粒间距离。粘性毛细作用力主要作用于惰性颗粒而不是黏土的胶束。

电磁力 范德华力。虽然它们很弱，但其在黏土胶束和惰性颗粒的结合机理中起着重要作用；它们会形成定向胶束薄膜，从而增加摩擦力。范德华力主要影响正常尺寸的胶束，但也在较小胶束的凝聚中发挥作用。

摩擦 表面粗糙带来的结果。这种粗糙度可以是原子或分子尺度，取决于微观方向和宏观肌理。在电子显微镜下观察表明，粘性表面可以被摩擦力束缚。

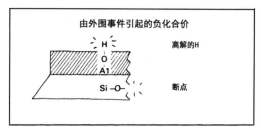

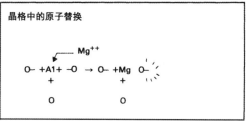

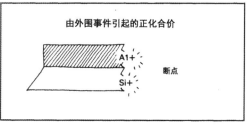

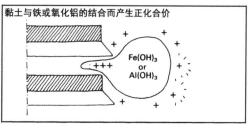

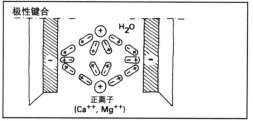

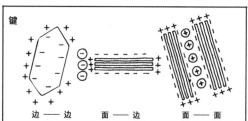

不同土壤的性质可能有很大不同。它们取决于各种颗粒组成混合物的复杂性质。土壤的特性取决于卵石、砾石、砂、粉质土、黏土、胶体、有机物、水和气体的比例。它通常是土壤中支配物质基本性质的主要成分。

化学性质的属性

这些取决于土壤成分的化学组成。在这些成分中，从化学层面来看，最有影响的是可溶的或不溶的盐。土壤的高盐度可能会产生极其显著的化学特性。

这些性质还受到矿物成分的矿物学特征、化学成分以及有机物的性质和数量的影响。这些不稳定成分本身，在化学和生化发展过程中，可以引起土壤本身结构的发展，产生不同性质的沉淀物、胶体和各种类型的粘合剂、腐殖质和细菌胶体。同样地，铁、镁、钙、碳酸盐和硫酸盐的氧化物的数量也可以从化学的角度体现土壤的特征。硫酸钙，特别是在水合作用下会发生灾难性的膨胀；其在亚硒酸盐水中的溶解度可提高黏土的敏感性。金属氧化物的影响非常大，例如在红土中，氧化铁可以加速某些凝固过程；同样，丰富的氧化铝会降低抗老化能力。土壤的 pH 也很重要，因为它表明了氢离子（H+）和氢氧根离子（OH-）含量，从而表明其酸性或碱性。

物理性质

土壤有许多物理特性。它们提供了土壤是否适用于建造的指南。

颜色 土壤的颜色范围是非常广泛的，可以从白色到黑色、米色、黄色或红色赭石、橙色、红棕色、灰色、甚至蓝色和绿色。

分解 这是一种土壤很容易被辨识的能力。砂质占主导地位的土易松散，而高黏质土的松散难度较大。

结构稳定性 这是指土壤结构的坚固性，表明其抗退化能力。

附着力 是指土壤在一定湿度下附着在其他物体，特别是工具上的能力。它随着湿度的增加而增强，直至达到最大值，然后逐渐降低。

表观容重 是指土壤整体，用 kg/m^3 表示。

比容重 是指土壤本身组成部分的密度，用 kg/m^3 表示。举几个例子：云母和长石的比密度在 2600—2700 kg/m^3 之间，砂的比密度在 2600—3000 kg/m^3 之间，黏土在 2500 kg/m^3。

含水率 土壤中所含的水量，无论是在自然状态下，还是在处理和干燥后，它用百分数表示，并定义了土壤的不同含水状态。

孔隙度或孔隙率 土壤中空隙的体积表示为总体积的百分比。孔隙度与比密度之间存在一定的关系，例如，对于密度在 1600～1800kg/m^3 之间的粉质土，孔隙率小于 40%。

毛细现象 或称为 pF，用于测量吸水所施加的力，以 g / cm² 或大气压表示，pF 是该压力的十进制对数。土壤越湿润，毛细吸水力越大，土壤能留住的水越少。土壤越干燥，它的吸水能力越强。

吸附力 黏土、腐殖质和黏土 - 腐殖质复合体所具有的一种性质，允许它们在表面保留从土壤溶液中提取的正离子和负离子。黏土层和腐殖质胶束周围的正负电荷解释了离子的固定。100 克材料吸附的正电荷数高岭土为 20 至 90 × 1020，伊利土为 120 至 240 × 1020，蒙脱土为 360 至 500 × 1020。

毛细扩散 土壤中水的位移。

渗透性 指流体通过土壤的速度，取决于其质地，但更多地取决于其结构。它以 cm/h 表示。例如，低渗透性粘质粉土的值可能为 0.6cm/h，高渗透性砂土的值可能为 60cm/h（未加工土壤）。

比热 将 1 单位质量土壤的温度升高 1℃ 所需的热量。它以焦耳 /(kgK) 表示。水的值为 4186.8 焦耳 /(kgK)，砂的值为 800 焦耳 /(kgK)，黏土的值为 963 焦耳 /(kgK)。

比表面积 一种主要用于黏土的措施，可以估算离子交换的化学活性。以 cm²/g 表示，粗砂的比表面积为 23cm²/g，粉质土的比表面积为 454cm²/g，黏土上升至 800m²/g。

总交换容量（T） 指土壤能够保留的各种阳离子的最大量，该度量表示用于固定金属阳离子或氢（H+）子的土壤中可用的负电荷的总和。它以每 100 克土壤的毫当量或 m.e.q. 表示。一个物体的当量是它的原子量与它的化合价之比，而 m.e.q 是这个的千分之一。举个例子：土壤的 T 值为 30m.e.q. 可以保留在钙：30m.e.q. × 40/2 = 600m.e.q. 钙 / 100g 土壤。土壤的 T 值是稳定的，因为它取决于不能大幅变化的胶体的速率和性质。黏土和腐殖质土壤的 T 值高，沙质土壤的 T 值低。

饱和率（V） 可交换碱基总和与总交换容量之比。它表示为百分比：V = S / T × 100。该速率因土壤而异。它取决于母岩中阳离子的可用性，阳离子供应的频率和体积（尤其是钙）和析出程度。富含活性石灰石的土壤的 V 值接近 80% 或 90%，而在砂质母岩上形成的土壤的 V 值通常低于 20%。

线性收缩 提供了一种测量干燥后的黏土块尺寸减小的方法，通常表示为初始尺寸的百分比。高岭土在干燥过程中有 3% ~ 10% 的线性收缩，伊利土在干燥过程中有 4% ~ 11% 的线性收缩，蒙脱土在干燥过程中有 12% ~ 23% 的线性收缩。

干强度 干燥条件下的抗剪强度取决于黏土，取决于颗粒的分布和大小，它们的完整程度和结晶度，以及可交换离子的性质。高岭土强度约为 0.07 ~ 5 兆帕，伊利土强度为 1.5 ~ 7 兆帕，蒙脱土强度为 2 ~ 6 兆帕。

基本属性

对土壤性质的详尽研究并非总是必要的，最重要的是要了解某些基本性质，这些性质是：

1. **质地** 土壤的粒径分布，以卵石、砾石、砂、粉质土、黏土和胶体的百分比表示。
2. **可塑性** 易于塑形土壤。
3. **压实性** 土壤孔隙度降至最低的潜力。
4. **粘结力** 土壤颗粒保持团聚的能力。

1. 质地

也称为土壤的颗粒或粒径分布，它表示不同粒径的百分比含量。土壤的质地取决于较粗糙的颗粒：鹅卵石、砾石、砂和粉质土的筛分，以及细小黏土材料的沉淀。根据美国试验与材料协会（ASTM）和法国标准化协会（AFNOR）标准，大量实验室采用的粒径尺寸分类如下：

>V: 鹅卵石：200 mm—20 mm

V: 砾石：20 mm—2 mm

IV: 粗砂：2 mm—0.2 mm

III: 细砂：0.2 mm—0.06 mm

II: 粉质土：0.06 mm—0.02 mm

IIA: 细粉质土：0.02 mm—0.002 mm

I: 黏土：0.002 mm—0 mm

土壤质地绘制在类似于图"G"的粒度分布图上。采用类似的分类，即十进制分类通常更有用。

鹅卵石：200 mm—20 mm

砾石：20 mm—2 mm

粗砂：2 mm—0.2 mm

细砂：0.2 mm—0.02 mm

粉质土：0.02 mm—0.002 mm

黏土：0.002 mm—0 mm

2. 塑性

塑性是指土壤在不发生以开裂或崩解为特征的弹性破坏的情况下承受变形的能力。

通过测量阿特伯格（Atterberg）极限，确定了土壤的塑性以及不同稠度状态之间的极限。

这些测量是在土壤的"细砂浆"粒径大小（颗粒 p < 0.4mm）上进行的。水的数量，用百分数表示，它对应于流体稠度状态和塑性稠度状态之间的过渡极限，称为液态极限（LL）。塑性态与固态之间的过渡称为塑性极限（PL），这时土壤开始表现出一定的抗剪能力。在 PL 处，土壤不再是塑性的，变得易碎。

塑性指数（PI）等于 LL - PL 决定了土壤塑性行为的范围。LL 和 PL 的组合指定了土壤对湿度变化的敏感性。土的塑性特性用塑性图"P"表示。

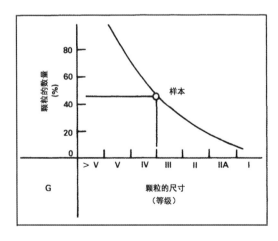

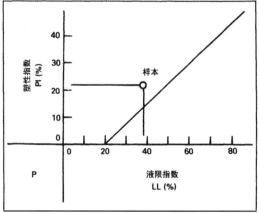

3. 压实性

　　土壤的压实性决定了在给定的压实能量和湿度（最佳含水量，缩写 OMC）下，土壤的最大压实能力。当土体受到力的作用时，材料受到压缩，孔隙比减少。随着土壤密度的增加，其孔隙率降低，渗透进去的水也减少了。这种性质是颗粒相互渗透的结果，颗粒相互渗透又减少了水作用对结构的干扰。

　　土壤的压实性是用普氏（proctor）压实试验测定的。土壤的压实性可以用压实性图来表示，如下面的"C"图，其中最优含水率与任何给定压缩能量的最优干密度相对应。

4. 粘结力

　　土壤的粘结力表示当拉伸应力施加在材料上时其颗粒保持在一起的能力。 土壤的粘结力取决于其粗砂浆的粘合剂或胶结性质（粒径小于 2 毫米），其将惰性颗粒粘合在一起。

　　这一特性因此决定了黏土的含量和粘结质量。

　　粗砂浆可分类如下：

A　多砂砂浆

B　贫砂浆

C　普通砂浆

D　富砂浆

E　黏土

　　在潮湿条件下通过拉伸实验测量粘结力，有时也称为"8"试验。 内聚力绘制在拉伸强度图"T"中。

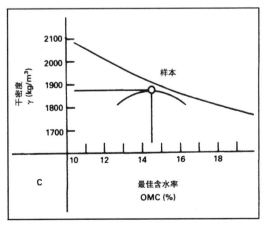

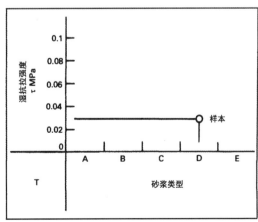

工程地质分类原则是最适合于用土建造的分类方法。它通过以下方式分类土壤：

- 粒径分布（直接测量）
- 可塑性（直接测量）
- 压实性（间接测量）
- 粘结力（间接测量）
- 有机物的数量

它不考虑：

- 土壤的含水状态
- 土壤的原位密度
- 气态和液态成分

有许多不同的土壤工程分类。这些差异可能会引起混淆。一般而言，最好参考适合当地条件的区域性分类。没有任何分类系统专门适用于作为一种建造材料的土，这里显示的是为达到我们目的最可取的系统之一。它们略有简化，推荐适用于用土建造的测试。

美国州属公路协会(AASHO)M 145 工程土壤分类（美国）

美国州属公路协会 (AASHO) 分类法	颗粒状材料（少于等于35%的颗粒通过0.08mm的筛子）							粉质黏土材料（大于35%的颗粒通过0.08mm的筛子）			
分类	A-1		A-3	A-2				A-4	A-5	A-6	A-7
组	A-1-a	A-1-b		A-2-4	A-2-5	A-2-6	A-2-7				A-7-5 A-7-6
通过以下筛子的颗粒百分比 2mm 0.4mm 0.08mm	15 max 30max 50 max	25 max 50 max –	10 max 51 max –	35 max – –	35 max – –	35 max – –	35 max – –	36 min – –	36 min – –	36 min – –	36 min – –
LL PI	– 6 max		– N.P.	40 max 10 max	41 max 10 max	40 max 11 min	41 min 11 min	40 max 10 max	41 min 10 max	40 max 11 min	41 min 11*min
主要材料	碎石、砂砾和砂		细砂	砂砾和粉砂或黏土砂				粉砂质土壤		黏质土壤	

```
*  For A-7-5    PI ≤ LL-30          N.P. = 无塑性
   For A-7-6    PI > LL-30
```

对应的符号	
美国州属公路协会(AASHO)	统一土壤分类法(USCS)
A-1 A-2-4, A-2-5 A-3	GW, GP, GM, SW, SP, SM GM, GC, SM, SC SP
A-2-4, A-2-5 A-4 A-5	GM, GC, SM, SC CL, ML ML, MH, OH
A-6 A-7	CL, CH OH, MH, CH
	OL Pt

岩土分类USCS系统				符号	描述
超过一半的颗粒直径大于0.08毫米 颗粒状土壤	超过一半的颗粒直径大于2毫米 砾质土壤	无细分	所有粒径都有，没有一个占主导地位	GW	纯砾石 级配良好
			一种粒径占主导地位	GP	纯砾石 级配不良
		有细分	细颗粒没有粘结力	GM	粉土质砾石
			细颗粒有粘结力	GC	黏土质砾石
	超过一半的颗粒直径大于0.08 毫米，小于2毫米 砂质土壤	无细分	所有粒径都有，没有一个占主导地位	SW	纯砂子 级配良好
			一种粒径占主导地位	SP	纯砂子 级配不良
		有细分	细颗粒没有粘结力	SM	粉土质砂子
			细颗粒有粘结力	SC	黏土质砂子
超过一半的颗粒直径小于0.08毫米 精细土壤——黏土和粉质土	液限 LL < 50% 黏土和粉质土壤	Above A		CL	低可塑性黏土
		Under A	无机物质	ML	低可塑性粉质土
			有机物质	OL	低可塑性有机粉质土和黏土
	液限 LL > 50%	Above A		CH	高可塑性黏土
		Under A	无机物质	MH	高可塑性粉质土
			有机物质	OH	高可塑性有机粉质土和黏土
有机物占了主导地位，能够通过气味、深色、纤维质地、低湿密度来识别				Pt	泥炭和其他高有机土壤

附注

– 这个分类是一个简化和修改的版本

– 粒径大于60mm的颗粒不予考虑

– 可以估算出颗粒的重量

– 颗粒的尺寸与粒径分布图相对应

现代土壤科学所使用的分类分析了土的整体断面，并通过分析以下因素来强调形成和发展过程：

- 土壤的生发和分化程度；

- 黏土的形成和风化方式；

- 导致土壤生成的基本物理和化学过程。这些通常与有机物有关。

杜乔福（法国 CNRS 土壤学中心）的分类反映了当代这一研究的趋势。通过表格可以看出这种分类与其他分类的关系，特别是粮农组织的分类，这可以在专家文献中找到。

杜乔福（Duchaufour）分类（简化版）

第 1 部分：土壤的起源与有机质的演化密切相关
第 1 类——未成熟的土壤

- 气候：沙漠土，冻结土或冷冻土（AC 或 AR 剖面 - 非常少的有机物质）；

- 侵蚀：风化土，石质土（AC 剖面 - 清晰的腐殖质层）；

- 沉积：冲积土和崩积土（由火山或水道沉积）（AC 剖面 - 清晰的腐殖质层）。

第 2 类——土层分化小的土壤，不饱和腐殖质土壤（AC 剖面）

它们具有由腐殖质均匀着色的剖面。腐殖质富含有机金属复合物，因而迅速变得不可溶解。

- 铝含量低：薄层土（在结晶的岩石上）；

- 铝含量高：暗色土（在火山岩上）。

第 3 类——钙镁土

以活跃的石灰石在早期阶段遏制腐殖质化为代表。剖面中有大量未成熟的腐殖质。

- 腐殖质：黑色石灰土（深色的腐殖层，厚，在地中海地区很有代表性）；

- 低腐殖质：布鲁尼标准（brunified）的钙镁土壤（棕色石灰岩，棕色含钙土壤）；

- 腐殖质非常丰富：腐殖质的钙质土壤和腐殖质的岩石土壤（很少或没有活跃的碳酸盐的山体）。

第 4 类——等腐殖质土

通过生物学手段，彻底整合经长期气候变化而形成的稳定的有机物典型。

- 饱和复合物：黑钙土，栗色土壤，灰色森林土壤（深色草原）；

- 不饱和复合物：湿草原土（湿润的大陆性气候下的草原土壤）；

- 处于日趋干旱的气候条件下：红栗色土壤，灰色土壤。

第 5 类——变性土

含有膨胀黏土的土壤:通过极端稳定的有机矿物复合物和深色（膨胀黏土 - 稳定腐殖质）的"垂直运动"（通过裂缝）进行彻底整合。这标志着此处正处于干燥的季节。

- 变性土（深色）（30% 至 40% 膨胀性黏土 - 黑色棉质土壤）；

- 变性土（彩色）（蒙脱土，半膨胀的层间土壤）。

第 6 类——布鲁尼标准（brunified）土壤　含有不明显的 A（B）C 或 ABC 剖面。

以较薄的腐殖质层为特征，主要是由于其足量的游离铁而变得不可溶，其与黏土形成"铁桥"。

- 具有 B 风化层的棕色土壤；

- 具有 B 层黏土堆积的淋溶土；

- 淋溶大陆或北方土壤。

第 7 类——灰化土

未成熟的有机物形成可移动的有机 - 矿物复合体。非常明显的砂质或砾石层：A2 亮，B 暗。

- 灰化土和不是水成性的灰壤，或只是轻微地水成性的灰壤；

- 灰化土和水成性的灰壤（水位）。

第 2 部分：土壤的起源

- 完全独立于有机物的演变；
- 另一方面，与相当潮湿的温暖气候密切相关，以及铁和氧化铝（倍半氧化物）的特殊行为。

第 9 类——铁硅铝化土

氧化铁向"发红"方向发展。黏土组成以 2/1 型占主导地位（转化与新生成）。一般位处地中海和干燥的热带气候。

- 不完全发红：布鲁尼标准（Brunified）红色铁硅铝化土（红土）；
- 完全发红：饱和或几乎饱和的复合铁硅铝红土；
- 复合物部分被耗尽和稀释：铁硅铝化酸性土。

第 10 类——铁质土

丰富的铁氧化物结晶（针铁矿和赤铁矿），基本矿物尚未完全风化：1/1 型新生成的黏土占优势（高岭土），但与 2/1 型黏土一同出现。

- 不完全风化：铁质土壤；
- 风化接近完成：富铁土。

第 11 类——铁铝质土

主要矿物（石英除外）的总风化，仅 1/1 型黏土，倍半氧化物（sesquioxides）含量高，结晶铁和氧化铝，发生在最潮湿的热带地区。

- 严格意义上的铁铝质土壤（主要是高岭土）；
- 水成的铁铝质土。

第 3 部分：原产地与当地条件有关的土壤
第 8 类——水成土（起源受水影响）

这些土壤的起源暂时或永久地受到过量的铁氧化还原作用的影响，这与地下水位的长期或暂时存在有关。

- 明显的氧化还原（存在地下水位）：假潜育土、滞水潜育土、潜育土（灰色，通常伴有黄色，红色或锈色标记）；
- 温和的氧化还原：由于黏土材料中的毛细上升和黏土的表面消耗而形成的水成形态，有暗色黏土、粘盘土。

第 12 类——苏打土壤

这些在地中海地区和干燥的亚热带地区很常见。苏打土是一种演化特征存在可溶性盐、氯化物、硫酸盐等成分或存在钠（Na+）离子两种形式的土壤。

- 盐水：盐渍土壤；
- 可交换的钠：碱性土壤。

FAO（联合国粮农组织）和 DUCHAUFOUR（杜乔福）分类系统之间的对应表			
FAO	**DUCHAUFOUR**	**FAO**	**DUCHAUFOUR**
Fluvisols（冲积土）	Alluvial and colluvial soils（冲积和埲积土）	Chernozems（黑钙土）	Chernozems（黑钙土）
Gleysols（潜育土）	Gley（潜育土）	Cambisols（始成土）	Undeveloped soils（未发育土）
Regosols（粗骨土）	Regosols（粗骨土）		Brown soils (tropical)（棕色土-热带）
Lithosols（石质土）	Lithosols（石质土）		Iron soils (non-sandy)（棕色土-无砂）
Arenosols（砂性土）	Ferrallitic soils (sandy)（铁铝土-砂性）	Luvisols（淋溶土）	Leached soils（淋溶土）
Rendzinas（石灰土）	Rendzines（石灰土）		Ferrisols（富铁土）
Rankers（薄层土）	Rankers（薄层土）	Planosols（粘盘土）	Planosols（粘盘土）
Andosols（暗色土）	Andosols（暗色土）	Aerisols（气溶土）	Ferallitic soils（铁铝质土-极度干燥）(extremely dry)
Vertisols（变性土）	Vertisols（变性土）		
Solonchak（盐土）	Saline soils（盐碱土）	Nitrosols（硝土）	Ferallitic soils（铁铝质土-适度干燥）(moderately dry)
Solonetz（碱性土）	Alkaline soils（碱性土）		
Yermosols（荒漠土）	Sierozems（灰钙土）	Ferralsols（铁铝土）	Ferallitic soils（铁铝质土-半干燥）(subarid not dry)
Xerosols（干旱土）	Brown soils（棕色土）		
Castanozems（栗钙土）	Reddish chestnut soils（红栗钙土）	Ferrisols（富铁土）	Ferallitic soils（铁铝质土）Iron soils（铁质土）
	Chestnut soils（栗钙土）	Histosols（有机土）	Peat soils（泥炭土）

有许多非常特殊的土壤类型，它们的名称对每个学科而言都是特定的：农业、土壤工程和土壤科学，以下是文献中最常见的名称。

1. 红土

在热带和亚热带的潮湿气候中，母岩的崩解，伴随着与浸出和蒸发有关的化学风化，导致了 B 层（特别是铁层）倍半氧化物（sesquioxides）的积累。红土具有高度崩解和金属氢氧化物集中的特点，一些红土含有丰富的铝元素：铝土矿。红土只有一层薄薄的有机物质，因处不同的位置，红土可能是软的、由黏土或砂组成，也可能是硬的，含有大量的卵石，它们典型的特点是暴露在空气中会迅速变硬。除了这些一般特征外，目前还没有对红土作出准确和唯一的定义。化学比值 SiO2/Al2O3 < 1.33 已经使用了很长时间，尽管其争议不断。最近的研究表明，这一比例可能更接近 2。它通常较低，但也可能较高。土壤科学用反映土壤特殊性质的复合术语取代了一般术语红土：铁硅铝化土，铁铝质土和富铁土。直到今天这个定义依然通用，这可以追溯到 1807 年，由布坎南（Buchanan）提出。布坎南还提出了"红土"这个名字，这个名字来源于拉丁语"Later"，意思是砖。

尽管如此，我们仍将使用穆可伊（Mukerji）的定义，"红土是高度风化的土壤，其中含有大量的氧化铁和铝，以及石英和其他矿物，尽管比例极不稳定。它们大量存在于热带和亚热带地区，通常处在大面积开阔平原和强降雨地区的空地表面以下，自然形态从紧凑的结石到易碎的土壤。它可能有很多种颜色：赭色、红色、棕色、紫罗兰色和黑色。这种材料容易切割，它在空气中很快变硬，对气象因子有很强的抵抗力"。

因此，这些是硬化（快速和显著硬化）的基本特性。对于作为一种红土的杂赤铁土，硬化的发生迅速、强烈而不可逆转，这种情况相当罕见（例如印度、布基纳法索）。受母岩中铁的含量、土壤的湿度、土地的位置、发红的程度［氧化亚铁缓慢脱水并结晶成 Fe_2O_3（赤铁矿）］的影响，红土的颜色可以从几乎黑色变为铁锈、暗红色，极端干燥时呈红色（赤铁矿 Fe_2O_3）。如果干燥过程不那么极端，结果是红赭石色（针铁矿 $Fe_2O_3H_2O$）。富水赤铁矿（$Fe_2O_3H_2O$）在潮湿的环境中呈现黄赭石色。如果铝占主导地位，颜色就会呈现出浅红色，淡粉色和赭色等。三水铝石（$Al(OH)_3$），勃姆石（$AlOOH$）和水铝石（$H-AlO_2$）颜色较浅，或呈灰白色透明。

红土的物理性质差别很大，体积密度范围从 2500 到 $3600kg/m^3$。它们的硬度随着氧化铁浓度的增加而增加，并且颜色越来越深，而后期的硬化会导致坚硬外壳的形成，这些亚铁壳可能从几厘米到一米多厚不等。

2. 钙质红土和棕钙红土

在上一个冰河时代之前，当地中海地区还是热带气候占据主导地位时，在厚厚的硬石灰岩层上形成了非常缓慢的脱碳黏土。钙质红土是红色的，但其红色程度不同于棕钙红土的红色。在大多数地中海地区都能找到钙质红土。在更远的北方，它们是化石土壤，在它们的表面慢慢变成棕色（由黏土 - 铁混合物形成的棕色），这些棕色的土壤深处仍然是红色的。

3. 黑棉土

这些土壤发现于潮湿的热带地区，并出现在火山岩上，如玄武岩。它们通常被称为"黑棉花土壤"，因为它们的颜色较深（黑色、深灰色或棕色），而且棉花通常生长在这些土壤上（例如在印度）。它们富含碳酸钙，非常粘，主要黏土是蒙脱土，具有很高的离子交换能力。高达90%的黏土颗粒的直径可能小于0.15微米。它们以潮湿条件下的显著膨胀和干燥后的严重收缩而闻名，干燥时这些土壤非常坚硬，近50万平方千米的印度次大陆被它们覆盖。阿根廷北部和许多非洲国家也有这种情况。在摩洛哥，它们被称为"tirs"（嘉博和卢斯科斯的平原）。它的其他名称包括 Regur（印度），Margalitic（印度尼西亚），Black Turfs（非洲英语区）。黑棉土的液限（LL）在35%~120%之间，塑性指数（PI）在10%~80%以上。它们的线性收缩一般在8%到18%之间。举几个例子：摩洛哥的"tir"的液限值在50%—70%之间，塑性指数值在30%—35%之间，它们的收缩值在10%—12%之间。在苏丹，巴多贝（Badobe）土壤的液限值在47%—93%之间，塑性指数值在13%—58%之间，收缩率在8%—18%之间。蒙脱土在黑棉土中占主导地位，通常是 A-7-6 和 A-7-5 土壤。

4. 黄土

黄土是风积土。它质地细腻均匀，粉质质地，含砂量低，碳酸钙含量在10%—20%之间。这种物质起源于沙漠地区（例如中国的黄土来自戈壁沙漠），或者在靠近大型冰川的地区，来源于冰碛沉积（如欧洲）。黄土层的厚度从几十厘米到10米或20米不等。黄土极其易碎。它很容易挖掘（例如中国北方或突尼斯的住宅）。

5. 黏土质岩石

它们构成了大多数（80%）沉积岩。其中，层状硅酸盐类的塑性黏土是最好的例子。但它们也包括页岩、硅铝岩（俗称片岩或板岩）和泥灰岩，泥灰岩是一种含黏土的矿物，混合着碳化颗粒。当这些岩石被黏土粘在一起时，它们就构成了土壤。当它们被天然水泥（如石灰质凝灰岩）粘合在一起时，它们就是岩石。这种区别很重要，因为同一个区域的术语可以表示非常不同的材料。术语"Tepetate"在墨西哥表示"钙质结砾岩"（由

石灰质凝灰岩胶结的砾石），是非常石灰质的土壤或岩石，甚至是白垩。同样的情况也适用于美国，如"Caliche"或"Chalk"，或突尼斯的"Torba"。其他术语也同样令人困惑：泥灰岩、凝灰岩、白垩、凝胶、巴塔（Bhata）、旦达拉（Dhandla）……人们经常可以注意到碳酸钙（$CaCO_3$）的含量很高，在50%到75%之间，颜色从赭石到白色不等。塑性指数随碳酸盐含量的增加而降低。例如，在突尼斯，塑性指数为20%（75% $CaCO_3$），13%（90% $CaCO_3$）。这些土壤的粒度很难确定，因为它们在水中硬化和溶解严重。然而，它们在干燥时仍然很易碎。

6. 盐碱土

这些土壤富含氯化钠（NaCl）或硫酸钠（Na2SO4）。它们主要出现在半沙漠、草原或热带干旱气候的干旱地区，那里的高蒸发率妨碍了自然排水过程；也可能在下层土壤含盐量高或地下水含盐量高的地方发现。在干旱的气候条件下，这些土壤通常靠近大型盐碱化的亚沙漠洼地（北非小盐湖盆地、北美的普拉亚斯湖、中亚的塔基尔）和埃及、利比亚、以色列、叙利亚伊拉克和土耳其的主要灌溉山谷。在潮湿的气候条件下，盐碱土只在靠近海洋的地方出现（温带气候的土壤和赤道地区的红树林沼泽）。

7. 冲积土

这些土壤与较宽山谷中的河流和小溪为邻。它们富含矿物质，并受到持续的风化作用。它们的质地各不相同，尽管它们通常是过滤过的，表面是最细的物质（细砂、粉质土、黏土），随着深度的增加而变得粗糙。它们的颜色有地势较高处的棕赭石色，泛滥平原处的灰色，沼泽地区的黑色。

8. 泥炭土

这种物质是暴露在空气中的植物物质分解的结果，通常出现在浅水湖泊或沼泽地。泥炭通常是深棕色的，含有植物性物质，这类物质可以被清楚地识别出来，而且矿物质很少。

基于土壤科学分类法的主要土壤分布图

图例	
山地：各种山地土壤类型	北方带：针叶林（灰土）
沙漠	冻土带 和北方泥炭土
半沙漠区域：寒带（灰钙土），温带（灰色和棕色亚干旱土壤，栗钙土，腐殖质热带土）	亚热带和旱季的地中海沿岸（主要为含铁的土）
稀疏草原：栗钙土，湿草原土	湿润的亚热带和旱季的热带（铁质土，富铁土）
繁茂草原：（黑钙土）	潮湿的热带地区：茂密的森林（主要为含铁土和富铁土）
牧场：（湿草原土）	水成带内土壤（冲积土，潜育土，粘盘土）
温带地区：落叶林（棕色土）	发展带内土壤（主要为绿色土壤）
过渡带：落叶和针叶混交林（灰土和淋溶土，灰色森林土壤）	⊕ 区域内钠土（含有钠盐或钠化合物的土壤）

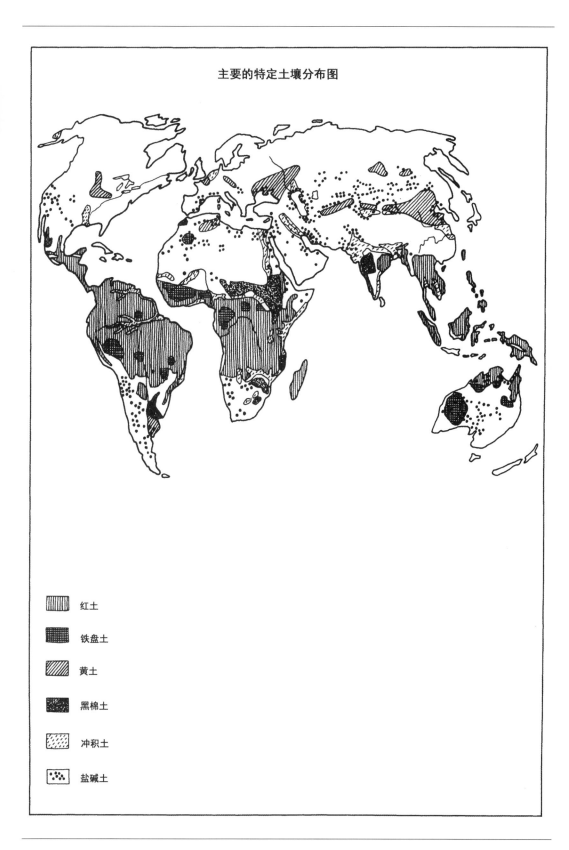

主要的特定土壤分布图

	红土
	铁盘土
	黄土
	黑棉土
	冲积土
	盐碱土

[1]   BUNNETT, R.B. *Physical Geography in Diagrams* [M]. London: Longman, 1977.

[2]   CYTRYN, S. *Soil Construction* [M]. Jerusalem: the Weizman Science Press of Israel, 1957.

[3]   DUCHAUFOUR, P. *Atlas Écologique des Sols du Monde* [M]. Paris: Masson, 1976.

[4]   DUNLAP,W.A. *US Air Force Soil Stabilization Index System* [R]. New Mexico: Air Force Weapons Laboratory, 1975.

[5]   EL FADIL, A.A. *Stabilised Soil Blocks for Low-cost Housing in Sudan* [M]. Hatfield: Polytechnic, 1982.

[6]   FOTH, H.D.;TURK, L.M. *Fundamentos de la Ciencia del Suelo* [M]. México: Cessa, 1981.

[7]   GATE. *Lehmarchitektur* [C]. Rückblick-Ausblick. Frankfurt am Main: Gate, 1981.

[8]   GRAETZ, H.A. *et al. Suelos y Fertilización* [M]. México: editorial Trillas, 1982.

[9]   GRIM, R.E. *Applied Clay Mineralogy* [M]. New York: McGraw-Hill, 1962.

[10] HRB. ‘Soil Stabilization: multiple aspects’. *In Highway Research Record* [J], Washington, 1970.

[11] INGLES, O.G. ‘Bonding Forces in Soils’. *In The first conference of the Australian Road Research Board*[R], 1962.

[12] INGLES, O.G.; Metcalf, J.B. *Soil Stabilization* [M]. Sydney: Butterworths, 1972.

[13] LEGRAND, C. *CSTC* [OL]. Priv. com. Limelette, 1984.

[14] MAIGNIEN, R. *Compte Rendu de Recherches sur les Latérites* [M]. Paris: UNESCO, 1966.

[15] MUKERJI, K.; BAHLMANN, H. *Laterit zum Bauen* [M]. Starnberg: 1FT, 1978.

[16] PCA. *Soil-cement Laboratory Handbook* [S]. Stokie: PCA, 1971.

[17] POUR LA SCIENCE. *Les Phénomènes Naturels* [J]. Paris: Berlin, 1981.

[18] PUPLAMPU, A.B. *Highways and Foundations in Black Cotton Soils* [M]. Addis Abada: UN; ECA, 1973.

[19] RINGSHOLT, T.; HANSEN, T.C. ‘Lateritic Soil as a Raw Material for Building Blocks’. *In American Ceramic Society Bulletin* [J], 1978.

[20] ROAD RESEARCH LABORATORY DSIR. *Soil Mechanics for Road Engineers* [R]. London: HMSO, 1958.

[21] SMITH, E. *Adobe Bricks in New Mexico* [S]. Socorro: New Mexico Bureau of Mines and Mineral Resources, 1982.

[22] SOLTNER, D. *Les Bases de la Production Végétale*[M]. Angers: Collection sciences et techniques agricoles, 1982.

[23] WHITTEN, D.G.A.; BROOKS, J.R.V. *The Penguin Dictionary of Geology*[M]. Middlesex: Penguin, 1981.

平屋顶上覆盖着稳定土的压制土砖建筑，奥罗维尔，印度建筑师：苏哈妮·艾尔圭甘（Suhasini Ayer-Guigan）、卡戴生土建筑国际研究中心　塞尔其·麦尼（Serge Maini Craterre-Eag）

3. 土壤识别

任何涉及选择将土壤加工成建筑材料的技术，其基本的先决条件是掌握对土壤的正确识别。

有许多识别测试可以用于土壤，然而，测试结果可直接适用于建造的却极少。

直接有用的试验可分为指标试验和实验室试验。这两种类型的测试为以土为材料的建造提供了不可或缺的决策依据。但是，指标试验必须首先进行，因为它们可以为实验室试验提供可行的宝贵资料，而实验室试验比较复杂，进行时间较长，并且需要更精确的执行。

识别规程

由于土壤的自然多样性,一般很难识别。如果要实现未经焙烧的土壤材料的使用经济性及其在建筑中的应用,就必须对土壤进行一定程度的精确鉴定。在涉及简易工程的情况下,根据经验进行鉴定可能是足够的,但即使如此,也必须谨慎,使鉴定过程中使用的所有指标都达到一致,如果有任何明显的偏差,就应该进一步通过实验室测试来确认。在涉及重大工程的情况下,鉴定工作应足够精确,以便选择适当的质量控制措施,并排除那些无用的措施,充分鉴定土壤是一项非常烦琐的任务。因此,对土壤进行良好的基本识别可以确保在时间和金钱上获得可观的收益。但是,具体质量控制的效用应根据对材料及其主要成分的性质、它们的基本物理和机械特性的了解以及可靠的参考资料(例如表格、列线图)来判断。应当始终牢记,土壤是一种复杂的材料,仅仅加以识别是不够的,不能绝对保证其能在建筑工程中得到正确的使用。还需要进行各种试验,以评估这个材料的力学性能。

以下展开详细描述的普通识别规程并不详尽,可由其他识别规程补充。应当寻求当地的知识并注意传统的实际经验,并从地质学、农学和土壤科学等其他学科借鉴来的规程作为解读的指南。

识别和分类土壤有三个基本步骤:

第一阶段:确定可能影响材料力学行为的土壤成分的基本特征和性质;这是初步的现场分析,是可视化的和手动的。

第二阶段:必须对土壤进行描述,记录初步分析确定的基本特征和性质。这种描述性信息是必要的,以便将分析的土壤与其他更大范围的群体性描述区分开来。

第三阶段:如果现场分析无法足够准确地分类,将进行实验室分析。只有在需要非常精确的分析时,才需要执行此步骤,例如,具有非常特殊性质的土壤,矿物学细节等。然后可以将土壤划分归类,甚至可归为更小的分类并标记。

信息来源

在前往工地前,宜先查阅以地图及方志形式保存或记录的有关地质、土壤科学、地理、测量、水文、雨量、植被、农业、道路网等资料。对这些数据做比较可提供初步的资料,对实地工作形成宝贵的指导。如有必要,还可咨询有关学科的当地专家,以便了解现有资料,还可以从区域农业研究站、研究中心、大学、土木工程、采矿和自然资源咨询服务以及土木工程承包商等处获得进一步的资料。

分类归档

在实地采集的每一个样本都有一张"身份证"。这是一个包含尽可能多的关于样本信息的文件卡,例如收集的地点和日期,涉及的地点,请求采样的人,样品编号和核心编号,采样深度,采样器或取芯器的名称,重量,特别备注,等等。该"身份证"还应完成更多信息并形成样本文件,包含土壤的典型名称、类别符号、质地、结构、颗粒形状、最大直径、可塑性、矿物学、气味、颜色、水化状态、致密性、可压缩性、内聚力等。

土壤识别设备

识别土壤所需的设备可以是最基本的一些常用的工具和仪器，如刀具、各种烧瓶和容器；也可以相对复杂一些，如一个设备齐全的实验室，可能要花费几十万美元来建立。然而，还有一种折中的解决方案，即使用价格适中的设备，如临时实验室，甚至是安装在小型卡车上的移动实验室，还有便携式现场实验室，可以装在一个手提箱里，这种紧凑型实验室非常实用，可以进行最基本的测试。包含在这样的现场测试设备中的装置应该能够测试以下事项：亮度、附着力、倾析、沉淀、粒度、可塑性、可压缩性（非绝对必要）、内聚力、矿物学和化学性质。

这里提到的土壤识别设备应适用于进行不太复杂的一系列测试和试验。必须认识到，这些测试和试验首先是现场测试，涉及的设备和工具，如小镐、刀和刮刀，几个用来盛放保存材料的收集器、刻度瓶，用于线性和体积收缩测试的模具、口袋尺，等等。

1. 收集样品

可以使用安装在卡车上的手动钻孔机或机械钻，钻孔机可以快速采样到相当深的位置，通过延伸可使深度达到 5 米至 6 米，无延伸深度在 0.6 米至 0.7 米。普通钻头的正常尺寸范围为 6 厘米至 25 厘米。它们重约 5 千克，每增加 1 米增加 3 千克。该工具的主要缺点是在钻孔过程中有可能将表层土与更深处的土层混在一起。

另一种方法是挖一个边长 1 米，深度为 2 米的洞。为了便于观察，这个洞应与太阳的方向形成恰当的角度。由于在粘性差的材料中作业存在塌陷风险，还必须采取预防措施以确保工人的安全，挖出的土全部被移走，无须取样。分析中使用的取样土料是通过侧向挖入洞壁，从洞的一侧获取的，还可以从土层倾角清晰可见的天然斜坡上取样，应小心清除表面的所有植被和有机物。

2. 样品重量

原则上，1.5 千克的土壤足以进行所有的基本鉴定试验，但压实性试验需要 6—10 千克。如果要测试一件 29.5 厘米 ×14 厘米 ×9 厘米的制块，则至少需要 10 千克的土壤。取样所需的土壤数量将取决于所进行的试验的数量和类型，取决于所要求的精密度，因为这可能需

要备份试验，取决于所涉及的费用和困难，因为试验的费用往往与被测土壤的质量有关，最后还取决于颗粒大小，因为大颗粒土壤比细颗粒土壤需要数量更多的样品。

3. 样品质量

样品必须能代表被测土壤的类型性质。为了确保样本具有代表性，必须努力确保遵守以下普遍性的原则：

- 必须小心避免因不同取样范围的混合而造成的样本掺杂。

- 样本中不剔除任何东西，也不添加任何东西，不要试图改善它的自然状态。

- 只从非常限定的区域内取样。

- 如果土壤是非均质的，不要试图取"平均值"，而是从多个不同的地点取更多的样本。

- 为了划分样本，把它在洁净的衬面上做成锥形；铺平，分成四份，去掉两个相对的扇区，然后将材料再次堆成一个锥形，并重复此操作，直到获得所需的数量。

4. 样品包装

将样品装入收纳容器或防水袋中，在运输过程中不能破碎或破裂。如果要保持原始含水率，建议使用石蜡封装。应仔细标记容器，将识别标签包装在容器内，以防止在处理过程中丢失、弄脏或变动。

现场工作需要进行一些快速识别测试，以帮助确定哪些土壤可能适合建筑用途。通过这些简单的现场测试，可以评估材料的某些特性，并确定土壤是否适合建筑用途。这些测试多少有些经验性，所以应该重复这些测试以确保所得到的结果不仅仅是粗浅的印象。从这些测试可以看出是否需要进行下一步的实验室测试。

1. 目视检查

用肉眼检查已干燥的土壤，以估计砂质和细粒部分的相对比例。为了便于评估，需要剔除大的石块、砾石和粗砂（以下所有测试也必须执行此操作）。细粒部分由直径小于 0.08 毫米的微粒组成，该直径是人眼分辨能力的极限。

2. 气味测试

土壤翻动后应立刻嗅闻。如果闻起来发霉，它就含有有机物。如果土壤受热或受潮，这种气味会变得更浓。

3. 轻咬测试

测试者轻咬一小撮土，用牙齿轻轻地把它压碎。如果土壤在牙齿之间以一种不舒服的感觉磨削，它就是砂质的。粉质土可以在牙齿之间被磨碎，但不会造成不舒服的感觉。黏质土壤给人一种光滑或像面粉一样的感觉，一小块粘在舌头上是粘性的。当然，需要注意在口腔中放置任何这样的样本，其前提必须是安全的。

4. 触摸测试

去除最大的颗粒后，用手指和手掌摩擦样本，弄碎土壤。如果感到粗糙的感觉，土壤是砂质的，潮湿时没有凝聚力。如果土壤给人一种轻微粗糙的感觉，并且在湿润时具有适度的粘性，那么它就是粉质的。如果土壤干燥时含有抗压的结块或凝固物，并且在湿润时变得有塑性和粘性，那么它就是粘质的。

5. 清洗测试

用略微沾湿的土壤搓手然后冲洗。如果双手很容易冲洗干净，土壤是砂质的。如果它看起来是粉状的，并且不需要很困难就可以将手冲洗干净，那么土壤是粉质的。如果土壤给人一种滑腻感，而且很难冲洗干净，那

么它就是粘质的。

6. 光泽测试

用小刀把一个稍微湿润的土球切成两半。如果新鲜露出的断面暗淡无光泽，土壤主要是粉质的。反过来，如果是闪亮有光泽的断面，则表明其是塑性黏质土壤。

7. 附着力测试

拿一团潮湿但不粘在手指上的土，用刮刀或小刀插进去。如果刮刀难以穿透土壤，并且在拔出时土粘在上面，那么土壤就非常粘。如果刮刀能很容易地插进去，并且拔出来时有土粘在上面，那么土壤是中等粘性的。如果刮刀能被推入土壤而不遇到任何阻力，那么即使刮刀拔出时很脏，说明土壤中也只含有少量黏土。

8. 沉淀测试

上述测试使我们有可能对土壤的质地、不同成分的相对大小以及质量有一个初步的概念。为了更准确地了解土壤成分，可以在现场进行简易沉淀测试。所需要的设备很简单：一个透明的圆柱形玻璃瓶，底部是平的，容量至少为 1 升，瓶颈足够宽，可以把手伸进去，但又足够小，可以用手掌封闭。

测试过程如下：

- 把瓶子装满四分之一的土；
- 把剩下的四分之三容积装满水；
- 让瓶子立着，使土壤浸透（手动搅动土壤可以促进浸透）；
- 用力摇晃瓶子；
- 把混浊的水倒出；
- 一小时后再次摇匀，再倒出；
- 再过 45 分钟后，就可以看到砂子已经沉淀在瓶子的底部了。在它上面是一层粉质土，在粉质上面是一层黏土。在水面上漂浮着有机碎片，而所有非常精细的胶质物都将悬浮在水中。通常情况下，在测量不同的沉淀层之前，需要 8 个小时。首先测量沉淀物的总深度（100%），不包括覆盖它们的清水深度，然后对每一单独的层进行测量。

这种对各类沉淀物深度的测量，使我们有可能估计出每种颗粒成分的百分比，但由于粉质土和黏土的组分

部分会膨胀，因而显得比实际情况略大，所以这种测量结果会稍有失真。

9. 收缩测试

线性收缩测试，或称阿尔科克（Alcock）测试，是在一个长60厘米、宽4厘米、深4厘米的木盒子里进行的。在盒子的内表面涂上油脂，然后填充最佳含水率（OMC）的湿润土壤，用一个小木铲把土压实，填满盒子的每个角落里，用木铲平整表面。装满土的盒子暴露在阳光下三天，或者放在阴凉处七天。然后，将变硬和干燥的土体推到盒子的一端，测量从土体到盒子另一端的总收缩。

现在已经可以知道土壤中粗料或细颗粒的含量多少。也可以确定黏土和粉质土在细颗粒中的相对比例，以及确定有机物质的存在。因此，这些即刻可用的测试手段，它们可能缺乏精确度。但在远离所有实验室设备的困难条件下开展工作时，这些手段会非常有用。

因此，如果能够系统且严格地进行这些测试，还是有可能对计划用于建造的土壤质量作出相当准确的评估。

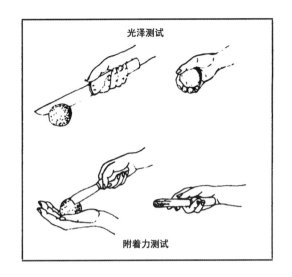

光泽测试

附着力测试

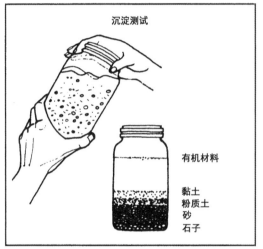

沉淀测试

有机材料

黏土
粉质土
砂
石子

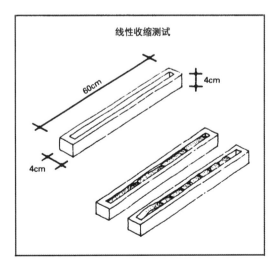

线性收缩测试

60cm

4cm

4cm

当初步的现场分析没有得到足够满意的结果时，建议根据对土壤质地、可塑性和粘结力的观察再进行一系列测试。这些测试不需要复杂的设备，只需要几个容器，一段软管和一个勺子。这第二轮系列测试应该从工程地质学家的角度对土壤进行分类。

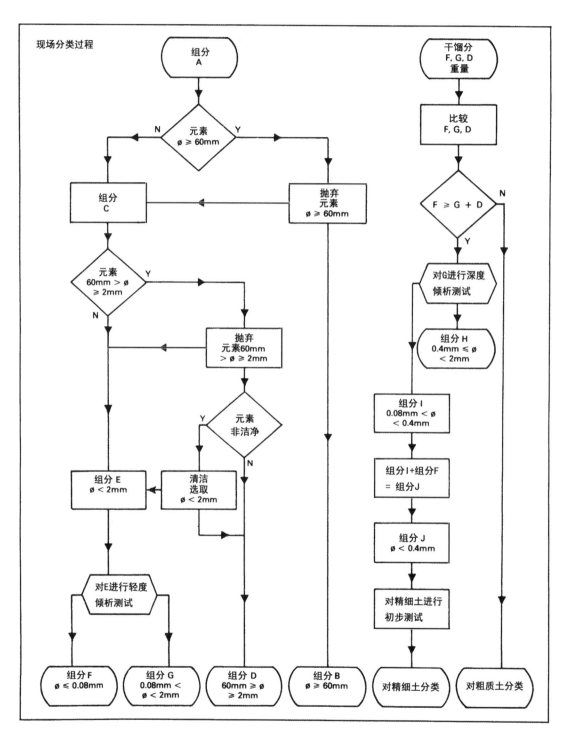

倾析

　　测试程序以与沉淀测试相同的方式开始。将含有土壤样品和水的瓶子剧烈摇动，然后倾析。将水和悬浮物通过内径至少为 0.5 厘米的软管虹吸到容器中，该操作可以重复几次，蒸发掉仍可能含有不同颗粒成分的多余水分。倾析法不是一种特别精确的分离方法，但比简单的目视评估两种成分更有效。

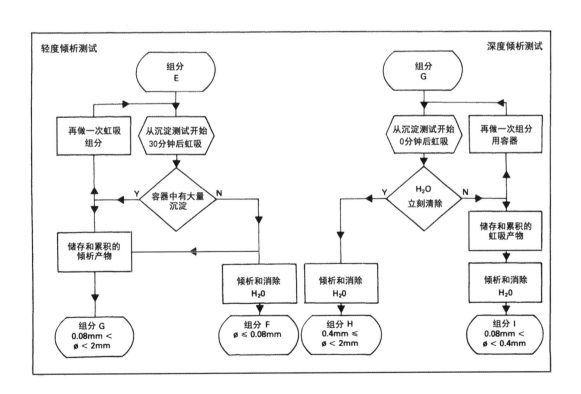

以下的分析是在通过筛分法获得的"细砂浆"（直径小于 0.4 毫米），或在直径为 2 毫米的细碎颗粒倾析试验的基础上进行的。

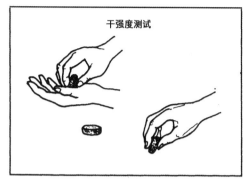

干强度测试

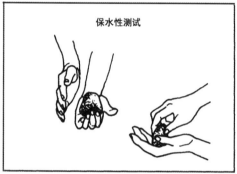

保水性测试

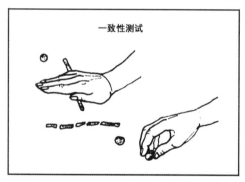

一致性测试

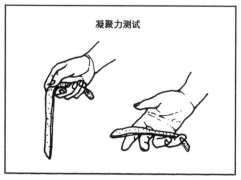

凝聚力测试

1. 干强度测试
- 准备两到三小块软土；
- 将土放在太阳下或烤箱里直到完全干燥；
- 轻轻拍打制块，试着用拇指和食指将其粉碎；
- 评估拍的力度，并解析。

2. 保水性测试
- 准备一个直径 2 厘米或 3 厘米的"细砂浆"球；
- 弄湿球使其粘结成团，但又不粘手指；
- 略微地将球压平，放在手掌中，用力击打握着球的手掌，使水渗出来。球的外观可能是光滑的，有光泽的或是油腻的；
- 接下来用食指和拇指平压小球，观察反应，并解析。

3. 一致性测试
- 准备一个直径 2 厘米或 3 厘米的"细砂浆"球；
- 弄湿球使其在被塑形的时候不会粘手；
- 在平整干净的平面上滚动球，直到慢慢形成一根条状物；
- 如果条状物在直径减小到 3 毫米之前就断裂，说明土壤太干需要添加水；
- 条状物应当在直径为 3 毫米时发生断裂；
- 当条状物断了，再把它揉成一个小球，用拇指和食指捏碎，然后分析。

4. 凝聚力测试
- 制作一土条，大约有香肠那么大，直径为 12 毫米；
- 土壤应该是不粘且能够塑形的，能够形成直径为 3 毫米的条状物；
- 将条状物放在手掌中；
- 从一端开始，在食指和拇指之间将其捏平，形成宽度在 3 毫米到 6 毫米之间的条带（小心轻捏），并尽可能长；
- 测量条带断开之前的长度，并分析结果。

观测结果	分析
高干强度	• 一小块很难弄碎的干土块。当它被弄碎时，它会像一块干饼干一样啪的一声突然断裂。不能被拇指和食指捏碎，它只会被粉碎，但不会变成粉尘：**几乎是纯黏土**。
中等干强度	• 一小块不难弄碎的土。经过一点努力后，它可以在拇指和食指之间粉碎成粉末：**粉土或砂质黏土**。
低干强度	• 一小块可以轻松弄碎的土，可以在拇指和食指之间毫无困难地变成粉末：**粉土或细砂，黏土含量低**。
快速反应	• 5 至 6 次击打足以将水带到表面。被挤按时，水消失，土球粉碎：**非常细的砂或粗糙的粉土**。
慢速反应	• 需要 20 到 30 次的击打才能将水带到表面。被挤按时，没有任何裂痕，也不会碎，只是变扁平了：**略带塑性的粉土或粉质黏土**。
非常慢的反应或根本不反应	• 表面不会有水。被挤按时，它仍然保持着光亮的外表：**粘性土**。
坚硬条状物	• 重新揉成的小球难以压碎，不会破裂或碎裂：**黏土含量高**。
半硬条状物	• 重新揉成的小球容易破碎：**黏土含量低**。
易碎条状物	• 如果不把条状物弄断或弄碎，就不可能做出一个小球：**砂或粉土含量高，黏土含量很低**。
柔软或海绵状条状物	• 条状物和重新揉成的小球有一种柔软或海绵状的感觉：**有机土壤**。
长的条带（25 厘米到 30 厘米）	• **黏土含量高**。
短的条带（5 厘米到 10 厘米，揉捏难度较大）	• **黏土含量低**。
无法形成条带	• **非常低的黏土含量**。

筛分法

使土壤通过一系列标准的筛网，筛网之间相互套在一起，最细的筛网放在最底部，并观察每个筛网所保留下来的颗粒级别。

1. 方法

对直径大于 0.08 毫米的颗粒级别进行筛分分析。所需土壤量约为 800 克。细土需要量少，粗土需要量多（2～3 千克）。测试所需要的设备是一套标准筛网（方孔）或筛子（圆孔），两个固定筛网的支架，一个 500 毫升压力洗瓶，一个 2～5 千克的天平，精度至少为 0.1 克，一个燃气沸腾环，绘画用的刷子，一个平底锅和托盘，一把抹刀，石棉手套，和一个烤箱（可选）。将筛分样品干燥直至达到其恒重，然后记录。筛分是在水环境下用筛子逐个进行的。冲洗既可以清洗也可以将细小颗粒从砂和砾石中分离。每次在容器中回收冲洗过的细小颗粒，并转移到另一个含有下一层级筛子的容器中，以此类推，直到所有的筛子都被用过。每一个筛子过滤留下的物料均进行干燥称重，并记录其干重。当筛选细小颗粒（小于 0.4 毫米）时，需要用刷子搅动材料。灵活使用清洗瓶能够仔细冲洗留在每一个筛子里的材料。

2. 评估方法

虽然这种方法的变量有很多，但筛分分析仍然是一个相当可靠的方式，因为无论使用的方法是什么，结果或多或少是一样的。筛网和筛子之间的差别也可能相当大，却有一种倾向于放弃筛子而改用筛网的趋势。即使是这样，粒度分布曲线也各不相同，这使得我们很难比较实验结果。如今，可以使用各种类型的传统图表而不会有不正确的解释风险。缺点在于颗粒部分以重量表示，而土壤质地通常表示为体积。实际上，细砂和黏土部分的比重是非常不同的，因此引入了特殊的解释标准。在沸腾环上干燥如果允许温度升得太高，会导致矿物结构的变化，而在干燥箱中干燥却又非常慢。为了避免这些缺点，已经发展出了一种方法，即利用置换法在潮湿时对保留材料进行称重，从而消除了干燥的需要。

3. 简化的方法

还有一种简化的筛分分析方法，即使用虹吸法。将经过 2 毫米或 5 毫米筛网的这部分土料倒入 20 厘米刻度烧瓶中，并静置 20 分钟。到时间后，仍然处于悬浮状态的成分被虹吸出来，晾干并称重。剩下沉淀的物质通过一系列的筛子，每一个筛子所保留的材料被烘干并称重。

4. 系数

任何给定的颗粒直径都用字母 "D" 表示，并附有一个数字，表示通过筛子的百分比。例如，D50 = 2mm 表示土壤重量的 50% 由直径小于 2 毫米的颗粒组成。为了确定土壤的粒径是否合适，我们设置了系数，系数表示土壤粒径分布曲线的形状和斜率：

均匀性系数：CU = D60 / Dl0，
曲率系数：CC =（D30）2/（D10×D60）。

沉淀法

筛分只能给出不完整的粒度图。虽然对于大多数道路工程来说已经足够了，但是对于用土来建造房子却不完全适用，因为建造房子需要对直径小于 0.08 毫米的细小颗粒进行分析。对这些元素的分析可以通过沉淀的方法进行。这项技术的原理是悬浮在水中的颗粒以不同的速度下落，最大的颗粒先沉淀，最细小的颗粒最后沉淀。在既定高度，以规定的时间间隔测量密度的变化（当液体清除时密度降低）。当确定了不同粒径的下降速度时，就可以计算出不同粒径的比例。

1. 方法

沉淀分析需要下列仪器：两个直径 5.5 厘米刻度的 1000 毫升烧瓶，一个刻度 995—1050 的比重计，一个温度计和一个计时器。首先制备直径小于 0.08 毫米需要分析的土壤组分。从筛分后干燥的细小颗粒中提取 20 克物料，与 20 立方厘米分散剂混合。在分散后，必须检查确保溶液不是酸性（pH > 9.5），因为酸性溶液有黏土絮凝的危险。用搅拌器搅拌 3 分钟，静置 18 小时，之后便可以开始测量。将第一个烧瓶中的溶液再次搅拌 3 分钟，等待 45 秒后将比重计放入溶液中，在 1 分钟后和 2 分钟后不取下比重计进行测量，使用计时器记录用掉的时间，后续测量分别在 5 分钟、10 分钟、30 分钟、1 小时、2 小时、5 小时和 24 小时进行。测量时在读数前 15 秒左右将比重计放入溶液中，并尽快取出，以便在对照样品上进行参数对照。在进行测量时，确保两个样品的温度相同是非常重要的，因为任何差异都可能严重影响测试的质量。这种测试不适用于 0.001 毫米以下的细小颗粒，因为湍流现象和弥散程度会对沉淀过程产生不利影响。

2. 评估方法

在沉淀试验中进行的测量只需要几分钟，但从开始到结束，测试持续近 48 小时。第一次测量可能会出现各种各样的问题，当将结果绘制在粒度分布图上时，可以看到沉积曲线与筛分曲线并不相符。在这种情况下，必须重复沉淀试验。

3. 分散剂

在分析之前，向悬浮液中的细粒添加分散剂是绝对必要的。可以使用多种化合物，但最广泛使用的化合物之一是六偏磷酸钠（Sodium Hexametaphosphate），其比例为每升水 20 克，混合液必须充分搅拌并且马上使用。也可以使用其他化合物，但是必须使用六偏磷酸钠重新校准该方法的测试。其他替代分散剂，按每毫升蒸馏水 1 克的比例使用，包括：

- 阿拉伯树胶；

- 苏打碳酸氢盐；

- 硅酸钠（窗户清洁产品）；

- 碱或碱性盐，例如：洗涤苏打、氨、溶液中的硅酸钠和溶液中的苏打灰。

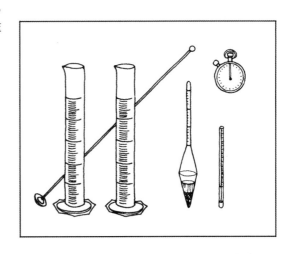

筛分识别对应表

欧洲筛子（方孔）A.F.N.O.R. XII-501 (mm)	欧洲筛子（圆孔）A.F.N.O.R. XII-501 (mm)	实用模块 A.F.N.O.R. XII-501 (N°)	英国筛子 B.S. 410 (N°)	美国筛子 A.S.T.M.E. 11/26 (N°)
20	25 / 20.0 / 16.0	44	3/4" / 1/2"	3/4" / 1/2"
10	12.5 / 10.0 / 8.0	41	3/8"	3/8"
5	6.3 / 5.0 / 4.0 / 3.15	38		4 / 5 / 6 / 7 / 8
2	2.5 / 2.0 / 1.6	34	5: 6,7,8 / 10: 12,14,16	10: 12,14,16,18
1	1.25 / 1.0 / 0.8	31	18 / 20: 22,25	20
0.5	0.63 / 0.5 / 0.4 / 0.315	28	30,36,44 / 50: 52,60,70,85	30 / 40 / 50: 60,70,80
0.2	0.25 / 0.2 / 0.16	24	100: 120,150,170	100: 120,140,170
0.1	0.125 / 0.1 / 0.08	21	200: 240	200: 250,270
0.05	0.063	18	300	325
0.02		14		
0.01		11		
0.005		8		
0.002		4 / 0		

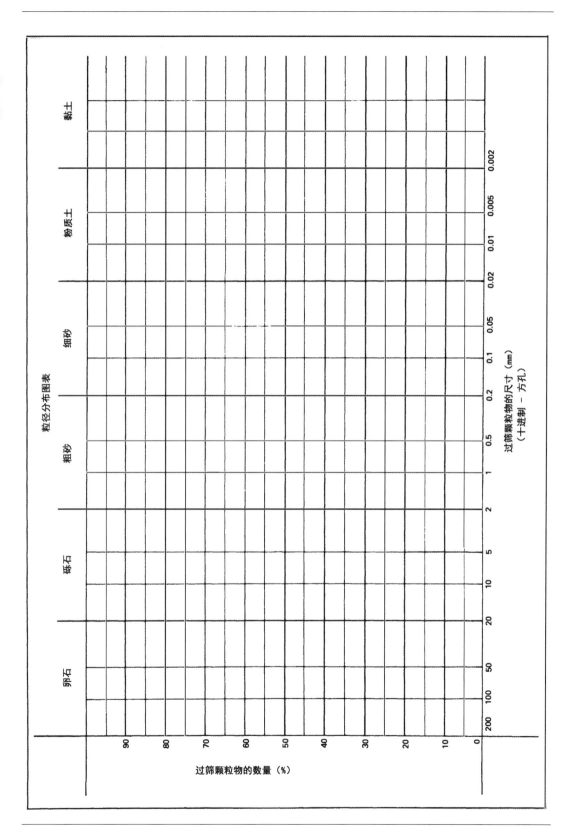

粒径分布图表

黏土　粉质土　细砂　粗砂　砾石　卵石

过筛颗粒物的尺寸（mm）
（十进制－方孔）

过筛颗粒物的数量（%）

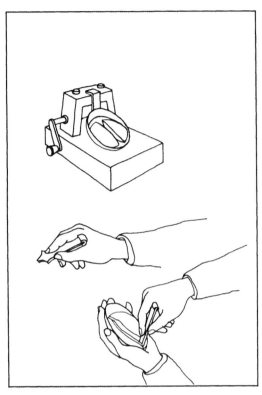

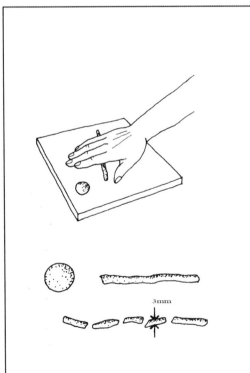

土壤可能具有不同的稠度状态。例如,它可以是液态、塑态或固态的。瑞典研究人员阿特伯格(Atterberg)定义了这些状态,它们对应于不同的含水率,并以重量百分比表示的界限和指标来划分。五个极限被定为:

- 液态极限;

- 塑态极限;

- 收缩极限;

- 吸附极限;

- 粘附极限。

这些极限中最重要的是前两个,而其他三个虽然很有趣,却很少使用。阿特伯格极限的测定通常使用能够通过 0.4 毫米筛分的土壤"细砂浆"部分来进行,水对较大尺寸颗粒的稠度影响不大。

1. 方法

液态极限(LL)这是从塑性状态到液体状态的过渡。液态极限用卡萨布兰德(Casagrande)仪器测量。将 50—70 克预先制备的细砂浆铺散在碟子中(最大厚度 = 1 厘米),并通过标准轴向槽(最小长度 = 4 厘米)分成两部分。 刻度代表水分含量,表示为在 105℃的烘箱内干燥后材料的重量百分比,其中凹槽在1厘米的长度上闭合,在 25 次颠簸的影响下,使料杯从 1 厘米的高度落到坚硬的台面上。

塑性极限(PL)是从塑性状态到具有收缩的固体状态的过渡。塑性极限为物料在 105℃烘箱内干燥后的含水率,在这个温度下当细砂浆的条状物直径减少至 3 毫米时,断裂成 1—2 厘米长小碎段。因此进行试验的条状物最少达应该到总长 5 厘米到 6 厘米。

塑性指数(PI)土壤可塑性的指标:PI = LL - PL。PL 越大,土壤湿润时的膨胀越大,干燥时的收缩越大。因此,塑性指数是材料形变能力的量度。

2. 评估方法

阿特伯格极限测试的结果取决于程序遵循的仔细程度,以及测试人员的"干预"程度。这些测试在本质上确实是经验性的,但已被证明非常有用。

3. 参数的相互作用

分析土壤可塑性的两个最重要的参数是其质地和黏土的矿物学性质。事实上，影响土体塑性进而影响阿特伯格（Atterberg）极限的，是黏土成分的数量和质量。阿特伯格图表将选土的条件限制在划定的区域范围。因为在 LL，PL 和 PI 之间存在数学关系，因此足以用这三个参数中的两个绘制图表，其中纵坐标用 PI 表示而横坐标上用 LL 表示。

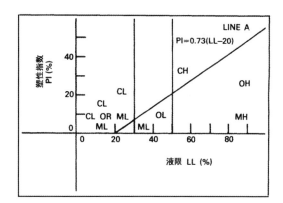

1. **粘结力** 取决于含水率，小尺寸颗粒可以是含水率非常高的。当水分含量小于PL时，粘结力很高：几乎是固态，其中水变成粘合剂，其粘度影响粘结力。在PL状态时，水的量使得它具有游离水的性质。当水分含量增加时，表现出来的粘结力（孔隙水压力，表面摩擦力）降至零。在LL状态时，真正的粘结力本身就消失了。因此，PI = LL - PL表达了土壤的粘结力；但对比试验表明，PI > 1/4的LL体现了克服现有真实粘结力所需的水量，从而指明了颗粒表面的真实粘结力程度，这也取决于黏土的矿物学性质。

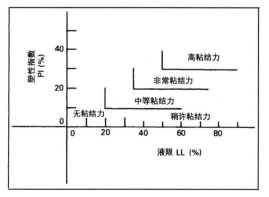

2. **活跃系数（CA）**

$$CA = \frac{PI}{\text{直径为 2 微米的黏土颗粒百分比}}$$

该系数表示黏土的活性。

如果考虑黏土的活性与其数量的关系，就可以对砂浆的膨胀性进行评估。结果可能截然相反：如果砂浆只含有一小部分黏土，则极端活跃的黏土会使砂浆的膨胀率降低。

- CA < 0.75：不活跃（I）；
- 0.75 < CA < 1.25：一般活跃（AA）；
- 1.25 < CA < 2：活跃（A）；
- CA < 2：非常活跃（VA）。

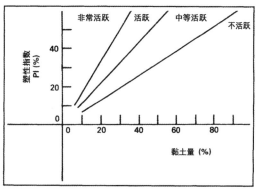

3. **其他关系** 阿特伯格（Atterberg）极限也在某种程度上与其他参数相关，例如：

- 最大干密度；
- 最佳水分含量；
- 线性收缩；
- 抗压强度。

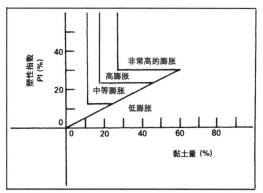

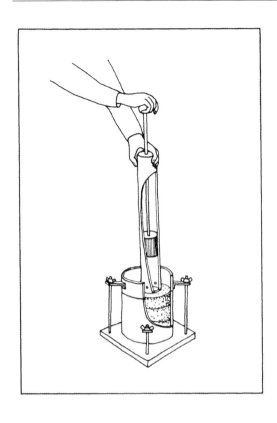

标准普氏(PROCTOR)压实试验
AASHO

夯锤重量	2.496kg
夯锤直径	5.08cm
下落高度	30.5cm
模具体积	949cm^3
模具直径	10.16cm
模具高度	11.70cm
土的重量	1.5kg
动能	6J/cm^3
每层夯击次数	25
每层高度	4cm
每份试样的层数	3

如果要使土壤压实有效，则必须含有水分，以确保水分对颗粒的良好润滑，使颗粒能够重新排列以占据尽可能少的空间。实际上，当水分含量太高时，土壤可能膨胀，并且压实设备的压力将被水吸收，而水无法从颗粒之间穿插。另一方面，当水分含量太低时，颗粒将得不到充分的润滑，并且土壤不能被压实到其最小体积。由普氏（Proctor）压实试验（由完善试验的美国承包商命名）确定可获得最大干密度的最佳水分含量（OMC）。将结果记录在曲线图上，其中 Y 轴表示干密度 yd，以 kg/m^3 表示，水分含量 L 在 X 轴上以重量百分比表示。获得最大干密度涉及的三个主要变量是：土壤质地，水分含量和压实能量。

1. 方法

普氏（Proctor）压实试验原则上是在通过 5 毫米筛孔的那部分土壤上进行的，但可以承受高达 25 毫米大小的颗粒。将水分含量已知的土壤样品（称重并与在 105℃的烤箱中干燥后获得的干重进行比较）放在标准的圆柱形模具中（预先称重）。在三层厚度相等的每个土层上进行压实，使压实力均匀地分布在各层的表面，标准质量的锤体从预设高度自由落体 25 次。每次样品制作完成后，模具和样品都称重，用曲线的形式将结果记录在普氏图表上，曲线穿过从测试结果中得出的点。从该曲线可以读出干密度的最大值和最佳水分含量。最常用的普氏压实试验是 AASHO 标准普氏压实试验和 AASHO 修订版普氏标准。

2. 评价

该试验仅适用于采用动态压实的土壤施工技术，例如夯土或通过夯实机压实的砌块。

至少在理论上，它不适用于通过振动或锤击方式静态或动态压实的砌块，尤其是发现了标准测试的测试值与手动压机获得的值非常接近时。该试验不适用于土坯砖、垛泥墙等技术。

3. 影响

压实能量 随着压实能量增加，干密度也增加，而最佳含水率降低。通常，随着压实度的增加，普氏曲线弧度会更加明显，而当压实能量较低时，普氏曲线会变得更平坦。在最佳含水率上方且空气含量可忽略不计时，增加压实度对干密度几乎没有影响，而在最佳含水率下方且空气含量较大时，增加压实度的效果非常明显。由于永远无法完全消除空气，因此也无法达到最大理论干密度（通常固定在 $2650 kg/m^3$）。

水分含量 土壤含水量低，不易压实。干密度值低，空气含量高。水分含量的增加可润滑土壤并使其更易使用：干密度值较高，空气含量则降低。干密度最大值在最佳含水率的条件下获得。如果增加水分含量，则空气含量会降低，但是水和空气的共同作用会阻止空气量的明显减少。空气和水的总量增加了，干密度值就会降低。

纹理 最大干密度取决于土壤的类型及其主要特征：

- 平均粒径在粒径分布曲线上超过 50%（D50）。
- 黏土质土壤：最大干密度 = 2000 kg/m³.
- 砂土质土壤：最大干密度 = 2200 kg/m³.
- 碎石质土壤：最大干密度 = 2500 kg/m³.

经压实的土壤平均最大干密度范围从 1700～2300 kg/m³。

- 粒径分布：粒径均匀时，孔隙率较高，对含水率的敏感性降低。然后普氏曲线平缓。当粒径尺寸分布较广时，普氏曲线弧度更加明显。

- 粒径小于 0.08 毫米的细颗粒会使干密度随含水量的变化更加明显，曲线弧度更显尖锐。

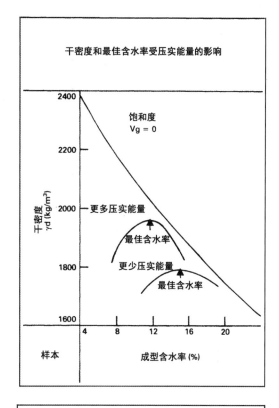

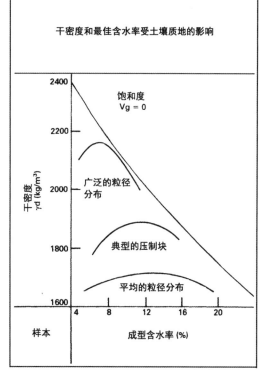

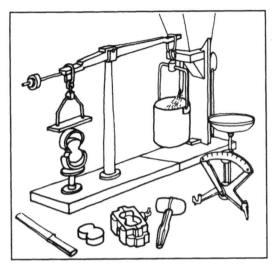

粘结力测试，也称为湿拉伸测试或"8"测试（测试样品的形状像 8 这个数字），是由尼迈耶（Niemeyer）在德国研发的。于 1944 年首次发表，随后被瓦格纳（Wagner）采用，最终于 1956 年被纳入 DIN 标准体系中。

土壤由两种主要的颗粒组成：惰性物质（∅ > 2mm）和粗土料（∅ < 2mm）。如果为了了解颗粒间的相互凝聚力需要对粗土料进行检测，那就必须进行抗拉强度试验。为了缩短试验时间，在湿样上进行，这样就节省了干燥时间。试验可在实验室或在现场进行。在实验室中，可以使用带有自动加载功能的天平，也可以使用带有自动加载和切断装置的立式支架，也可以使用带有自动记录仪的全自动设备。在野外，只要有几块木板和钉子，一些金属丝和合适的容器就足够了，并且样品可以用树、桌子、门框或类似物体来悬挂。用来拉坠样品的沙子可以用水或污油等液体代替。沙子拉坠的距离应保持在最小。

1. 方法

筛分剔除了直径大于 2 毫米的颗粒。因此，试验是在干燥和粉碎后的粗土料上进行的。用铁锤（2.5cm×2.5cm）在金属板上（60cm×60cm）将土壤压碎，每隔一定时间加水，直到得到具有塑性稠度的致密土饼。然后用刀把土饼提起来，切成宽条，竖着放在一起，再用锤子把它们压碎。这种操作重复进行，得到一个新的土饼，然后把土饼切成片，再压碎，直到土饼的下层表面结构相当均匀，各处湿度相同。在准备之前，土壤必须完全干燥，然后应让土壤静置 12 至 24 小时，以使水分尽可能均匀分布，从而获得最佳的颗粒凝聚力。

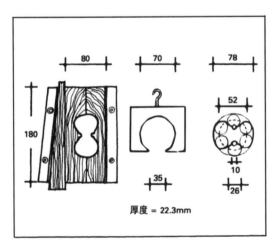

取 200 克准备好的土壤样品。通过在金属板上揉捏和多次挤压，可以进一步增加土样的密度。然后将土样卷成直径为 50 毫米的球。

应避免长时间的操作，因为这可能导致球的均匀质地发生局部变化。对于粘性较差的土壤，球的直径应减少 0.5 毫米至 1 毫米。

若是粘性较足的土壤，球的直径应增加 0.5 毫米至 1 毫米，直径要用圆环检验。下一步是让球从 2 米的高度掉到光滑坚硬的平面上。当球的扁平部分正好是 50 毫米厚时，就获得了合适的均匀质地。如果较大或较小，则必须在直径小于 50 毫米（土壤塑性太强）的部位进行干燥或在直径大于 50 毫米（土壤太干）的部位加少量喷雾剂来校正。

然后，在稍许上油润滑的 8 字形模具（截面 22.5mm × 22.3mm = 5cm²）中塑形样品，将其制成测试形状。将准备好的土壤用直径为 20 毫米的金属棒分三部分强力夯实，直到观察不到密度进一步增加。

然后用刀将样品的两面弄平，但不用弄湿它们。通过使模具从 10 厘米的高度掉落在坚硬的表面上，立即取出样品。至少应准备三个样品。

用内径为 70 毫米，开口为 35 毫米的钢制或硬木挂钩将样品悬挂在测量设备上（对于钢制挂钩，截面应为 22 毫米）。悬挂在样品另一端的是另一个容器挂钩，用于承载被测样品承受的断裂载荷。装料砂（∅ = 0.2mm~1mm）从料斗中以每 4 分钟 3000 克的速度放料：即每秒 12.5 克或每分钟最多 750 克，直到样品破裂。如果断面含有异物，则说明准备好的土壤不均匀，必须放弃。粘结力的结果是三个测量值的平均值，其差值相差应不超过 10%。它以 Pa（1mbar = 100Pa）表示。

粘聚力评定				
粘聚力	砂浆	评定	质量 (cN/5cm²) (g/5cm²)	抗拉强度 Pa
非常低的粘聚力	多砂的	非常贫瘠	200 — 300	4000 — 6000
低粘聚力	贫瘠的	非常贫瘠 贫瘠	300 — 400 400 — 550	6000 — 8000 8000 — 11000
中等粘聚力	中等的	有点贫瘠 有点肥沃	550 — 750 750 — 1000	11000 — 15000 15000 — 20000
高粘聚力	肥沃的	肥沃 非常肥沃	1000 — 1350 1350 — 1800	20000 — 27000 27000 — 36000
非常高的粘聚力	黏土的	贫瘠 肥沃 非常肥沃	1800 — 2400 2400 — 3200 3200 — 4500	36000 — 48000 48000 — 64000 64000 — 90000

矿物学分析

确定土壤的颗粒分布后，从矿物学角度去研究细颗粒成分是很有帮助的，这样能够确定土壤的体积稳定性及其粘结力。为了稳定土壤性质(矿物的物理化学反应)，这些知识是必不可少的。在材料细颗粒内包含的数百种矿物质中，只有不到 10 种是非常重要的，它们与土壤的构造直接相关。简单的土壤试验以及基于艾默生测试（Emerson test）的目视观察，可以形成初步的、较高的准确度评估。这些试验成本低且非常有效，因此有可能选择出可以进一步进行实验室分析的样品，并可在进行矿物学分析时节省大量时间和金钱。

X 射线和 DTA 分析

这些极其精确的分析，缺点是非常昂贵（≈每个样本 100 美元）。样品分析用料是非常小的（已筛 40 微米），但必须代表所使用的土壤。只有装备齐全的实验室才能实施和解释这些分析，这些分析主要是定性的，很少是定量的。对加热样品的 x 射线衍射分析，基于扫描相应的衍射角，可以测定衍射条纹的特征高度和位置。在差热分析（DTA）中，将样品从 20℃加热到 900℃，在这些不同的温度下记录各种矿物的典型失水及其带来的影响。这些昂贵而复杂的分析仅限于极其特殊情况下使用。

环境观测

- 棕黄色或棕红色的混浊水：蒙脱土，伊利土，土壤中的盐分。
- 清水：钙，镁，铁含量很高的酸性土壤，砂土。
- 清澈的水，有斑点或蓝色沉淀：不含盐的高岭土。
- 侵蚀的沟渠或天然隧道：含盐黏土，通常为蒙脱土。
- 如上所述，但不明显：高岭土。
- 泥浆：高岭土，绿泥土。
- 表面微蚀：蒙脱土。
- 花岗岩卵石：高岭土，云母。
- 玄武岩卵石和排水不良的土地景观：蒙脱土。
- 如上所述，但排水良好：高岭土。
- 砂岩卵石：高岭土。
- 页岩卵石：蒙脱土或伊利土，可能是盐渍土。
- 石灰质卵石：具有各种特性的碱性蒙脱土和绿泥土。

外观分析

- 杂色黏土，有红色，橙色，白色的斑块：高岭土。
- 带有黄色、橙色和灰色斑块的黏土：蒙脱土。
- 暗色黏土，从深灰色至黑色：蒙脱土。
- 棕色和红棕色黏土：数量可观的伊利土和少量蒙脱土。
- 白色和浅灰色黏土：高岭土和铝土矿。
- 离散的高反射微颗粒：云母土。
- 易溶于酸的广泛分布的软块：碳酸盐。
- 硬块，红褐色：铁矿石，红土。
- 大量宽、长、深的裂缝，裂缝之间的空隙很小（最多5或6厘米）：伊利土富含钙和蒙脱土。
- 相同类型的裂缝，但相距30厘米或更远：伊利土。
- 黏土质土壤，易碎，质地疏松，有很多黏土：碳酸盐，铝胲烷或高岭土的存在，但从来没有蒙脱土和伊利土。
- 与以前的土壤类型相同，但颜色为黑色：有机土壤，泥炭。
- 相同类型的土壤，但黏土很少：碳酸盐，壤土和砂。

环境和概况分析

对主要含有黏土矿物的天然和人造的斜坡、沟渠、洞穴的观测；检查附近土壤的颜色和地表水的透明度。

艾默生测试（Emerson test）

该测试是在一小块未经加工的土壤（约豆子大小）上进行的，直接从计划使用的土壤中获取。将样品浸入半透明的容器中，该容器中含有极纯的水——蒸馏水，或者雨水也是可以的，不要添加分散剂。几分钟后，按照图中指示的步骤观察浸没块的表现。该测试可对黏土类型进行粗略评估。

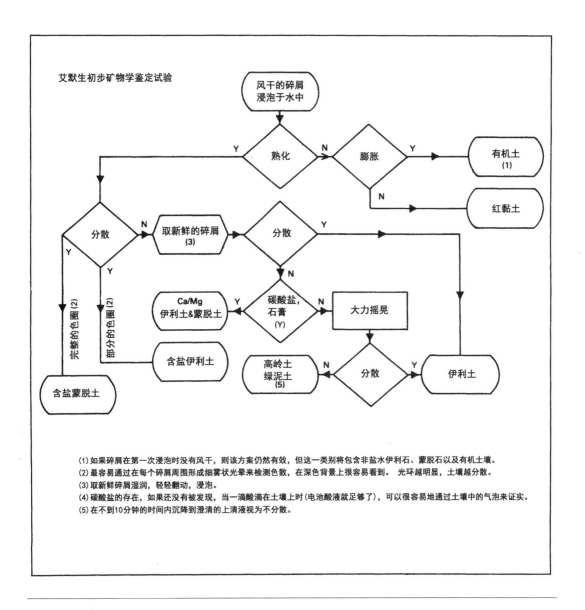

艾默生初步矿物学鉴定试验

(1) 如果碎屑在第一次浸泡时没有风干，则该方案仍然有效，但这一类别将包含非盐水伊利石、蒙脱石以及有机土壤。
(2) 最容易通过在每个碎屑周围形成细雾状光晕来检测色散，在深色背景上很容易看到。光环越明显，土壤越分散。
(3) 取新鲜碎屑湿润，轻轻翻动，浸泡。
(4) 碳酸盐的存在，如果还没有被发现，当一滴酸滴在土壤上时(电池酸液就足够了)，可以很容易地通过土壤中的气泡来证实。
(5) 在不到10分钟的时间内沉降到澄清的上清液视为不分散。

化学分析

对土壤进行化学分析的实验室提供分析结果的形式是各种化学物质展现的清单及其数量百分比。典型的清单内容包括：

- 氧化铁；
- 氧化镁；
- 氧化铝；
- 氧化钙（*）；
- 碳酸盐；
- 硫酸盐；
- 可溶性和不可溶性盐；
- 烧失率/强热失量（*）；
- 化学束缚水（*）。

（*）：这些物质的化学平衡不解释。

对其他内容的了解可能很重要，比如：

- 有机物和腐殖质的性质；
- pH 值（酸性或碱性）；
- 离子交换能力。

实验室中使用的化学分析方法应用广泛，但仍然相当复杂，并不都适合在野外使用，简单的野外应用是必要的，它们能提供较准确的结果，并指明是否值得在实验室中进行进一步的化学分析。这些现场试验使人们能够测定可溶性盐的存在，从而测定土壤的 pH 值。如果是酸性的，那是因为存在有机物，比如铁盐。如果是碱性的，那是因为它含有碳酸盐、硫酸盐、氯化物等类似物质。

1. 可溶盐

土壤样品中所含这些物质的量可以用淋洗法相当准确地估算出来。

样品首先在烤箱中烘干，称好重量，然后用热水淋洗。然后，再次干燥和重称。可溶盐的含量是由前后两次重量差值决定的。

2. pH 值

将甲基红倒入一个容器中，容器中含有水和土壤的混合物，水和土壤通过搅拌混合，然后静置。如果土壤是酸性的，上面的液体就会变成红色，如果是碱性的，上面的液体就会变成黄色。pH 试纸也可以使用。

3. 酸盐

将土壤样本与蒸馏水混合，放入容器中静置。然后用对酸盐敏感的试纸来检测它们的存在。

4. 有机质和腐殖质

土壤中这些物质的浓度可以根据它们的霉味或颜色来确定，这些颜色可能是黑色、深褐色、蓝色或深灰色，甚至是深绿色。也可以使用标准色卡比照测定或简化的着色测试。

用于检测有机物的标准试验，首先搅拌土壤和氢氧化钠溶液的混合物，然后与标准溶液单宁酸的颜色进行比较。虽然这项试验有一定的局限性，但它仍然被美国材料试验学会和美国标准物质学会所接纳。腐殖质检测试验也可如下进行：

- 准备 300 毫升至 400 毫升的氢氧化钠或氢氧化钾溶液稀释至 3%（9 至 12 克）。如果没有氢氧化钠或氢氧化钾，可以通过向 3 升水中喷洒 1 千克的富石灰来制备石灰乳。石灰乳在放置一夜后通过虹吸收集起来；

- 将 50 至 100 克干燥粉碎的土放入准备好的溶液中，通过剧烈摇动仔细混合；

- 混合物至少应静置 24 小时，在使用石灰乳的情况下应静置 48 小时；

- 经过再次的剧烈摇晃和短暂的休整后，便可观察到周围水的颜色：褐色或黑色表示腐殖质含量高；而淡粉色或中性色意味着腐殖质含量低。

5. 碱式盐

当将一滴（1%）的酚酞添加到由半杯土壤和三分之二水的混合物中时，混合物会变成紫罗兰色。碱式盐也可以用试纸测试。

6. 碳酸盐

通过让 5% 的硝酸或 1:3 的盐酸（1 份盐酸比 3 份蒸馏水）滴到土壤样品上，可以测试土壤中是否存在碳酸盐。只要出现气泡就说明有碳酸盐存在。

在处理这些会引起皮肤灼伤的溶液时要非常小心。

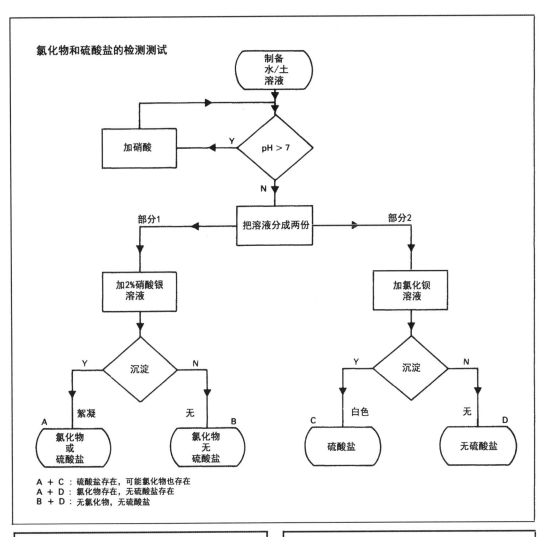

氯化物和硫酸盐的检测测试

制备
水/土
溶液

加硝酸

pH > 7   Y

N

把溶液分成两份

部分1   部分2

加2%硝酸银
溶液

加氯化钡
溶液

沉淀   Y   N

絮凝   无

A   B

氯化物
或
硫酸盐

氯化物
无
硫酸盐

沉淀   Y   N

白色   无

C   D

硫酸盐   无硫酸盐

A + C：硫酸盐存在，可能氯化物也存在
A + D：氯化物存在，无硫酸盐存在
B + D：无氯化物，无硫酸盐

氯化物含量

用硝酸银填充刻度滴定管至零点。将100毫升的土壤和蒸馏水倒入量瓶中。倒入3滴酚酞/TA。如果水变成粉红色，则逐滴添加草酸直至颜色消失。使用滴定管加入硝酸银，直到砖红色。设A为所用硝酸银的度数。将滴定管重新注入零线，用去离子水重复操作(对照试验)。设B为所使用的不可知度数。A和B之间的差值是被测溶液中氯化物的浓度，用度数表示。这个数乘以7.1，就得到了以mg/l表示的氯离子浓度。

硫酸盐含量

在试管中准备10个标准溶液的蒸馏水和氯化钡(BaCl)，按以下百分比制备：0.05%，0.1%，0.15%，0.2%，0.25%，0.3%，0.35%，0.4%和0.5%。在蒸馏水中溶解10g土壤，过滤后加入一滴氯化钡，白色的沉淀物的出现表示存在硫酸盐。将该试验与含有已知量硫酸盐和等量氯化钡的参考试管进行比较。

岩土分类USCS系统实验室程序				符号	描述
超过一半的颗粒直径大于0.08毫米 粗土	超过一半颗粒直径大于2毫米 砾质土壤	无细分	所有粒径都有，没有一个占主导地位	GW	纯砾石 级配良好
			一种粒径占主导地位	GP	纯砾石 级配不良
		有细分	细颗粒没有粘结力	GM	粉土质砾石
			细颗粒有粘结力	GC	黏土质砾石
	超过一半的颗粒直径大于0.08毫米，小于2毫米 砂质土壤	无细分	所有粒径都有，没有一个占主导地位	SW	纯砂子 级配良好
			一种粒径占主导地位	SP	纯砂子 级配不良
		有细分	细颗粒没有粘结力	SM	粉土质砂子
			细颗粒有粘结力	SC	黏土质砂子
超过一半的颗粒直径小于0.08毫米 精细土壤-黏土和粉质土	黏土和粉质土壤	液限 LL < 50%	Above A	CL	低可塑性黏土
			Under A 无机物质	ML	低可塑性粉质土
			Under A 有机物质	OL	低可塑性有机粉质土和黏土
		液限 LL > 50%	Above A	CH	高可塑性黏土
			Under A 无机物质	MH	高可塑性粉质土
			Under A 有机物质	OH	高可塑性有机粉质土和黏土
有机物占了主导地位，能够通过气味、深色、纤维质地、低湿密度来识别				Pt	泥炭和其他高有机土壤

附注

- 这个分类是一个简化和修改的版本

- 粒径大于60mm的颗粒不予考虑

- 可以估算出颗粒的重量

- 颗粒的尺寸与粒径分布图相对应

岩土分类USCS系统野外测试程序				符号	描述
超过一半的颗粒直径大于0.08毫米 F < G + D	超过一半的颗粒直径大于2毫米 G < D	F<G+D	所有粒径都有，没有一个占主导地位	GW	纯砾石 级配良好
		F<<<G+D	一种粒径占主导地位	GP	纯砾石 级配不良
		F<<G+D	细颗粒没有粘结力	GM	粉土质砾石
		F<<<G+D	细颗粒有粘结力	GC	粘土质砾石
	超过一半的颗粒直径大于0.08毫米，小于2毫米 G > D	F<G+D	所有粒径都有，没有一个占主导地位	SW	纯砂子 级配良好
		F<<<G+D	一种粒径占主导地位	SP	纯砂子 级配不良
		F<G+D	细颗粒没有粘结力	SM	粉土质砂子
		F<<<G+D	细颗粒有粘结力	SC	黏土质砂子

超过一半的颗粒直径小于0.08毫米 F ≥ G + D				符号	描述
中度到高	无到非常慢	中等硬度	短到长	CL	低可塑性黏土
无到低	快到慢	易碎的到无	短到无	ML	低可塑性粉质土
低到中度	慢	柔软的或松软的	短到无	OL	低可塑性有机粉质土和黏土
高到非常高	无	硬的	长	CH	高可塑性黏土
低到中度	慢到无	中等硬度	短	MH	高可塑性粉质土
中度到高	无到非常慢	易碎的到柔软的	短	OH	高可塑性有机粉质土和黏土
测试	干强度	保水性	粘稠度	粘聚力	

附注
- 根据P&CH和USCS对土壤基础岩土分类是基于目视观测和排除法进行的，分类表从左到右对应各组的符号。各组的符号也有相应描述：例如CL：低塑性黏土，砂质以细砂为主，存在少量砾石。
- 根据土壤颗粒大小或塑性，许多土壤所具有的特征无法将其精确地归为一类，而只能归到两类或者仅限于两类中。一些显著的分类使用了两个大组的符号，用连字符连接，用于土壤分类；例如：GW-GC，SC-SL，ML-CL等。

[1] AGIB, A.R.A.; EL JACK, S.A. '*Foundations on Expansive Soils*'. *in Digest* [J], Khartoum: NBRS, 1976.

[2] BEIDATSCH, A. *Wohnhaüser aus Lehm* [M]. Berlin: Hermann Hübener, 1946.

[3] BERTRAM, G.E.; *LA BAUGH WM.C. Soil Tests* [S]. Washington: American Road Builders' Association, 1964.

[4] BUREAU OF RECLAMATION. *Earth Manual* [S]. Washington: US Department of the Interior, 1974.

[5] CINVA. Le Béton de Terre Stabilisé; *Son Emploi dans la Construction* [S]. New York: UN, 1964.

[6] Department of Housing and Urban Development. 'Earth for Homes'. *In Ideas and Methods Exchange*[J],Washington: Office of International Affairs, 1955.

[7] DOAT, P. et al. *Construire En Terre* [M]. Paris: éditions Alternatives et Parallèles, 1979.

[8] HAYS, A. *De la Terre pour Bâtir. Manuel Pratique* [M]. Grenoble: UPAG, 1979.

[9] HERMÁNDEZ RUIZ, L.E.; MÁRQUEZ LUNA, J.A. *Cartilla de Pruebes de Campo Para Selección de Tierras en la Fabricación de Adobes* [M]. Mexico: CONESCAL, 1983.

[10] HOUBEN, H. *Technologie du Béton de Terre Stabilisé pour l'Habitat* [M]. Sidi Bel Abbes: CPR, 1974.

[11] INGLES, O.G.; METCALF, J.B. *Soil Stabilization* [M]. Sydney: Butterworths, 1972.

[12] KNAUPE, W. *Erdbau* [M]. Düsseldorf: Bertelsmann, 1952.

[13] MARKUS, T.A. et al. *Stabilised Soil* [R]. Glasgow: University of Strathclyde, 1979.

[14] PELTIER, R. *Manuel du Laboratoire Routier* [M]. Paris: Dunod, 1969.

[15] POLLACK, E.; RICHTER, E. *Technik des Lehmbaues* [M]. Berlin: Verlag Technik, 1952.

[16] POST,G.; LONDE, P. *Les Barrages en Terre Compactée* [M]. Paris: Geuthier-Villars, 1953.

[17] SHARMA, S.K.;VASUDEVA, P.N. *Making Soil Stabilized Bricks* [M]. Chandigarh: Punjab Eng.College.

[18] VAN OLPHEN, H. *An Introduction to Clay Colloid Chemistry*[M]. New York: John Wiley and Sons, 1977. VATAN, A. *Manuel de Sédimentologie* [M]. Paris: Technip, 1967.

[19] VOLHARD, F. *Leichtlehmbau* [M]. Karlsruhe: CF Müller GmbH, 1983.

[20] WAGNER, W. *Anleitung zur Untersuchung und Beurteilung von Baulehmen* [M]. Dotzheim: Hessischen Lehmbaudienst Wiesbaden, 1947.

[21] WOLFSKILL, L.A. et al. *Bâtir en Terre* [M]. Paris, CRET.

沙特阿拉伯朱拜勒和延布皇家委员会的贾纳德里亚（Janadriyah）展览中心，由压制土砖建造而成。（建筑师：艾卡里（lbrahim Aba AI-Khail），卡戴生土建筑国际研究中心（CRA Terre-EAG））

（蒂埃里·乔夫罗伊（Thierry Joffroy） 卡戴生土建筑国际研究中心（CRA Terre-EAG））

4. 土壤稳定

　　许多类型的土壤可以通过添加稳定材料，大大改善它们的特性。因此，每一种土壤都需要适配的稳定材料。目前，有一百多种产品用于稳定建造使用的土壤。这些稳定剂可用于大部分土墙或表面的保护层。稳定技术是非常古老的，但直到1920年才发展出一种科学方法，主要的研究工作则是在第二次世界大战结束后的三十年里进行的，至今仍在继续。尽管进行了大量的研究，但土壤稳定仍不是一门精确的科学，也不存在"奇迹"稳定剂，可任意使用。

　　最为人熟知且最实用的稳定方法是通过压实，用添加纤维或水泥、石灰和沥青来增加土壤的密度。还有人建议过，甚至尝试过许多其他的产品。然而，这些产品中的大多数都没有经过充分的研究，他们稳定的方式和效率尚不充分为人所知。在处理稳定问题时，基本上是从各种各样的可能性中选择最好的产品，有许多甚至不能纳入考虑，因为它们无效或因为它们的成本太高。

　　目前，有一种研究系统化稳定的趋势。但令人遗憾的是：人们经常使用一些不受控制的方法。必须记住，稳定只是用来帮助改善土壤的特性，或为土壤提供它可能缺乏的特性。特别不幸的是，许多从事系统化稳定工作的人不知道或不了解土壤的原始特性，在土壤不是特别可用的情况下就草率地开始稳定土。

基本的问题

用土壤建造意味着要在以下三种主要途径中进行选择：

- 利用工地上可用的土壤，并使项目尽可能适应土壤质量；
- 使用另一种更适合工程需要但必须运至工地的土壤；
- 改良在地土壤，使之更适合工程的需要。

第三种可能性通常被称为土壤稳定，它包括允许改善土壤特性的全部技术手段。

定义

稳定土壤意味着改变"土壤 - 水 - 空气"系统的性质，从而获得满足特定应用的持久性质。稳定是一个复杂的问题，因为涉及大量的参数。事实上，了解以下知识是必要的：

- 需要稳定的土壤特性；
- 改良的措施；
- 项目经济性：涉及土壤稳定的成本和工期延误；
- 为项目和施工体系选择的土壤建造技术；
- 完成项目后的维护：维护成本。

如果所使用的程序对项目具有可行性，特别是在建造成本和工期延误，以及维修的费用等方面，则通过稳定手段改善土壤的性质是成功的。

目标

只能对土壤本身的两个特征采取措施，即其质地和结构。可以针对质地和结构采取三种方案：

- 减少空隙的体积占比：作用于孔隙；
- 填补无法消除的空隙：影响渗透性；
- 改善晶粒之间的结合力：影响机械强度。

主要目标是：

- 获得更好的机械特性：提高干、湿抗压强度、抗拉强度和抗剪强度；
- 实现更好的凝聚力；
- 减少孔隙率和体积变化：因水而产生的收缩和膨胀；
- 增强抗风雨侵蚀能力：改善表面耐磨和防水性能。

程序

有三种基本的稳定程序：

1. **机械稳定** 土壤的压实导致其密度、机械强度、可压缩性、渗透性和孔隙率发生变化。

2. **物理稳定** 可以通过作用于土壤的质地来改变其性质：控制不同颗粒成分的混合。其他技术可以包括热处理、干燥或冷冻、电处理、电渗等，从而改善土壤的排水质量，并赋予其新的结构特性。

3. **化学稳定** 通过颗粒与材料或添加的产品之间的物理化学反应，或通过创建一种结合或包裹颗粒的基质，可以将其他物料或化学物质添加到土壤中，从而改变土壤的特性。物理化学反应可能导致形成新材料：例如，由黏土和石灰之间的反应产生的火山灰。

什么时候需要稳定？

稳定不是强制性的，可以毫无心理负担地忽略它，并且土壤可以在不稳定的情况下用于建造。

尽管如此，目前显然存在过度使用系统化稳定的趋势，这被当成是解决所有问题的万能灵丹妙药。这种态度是不可取的，因为稳定可能涉及大量的额外成本，占材料最终成本的30%至50%。此外，稳定化使材料的生产复杂化：例如，对材料性能进行更长时间的初步研究。

因此，建议坚持仅在绝对必要时才使用稳定措施，并且在经济资源有限的情况下应避免使用稳定措施。

如果考虑到与水接触的危险，我们可以说：

当材料不暴露于水时，不需要稳定：包括有遮盖的墙、有装饰的墙、内墙，为适应土壤作为建造材料的需要而专门设计的建筑。

当材料非常暴露时则需要稳定：如那些设计糟糕又忽略用土建造原则的建筑，或因场地条件施加的要求：潮湿的地方，暴露在暴雨中的墙壁等。

但是，可能还有其他使材料稳定的原因，例如：

- 改善土壤的抗压强度；
- 提高材料的堆积密度，甚至降低它的体积。

稳定的方法

- 在不干扰土壤的情况下，通常采用灌浆或浸渍的方法进行稳定。然而，这种技术很少用于土壤建筑物，而且大体上仅限于公共工程、工程结构、地基的改善和历史遗迹的保存。

- 当土壤被重新处理时，可以使用各种稳定方法中的任何一种，文献描述了各种分类系统，这些方法可以按稳定材料的种类：动物或植物、矿物或合成物等分类，也可以按稳定材料的外观分类：粉状、纤维状、片状、糊状、液体状等。

分类可以根据列举的六种稳定的基本方法来简化：
- 提高密度；
- 强化；
- 联结；
- 粘合；
- 防水材料；
- 防水处理。

稳定剂不一定单独作用于其中一种方法，但可以结合多种方法。

扰动土壤的稳定模式					
稳定材料	性质	方法	模式	原理	符号
不需要稳定材料		机械的	致密	形成致密的介质，堵塞毛孔和毛细现象	
需要稳定材料 / 惰性稳定材料	矿物质	物理的			
需要稳定材料 / 惰性稳定材料	纤维	物理的	强化	创建一个各向异性网，限制移动	
需要稳定材料 / 物理化学稳定材料	粘合剂	化学的	胶结	创造一个惰性矩阵来对抗移动	
需要稳定材料 / 物理化学稳定材料	粘合剂	化学的	联结	在黏土晶体之间创建稳定的化学键	
需要稳定材料 / 物理化学稳定材料	防水剂	化学的	不渗透	用防水薄膜包裹土壤颗粒	
需要稳定材料 / 物理化学稳定材料	防水剂	化学的	防水	消除吸收和吸附	

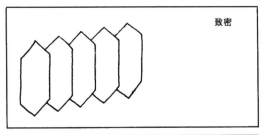

致密

强化

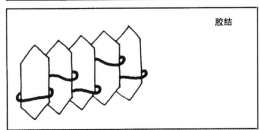

胶结

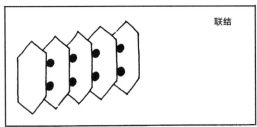

联结

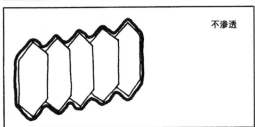

不渗透

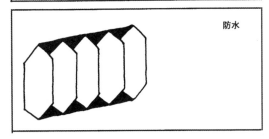

防水

有两种增加密度的方法：

1. 通过机械操作于土壤，从而最大限度地排出空气；通过揉捏和压缩土壤，材料粒径分布不受影响，但由于颗粒重新排列而改变了其结构。土壤不是简单地在其原始状态下被压缩，而是先进行研磨以使其更均匀，然后再

如果有不作用于土壤粒径分布的原因，并且如果材料对各种原因（如压缩、拉伸、水作用、热膨胀等）引起的运动过于敏感，则可以用加强料抵消这些运动。这个加强料可以由多种纤维制成：动物纤维、植物纤维、矿物纤维或合成纤维。纤维加强料的作用是在宏观层面上

可以在土壤中引入三向基质。它坚固而惰性，可以抵抗土壤的所有运动。从本质上讲，这是胶结的加固作用。其结果是用不溶性粘合剂填充了空隙，该不溶性粘合剂覆盖颗粒并将其保持在惰性基质中。通过这种机制起作用的主要稳定材料是硅酸盐水泥。用硅酸钠盐的电解质溶

在这种情况下，引入土壤中的惰性基质包括黏土。已知两种机制，它们给出相同的结果。

1. 黏土产生的惰性基质：利用黏土薄片的负电荷或正电荷或其化学组成，通过稳定材料将它们粘合在一起，该稳定材料起粘合剂或催化剂的作用。某些化学稳定材料以这种方式起作用，包括某些酸、聚合物、絮凝剂等。

当材料经过连续的润湿和干燥循环后，这种稳定化方法有助于减少水的侵蚀、膨胀和收缩。有两种可行的防水方法：

1. 所有的空隙、孔、裂缝和微裂纹都填充有不受水影响的材料。沥青是以这种方式起作用的最好产品范例之一。这种稳定化方法尤其适用于体积稳定且不受水流影

这里的措施针对的是水和水蒸气在土壤中的运动。可以通过改变水的性质或降低黏土薄片对水的敏感性来实现。

利用三种系统：

1. 改变孔隙水的状态：通过向土壤中加入氯化钙使土壤干燥提高表面张力，降低了水的蒸汽压力和蒸发速率，

进行压缩。在研磨阶段之后，可以——但不是必须——使用利于压实的分散剂或蜡。

2.尽可能用其他颗粒填充空隙。如果要使用第二种方法，则颗粒尺寸分布必须是完美的：每种颗粒之间残留的空隙应被另一种颗粒填充。该方法直接作用于粒径尺寸分布。

的，也就是说在颗粒聚集的层面上，而不是在单个颗粒的层面上。

液或某些树脂和粘合剂可以达到类似的结果。从化学反应的角度来看，这种稳定机制的基本特征是惰性基质的形成相对独立于黏土。实际上，主要的胶结反应发生在稳定材料本身以及稳定材料与土壤的砂质部分之间。即

使如此，稳定材料和黏土成分之间也可能发生二次反应。黏土的数量和质量对稳定过程的效率有影响，并可能改变材料的力学性能。

2.黏土形成惰性基质。稳定材料与黏土反应，并沉淀出一种新的惰性和不溶性材料，这是一种水泥。这是火山灰反应，主要通过石灰获得。反应进行缓慢，并且

基本上取决于黏土的数量和质量。

响的砂质土壤。它同样适用于粉质土和黏质土，因为它们的单位表面积更大，因此需要大量的稳定材料。

2.一种物质散布在土壤中，在与水接触时会膨胀，并堵塞孔隙，这种类型的典型材料是膨润土。

也减少了水分含量的变化。

2.离子交换：离子被其他离子取代，直到离子很好地固定在黏土薄片上，水不能再稀释它们。某些酸会引发这种现象。

3.分子固定在黏土薄片的一端，在紧凑的聚集体外面。这些分子的另一端是防水的。某些季胺和树脂就是这样起作用的。

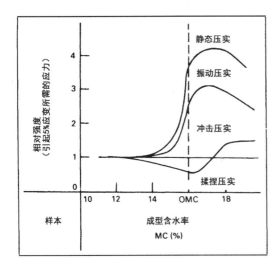

所有土壤材料的干密度与抗压强度之间都存在直接关系，材料越紧凑，其值就越高。 在断裂过程中，应变总是沿着抗压能力最小的路径进行，这通常以较多的孔隙为特征。 因此，最好使材料中的孔隙非常小并且分布非常均匀。 可以切成块的天然致密土壤很少见。通常，必须对可用的土壤进行处理。 在加工过程中采取的任何措施都会影响孔隙的分布及其尺寸，进而直接影响材料的性能。

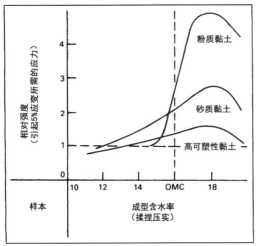

压实方法

有四种基本方法：

- 静态压实；
- 通过振动进行动态压实；
- 通过冲击进行动态压实；
- 揉捏压实。

这些方法中的每一种都对应一个最佳水分含量（OMC），并且对应一个最佳干密度。

每种压实方法都有其优点和缺点。例如，揉捏有利于良好的孔隙分布和最终产品的均匀大小，有助于降低渗透率。然而，当压实材料处于潮湿侧时，其抗剪强度低于使用其他压实方法时的抗剪强度。土壤的粒度分布也在很大程度上决定了这种强度。

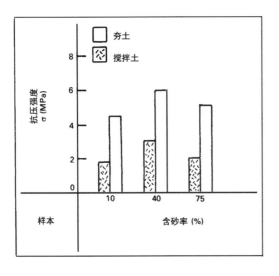

压实参数

1. **压实能量**　无论何种类型的土壤和压实方法，越大的压实能量越可以拉低最佳含水率并增加干密度，但同时也会产生有害的后果，如砌块的脱层。

2. **粒度分布**　颗粒的细小化级配不会产生高的压实率。相反，较大颗粒跨度的级配能给出具有明显峰值的压实曲线。

压实效果

根据排斥力或吸引力的大小，可以观察到两种主要类型的黏土结构：

1. 分散结构　因为排斥力占主导，所以黏土薄片彼此远离。它们有平行的趋势。分散状态对应于高水分含量，位于压实曲线上峰值的右侧部分。

2. 絮凝结构　黏土薄片彼此靠近，由于吸引力占主导，它们彼此之间形成锐角。絮凝状态对应于低水分含量，在压实曲线上峰值的左侧部分。

因此，最佳的压实状态是形成的吸引力足以接受适当的压实，而排斥力则有利于晶粒的有序排列。在良好条件下进行压实可降低渗透性和可压缩性，并限制潮湿条件下的吸水率和膨胀率。它还提高了材料的初始和长期力学强度。

1. 压缩率

只要所施加的应力不超过特定值，同样材料条件下，絮凝结构的可压缩性低于分散结构的可压缩性。如果压实能量变得足以使晶粒重新排列，则两种材料结构趋于朝着相同的状态和相同的压实性变化。

2. 在潮湿条件下的吸水和膨胀

这对于絮凝状态下的压实材料更有意义，对于分散状态下的压实材料意义较小。

3. 过度压实

当土壤接近饱和时，水本身的不可压缩性使得任何增加压实的努力都是无用的，因此这对颗粒的排列没有影响。

请注意：压实对所有稳定方法的成败有很大的影响。但是，不应忽视，在潮湿环境中压实获得的改善实际上是受限的。

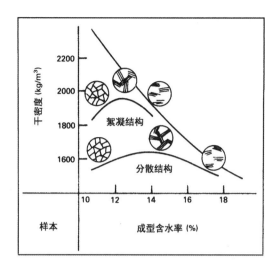

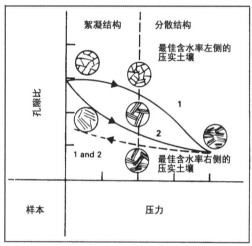

成型含水率影响于：	压实为	
	含水率 最佳含水率	含水率 最佳含水率
结构	絮凝结构	分散结构
膨胀性	多	少
吸收率	多	少
渗透性	多	少
湿强度	多	少
终凝强度	多	少
密度	多	少

理想的粒度分布

为了获得最大的机械强度，抵抗水的侵蚀，必须做以下工作：

- 减小孔隙率；
- 增加颗粒之间的接触面。

对于球形颗粒，当排列在可能非常密集的环境中时，可以计算不同直径的每种颗粒成分的相对比例。使用富勒（Fuller）公式：

P = 100（d/D）n

p = 给定直径的颗粒比例

d = 给定 p 值时的颗粒直径

D = 最大粒径

n = 分级系数

当颗粒完全是球形时 n = 0.5。

然而，在土壤中，砂和砾石的形状可能接近球形，而黏土颗粒则趋向于拉长。此外，在经常使用砂土的道路工程中，用 0.33 的 n 值来修正球形度的不足，在土建工程中，n 被假定为 0.20 到 0.25。

粒度分布校正

可以通过添加缺失的粒径成分或减少过量的粒径成分来纠正过大或过小的砾石、砂或细粉的含量。

1. 砾石含量过多

要纠正砾石含量过多的问题，通过筛分除去最粗的元素就足够了，分拣剔除最大的石块可能也是必要的。

2. 细粒含量过多

可以通过洗掉细小的物质来改善这种土壤。然而，由于存在清除所有细粒的危险，因此该技术非常难以控制。较好的方法是先清洗一定数量的土壤，使其干燥，然后再与原始土壤混合。但是，这是一个精细操作的过程。此外，通常最好的选择是将原始土壤与含有更多粗粒的土壤混合，这些粗粒既不含细粒，也不含粒度超过允许使用范围的颗粒。

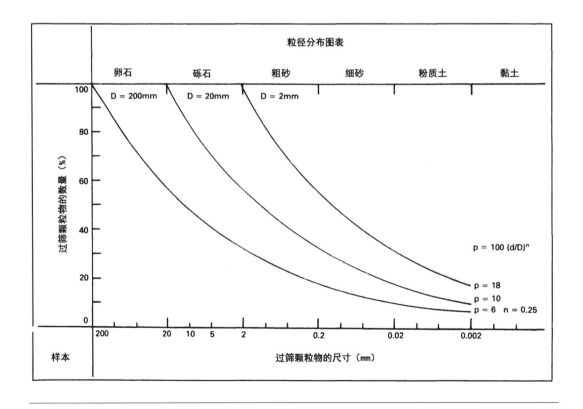

3. 不连续级配的土壤

不连续级配的土壤可以通过其典型的粒度曲线快速识别，实际上有两类特征的曲线。

- 对于特定的颗粒成分，曲线可能是平坦的，这意味着在分析的土壤中缺少该成分。因此建议以正确的比例添加此类缺失成分。

- 对于特定的颗粒成分，曲线急剧上升。这种情况说明所分析的土壤中该成分比例过高。因此理想的做法是，通过筛选或通过添加其他成分来平衡过剩的部分。但除非没有其他途径获取所需的材料级配，否则不建议执行此操作方法。

4. 非常砂质或非常粘质的土壤

如果可用土壤差异很大，且具有明显的砂质或黏土质，就有必要进行材料混合。其步骤是在粒度分布曲线上绘制砂质土和黏质土的曲线和所需的最优曲线。砂质土曲线的最低点和黏质土曲线的最高点以一条直线相连。这条线与最优曲线交点的纵坐标即表明，为了获得接近最优曲线的粒径分布，需要加入的粗土和细土混合比例是多少。

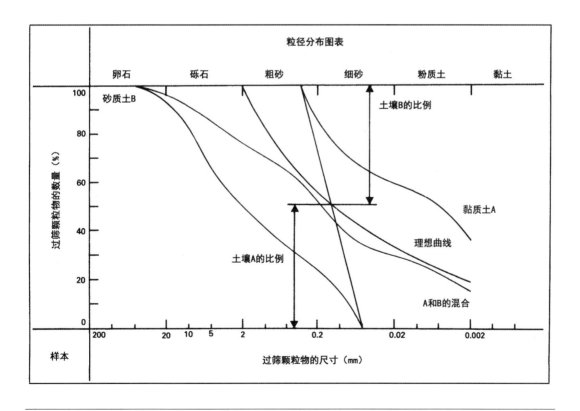

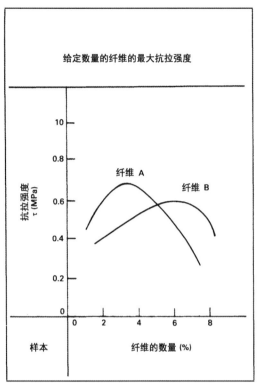

给定数量的纤维的最大抗拉强度

抗拉强度
τ (MPa)

纤维 A

纤维 B

纤维的数量 (%)

样本

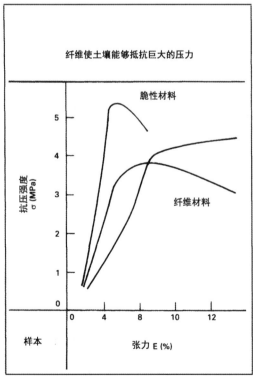

纤维使土壤能够抵抗巨大的压力

脆性材料

抗压强度
σ (MPa)

纤维材料

张力 E (%)

样本

通过纤维增强（通常是秸秆）进行的稳定化已在世界范围内广泛使用。实际上，秸秆应被视为类似于砾石的结构增强材料。如今，即使在最现代化和工业化的环境中，如美国的土坯砖生产中，也常常将秸秆和沥青混合在一起添加到土壤中。这种稳定的方法很有趣，因为它可以适用于各种操作方法，用在液态或可塑态的土壤中，甚至用于压实技术中。纤维主要用于制造含有大量黏土的揉捏块，这些黏土通常会遭受相当程度的干缩。由秸秆加固的土坯砖，其生产工艺变化很多，除了这种，秸秆还可用于抹泥、草和泥、垛泥墙、压制土块和夯土。

纤维的作用

- 纤维在干燥过程中会分散由于黏土收缩而产生的张力，从而防止开裂。

- 纤维能加速干燥，因为它们能通过纤维所提供的通道，加速水分向外表面的散发。另一方面，纤维增强了对水的吸收。

- 纤维使材料变轻。秸秆的体积往往很大，降低了材料的容重，提高了保温性能。

- 纤维增加抗拉强度。这无疑是纤维最有趣的特性。

机制

纤维增强的土壤材料具有良好的抗裂性能和抗裂纹扩展能力。考虑到潜在的开裂程度，随着应力的增加，纤维会逐步阻止裂纹的形成。抗剪强度的大小主要取决于纤维的抗拉强度。除此之外，经纤维增强也可以达到良好的抗压强度，这取决于纤维的用量和土壤的初始抗压强度、纤维的初始抗拉强度以及纤维与土壤之间的内摩擦力。一些研究似乎表明，秸秆在土壤中初步腐烂几周后会产生乳酸，而乳酸对稳定作用的效率具有次要影响。

结果

在干抗压强度方面，与没有纤维的材料相比，如秸秆等纤维的加入可使强度增加至少 15%。但在非常特殊的情况下，纤维对抗压强度几乎没有任何影响，例如，在砂质非常多的情况下。纤维加强砌块可以承受高应力，因为它们吸收相当高的应力能量，这使它们在地震地区特别有市场。纤维的添加使砖在超过失效点时的行为发生了根本的变化，在这个失效点，当非纤维加强材料碎裂成小块时，纤维加强砖砌块还能保持在一块整体中，并继续增加抗压强度，超过非纤维加强砌块的失效点。

实用方面

加筋砌块的强度取决于所加纤维的数量，但有一个不应超过的最佳值。这是因为过大的数量会使密度降低太多，而纤维和土壤之间负责传递应力的接触点的数量会变得太少，从而降低了块体的强度。通常比较理想的最低比例从体积的 4% 开始，每立方米添加 20 千克至 30 千克。秸秆最好切成 4—6 厘米长的小段。

秸秆在土壤中向各个方向散布，效果最好。而过长的茎秆平行分布，则结果欠佳。当纤维聚集在特定位置或使用过多的纤维发生如鸟巢般缠绕时，也无法获得良好的结果。

纤维还可以与其他稳定材料如水泥、石灰和沥青一起使用。如果秸秆和沥青一起使用，必须先把沥青加到土壤里，充分混合，然后再加秸秆。如果不按此顺序操作，秸秆和沥青就有脱离土壤而独自形成结块的风险。

在土壤保持干燥的条件下，土壤中所含的纤维将保存完好而不会变质。如果材料在潮湿的环境中放置时间过长，则可能会导致纤维腐烂。另一方面，只要保证适当的干燥，交替的润湿与干燥循环也不会助长腐烂，对非常古老的材料（例如来自埃及法老时代的土坯）的分析清楚地表明了这一点。

纤维也可能受到啮齿动物和有害昆虫的破坏，如白蚁，尤其是在潮湿的时候。

研究

很少有组织对纤维稳定的土壤进行过系统的研究。伊朗德黑兰大学、法国建筑科学技术中心（CSTB）和尼日利亚沃洛沃大学（IFE）进行了这类研究。

纤维的种类

1. **植物纤维** 各种秸秆：大麦、黑麦、硬质和软质小麦、冬大麦、薰衣草。谷物农作物的壳屑：小麦、大米、大麦等。轻质填充料：锯末和刨花。其他合适的植物纤维包括干草、大麻、小米、甘蔗渣、椰棕纤维、剑麻、马尼拉草、象草、竹棕榈和木槿的纤维，以及亚麻清棉后的剩余物。

2. **动物纤维** 毛皮和家畜毛。

3. **合成纤维** 玻璃纸、钢铁和玻璃棉 / 纤维。

历史背景

1915 年，美国首次尝试将水泥作为稳定剂，用于道路建设。艾米斯（J.H.Amies）分别于 1917 年和 1920 年申请了使用水泥技术的两项专利。20 世纪 20 年代，水泥稳定技术在德国独立开发出来。在美国，大约在 1935 年以后，水泥稳定剂越来越多地被用于道路和跑道建设。从那时起，水泥稳定剂的应用就成倍增加，并且在全世界范围内，被公共工程和建筑业等广泛使用。如今，相关技术和材料的知识储备非常完整。

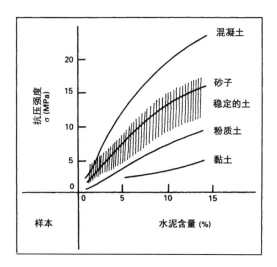

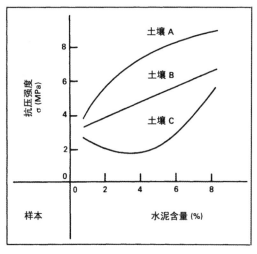

稳定机制

水化水泥在土壤中有两种不同的反应方式：

- 它可能与自身或与砂质骨料发生反应。这分别导致了纯水化水泥砂浆的形成，或常规砂浆的形成。

- 它可能与黏土发生三相反应：

1. 水合作用在黏土凝块表面引发了水泥凝胶的形成。在水泥水化过程中游离出来的石灰往往与黏土发生反应，石灰很快消耗完了，黏土开始变质；

2. 水合作用继续进行，并促进脱水黏土集料的分离。后者被水泥凝胶充分渗透；

3. 水泥凝胶和黏土聚集体紧密地缠绕在一起。水合作用仍在继续，但速度变慢了。

实际上得到了三种混合结构：

- 一种与水泥结合的惰性砂基体；

- 一种稳定的黏土基质；

- 一种不稳定的土壤基质。

稳定化并不影响所有的骨料。

稳定的基质覆盖了砂土和黏土的复合聚集体。

有效性和比例

在潮湿状态下压缩效果最好。在塑性状态下，达到同样的效果需要多加 50% 的水泥。最大的抗压强度是通过砾石和砂子而不是通过粉质土或黏土获得的。

对于土壤来说，水泥的需求量取决于其粒度分布、结构和使用方式。

在 6% 到 12% 之间可以得到良好的结果。一些土壤只需要 3%，但相同的比例在另一些土壤里性能反而不如完全不添加水泥的土壤。一般来说，至少需要 6% 的水泥才能达到满意的效果，其中抗压强度仍然高度依赖于水泥用量。

在同等条件下，对于相同的墙厚（15 厘米），一块用水泥稳定的土砖并不一定比一块混凝土更经济。建议针对费用进行初步比对研究。

有效参数

土壤 几乎所有土壤都可以用水泥稳定。使用砂质土壤可获得最佳结果。

有机物 通常认为这是有害的，特别是如果它包含核酸、酒石酸或葡萄糖时，其作用是减慢水泥的凝固，并降低其强度。通常，有机物含量大于1%会构成危险，而当土壤中这个含量超过2%时便不能被使用。

硫酸盐 这些会带来非常有害的副作用，尤其是硫酸钙（硬石膏和石膏），并且比较常见。它们导致土壤内部已经硬化的水泥被破坏，黏土对水分敏感性的增加。对于硫酸盐含量超过2%～3%的土壤必须进行专门研究。

氧化物和金属氢氧化物 基本上这些是铁和氧化铝。它们很少超过土壤的5%，因此影响很小。

水 原则上不使用含有有机物和盐类的水，因为这些元素可能会导致风化。高硫酸盐含量的水也可能带来有害影响。

影响

干密度 压实较好的土不受影响。它可以增加压实度不好的土壤的密度。

干、湿抗压强度 根据 EIER 在布基纳法索（Burkina Faso）沃盖多格（Ougadougou）的研究，水泥对该参数的影响是干密度的函数，孔隙率：e =（γS - γd）/ γd，塑性指数，液限，M（直径＜0.4mm 的颗粒比例）。

抗拉强度 是抗压强度的五分之一到十分之一。

尺寸稳定性 水泥稳定剂可减少干缩和湿胀的幅度。

侵蚀 提高土壤的抗雨水侵蚀能力，特别是当土壤中含有大颗粒成分时。

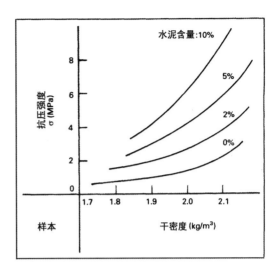

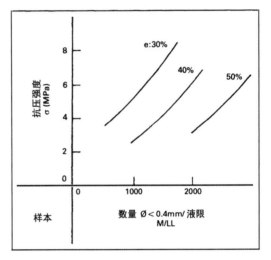

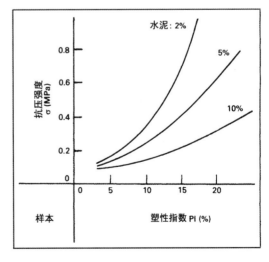

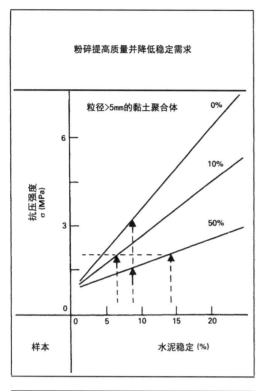

粉碎提高质量并降低稳定需求

粒径>5mm的黏土聚合体

0%

10%

50%

抗压强度 σ (MPa)

样本

水泥稳定 (%)

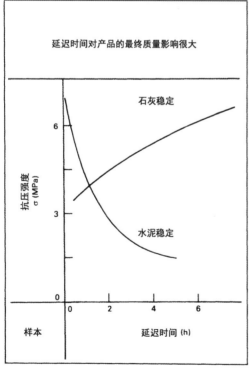

延迟时间对产品的最终质量影响很大

石灰稳定

水泥稳定

抗压强度 σ (MPa)

样本

延迟时间 (h)

水泥

普通硅酸盐水泥或同等级的水泥是非常合适的，使用高强度水泥没有意义，因为它们不会产生额外的改善效果，而且非常昂贵。高强度的水泥很容易变质，因此不适合在远离工厂的工作场所使用，因此，应优先选择250级或350级的硅酸盐水泥。还可以使用含有其他材料的水泥，如矿渣、粉煤灰和火山灰，尽管这些水泥只能在钢铁厂、发电厂和类似地点附近使用。相比之下，另外一些材料含量高的水泥在固化时由于其敏感性而不能使用，包括铁硅酸盐水泥、高炉水泥、混合冶金水泥和矿渣熟料水泥。

添加剂

在混合过程中，将少量产品添加到水泥稳定土中会改善成品的特性。

1. 一些有机产品（醋酸胺、三聚氰胺、苯胺）和某些无机产品（氯化亚铁）降低了某些土壤对水的敏感性。

2. 石灰（2%）可以减少有机物的有害影响，氯化钙（0.3%至2%）也可以减少有机物的危害，同时可以加快凝固速度。石灰还可以改善土壤的可塑性，并限制结块的形成。

3. 以苏打为基础的添加剂增加了土壤的反应活性，并能引起与土壤颗粒相辅相成的胶结反应。可以加入氢氧化钠（NaOH），每升水混合的比例为20克至40克，同时可以添加0.5%至1.1%的硫酸钠（$NaSO_4$）或1%的碳酸钠（Na_2CO_3）；或1%硅酸钠（Na_2SiO_2）。

4. 以乳液或稀释形式添加2%至4%的沥青可使水泥稳定土防水。

实施

1. 粉碎

良好的水泥稳定作用要求各成分充分混合。精细颗粒不能形成大于 10 毫米的结块。大于 5 毫米的结块含量超过 50% 会使抗压强度降低一半。

2. 混合

水泥的良好分布和材料的均匀性是通过搅拌实现的。如果要达到最佳的混合条件，保持土壤干燥是很重要的，在潮湿的气候中，需要对土壤进行初步的干燥，研磨可能会加速干燥，有助于分解块状物。混合所需的水应该只在混合过程的最后添加，并且应在非常必要的干燥状态混合之后。

3. 成型

材料应在混合后立即压实，在水泥开始凝固之前压实，控制水分含量，接近最佳含水率。水分含量相差 4%，或多或少都会对材料的质量产生重大影响。一般来说，黏土含量高的土壤应比最佳含水率略湿，而砂质土壤应比最佳含水率略干。

4. 干燥

水泥稳定土的强度随时间增长而增加。

至少 14 天的固化期是绝对必要的，虽然 28 天更好。在此期间，材料应保存在潮湿的环境中，避免日晒和风吹，以防止过快的表面干燥，这可能会导致收缩开裂。压实后，材料才能进行干燥，并通过喷涂或用塑料布覆盖来保持湿润，这样可以使温度上升，使相对湿度接近 100%。这种潮湿干燥的固化时间越长，材料的强度就越大。

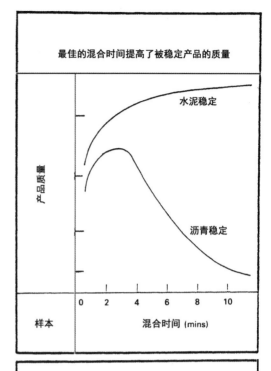

最佳的混合时间提高了被稳定产品的质量

水泥稳定

沥青稳定

产品质量

样本

混合时间 (mins)

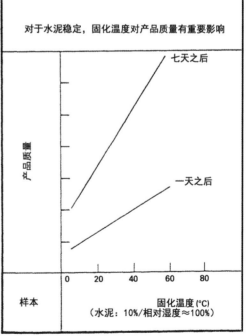

对于水泥稳定，固化温度对产品质量有重要影响

七天之后

一天之后

产品质量

样本

固化温度 (°C)
（水泥：10%/相对湿度≈100%）

历史背景

系统地将石灰用于稳定土壤是最近才出现的，最早是在 20 世纪 20 年代的美国。从那时起，数百万平方米的道路使用石灰稳定的土壤进行建造，积累了丰富的经验。1974 年兴建的占地约 70 平方公里的达拉斯 - 沃斯堡（Dallas-Fort Worth）机场是这种技术最引人注目的应用项目之一，的确，超过 30 万吨石灰被用作稳定剂。

石灰过去也被用于建筑，现在仍然被用于建筑，人们对这一领域中的石灰稳定作用越来越感兴趣。

机制

关于石灰稳定作用的理论提出了五个基本机制。

1. **水吸收** 生石灰在有水或潮湿的土壤中会发生水化反应。该反应具有很强的放热性，每千克生石灰释放约 300 千卡热量。

2. **阳离子交换** 当在湿润的土壤中加入石灰时，土壤中就会充满钙离子。然后发生阳离子交换，钙离子取代土壤化合物中可交换的阳离子，如镁、钠、钾和氢。交换量取决于土壤总阳离子交换容量中可交换阳离子的数量。

3. **絮凝和聚合** 由于阳离子交换和孔隙水中电解质数量的增加，土壤颗粒絮凝并易于积聚。细颗粒中积聚物的尺寸增大。颗粒尺寸分布和结构都发生了变化。

4. **碳化** 添加到土壤中的石灰与空气中的二氧化碳发生反应，形成了弱碳酸盐水泥。该反应使用一部分可用于火山灰反应的石灰。

5. **火山灰反应** 这是迄今为止石灰稳定中最重要的反应。材料的强度主要形成自黏土矿物在石灰产生的碱性环境中的溶解以及黏土中的二氧化硅和氧化铝与钙的重结合，形成复杂的硅酸铝和硅酸钙，从而将颗粒粘在一起而产生的。必须将足够的石灰添加到土壤中，才能发生反应并保持较高的 pH，才能使黏土矿物有充分的时间溶解并进行有效的稳定化反应。

有效性和比例

当土壤中加入 1% 的生石灰时，放热水化反应使土壤干燥，带走了 0.5%—1% 的水分。添加 2%—3% 的生石灰会立即引起土壤塑性的降低和结块的破碎。这种反应称为石灰的固定点。对于普通的稳定化操作，其用量为 6% 至 12%，与水泥稳定化所需的用量相似，不同之处在于石灰对每种土壤都有一个最佳用量。

繁复的工业程序通过高压和蒸汽在高压容器中进行处理，石灰的比例高达 20%。所获得的产品与硅石灰工业中获得的产品相似。石灰稳定特别适用于压力模塑过程。

有效参数

土壤 土壤必须含有大量的黏土成分。结果会因黏土矿物性质的不同而有所变化，具有高含量的氧化铝硅酸盐、硅酸盐、和铁的氢氧化物的矿物效果最佳。天然的火山灰与石灰反应迅速且良好。

有机物质 在不阻碍火山灰反应的前提下，可以阻断黏土中的离子交换。含有不超过 20% 有机质的土壤可以用石灰来稳定，但必须小心操作。

硫酸盐 干燥时，硫酸钙的危险性比硫酸镁小。潮湿时，所有硫酸盐都是有害的。

影响

干密度 对于给定的压力值，石灰会降低 $v\delta$ 的最大值，并由于絮凝作用而提高了最佳含水率。

抗压强度 石灰的最佳比例应通过初步测试确定。抗压强度易随着产品的年份而增加，2 到 5 兆帕之间的值很容易获得，并且当采用工业程序时，预计可以达到 20 至 40 兆帕的值。

抗拉强度 这在很大程度上受到土壤中黏土的数量和质量的影响，这些黏土与石灰发生反应。

尺寸稳定性 只需 1% 到 2% 的石灰就能减少 10% 到 1% 的收缩，并能限制膨胀。

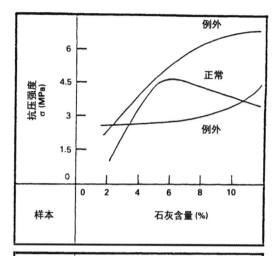

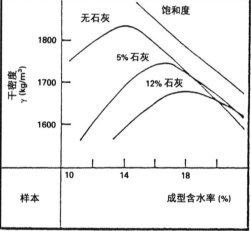

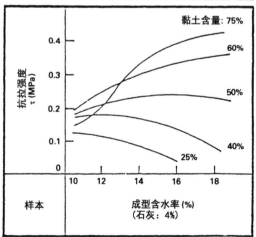

石灰

1. 非水硬性石灰

通过燃烧非常纯的石灰石生产的，用于稳定化的石灰材料的主要来源。

生石灰（CaO）　生石灰是通过在窑炉中燃烧石头直接生产的。储存和保养的严苛条件让它的使用受限。生石灰具有极强的吸湿性（即它会吸水），并且必须防止受潮。它是腐蚀性物质必须小心处理。在水合阶段（高达150℃）它变得非常热。以重量计算，它比熟石灰更有效，原因是它可以提供更多的钙离子。在潮湿的土壤中，它能够吸收水合所需的水分。

熟石灰（Ca(OH)$_2$）　熟石灰是通过使生石灰水化而得到的。广泛用于稳定化，它没有生石灰的缺点，大块的熟石灰不必粉碎就可以起作用。工业用石灰含有90%至99%的"活性石灰"，而手工生产的石灰可能只含有70%至75%，其余的是未燃烧或过度燃烧的材料。因此必须调整用于稳定化的比例。

2. 水硬性石灰

类似于水泥。除非没有其他种类的石灰，否则不应考虑使用它们。天然水硬性石灰（XHN）比人工水硬性石灰（XHA）更有效。

3. 农业石灰

用于改良农业土壤，基本没有稳定作用。

添加剂

有些添加剂与石灰少量地混合会产生特殊的效果。

1. 增加土壤的反应性：

• 烧碱：NaOH

• 硫酸钠：Na$_2$SO$_4$

• 偏硅酸钠：Na$_2$SiO$_3$（9H$_2$O）

• 碳酸钠：Na$_2$CO$_3$

• 铝酸钠：NaAlO$_2$

每升用于压实的水，使用的添加剂的量为0.25至2克每摩尔。

2. 增加抗压强度：

• 硅酸盐水泥的用量最多为石灰的100%。

3. 为了提高砂质粉土的稳定效果并减少石灰熟化引起的膨胀：

• 硫酸镁(MgSO$_4$)的添加量约为石灰重量的四分之一。

4. 使土壤防水：

• 硫酸钾（K$_2$SO$_4$）

• 沥青产品

• 其他防水剂。

实施

1. 破碎

这个操作很重要，必须非常小心地进行，碾碎的黏土越细，石灰对黏土的侵蚀作用就越强。由于黏土的粘结力很强，操作起来可能会很困难。

非常湿润的土壤可以用生石灰干燥和破碎。如果将至少50%的聚合黏土粉碎到直径小于5毫米的范围内，则稳定是有效的。

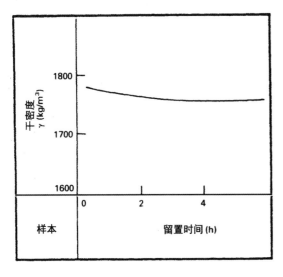

90

2. 混合

混合必须非常仔细地进行，以确保土壤和石灰紧密结合。对于高可塑性的土壤，该过程应分两个阶段进行，两次之间必须间隔一到两天。这使石灰有机会疏松团块。但是，此两步程序可能会降低石灰对强度的影响。混合物的均匀性可以通过观察其颜色的均匀性来检查。不能出现土壤与石灰没有充分混合的痕迹。

3. 静置时间

如果使用湿法，则在混合后让混合物静置养护是有利的。若石灰量超过固定值，应等待至少 2 个小时的静置时间，而 8 至 16 小时的静置时间更有利。对干密度的影响可以忽略不计，但可以实现更大的强度。如果采用塑性法，则应通过将土壤和生石灰或熟石灰的混合物静置数周来获得最佳效果。对于更油腻和更具粘性的抹泥用料尤其如此。

4. 压缩

干密度对压实度非常敏感，特别是对于高比例的石灰含量。在潮湿面，保证足够的保水时间（含量更多的时候需要更长的时间）条件下，水分含量接近最佳值。生石灰引发的放热反应消耗了接近 1% 的水含量。因此，在第二混合阶段当接近最佳含水率时，水分含量将被修正。

5. 干燥固化

如果延长固化时间，则可以提高抗压强度。这种现象持续数周并延续数月，在温暖潮湿的环境中还会更好。石灰稳定化的产品可以非常有优势地暴露于高温（±60℃）环境。在阳光暴晒的塑料板下或在波纹铁建造的管道中进行固化，便可以达到如此高的温度和相对湿度。丹麦大学进行的研究表明，在 60℃—97℃的高压容器中，相对湿度为 100%，干燥 24 小时可以获得非常好的产品。

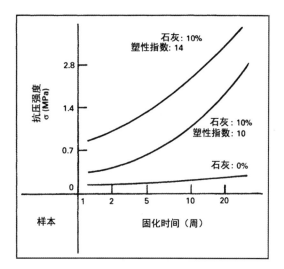

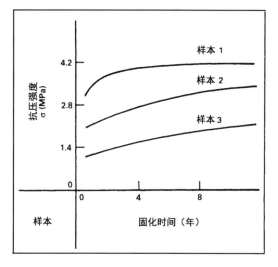

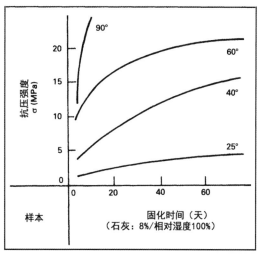

沥青和沥青质：术语

沥青通常与道路的碳氢化合物路面有关。但是，不应与沥青质、焦油等混淆使用。

梵语中沥青的术语是 jatu krit，类似于某些针叶树的树脂，意为"沥青产生剂"。在拉丁语中，等效术语是 pixtumens，意为"渗出沥青"，即从地壳中渗出。后来，"沥青"被大多数西欧语言所采用。最初，沥青一词是指由"高分子量碳氢化合物混合构成的天然材料，该混合物可溶于二硫化碳，并且可能含有不同数量的矿物质"。相反，"沥青质"一词来自希腊语形容词"沥青的"，意为持久耐用，用于表示"沉积有 8% 至 10% 天然烃的石灰质沉积岩"。

如今，沥青被用来指至少含有 40% 的重烃和填充物的产品。而沥青质指的是含烃量低于 20% 的产品，其余为填充物、砂或砾石。关于美国人使用"沥青质"这个词来指代欧洲人用的"沥青"这个词，应该予以警惕，因为美国人用"沥青"来指任何黑色粘合剂，同样适用于石油蒸馏产生的沥青和煤焦油。有时可以找到天然浸透沥青的土壤：尼日利亚的沥青砂就是这种情况。

如果要使用，则沥青必须：

• 加热；
• 与溶剂混合，形成"稀释"；
• 以乳液形式分散在水中。

后两种技术用于稳定化。

历史背景

使用沥青作为稳定剂是非常古老的做法。希腊历史学家希罗多德描述了公元前 5 世纪的巴比伦是如何使用这种材料制作灰浆，来铺设未经烧制的模压砖。尽管如此，沥青在整个历史进程中的使用仍是有限的。事实上，沥青最初是在几十年前，即 20 世纪 40 年代首次在美国以工业规模生产的。

沥青稳定的砖以 Bitudobe 或 Asphadobe 的名称出售，土木工程师已学会在道路施工中使用该技术。例如，在阿尔及利亚，使用该技术已修建了近 28000 千米的道路。如今，在美国，沥青稳定的土坯与中美洲和南美洲一样被广泛使用。最近向非洲转让这项技术的尝试没有取得成功，甚至在产油国也是如此。沥青在几年前被认为是一种奇迹般的产品，能够最终解决所有的稳定问题，但由于石油产品的成本，其使用量却越来越少。

机制

稀释产物和沥青乳液以微滴的形式悬浮在溶剂或水中。稳定剂混合在土壤中，当水或溶剂蒸发时，沥青液滴分散开来，形成非常薄的牢固的薄膜，附着并覆盖在土壤上。沥青可以改善土壤的防水性能（减少对黏土的吸收），并可以通过充当粘结剂来提高非粘结性土壤的凝聚力。

有效性和比例

为了使沥青在整个土壤中均匀分布，最好使用一种含水量大的技术，因此，土坯砖技术是最合适的。通常添加 2% 到 3% 的沥青，但也可以增加到 8%。

具体比例因土壤的粒径分布而异，因为沥青稳定作用涉及对颗粒特定表面的覆盖。此处给出的值是指在水性悬浮液或溶剂中稀释之前的沥青。沥青对材料的颜色影响很小，一旦稳定的产品干燥后，就没有典型的气味。

有效参数

土壤　在砂土或粉土中，沥青的稳定性是最有效的。但它不适合干旱地区的精细土壤，那里土壤的 pH 和含盐量可能很高。

有机物和硫酸盐　它们在土壤中的存在阻碍了沥青的稳定效果，因为它们与颗粒的粘附阻碍了沥青的粘附。酸性有机物（如森林土）非常不利。在干旱和半干旱地区发现的中性和碱性有机物并不是特别有害。

盐　矿物盐是非常有害的，可以通过加入 1% 的水泥中和它们。当以工业规模进行沥青稳定处理时，盐含量不得超过 0.2%，但有时最多可以接受 6% 的氯化钠（NaCl）。

影响

干密度　沥青会导致密度下降，并提升最佳含水率（水加沥青）。

抗压强度　在干燥状态下，一旦达到理想的涂层水平，它就会随着沥青的比例增加到某个阈值，然后急剧下降。在潮湿状态下，强度随沥青量的增加而稳定增加，与干强度无关。

吸收　吸收是混合过程中水分含量的函数，在达到一定的阈值后下降到很低的水平。建议确定此值。干燥数天后，吸水率稳定。

膨胀　这是混合过程中液体含量的函数。液态的混合程度越高，膨胀越小。

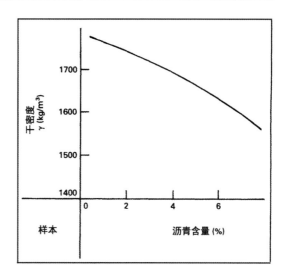

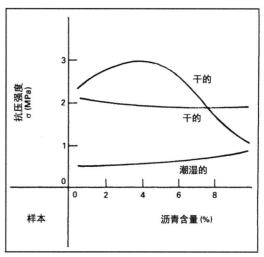

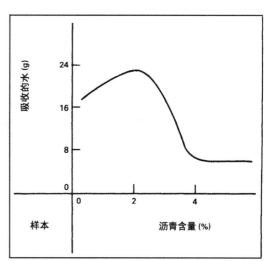

沥青

当将沥青用于稳定化时，其通常为切碎或乳液形式。两种形式都因干燥而分解，这种分解可能很慢也可能很快。快速分解适合于温带气候，而缓慢分解更适合于热带气候。

1. 稀释剂

这是指已向其中添加了挥发性溶剂使其粘度降低的沥青。溶剂可以是柴油、煤油和石脑油。其中一些干燥缓慢，一些适度快速干燥，而另一些则非常快速干燥。它们不能在雨中使用并且易燃。它们的粘度由 mdex 数值表示：0 = 流动性很强，3 = 粘性。RC250 是一种稀释剂，如今已在美国广泛使用。

2. 乳化剂

沥青（55%至65%）借助乳化剂（1%至2%）分散在水中，此外，该试剂使沥青保持悬浮。

乳化剂有两种。

- 阴离子：罕见，不适用于所有骨料；主要在欧洲使用；
- 阳离子：更广泛且几乎与所有土壤相容，尤其在美国使用。

乳化剂通常流动性很强，并且容易与已经湿润的土壤混合。

它们的稳定性不如稀释剂，并且存在水和沥青的联系断裂（分离）的危险。

SS1h 是推荐用于非洲炎热地区的乳化剂。

添加剂

以下这些是具有各种补充作用并且可用的：

1. 中和盐：水泥，占土壤的 2%至 12%（重量）；

2. 絮凝土：石灰，占土壤重量的 1%至 2%；

3. 改善沥青的颗粒涂层：季胺，按稀释重量 0.6% 或按土壤重量 0.01% 使用；

4. 改善沥青对颗粒的附着力：季胺，占土壤的 0.03%（重量）；

5. 增加沥青膜的刚性：蜡，用量为土壤重量的 0.07% 或沥青重量的 1%；

6. 提高干、湿抗压强度：磷酸酐（P205），按土壤重量的 2%使用。

破裂或干燥	稀释			乳化		
	欧洲	美国(ASTM)	沥青含量(%)	阴离子(ASTM)	阳离子(ASTM)	粘度
慢	SC 0 SC 1 SC 2 SC 3	 SC 70 SC 250 	45–50 55–61 63–70 70–75	 SS 1 SS 1 h 	 CSS 1 CSS 1 h 	 流体 黏性的
中等	MC 0 MC 1 MC 2 MC 3	 MC 70 MC 250 	61–65 68–72 73–77 79–82	 MS 2 MS 2 h 	 CMS 2 CMS 2 h 	 流体 黏性的
快	RC 0 RC 1 RC 2	 MC 70 MC 250	62–65 70–73 74–78	 RS 1 RS 2	 CRS 1 CRS 2	 流体 黏性的

实施

1. 混合

　　沥青的稳定效果在很大程度上取决于这一步操作。过多的混合会增加干燥后的吸水率，因为乳化液过早分解了。如果以液态或塑性状态（土坯砖、垛泥、灰浆或抹灰）进行混合，则不会遇到此类问题。

　　另一方面，如果土壤要压实，混合应在最佳含水率时进行。当土壤已经潮湿时，必须注意不要添加过量的稳定剂（水和沥青），湿强度和抗渗性可能较差。

　　当使用低比例的沥青（例如 2%）时，最好将沥青添加到少量的土壤中，然后将这少量混合物与其余的土壤混合。这尤其适用于稀释，乳剂应在混合水中稀释。

2. 静置时间

　　采用分解速度慢或中等快的沥青稳定剂时，可在混合和成型之间等待。当使用速效分解的产品时，操作应该毫不延迟地相互跟进。

3. 压实

　　2 兆帕到 4 兆帕足够，并为材料留有相当多孔的结构，以促进挥发性溶剂的蒸发，同时确保良好的干密度。从模具中脱模时，沥青起到脱模剂的作用，砌块具有尖锐美观的棱纹表面。

4. 固化

　　稀释和迅速分解的乳液均会缩短干燥时间。最好是让沥青稳定的材料在干燥的空气中固化，而不是在潮湿的环境中。抗压强度与沥青用量和干燥时间有关。这两个参数应通过试验提前确定，以找出最佳值。在较长的固化时间和较高的温度下，挥发物的损失更大，这会对吸收和膨胀产生有益的影响，然而，超过 40℃，则没有进一步的改善。

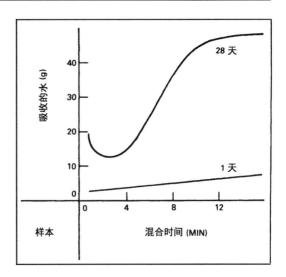

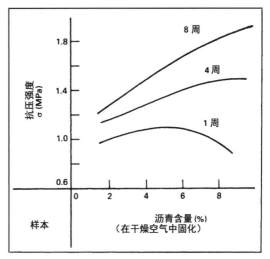

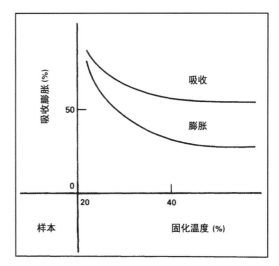

近年来大量的研究工作聚焦在化学树脂的化学稳定方面，特别是在土木工程领域。本研究的目的是在增加土的承载能力的同时减少在稳定土壤过程中所加的重量，人们一直在寻求最高的剪切强度以及耐磨层的更大弹性。这些目标符合土木工程的要求，但不一定适用于建筑物的建造，某些水平面的情况除外：例如人行道，稳定化的平板等。树脂稳定化获得了非常出色的结果，然而，与普通的稳定方法相比，高额成本仍然是其广泛使用的最大障碍。

优点

活性强，凝结快，易于融入土壤，因为其粘稠度与水相当。非常潮湿的土壤也可以固化。

缺点

成本高，生产技术复杂，只有工业化国家才有，与传统的稳定材料相比需要的量大，产品有毒，难于处理，需要使用催化剂，对水敏感，使用寿命不确定，产品会被生物降解。

机制与原则

这些树脂由某些化学试剂（单体和聚合物）的连接（聚合）产生的长链分子组成。它们可以以两种不同的方式使用：

- 将单体与催化剂同时添加到土壤中：土壤与单体之间的反应以及聚合是立即进行的。例如，对于松香树脂就是这种情况。

- 聚合物通过合成或天然方式预先形成，然后以固体、溶液或乳液的形式添加到土壤中。

树脂以不同的方式发挥作用：作为絮凝剂、分散剂或酸。尽管如此，大多数产品的作用是使土壤不透水，而更复杂的产品可以改善土壤的粘结性。

1. 天然加工品

阿拉伯树胶　从金合欢树获得。它的抗渗性很低，因为它可溶于水。它的主要作用是作为絮凝剂，帮助增加干压缩强度，并减缓毛细吸收的水的运动速率。

棕榈－柯巴脂　柯巴脂是一种从某些热带树木中提取的树脂。棕榈－椰子油是从棕榈油中提取的椰子油溶液。砂土的需水量从 3% 到 8% 不等。另一个品种，马尼拉柯巴脂，是唯一具有防渗透能力的柯巴脂树脂。

荚苏木树脂　防水处理。

松香　在蒸馏过程中从油性松树树脂中获得松节油精华。溶于有机溶剂和碱性水溶液。松香与某些金属盐（铁和铝）反应后形成凝胶。减少土壤的吸水率。

氧化松香　也可在松节油生产中获得。在酸性土壤中以严格的控制率（±1%）使用。防水处理；提高内聚力，但不影响抗压强度。

木质素　造纸工业的副产品。它是一种不渗透的碱性树脂液体。它是可溶的，与铬反应时可能变得不溶。可惜的是，染色木质素是一种昂贵的产品。

糖蜜　脱水糖蜜中的糖醛可以在高温下用酚类催化剂聚合。所得到的树脂材料具有与天然沥青和合成树脂相似的特性。

乙基纤维素　一种经过测试但没有令人满意结果的合成树脂。

羧甲基纤维素　非离子型稳定剂，具有凝结作用，可溶于水。

虫胶　在砂土上具有良好的强度，但经此材料稳定化后并不耐水。

2. 糠醛基树脂

糠醛是一种有毒的醛，存在于谷物醇和以下物质中：稻壳、花生壳、棉籽、蔗渣、玉米芯和秸秆、橄榄核。它的存在百分比为10%到20%。

糠醛苯胺　由糠醛和苯胺形成的树脂，是一种衍生自苯的环状胺，目前是从煤中获得的。将70%的苯胺与30%的糠醛混合，该产品剧毒，介于2%至6%之间足以稳定土壤。它通过离子交换使颗粒具有疏水性，并通过聚合将它们粘合在一起。

糠醇　这是一种来源于糠醛的有机化合物。它在一定的催化剂存在下聚合，是一种产生具有优异力学性能的聚合物。提高干湿机械强度，减缓吸水率。

间苯二酚糠醛　该产品用于碱性环境中苏打催化的水溶液中。它是有毒的产品，通常非常昂贵。

糠醛－尿素和苯酚－糠醛　单独或与糠醛苯胺混合测试的稳定剂：其结果令人失望。

3. 甲醛基树脂

甲醛是一种通过甲醇氧化获得的挥发性液体。

间苯二酚甲醛　这是间苯二酚，衍生自苯的防腐酚和甲醛的混合物。这产生了通过胶凝作用和作为疏水剂起作用的树脂，从而减少吸水率。

苯酚甲醛　已知结果令人满意。

甲醛脲　该化合物的作用类似于糠醇苯胺。

氨基磺酸钙甲醛　获得的结果并不令人满意。

聚氰胺甲醛　干强度结果良好，但湿强度降低50%。

4. 基于丙烯酸化合物的树脂

丙烯酸钙　这种水溶性树脂与土壤形成不溶性凝胶，土壤的弹性或硬度取决于含水量。

丙烯酸亚硝酸盐　这种树脂是用来灌浆的，可用作粘合剂和防水材料。亚硝酸丙胺是另一种衍生化合物，具有类似的作用。

聚丙烯胺　阳离子聚合物。

5. 脲基树脂

尿素甲酚

甲基尿素

二羟甲基尿素　尽管湿强度仍然很低，却是脲基树脂的最佳性能。

6. 聚乙烯基树脂

聚乙烯醇　非离子稳定剂，尽管可溶于水，但通过水溶液的蒸发可形成牢固的柔性膜。必须与天然油或防水剂结合才能有效。

聚醋酸乙烯酯　这是用于砂质土壤的最佳产品，因为它可以提高土壤粘性。如果将产品浸入水中，则会被完全损坏。

7. 其他产品

铝化合物

环氧树脂

苯酚福尔马林

聚氨酯树

"自然产物"一词涵盖了来自动物、植物和矿物的多种稳定材料。我们在对植物产品的讨论中，专注于直接从植被中获得或经过简单制备过程的那些产品，而不是那些涉及加工后的产品，它们更像合成产品，例如农业废料。关于这些天然稳定材料的准确科学信息很少，其使用很大程度上取决于传统技术，因此几乎不存在研究。然而，近年来，各种研究实验室已经开始对研究这些产品更加关注。

这些稳定材料的吸引力在于它们可以就地获得。即便如此，它们也很少有足够大的数量可供个人使用。另一方面，由于其稀缺性和手工生产的事实，它们的市场价值高于工业产品，如阿拉伯树胶。这些产品通常具有社会效用，可以用于农业甚至食品，因此很难将它们作为稳定材料推广使用。

这些稳定材料通常只在非常特殊的制备条件和环境中有效。

即便如此，这些产品仍有一些优势，例如在耐水性方面，可以减缓变质的速度。经过处理的墙的吸水速率将比未经处理的墙的吸水速率要慢，从而可以补救墙体朽坏的情况（例如在两个雨季之间）；而一堵未经处理的墙会迅速朽坏。

应该记住，天然产品不如工业生产的产品如水泥、石灰、沥青等有效。

1. 矿物产品

这些产品用于校正土壤的粒度分布。例如，可以将砂子添加到黏土中，反之亦然。有时选择非常特殊的土壤可以获得非常特殊的效果，膨润土就是一个很好的例子，它被少量添加到待处理的土壤中。这种近晶黏土具有强大的脱脂性能，并遇水会膨胀，从而阻止水通过。

一些土壤（尤其是火山砂）具有天然火山灰性质。它们可用于稳定黏土，但通常需要至少加入 30% 的石灰或水泥，然后才能成为有效的粘合剂，当以大约 8% 的比例添加黏土时，它们将使黏土稳定。

2. 动物产品

它们很少被用于稳定墙体或建筑物的固体成分。它们往往是为稳定表面的灰泥而存在的。

粪便 人类使用各种粪便。牛粪无疑是被最广泛使用的，虽然它作为肥料或燃料更好。这种特殊的排泄物归根结底对水的阻力和抗压强度的影响非常有限。其他的使用粪便的传统还包括马或骆驼的粪便，或鸽子的粪便。这些粪便的作用可能是由于纤维（混合稻草）、磷酸和钾的存在。使用动物的尿液也是众所周知的。当马尿被用来代替混合水（例如抹泥）时，它能有效地消除裂缝，并显著提高土壤抵抗侵蚀的能力，当它与石灰混合使用时，可以获得令人惊讶的良好效果。

动物血 从罗马时代人们就知道使用公牛血。与石灰或多酚合用时，用公牛血稳定是有效的。血液必须新鲜且不能呈粉末状。

动物毛皮和头发 动物的头发和毛皮起着与某些植物纤维相同的作用。通常将其用于稳定表层灰泥。

酪蛋白 酪蛋白（牛奶中蛋白质的中间部分）有时以乳清和公牛血液结合的形式用于稳定化。某些奶粉也曾被尝试，并取得了良好的效果。手工肥皂也用于此。可以将其稀释后的酪蛋白与砖粉混合，打烂成糨糊状，然后再添加到土壤中。

石灰　石灰可以由贝壳或珊瑚制成。在一些国家如索马里和塞内加尔，这种做法仍然存在。

动物胶　它们可以用于稳定，特别是表层灰泥。动物胶由角、骨、蹄和兽皮制成。

白蚁丘　白蚁分泌的一种活性物质，该活性物质似乎是多糖类型的非离子纤维素聚合物。白蚁丘陵可以很好地经受雨水的侵蚀，它们的土壤可以与其他土壤混合，生产块体。该类型的物质是由南非的研究人员合成的，但价格是水泥的三倍。

油和脂肪　鱼油和动物脂肪可以作为防水剂。动物脂肪中所含的硬脂酸盐起着同样的作用。

3. 植物产品

木灰　硬木灰富含碳酸钙，具有稳定的性能，但并不总是适合于那些用石灰稳定的土壤。经典比例建议添加 5%—10% 的灰。它们能提高干抗压强度，但不会降低对水的敏感性。

植物油和脂肪　植物油起作用的前提是必须迅速干燥，那样它们才能与空气接触并变硬，同时不溶于水。蓖麻油的使用是非常有效的，但它非常昂贵，因为它也用于航空。椰子油、棉花油和亚麻籽油也被使用。木棉油首先是通过烘烤木棉种子来制备的，将其转化成粉状物，然后再将其制成糊状（20 升到 25 升水兑 10 千克木棉粉）是有效的。有效性取决于种子的质量和提高产量的烘焙过程，以及准备糊状物所需的时间（6 小时的煮沸）。还有一种棕榈酸是从 25% 盐酸沉淀的皂化棕榈油中提取的。在溶液中每千克棕榈皂可得到大约 1 千克棕榈酸。

棕榈酸与石灰混合产生棕榈酸钙，可用于稳定表层灰泥。

乳木果油或黄油也用于表层灰泥。该产品也用于肥皂生产，但在建筑应用中越来越少。

单宁　单宁经常充当分散剂并改善黏土对颗粒的包覆。它们还是很好的压实酸（团块破裂），并且降低了渗透性。单宁的用量从最活性的混合水的一小部分，到使用单宁汤剂时混合水的全部替代。最常见的单宁来自奈雷（大叶柏）的树皮、橡木、栗子、聚伞状的金合欢树。

腐殖酸或多酚　它们来源于木质素，形成坚硬稳定的化合物，尤其是在铁铝土中。

汁液和乳胶　用石灰沉淀的香蕉叶汁可提高抗侵蚀性并减慢吸水率。诸如大戟属的某些树木的乳胶会稍微降低渗透性。

这同样适用于橡胶树和浓缩剑麻汁的有机胶水。乳胶与酸性土壤混合（凝固），但与碱性土壤混合更好。

这些稳定剂材料是工业产品或合成产品，甚至可能是工业废料，另外，还有可能是需要经过复杂加工的自然产物。这些产品目前是实验室研究的对象。从经济角度看，它们不是很令人满意，而且它们的有效性常常令人怀疑。其中提到的一些产品早已为人所知，而另一些则被遗弃。总的来说，这类产品没有被广泛使用。

1. 酸

使用酸总是会带来一定程度的风险。每种类型的酸都会发生特定的反应。它们会改变土壤的 pH，从而导致絮凝，而絮凝的效果往往是可逆的。盐酸和硝酸具有中等稳定性。氢氟酸在除铝含量高的土壤以外的所有土壤中都非常有效，会引发反应，从而形成不溶性强硅石，因此硫酸的有效性值得怀疑。如果掺入磷酸，则会引发水合反应并形成磷酸与黏土矿物发生反应的酸酐，并生成铝和磷酸铁的不溶性凝胶，将颗粒粘合在一起。

2. 苏打水

苏打水通过与产生不溶性硅酸盐和铝酸盐的矿物质反应而引起胶结。苛性钠通过碱性侵蚀使矿物降解，从而起到分散剂的作用。

该产品与红土和铝含量高的土壤发生剧烈反应。当为材料提供足够的固化时间时，可获得最佳强度。苛性钠不适用于蒙脱土含量高的土壤。另已知以下使用：

- 氢氧化钡：$Ba(OH)_2,8(H_2O)$；
- 氢氧化钙：$Ca(OH)_2$；
- 氢氧化钾：$KOH,1/2H_2O$；
- 氢氧化锂：$LiOH,H_2O$。

3. 盐

盐作用于土壤会引起胶体反应，改变水的特性并导致絮凝。通过增加土壤细粒之间的吸引力，盐有助于形成更大的颗粒。该絮凝反应导致密度降低和最佳含水率、渗透性和强度的增加，但也导致可塑性降低。盐作用于孔隙水，减少了土壤中水分的流失，减缓了蒸发，并减少了水分的吸收。然而，用盐处理土壤的有效性取决于稳定材料中水份移动的幅度。这种处理并不总是持久的，因为当材料再次湿润时，盐可以被过滤出来并溶解。所需的土壤处理量在 0.5% 至 3% 的范围内。使用了四种主要的盐：

- 氯化钠：絮凝剂，有助于压实；在非盐渍土壤中有效；
- 氯化钙：防渗剂；
- 氯化铁：强凝固剂和絮凝剂；
- 氯化铝：电解凝固剂，土壤的电化学固结。

盐绝对不能与水泥一起使用。

4. 季胺衍生品

一些阳离子季胺化合物单独或偶尔作为二次添加剂用于水泥或沥青，其浓度为黏土成分阳离子交换能力的 5%～10%。它们起着粘合剂和防水剂的作用。它们需要复杂的生产过程，并且若只有低浓度时，很难与土壤混合。这些产品价格昂贵，不易获得。最有效的季胺衍生物是芳香胺或脂肪族胺和胺盐。

这些产品的有效量通常只有 0.5%。它们在颗粒周围形成一层防水膜，由于其张力活性，降低了毛细管的吸水率。这类处理方法特别适用于毛细上升出现问题的地方，也适用于经常暴露在潮湿环境中的地基。如果产品浸泡在水中或过长时间完全干燥，可能会失去效力。

5. 硅酸盐

硅酸钠价格便宜，在世界许多地方都可以买到。通常用量为 5％，对稳定砂质土壤、黏土质和粉质砂质土壤，干旱地区富含褐铁矿（某些红土）的砂以及缺乏粘性的一般土壤非常有效。硅酸钠不适用于黏质土。硅酸钠也可作为防渗剂，特别是在需要对材料进行表面处理的地方。如果要确保其有效性，至少需要 7 天的养护期。该产物是高度可溶的，但是可以通过使其与熟石灰反应而变得不溶。一些硅酸钠可以溶解在水中，然后被称为"水玻璃"。可以使用其他硅酸盐，例如硅酸钾和硅酸钙。

6. 硬脂酸盐

硬脂酸盐是动物脂肪中所含的硬脂酸的盐或酯。它们充当不渗透剂。硬脂酸铝和镁以及硬脂酸锌可能是合适的。

7. 石蜡

石蜡是固体饱和烃的混合物，其特征在于它们在化学试剂存在下的惰性。它们可用作压实剂，但必须首先溶解在脂肪介质中。

8. 蜡

工业用蜡可用来帮助压实。它们经常被添加到其他稳定剂中。

9. 乳胶

溶解在水中并以 3％ 到 15％ 的比例添加的工业或合成胶乳可以获得良好的效果。这些产品是粘合剂和不渗透剂。

10. 合成粘合剂

含有一种或两种成分的合成胶

11. 肥皂

使用 0.1％ 至 0.2％ 的离子型洗涤剂对强度没有影响，但对水的敏感性降低了约 25％。

12. 工业废料

某些工业废料可用来稳定土壤。

污油 它没有持久的效果，因为它会被雨水冲走。它是一种防渗剂。

高炉矿渣 这些硅渣的成分可以接近硅酸盐水泥。粉煤灰的某些性质完全没有影响。

木质素和木质素硫酸盐 这些是木材工业的副产品。易溶于水，可通过与铬盐（钾或重铬酸钠）混合而使其不溶，从而形成粘稠的凝胶，称为色木素。良好的防渗透剂，但价格昂贵。

糖蜜 制糖工业的产品。它可以提高抗压强度并减少毛细作用。5％ 的量适用于砂质和粉质土壤。需要在黏质土壤中加入石灰来使用。

火山灰 如果这些是有效的，他们必须与石灰一起使用。

其他产品 塑化硫、磺酸盐和硅酸盐（防水剂）。

13. 石膏

石膏或硫酸钙对于缺乏粘结力的砂质土壤是有吸引力的稳定材料。不建议用于黏质土壤。当用量不超过 15％ 时，石膏本身可产生良好的效果。在成型之前或少量准备时，存在过早凝固的风险，可能会遇到问题。石膏可以与石灰（1：1）混合，但不能与水泥混合，因为这会造成非常差的效果。如果仅用石膏稳定，则石膏和石灰的混合物可能适用于不耐水的粘性土壤。当用砂质土壤模制土坯砖时，至少需要 5％ 至 10％ 的石膏，并且有可能会增加到 20％。石膏稳定材料的湿强度等于或低于非稳定材料的湿强度。人们曾尝试用硬石膏钙来充当稳定材料，但没有成功。

以下提到的产品是可以通过商业途径购买的，许多这些产品被制造商或代理商称为"奇迹"产品。必须要反复强调的是，需要系统地验证产品的实际性能，确定这些宣传、展示和实验室报告中提出的销售卖点是否有充分的根据，这是一件非常重要的事。

这些商业产品大多是基于已知的工业产品，并以相同的方式运作。然而，制造商并不总会详细描述他们的产品，而且还对他们的配方保密。值得注意的是，这些产品中的大多数都不是专利产品。这是因为它们已经是公共财产。举个例子，一种90%硫酸的产品被描述为"一种液体催化剂，可溶于水并能诱导离子交换"。因此，似乎有必要坚持让销售人员准确地界定他们的产品，并在必要时征求专家（例如化学工程师）的意见。这种不信任不一定会导致对这些产品的系统性排斥，因为有些产品尽管只是针对明确指定的应用，但确实是有效的。

市场上的许多产品都是用于道路加固的。其中大部分是在最近几次战争的军事背景下发展起来的，其目的是在几小时的时间内尽可能迅速地加固无法通行的道路或在沼泽地上建造着陆区和直升机机场。此类工程措施的使用寿命通常不能保证超过几个月。因此，不应忘记这些产品的初衷。道路的临时稳定和使用条件的要求与建造永久性建筑物所要求的有很大的不同。这些产品中的一些用在道路上加固非常有效，但当用于稳定墙体时，

它们很快就失效了。实验室报告必须根据这些在道路建设领域的应用来表述。此外，对产品制造商自己准备的样品进行了大量的测试和试验。这种做法即使在材料上得到的结果是可以保证的，也无法使实验室能够保证产品本身。

用于稳定土壤的这些产品所需的数量非常少，通常为1%或0.1%，甚至0.01%。因此，要实现均匀混合是很困难的。

例如，当必须处理一吨土壤时，使用一千克的产品需要非常彻底的混合和专业的工作方式。

制造商对价格进行研究，通常表明具有明显低于水泥稳定材料的价格优势，而水泥稳定材料的价格通常用作参考数字。然而，一旦最初建议的数量证明不够，而有必要增加数量时，就明显有超出预算的危险。此外，这些综合产品的实际销售价格往往包括超额的利润率，特别是考虑到这些产品只是中等有效，他们是最常见的工业化学品。与传统的稳定材料相比，价格通常是根据可接受的上限来确定的。经常可以看到，配方相同的产品可以直接从工业化学品供应商那里购买，价格可能低20%—50%。

这些产品的使用可能是令人满意的，但必须进行彻底的初步试验和研究。

商业产品			
产品	制造商和分销商	国家	摘要
STABILIZERS CONSERVEX	CONSOLID AG	瑞士–法国	止水剂，可与CONSOLID444一起使用
CONSOLID 444	CONSOLID AG	瑞士–法国	压实助剂，可与CONSERVEX一起使用
MUREXIN SB-86	FORSTER & HAENDEL	奥地利	可能和CONSOLD产物的性质相同
MUREXIN SB-99	FORSTER & HAENDEL	奥地利	可能和CONSOLD产物的性质相同
UNIVEST	HÜLST	德国	高分子液体聚合物
RENDER ADDITIVES ACROPOL	REX CANDY	澳大利亚	–
DARAWELD-C	–	美国	高分子树脂乳液
SUPERIOR ADDITIVE 200	EL REY	美国	用于抹灰的丙烯酸改性剂
UNI 719	F.I.T.	澳大利亚	碱金属烷基硅酮化合物
WATERPROOFERS 700 S	SICOF	法国	环氧树脂
ADOBE PROTECTOR	ELREY	美国	防水剂
DARAWELD-C	–	美国	高分子树脂乳液
DYNASYLAN FH	DYNAMIT NOBEL	法国	硅树脂，硅烷
PROTIDRAL	SARL CYBEO	法国	硅树脂，硅氧烷
REPELLIN S-101	PIDILITE IND. LTD	印度	喷涂或刷涂
ROCAGIL AL 6	RHONE POULENC	法国	丙烯酸树脂，有机聚合物
SD 104	RHONE POULENC	法国	丙烯酸树脂，有机聚合物
SOIL SEAL	–	美国	乳胶丙烯酸平衡聚合物喷雾剂与水混合

[1] AGRA. *Recherche Terre* [R]. Grenoble: AGRA, 1983.

[2] AlEXANDER, M.L. et al. *Relative Stabilizing Effects of Various Limes on Clayey Soils* [M]. In HRR, 1972.

[3] COAD, J. R. *Parpaings de Terre Stabilisee à la Chaux* [C]. In Batiment International, Paris: CIB, 1979.

[4] CYTRYN, S. *Soil Construction* [M]. Jerusalem: the Weizman Science Press of Israel, 1957.

[5] DOAT, P. et al. *Construire en Terre* [M]. Paris: Editions Alternatives et Parallèles, 1979.

[6] DOYEN, A. 'Objectifs et Méchanismes de la Stabilisation des Limons à Chaux Vive'. In *La Technique Routière*[J], Brussels: CRR, 1969.

[7] DUNLAP, W.A. 'Soil Analysis for Earthen Buildings'. *2nd regional conference on earthen building materials* [C], Tucson: University of Arizona, 1982.

[8] EL FADIL, A. A. *Stabilised Soil Blocks for Low-cost Housing in Sudan* [M]. Hatfield:Polytechnic, 1982.

[9] EPHOEVI-GA, F. 'La protection des murs en banco', in *Bulletin d' Information* [J], Cacavelli: CCL, 1978.

[10] EURIN, P. ; RUBAUD, M. *Etude Exploratoire de Quelques Techniques de Stabilisation Chimique de la Terre* [M]. Grenoble: CSTB, 1983.

[11] FRANCE, S. et al. *Traitement des Sols à l' Anhydrite en Vue de la Construction de Parpaings de Terre Stabilisée* [D]. Douai: Ecole des ingénieurs des Mines, 1978.

[12] GALLAWAY, B. M. ; BUCHANAN, S.J. *Lime Stabilization of Clay Soil* [D]. Agricultural and mechanical college of Texas,1951.

[13] GEATEC. *Etude d' une Terre Crue Renforcée à la Résine Furanique* [M]. Venelles: Geatec, 1982.

[14] GRÉSILLON, J.M. 'Etude de l' aptitude des sols à la stabilisation au ciment. Application à la construction'. in *Annales de l' ITBTP* [J], Paris: ITBTP, 1978.

[15] HABIBAGHI, K. ; NOSTAGHEL, N. 'Methods of improving low-cost construction materials against earthquake'. In *New Horizons in Construction Conference* [C], Envo publishing company.

[16] HAMMOND, A. A. 'Prolongation de la durée de vie des constructions en terre sous les tropiques'. In *Bâtiment Build International* [J], Paris: CSTB, 1973.

[17] HERZOG, A.; MITCHELL, J.K. '*Reactions accompanying the stabilization of clay with cement*' [C]. 42nd annual meeting of the HRB, Washington: HRB, 1963.

[18] HOUBEN, H. *Technologie du Beton de Terre Stabilisé pour l' Habitat* [M]. Sidi Bel Abbes: CPR, 1974.

[19] INGLES, O.G. 'Advances in soil stabilization'. In *Pure and Applied Chemistry Revue* [J], 1968.

[20] INGLES, O.G.; LEE, I.K. *Compaction of Coarse Grained Sediments* [M]. Amsterdam: G.V. Chilingarian and K.H.Wolf, 1975.

[21] INGLES, O.G.; METCALF, J.B. *Soil Stabilization* [M]. Sydney: Butterworths, 1972.

[22] LILLEY, A. A.; WILLIAMS, R. I.T. Cement-stabilized materials in Great Britain. In *Highway Research Record* [J], Washington: HRB, 1973.

[23] MARKUS, T.A. et al. *Stabilised Soil* [R]. Glasgow: University of Strathclyde, 1979.

[24] MARKUS, T.A. 'Soil stabilization by synthetic resins'. In *Modern Plastics* [J], New York, 1955.

[25] MARTIN, R. 'Etude du renforcment de la terre à l' aide de fibres végétales'. In *Colloque Construction en Terre* [C], Vaulx-en-Velin: ENTPE, 1984.

[26] MITCHELL, J. K. ; EL JACK, S.A. 'The fabric of soil cement and its formation'. In *Fourteenth national conference on clays and clay minerals* [C].

[27] PATTY, R. L. 'Soil and mixtures for earth walls'. In *Agricultural Engineering* [J], Saint Joseph: ASAE, 1942.

[28] RINGSHOLT, T.; HANSEN, T.C. 'Lateritic soil as a raw material for building blocks'. In *American Ceramic Society Bulletin* [J], 1978.

[29] ROCHA PITTA M. *Uma proposta para o estabelecimento de um método de dosagem de solo-cimento para uso na construção de moradias* [M]. São Paulo: Associação Brasileira de Cimento Portland, 1979.

[30] SEED, H.B. et al. 'The strength of compacted cohesive soils', *ASCE research conference on the shear strength of cohesive soils*[C], Denver: University of Colorado, 1960.

[31] STULZ, R. *Appropriate building materials* [M]. St. Gallen: SKAT, 1981.

[32] THE ASPHALT INSTITUTE. *The Asphalt Handbook* [S]. Maryland: The Asphalt Institute, 1975.

[33] UZOMAKA, O.J. Performance characteristics of plain and reinforced soil blocks. In *The International Conference on Materials of Construction for Developing Countries* [C], Bangkok:AIT, 1978.

[34] WILLIAMS, W. 'Construction of homes using on-site materials'. In *International Journal IAHS* [C], New York: Pergamon Press, 1980.

尼日尔水利部的区域基地，使用压缩土块建造

建筑师：何塞普·埃斯蒂文（Josep Esteve），卡戴生土建筑国际研究中心（CRATerre-EAG）

5. 土壤适宜性

近年来，用土建造已经取得了丰富的经验，但这还远远不够。目前正在使用的土壤的适宜性标准远非最终标准，不应过于从字面上理解这个术语。

目前所使用的大多数设计图表都是从道路工程技术中借来的，非常适合于土方工程。但是，许多适合性标准是在地区范围内制定的，因此在应用中并不普遍适用。最好的方法是提炼其通用的办法，应用到当地的具体情况中。主要应用的是他们的本质信息。

对适宜性标准的解释应像对他们的修正那样尽可能灵活，将数值的变化范围考虑进来，这些数值范围可以在一定程度上扩大，但仍能提供良好的结果。即使如此，也应该仅允许有经验的，能够预判结果的工作人员解读适宜性标准。

例如，在稳定化过程中，可能会在某种程度上偏离适宜性标准所描述的理想条件，与此同时必须认识到这样做所涉及的危险。当定期使用明确的土壤时，具备的经验和专门知识可以确认所考虑的数值（例如比例）的精确性。然而，永远不要忘记，最终产品的经济性基本上取决于选择一个新的土壤。对于大型工程，可以对采用不同方法建造的试验墙进行初步的对比试验，从而找到最合适的解决方案。除此之外，如果要获得最大的成效，指标和（必要时）实验室测试是必不可少的。同样，适宜性标准必须被视为一个起点，它们不能被视为具有约束力的建议，更不能被视为标准。

这些土可以用来建造吗？

对这个问题没有合理的直接回答。最好采取渐进的办法，提出一系列这类问题：

- 你打算建造什么？一堵外墙？单层住宅吗？有几层楼的大楼？等等。

- 你打算建在哪里？在地震地区？在干旱或潮湿地区？等等。

- 它会做什么？承重墙还是非承重墙？内墙还是外墙？拱门、拱顶还是圆屋顶？一个平台吗？外层有抹灰吗？会有任何形式的保护吗？以及类似的问题。

- 有什么办法？它能稳定吗？土壤可以改良吗？以及类似的问题。

对于"这些土壤可以用于建造吗？"如果回答得过于直接，那是不可能的；但如果回答得过于小心，又显得模棱两可。一般来说，所有具有良好粘结力的土壤都可以用于建筑，但明智的做法是确保所有的使用手段都是可用的。当某一特定建造技术的土壤适宜性受到质疑时，或者在相反的情况下，当某一建造技术在现有土壤条件的情况下受到质疑时，另一个考虑因素就变得非常重要。如果不适合该技术，应该更换土壤，还是应该对其进行改良以使其适合使用？如果不适合现有土壤，应该再选择另一种技术，还是应该对其进行改良以使其适合呢？适用性标准和参考计算图表将指导选择，但在使用中仍存在问题。对它们的解释不应太严格，最好仅由合格人员使用。因此，在做出理论决定时，必须进行测试以检查实际性能。

各种土壤成分的工程特性								
++ 非常高 + 高 M 中等 – 低 –– 非常低 组名称	平均尺寸	渗透性 干	渗透性 湿	体积稳定性	塑性与粘结力	达到最佳含水率时可压实性	耐久性（洒水）	磨损性
粉质土		–	+	++	––	M	+	M
很细的砂	1 μ	––	++	++	––	+	++	++
云母	1 μ	M	+	++	––	––	––	–
碳酸盐岩	ANY	M	M	++	–	++	++	
碳酸盐	> 1 μ	M	M	++	–	+	–	M
水铝英石	ANY	M	++	M	++	++	–	–
高岭土	≃ 1 μ	–	–	+	M		+	–
伊利土	≃ 0.1 μ	––	–	–	+	M	M	
蒙脱土	≤ 0.01 μ	––	––	––	++	–	+	–
亚氯酸盐	≃ 0.1 μ	–	–	–	M	M	M	
有机物质	ANY	++	++	+	M	––	––	–

	土壤	收缩和膨胀	霜冻敏感性	最佳含水率时的容重 (kg/m³)	孔隙率 (ρs = 2700 kg/cm³)	抗压强度 干燥时	一般适用性（无稳定性）
GW	干净的碎石级配良好	几乎没有	几乎没有	>2000	<0.35		不适用 应该添加细土
GP	干净的碎石级配不好	几乎没有	几乎没有	>1840	<0.45		不适用 应该添加细土
GM	粉质土碎石	几乎没有	轻微到中等	>1760	<0.50		适用，但缺乏内聚力，容易腐蚀，有时应添加细土
GC	黏质土碎石	非常轻微	轻微到中等	>1920	<0.40		适用，有时应添加细土
SW	干净的砂子级配良好	几乎没有	几乎没有	>1920	<0.40		不适用 应该添加细土
SP	干净的砂子级配不好	几乎没有	几乎没有	>1600	<0.70		不适用 应该添加细土
SM	粉质土砂子	轻微到中等	轻微到高	>1600	<0.70		适用，但缺乏内聚力，容易腐蚀，添加细土
SC	黏质土砂子	中等到高	轻微到高	>1700	<0.60		适用，有时应添加细土
CL	低可塑性黏土	中等到高	轻微到高	>1520	<0.80	轻微到高	有时适用，应添加砂质土
ML	低可塑性粉质土	轻微到高	中等到非常高	>1600	<0.70	非常轻微	适用，但最终缺无粘聚力
OL	低可塑性的有机粉质土和黏土	中等到高	中等到高	>1440	<0.90		不适用，有时能接受
CH	高可塑性黏土	高	非常轻微	>1440	<0.90	中等轻微到非常高	很少适用，应添加砂质土
MH	高可塑性粉质土	高	中等到高	>1600	<0.70	非常轻微到中等	几乎不适用
OH	高可塑性的有机粉质土和黏土	高	非常高	>1600	<0.70	中等到高	不适用
Pt	泥炭土和其它高有机质土	非常高	轻微				适用于植草

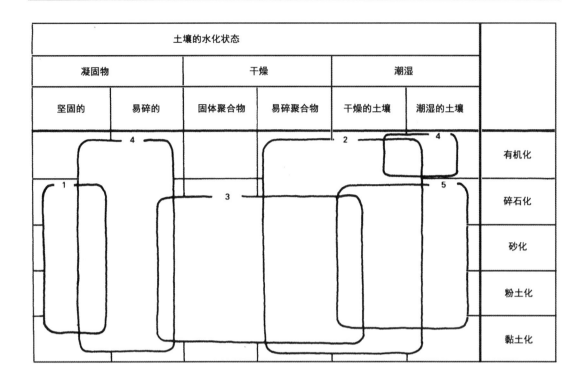

土壤的水化状态						
凝固物		干燥		潮湿		
坚固的	易碎的	固体聚合物	易碎聚合物	干燥的土壤	潮湿的土壤	
						有机化
						碎石化
						砂化
						粉土化
						黏土化

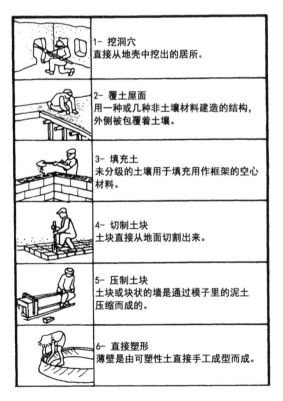

1- 挖洞穴
直接从地壳中挖出的居所。

2- 覆土屋面
用一种或几种非土壤材料建造的结构，
外侧被包覆着土壤。

3- 填充土
未分级的土壤用于填充用作框架的空心
材料。

4- 切制土块
土块直接从地面切割出来。

5- 压制土块
土块或块状的墙是通过模子里的泥土
压缩而成的。

6- 直接塑形
薄壁是由可塑性土直接手工成型而成。

坚硬的凝固物　粗料的整体结块；密实而难以切割
的土壤。

易碎的凝固物　易碎或分解的物料（包括泥炭土和
草皮土）的附聚物，易于切割。

固体聚合物　完全干燥的大块状固体土壤。

易碎聚合物　绝对干燥的粉末状土壤。

干燥的土壤　土壤自然湿度低（4%至10%）；它是
干燥而不是湿润的。

潮湿的土壤　土壤摸起来明显湿润（8%至18%），
但由于缺乏可塑性而无法成型。

* 水分含量值仅供参考，根据土壤类型而有很大差异。

土壤的水化状态					
可塑状		软糊性		液态	
固态糊状	半固态糊状	半软糊状	软糊状	泥浆	薄泥浆
有机化					
碎石化		7		10	
砂化	9	8			
粉土化	6		12		11
黏土化					

固态糊状　通过用手指强力揉捏形成一个土球（水分含量为15%至30%），当它从一米的高度掉落时只会稍微变平。

半固态糊状　仅轻微的手指压力就足以形成一个土球（水分含量为15%至30%），当它从一米高的高度掉落时，该土球会略微变平但不会崩解。

半软糊状　使用这种非常均匀的材料，很容易塑造一个既不明显发粘也不弄脏手（水分含量为15%到30%）的土球，该球在从一米高的高度掉落时会明显变平但不会崩解。

软糊状　这种土非常粘稠且很容易脏手（水分含量为20%到35%），以至于即使存在可能，也很难用它制作球。

泥浆　这种土壤被水浸透，形成一种多少带有粘性的液体物质。

薄泥浆　它由黏土在水中的悬浮液组成，并构成了一种高度液态的流体粘合剂。

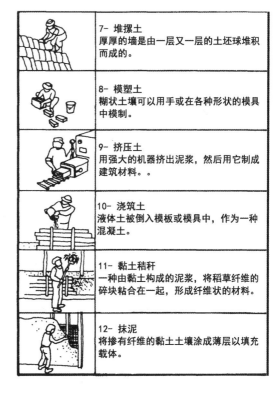

7- 堆摞土
厚厚的墙是由一层又一层的土坯球堆积而成的。

8- 模塑土
糊状土壤可以用手或在各种形状的模具中模制。

9- 挤压土
用强大的机器挤出泥浆，然后用它制成建筑材料。。

10- 浇筑土
液体土被倒入模板或模具中，作为一种混凝土。

11- 黏土秸秆
一种由黏土构成的泥浆，将稻草纤维的碎块粘合在一起，形成纤维状的材料。

12- 抹泥
将掺有纤维的黏土土壤涂成薄层以填充载体。

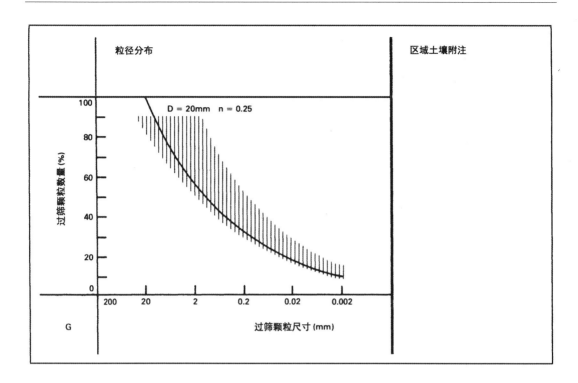

推荐的区域范围为近似值，允许的容差变化很大，现有的知识体系尚不能证明狭窄区域的应用局限。人们认识到，许多由于各种原因未能符合要求的土壤在实践中却是令人满意的。

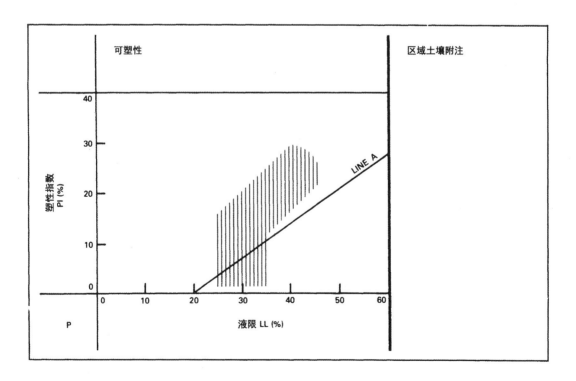

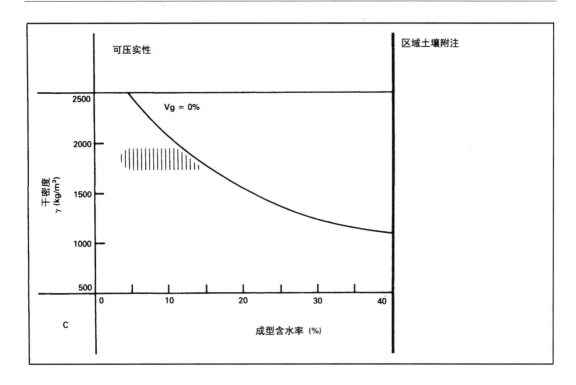

该建议所表明的是，符合要求的材料比不符合要求的材料更令人满意。这些表格上的区域旨在提供指导，而不是旨在用作严格的应用规范。

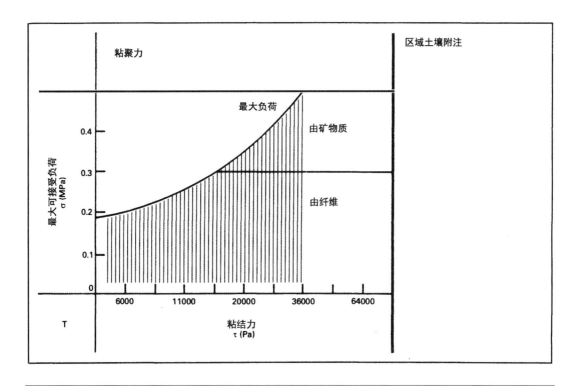

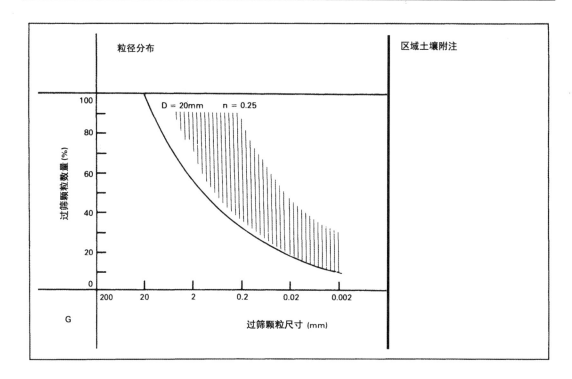

推荐的区域范围为近似值, 允许的容差变化很大, 现有的知识体系尚不能证明狭窄区域的应用局限。人们认识到, 许多由于各种原因未能符合要求的土壤在实践中却是令人满意的。

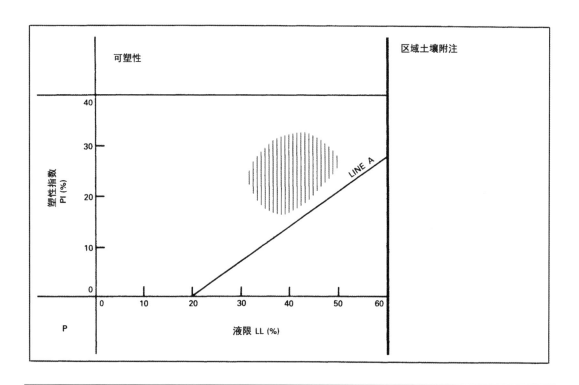

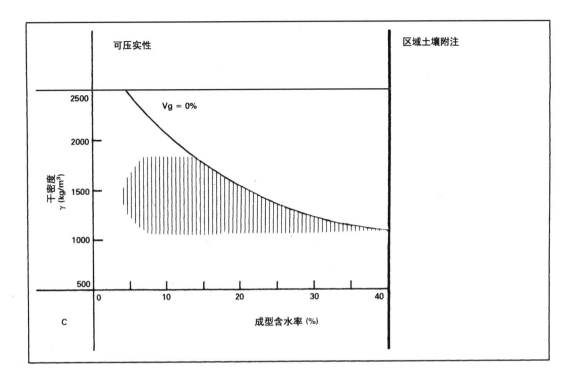

该建议所表明的是，符合要求的材料比不符合要求的材料更令人满意。 这些表格上的区域旨在提供指导，而不是旨在用作严格的应用规范。

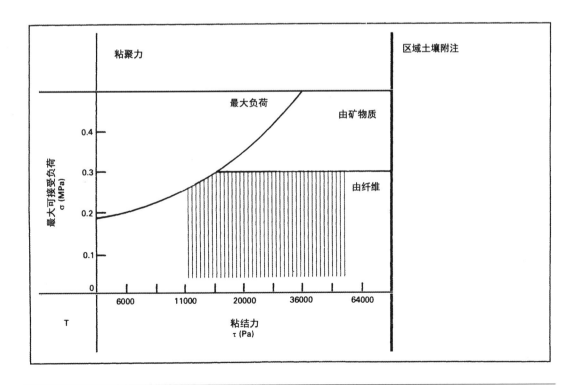

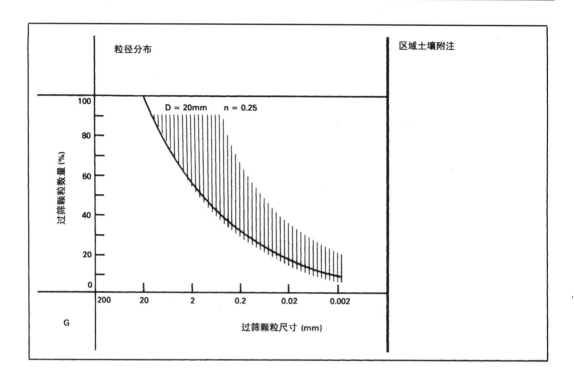

推荐的区域范围为近似值，允许的容差变化很大，现有的知识体系尚不能证明狭窄区域的应用局限。人们认识到，许多由于各种原因未能符合要求的土壤在实践中却是令人满意的。

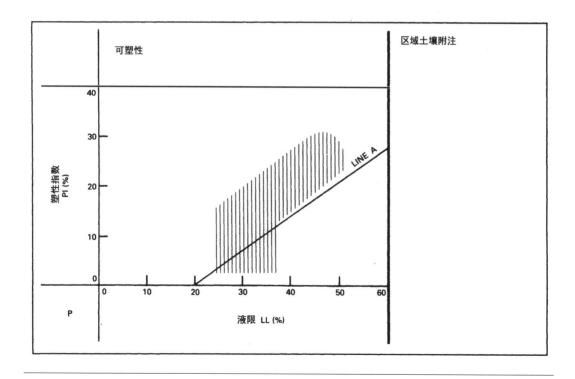

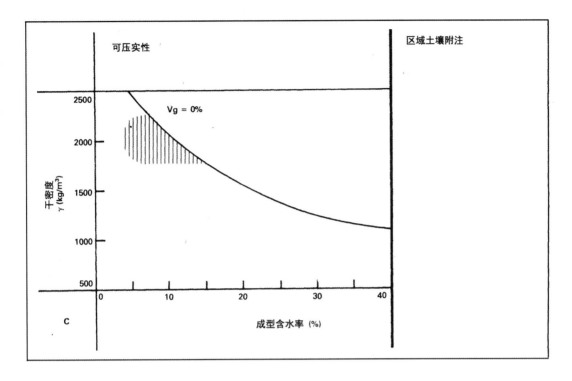

该建议所表明的是，符合要求的材料比不符合要求的材料更令人满意。这些表格上的区域旨在提供指导，而不是旨在用作严格的应用规范。

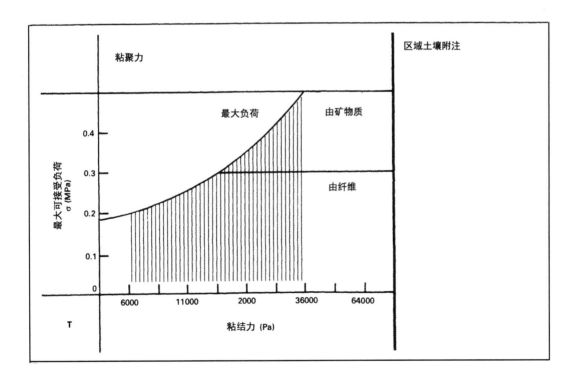

当土壤的性质不能完全令人满意时，可以采用对土壤进行稳定化处理的方法来改善。关于土壤的一般适宜性的知识和确定土壤的某种性能将作为关于稳定化决策的指导。

"水泥和沥青适合砂质土壤，石灰适合黏质土壤"，这作为土壤稳定的通则是完全适用的，但忽略了许多其他的方法。尽管如此，主要的稳定方法是利用压实、纤维、骨料、水泥、石灰或沥青等。除此之外，还有许多其他方法和产品，但要么效率较低，要么适用于较少类型的土壤。另外，这些其他方法可能非常昂贵，因此出于经济原因也被排除在外。

做出决策可以使用三个主要程序：

1.通过参考计算图表。这些基本上是基于道路工程领域的信息，必须注意正确理解它们。

2.通过执行直接测试。例如，通过测量收缩率或 pH 值，可以直接判断适用性以及所需稳定材料的比例。

3.通过对样品或样品砖进行所有必要的测试。

通常，最好尝试使用最少的稳定材料来获得较好的结果，而不是为了获得最好的结果而不断增加稳定材料。应当记住，实验室条件不同于现场条件，可能需要增加 150％的稳定材料使用量。

美国试验材料学会（ASTM）的土壤分级			水泥稳定						统一土壤分类法（USCS）的土壤分级	
				石灰						
					沥青					
粒状土壤	A1	A-1-a	o					o	GW	粒状土壤
		A-1-b	o					o	GP	
	A2	A-2-4	o				o	o	GM	
		A-2-5	o				o	o	GC	
		A-2-6	o	o		o		o	SW	
		A-2-7	o			o		o	SP	
			o			o		o	SM	
	A3		o	o	o	o		o	SC	
精细土壤	A4		o	o			o	o	CL	精细土壤
	A5		o	o				o	ML	
	A6		o	o				o	OL	
	A7	A-7-6	o	o		o		o	CH	
		A-7-5	o					o	MH	
								o	OH	

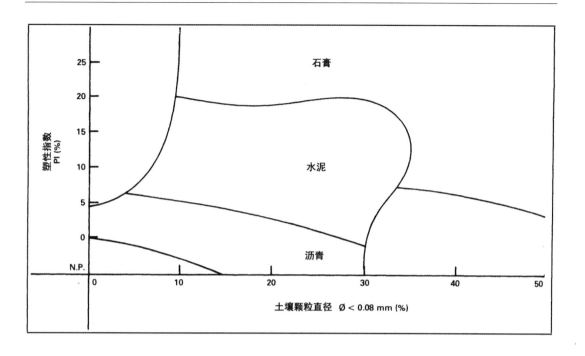

水泥	石灰	沥青	裹合物	机械方式	土壤主要成分	推荐的稳定材料	原因
o		o		o	粗砂	黏质壤土	由于机械稳定
o		o	o	o	细砂	水泥 沥青	由于密度和粘结力 由于粘结力
o			o	o	粗粉土		
o	o		o	o	细粉土		
o	o		o	o	粗黏土		
o	o				细黏土		
					水铝英石	石灰 石灰 ＋ 石膏	由于火山灰强度和致密化
					高岭土	水泥 石灰	由于早期强度，可加工性和后期强度
					伊利土	水泥 石灰	由于早期强度 由于早期强度，可加工性和后期强度
					蒙脱土	石灰	由于可加工性和早期强度
					绿泥土		

用纤维和矿物质稳定土壤的使用标准早已存在。它们是在 20 世纪 40 年代制定的，是对大量样本进行长期实验室研究的结果。这些实验室观测结果后来被大量的实际施工经验进一步丰富。从那时起，这些标准已成功地应用于数千个项目。然而，这些标准是在德国制定的，最重要的是适用于该地区的土壤，这些土壤属于以黄土为基础的粉质土类。这些标准有适用于其他土壤类型的可能性，但必须经过广泛的验证。纤维稳定土或矿物稳定土的这些标准都具有相对应的材料所能承受的最大压缩率，即以在最大压缩率下材料的安全使用为基础。由此可以看出，纤维稳定土不应在高于 0.3 兆帕的条件下工作，而矿物稳定土的极限值为 0.5 兆帕。

这些是最大压缩率，某些土壤可能无法达到这些比率，因此性能曲线给出的值不应被解读为允许值，而是为在任何情况下均不得超过的值。

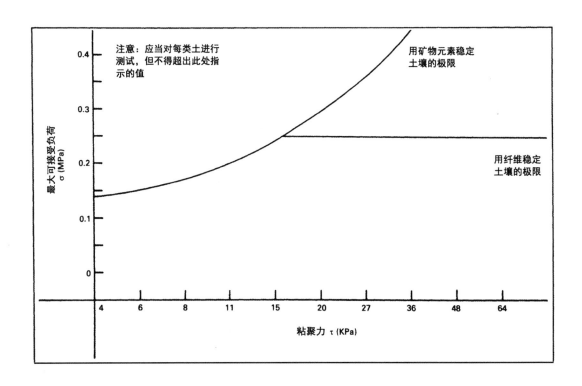

粘聚力测试结果	纤维稳定 (kg/m³ 疏松的土)					矿物稳定 (体积)			
T	夯土 纤维长度 5-10cm	土坯砖 纤维长度 8-12cm	压制土砖 纤维长度 4-12cm	堆塑土 纤维长度 30-40cm	草和泥 纤维长度 30-40cm	夯土 ø max = 60mm	压制土砖 ø max = 20mm	浇筑土 (700kg/m³) kg 煤渣 /m³ 疏松的土	浇筑土 (300kg/m³) kg 浮石 /m³ 疏松的土
KPa									
4-6	*			-	45-70	0*		-	-
6-8	*		4	-	45-70	0*		-	-
8-11	*		4	(20)	45-70	0*		(125)	(60)
11-15	4-5*	3-5	4-5	22-23	45-70	1:5-1:4*	1:5-1:4	200	90
15-20	6-8*	6-8	6-8	24-25	50-70	1:4-1:3.5	1:4-1:3.5	350	150
20-27	8-11	9-11	8-10	25-26	60-70	1:3-1:2	1:3-1:2	500	225
27-36	10-14	12-14	10-12	26-28	70	1:2-1:1.5	1:2-1:1.5	700	300
36-48	(14) ∞	15	(12) ∞	**	80	(1:1.5) ∞	**	1000	450
48-64	**	**	**	**	90	**	**	1400	600
>64	**	**	**	**	90	**	**	1400	600

* 必须用抹灰打底
** 加砂子并再次测试 / 加黏土到初步测试量
∞ 完成初步测试
( ) 最终
- 不建议

几乎所有的土壤，除了那些有机物质含量过高的土壤外，都可以通过添加水泥使它们的性能得到显著改善。但富含盐分的土壤很难用水泥来稳定，即便如此，增加水泥的比例往往也能带来良好的效果。含有大量黏土的土壤很难和水泥混合，需要水泥的量也非常大，当在实验室条件下对混合过程进行严格控制时，黏质土壤也能取得良好的效果。但在实践中，当黏土的液限大于50，黏土含量大于30%时，一般不采用水泥来稳定黏土，而是用熟石灰对这些极粘的土壤进行初步处理，这样可以提高以后再加水泥时取得良好效果的可能性。许多试验可以给出水泥的适宜性和添加的比例。

耐磨测试 在50轮测试后，水泥的比例可以将材料损失降低至3%，这是一项出色的性能。

冲蚀试验 水泥的比例可将孔的平均深度减小到15毫米——对于这种极其严格的测试而言，这是出色的性能。

湿法干燥 水泥的最佳比例可将材料损失降低到10%——这对于这种极其严格的测试而言是出色的性能。

冻融 最佳比例可将材料损失降低到10%，这是在极其严苛的测试中获得的出色性能。

收缩率（基于阿克劳克测试）。

线收缩率（毫米）	水泥：土壤（体积）
低于15	1:18
从15到30	1:16
从30到45	1:14
从45到60	1:12

这些值适用于压缩到最大4兆帕的土壤。对于压缩至10兆帕的土壤，水泥的用量可减少至30%以下。

有机物 当pH> 7（碱性）时：钙质土，棕色碱性土和一些潜育土可用10%的水泥稳定：有机物的含量通常在1%—2%之间是没有问题的。

当pH < 7（酸性）时：潜育土中有机质含量小于1%时，用10% 水泥可以成功稳定潜育土。灰化土和酸性棕壤如果含有不足1% 的有机质，有时也可以成功地稳定下来。如果发现异常存在，用氯化钙（1%—2%）进行初步处理可能会带来一定的改善。

附注：下列图表数字适用于压缩土块。

美国州属公路协会(AASHO)土壤分级	统一土壤分类法(USCS)土壤分级	各种土壤对水泥的要求*		WT % PROCTOR测试	WT % 冻融测试
		按体积（%）	按重量（%）		
A–1–a	GW, GP, GM, SW, SP, SM	5–7	3–5	5	3–5–7
A–1–b	GM, GP, SM, SP	7–9	5–8	6	4–6–8
A–2	GM, GC, SM, SC	7–10	5–9	7	5–7–9
A–3	SP	8–12	7–11	9	7–9–11
A–4	CL, ML	8–12	7–12	10	8–10–12
A–5	ML, MH, CH	8–12	8–13	10	8–10–12
A–6	CL, CH	10–14	9–15	12	10–12–14
A–7	OH, MH, CH	10–14	10–16	13	11–13–15

* 对于大多数 A 层级的土壤，如果土壤是深灰色到灰色，水泥应增加 4 个百分点，如果土壤是黑色，应增加 6 个百分点。

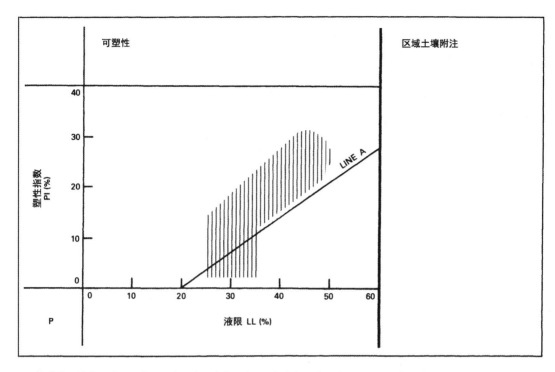

推荐的区域范围为近似值，允许的容差变化很大，现有的知识体系尚不能证明狭窄区域的应用局限。人们认识到，许多由于各种原因未能符合要求的土壤在实践中却是令人满意的；该建议所表明的是，符合要求的材料比不符合要求的材料更令人满意。这些表格上的区域旨在提供指导，而不是旨在用作严格的应用规范。

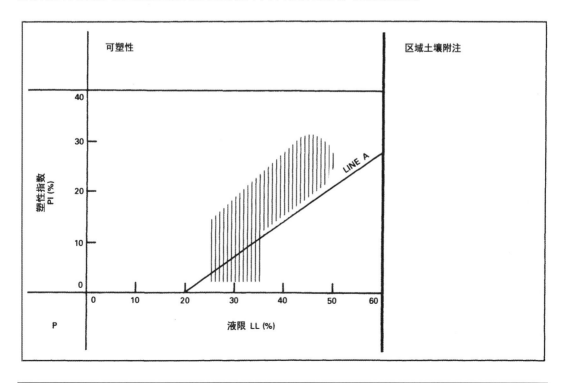

石灰对有机质含量高（含量高于 20%）和黏土含量低的土壤的作用非常有限。与水泥相比，它对粘质和砂质土壤，特别是粘性较强的土壤更有效。石灰稳定的效果虽然在很大程度上取决于所涉土壤的性质，但在许多情况下，可以尝试与水泥的效果进行比较。有人已经观察到，石灰与蒙脱土的反应比与高岭土的反应快得多，它可以降低蒙脱土的可塑性，而对高岭土的可塑性只有轻微的影响。

含水量对可以用石灰稳定的黏土具有显著影响，特别是在粉碎和压实阶段。天然火山灰与石灰的反应特别好。

其余的我们可能会注意到，所引用的石灰比例是工业质量的石灰，其中包含 90% 到 99% 的生石灰。

对于用不太复杂的方法生产的石灰，可能只包含 60% 的生石灰（其余的是由未燃烧或过度燃烧的成分组成），必须增加比例。下面总结了两种用石灰改善土壤性能的主要方法：

1. 改良土壤：加入石灰，直到达到设定点。这种操作可降低土壤的可塑性，改善土壤的流动性。

2. 稳定土壤：石灰比例更高。有关土壤适宜性和石灰比例的参考图表必须具备大量的知识储备才能解读。

测试应在 3 个月的固化期后进行。

耐磨测试 在 50 轮测试后，水泥的比例可以将材料损失降低至 3%，这是出色的性能。

冲蚀试验 石灰的比例可将孔的平均深度减小到 15 毫米——对于这种极其严格的测试而言，这是出色的性能。

湿法干燥 该比例可将材料损失降低到 10%——对于这种过分严格的测试而言，这是出色的性能。

冻融 石灰的比例可将材料损失减少到 10%，对于这种过分严格的测试而言，这是出色的性能。

抗压强度 汤普森（Thompson）于 1964 年确定了含石灰土壤的反应性。在 23℃下固化 7 天后抗压强度的增加定义为土壤与石灰的反应性：

组	增加 （MPa）	反应性
1	0.1	无反应
2	0.1 至 0.35	无反应
3	0.35 至 0.7	有反应
4	0.7 至 1.05	有反应
5	1.05 至更多	有反应

这样就可以快速决定是否需要进行进一步的测试。

附注：下图数据适用于压制土块。

土壤分级	改良需要的石灰量 (WT %)		稳定需要的石灰量 (WT %)	
	熟石灰	生石灰	熟石灰	生石灰
分级良好的黏土碎石	1–3		3 以上	
砂子	没有记录		没有记录	
砂质黏土	没有记录		5 以上	
粉质黏土	1–3		2–4	
粘性比较大的黏土	1–3		3–8	
粘性非常大的黏土	1–3		3–8	
有机土	没有记录		没有记录	
GC, GM–GC (A–2–6, A–2–7)			2–4	2–3
CL (A–6, A–7–6)			5–10	3–8
CH (A–6, A–7–6)			3–8	3–6

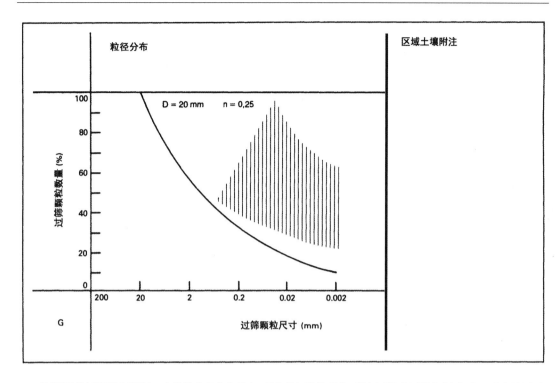

推荐的区域范围为近似值，允许的容差变化很大，现有的知识体系尚不能证明狭窄区域的应用局限。人们认识到，许多由于各种原因未能符合要求的土壤在实践中却是令人满意的；该建议所表明的是，符合要求的材料比不符合要求的材料更令人满意。这些表格上的区域旨在提供指导，而不是旨在用作严格的应用规范。

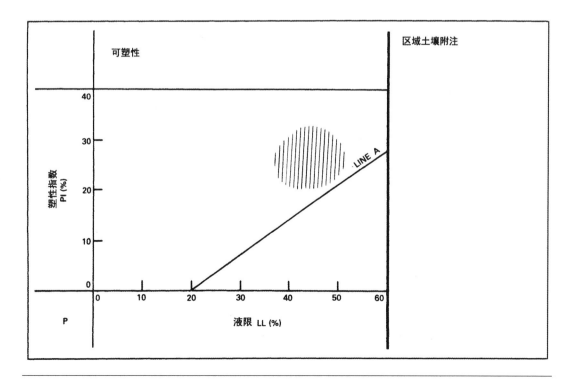

尽管黏质土壤已成功地使用稀释剂或碳氢化合物乳剂进行了处理，但碳氢化合物的稳定化更适合用于砂质土壤或砂砾质土壤，以及缺乏粘结力的土壤或以获取不渗透土壤为目的的加工。在极其清洁的砂质土壤中，沥青与硅质颗粒表面的低粘附力可能导致沥青在水的作用下分离，结果，大大降低了沥青对土壤的稳定作用。潮湿的土壤通常不适合沥青稳定化，因为很难将碳氢化合物与土壤混合。

可溶盐　它们在土壤中的存在可能导致土壤的恶化，这是土壤连续水化和脱水的结果。此外，盐有引起泛光的倾向。另外，在沥青等稳定材料存在的情况下，它们对沥青与黏土之间的结合膜有很大的危害。可用沥青稳定的土壤中盐的存在最好不超过 0.25%。

配比　IIHT（加州, 美国）对土坯砖提出了如下建议：通过逐步增加沥青含量来进行测试：

稀释剂：2%，3%，4%，5%

乳化剂：3%，4%，5%，6%

每项试验都在 3 至 4 个样品上进行，这些样品都经过了抗压、抗弯强度和抗侵蚀性的测试，直到获得满意的结果。IIHT 还指出，过于粘质的土壤如果需要 3% 以上的稀释剂或 6% 以上的乳化剂，由于其明显的收缩性，不适合制作土坯砖。对于乳化剂，可以给出以下数字：

含砂量高的土壤：4% 至 6%

含砂量低的土壤：7% 至 12%

黏质土壤：13% 至 20%

该百分比用于碳氢化合物本身，而不用于悬浮液。

选择沥青

颗粒级配	潮湿土壤	干燥土壤
Ø<0.08mm	超过 5% 的水	低于 5% 的水
0 to 5%	SS - 1h	CNS - 2h
	（CSS - 1h）	（SS - 1h*）
5 to 15%	SS- 1,SS-1h	CMS - 2h
	（CSS-1, CSS-1h）	（SS - 1h*）
15 to 25%	SS - 1h	CMS - 2h
	（CSS - 1h）	

* 土壤必须事先打湿。

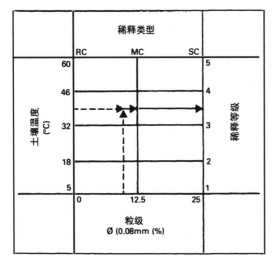

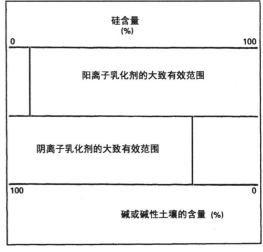

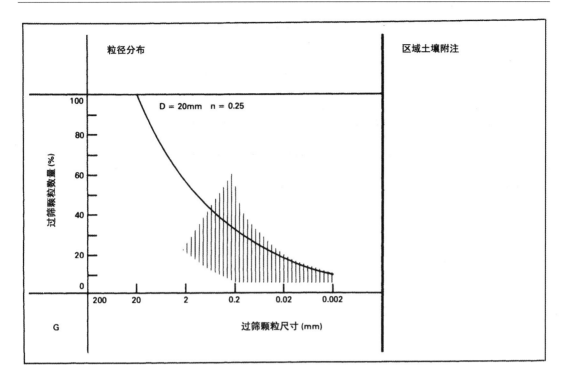

推荐的区域范围为近似值，允许的容差变化很大，现有的知识体系尚不能证明狭窄区域的应用局限。人们认识到，许多由于各种原因未能符合要求的土壤在实践中却是令人满意的；该建议所表明的是，符合要求的材料比不符合要求的材料更令人满意。这些表格上的区域旨在提供指导，而不是旨在用作严格的应用规范。

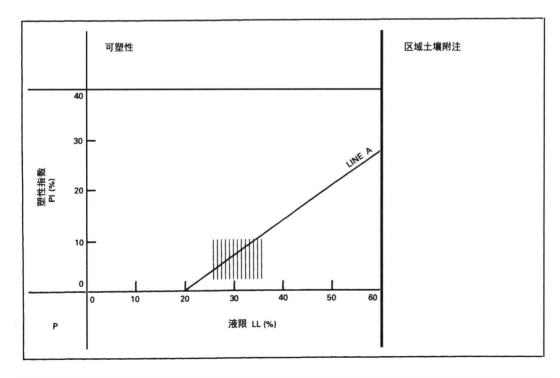

[1] CINVA. *Le Béton de Terre Stabilisé, Son Emploi dans la Construction* [S]. New York, UN, 1964.

[2] DOYEN, A. 'Objectifs et mécanismes de la stabilisation des limons à la chaux vive'. In *La technique routière* [J], Brussels: CRR, 1969.

[3] DUNLAP, W.A. 'Soil analysis for earthen buildings'. *2nd Regional Conference on Earthen Building Materials* [C], Tucson: University of Arizona, 1982.

[4] EL FADIL, A.A. *Stabilised Soil Blocks for Low-cost Housing in Sudan* [M]. Hatfield Polytechnic, 1982.

[5] INGLES, O.G.; METCALF, J.B. *Soil Stabilization* [M]. Sydney: Butterworths, 1972.

[6] KAHANE, J. *Local Materials, a self-builders manual* [M]. London: Publications Distribution, 1978.

[7] NIEMEYER, R. *Der Lehmbau und seine Praktische Anwendung* [M]. Grebenstein: Oko, 1982.

[8] ROAD RESEARCH LABORATORY DSIR. *Soil Mechanics for Road Engineers* [R]. London, HMSO, 1958.

[9] SOMKER, H. *Traitement des Sols au Ciment et Béton Maigre dans la Construction Routière Européenne* [R]. Paris: Laboratoire Central des Ponts et Chaussées, 1972.

[10] STULZ, R. *Appropriate Building Materials* [M]. St. Gallen: SKAT, 1981.

[11] WEBB, D.J.T. Priv. corn. Garston, 1984.

在秘鲁用夯土和土坯砖建造的房子，前景为土坯砖正在晾晒干燥中。

西奥·希尔德曼（Theo Schilderman），意大利

6. 测试

　　土壤可以进行大量的测试，但大多数测试都不标准，甚至是不规范的。从工程和科学的角度来看，虽然将一种土壤或土工材料进行尽可能广泛的一系列分析、试验和检测是很有趣的。然而，不应忘记的是，我们主要目的是将材料用于建造，而不是进行尽可能多的分析和测试。因此，分析和试验程序将被保持在所需的最低限度，以确保土壤可以在建成构筑物上表现良好。

　　记住上述原则，并习得专门的知识和经验，仔细观察用土建造的环境以及从中汲取的教训，可以缩短繁冗的分析过程，尤其是当这些过程可能会花费大量时间和金钱时。

　　但，如果存在疑问，还是强烈建议进行测试。

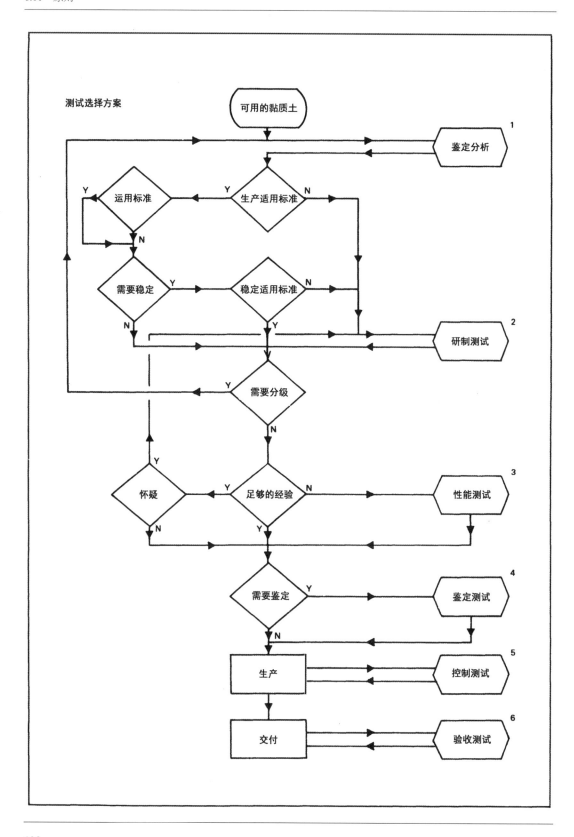

测试选择方案

可用的黏质土

	1	鉴定分析
	2	研制测试
	3	性能测试
	4	鉴定测试
	5	控制测试
	6	验收测试

运用标准

生产适用标准

需要稳定

稳定适用标准

需要分级

怀疑

足够的经验

需要鉴定

生产

交付

土是一种可以通过六个基本测试系列进行分析和检测的材料。然而，并非这一筛选过程的每个环节都是必要的。的确，根据所分析的土壤的性质、进行操作的条件以及使用者或建造者的经验，可以略过一个或几个试验系列。以下所述的所有分析、测试和试验均可使用先进的实验室设备以及适合现场使用的小型和轻型设备进行。

可以注意到，在此所述的许多单独测试在几个测试系列中都是常用的。此外，没有必要重复这些测试，尽管最终结果是从各个测试系列的不同角度进行解析的。举个例子，在以"开发试验"为标题的分组试验中，冻融试验的目的是表明所分析的材料（稳定的压缩砖）能够承受最常用标准所要求的至少12个试验周期。另一方面，在"性能测试"中，材料要经过测试，比如看它能否经受17次的反复冻融。通过测试表明，该材料是高质量的，适合在非常恶劣的条件下使用。目前，很少有国家定制出专门适用于土壤分析和试验的标准。因此，通常使用来自其他学科的测试，如混凝土建筑材料、道路路面等。这些标准不一定适合土。因此，在采用这些标准时，最好能够灵活地应用它们。相应地，其测试标准也应被视为具有一定程度的弹性，因为通常公认的要求是极其严苛的，例如耐久性测试，除非在特定情况下，否则几乎无法对应到其使用的实际情况。关于抗压强度的一些例子很好地说明了这一点，这同样适用于此处列出的许多测试。

案例

抗压强度测试必须在材料的性状能够代表材料通常状态时进行。这就是为什么在28天后测量水泥稳定土样的极限抗压强度的原因，因为该固化时间足够长，可以假定其已达到或接近极限强度。实际上，这个测试持续时间适用于水泥块的混凝土，在28天内达到其极限强度的80%至90%。然而，水泥稳定的土壤在同一时期只能达到其极限强度的60%至70%。如果用石灰使土壤稳定，则28天这段时间还不够长，如果要避免不正确的比较和说明，则必须让体块至少再固化3周。

另一方面，通过压扁CINVA组件土砖（29.5厘米×14厘米×8.8厘米）进行压缩测试是完全可以接受的，一些标准认同此试验流程。将材料压扁的优点在于，该试验代表了施加在墙体砖块上的荷载，可以使用普通的生产样品，并且不需要像该试验的标准版本中通常的情况那样，将两块砖通过砂浆彼此结合在一起放置在顶部。以比利时标准NBNB / 24/201为例，可以看到CINVA砖的高短边比为8.8 / 14 = 0.63，高于极限系数0.55。

因此，所得结果可以与其他砌体单元的结果进行比较，甚至可以与相同材料20厘米见方立方体的结果进行比较。对于压缩材料，抗压强度的测量必须与材料被压缩的方向一致。事实上，如果测量与那个方向成直角，得到的值可能会低25%到45%，那就完全是无效的。

鉴定分析

这些分析的目的是确定基本材料的特性，以便对最终产品的性能有更深入的了解。

一旦知道了这些特点，就可以利用表格、曲线图和决策规则来设想材料的可能用途。识别分析如下：

- 视觉识别
- 由感官感知引导的测试
- 天然含水量
- 粒度分布
- 沉积
- 砂当量
- 液限
- 塑限
- 吸收极限
- 收缩极限
- 整体收缩
- 线性收缩
- 普氏（Proctor）测试
- 堆积密度
- 表观容重
- 湿拉伸试验
- 湿剪切试验
- 干燥后的含水量
- 干色和湿色
- 溶于水
- 矿物学鉴定
- 特殊区域
- 爱默生（Emerson）测试
- 普费弗科恩（Pfefferkorn）测试
- 有机物质和腐殖质的数量
- 有机物质和腐殖质的性质
- 氧化铁含量
- 氧化镁含量
- 氧化钙含量
- 碳酸盐含量
- 硫酸盐含量
- 可溶性盐含量
- 不溶性盐类含量
- 烧失量
- pH 值

这些清单只是指示性的，并不是详尽无遗的。

研制测试

这些测试用于确保在确定基本材料之后，获得良好的建筑材料。测试确定了产品混合和生产时必须遵守的参数。

这些参数也可作为产品允许生产前进行分析和测试时的参考。开发测试如下：

- 粒度分布
- 沉积
- 砂当量
- 液限
- 塑限
- 整体收缩
- 线性收缩
- 普氏（Proctor）测试
- 堆积密度
- 表观容重
- 最小湿重
- 最小干重
- 孔隙率
- 干燥后的含水量
- 粉碎度
- 渗透测试
- 干、湿抗压强度
- 抗拉强度
- 弯曲强度
- 抗剪强度
- 泊松比
- 杨氏模量（弹性）
- 膨胀
- 干燥收缩
- 热膨胀和热冲击
- 渗透性
- 吸水率
- 霜冻敏感性

- 风化
- 侵蚀
- 磨损
- 耐火性
- 与砂浆的兼容性
- 与灰泥的兼容性
- 其他

润湿和干燥测试

所描述的程序与"ASTM D 599"和"AASHO T 135"规定的程序相对应。

样品在极其潮湿的环境中保存 7 天后，完全浸入与实验室温度相同的水中 5 小时。在这段时间之后，将样品从水中移出并在烘箱或橱柜中于 71℃ 的温度下干燥 42 小时。干燥后，将样品从烘箱中取出，并一下一下地刷，应使用金属纤维制成的刷子进行，从而去除受湿润和干燥循环影响的所有材料碎片。刷子要牢固，并应在样品的每个表面上从两个方向（例如，从上到下）进行，总共刷 18 到 25 次。

操作时施加的力应为 1.5kg 左右，上述步骤构成一个 48 小时的干湿循环。然后将样品再次浸入水中，并进行进一步的干湿循环。重复该过程 12 次。

如果必须中断测试（例如周末），则将样品保存在烘箱或橱柜中。在十二个测试循环之后，将样品在 110℃ 下干燥，直到获得恒定的干重。然后计算相对于初始重量的重量损失。当样品已用石灰稳定，则在一个月的固化时间后再进行润湿干燥测试。该测试被认为是非常严格的。

腐蚀试验

该测试是在假定暴露于雨水的样品块表面，制造标准的人工降雨。喷淋由一个保持 0.14 兆帕恒定压力的泵提供，该泵与一个直径为 1 厘米的喷头或淋浴喷头相连，距离被测物体 20 厘米。喷淋的压力由压力计监测。喷淋与块体成直角保持 2 小时。

接着测量块体中孔的深度。然后取每个块体中 18 个最深孔的平均深度，并记录为 Pmm。该测试的结果仅仅是指示性的，在一块稳定的土壤上出现轻度侵蚀或点蚀的现象不一定是不利的。

冻融试验

下面描述的过程与"ASTM D 560"和"AASHO T 156"描述的过程相同。

样品在极端潮湿的环境中存放 7 天后，将其放在已用水饱和的吸收性材料上，然后放入冰箱，在恒定的温度不超过 -23℃ 条件下放置 24 小时，然后移出。将样品在潮湿的环境中（RH＝100％）在 21℃ 的温度下解冻 23 小时，然后取出。在解冻阶段，样品必须通过毛细作用吸收水分（来自吸收性材料）。然后，按照润湿和干燥试验中使用的程序对样品进行刷毛。试验将继续进行 12 个冻融循环，在每个循环之间将样品送回吸收性材料。一些由粉质或黏土质材料制成的样品可能会产生水垢，特别是在第六次试验周期之后。要小心消除这种垢，以免影响刷子。如果测试必须中断（例如在周末），样品应储存在冰箱中。

在 12 个测试周期后，将样品在 110℃ 的烤箱中干燥，直到获得恒重。然后计算相对于原始重量的重量损失。该测试被认为是非常严格的。

耐磨试验

试块是干燥的。用一个重 6kg 的金属刷在淋水状态下擦洗砌块的表面（根据砌块的粘合方式）。刷头的一次往复运动可认作是磨损的一个周期，需要进行五十次冲刷。对被刷掉的材料进行测重。记录该材料的干重／平方厘米的涂刷面积，以获得独立于块的形状和尺寸的测试结果。

水泥或沥青稳定的砌块应经过 28 天的养护期后进行试验，而用石灰稳定的砌块则要在固化 3 个月后进行测试。

性能测试

这些测试的目的是通过在模拟使用条件下或在结构系统中进行测试，来检查在实验室中观察到的材料性能。这是测试墙或其他结构元素在结构中的行为时要考虑的问题。最实际的性能测试如下：

• 干、湿抗压强度。这种测试是通过中心荷载和偏心荷载来实现的，例如，在测试墙壁时。

• 干、湿拉伸强度

• 干、湿弯曲强度

• 横向压力强度

• 侧向压力强度

• 冲击强度（软体）

• 抗震性

• 拱圈，圆顶和拱门的加载

• 梁和门的加载

• 屈曲

• 流量

• 泊松比

• 杨氏模量（弹性）

• 膨胀和干缩

• 水的通过量

• 毛细管上升

• 水蚀

• 风蚀

• 冻融

• 热膨胀

• 砂浆与砌块的粘合

• 灰泥与墙体的粘合

这些清单仅是指示性的，并非详尽无遗。

特性测试

这些测试的目的是确定建筑材料的某些物理性能。例如，这些特性使计算建筑物的热性能，或评价建筑物结构的老化性能，或对可能的舒适性和一般安全性作出说明成为可能。主要的特性测试如下：

• 与灰泥的兼容性

• 与砂浆的兼容性

• 耐火性

• 导热系数

• 比热

• 热缓冲系数

• 蓄热系数

• 热渗出和扩散

• 热收缩

• 对霜冻的敏感性

• 吸水率

• 渗透率

• 毛细作用

• 干燥收缩

• 整体收缩

• 线性收缩

• 干燥后的含水量

• 堆积密度

• 颜色

• 表面纹理

• 辐射和核防护

• 其他

抗压强度测试

测试实验室中发现的传统压机适用于材料样品的干压。例如，如果测试人员希望压碎高性能 CINVA 型稳定压缩砖，则应使用能够测试至少 10 兆帕砖的压机或可达到 400 千牛的压机。在现场，可以使用小钢梁甚至使用卡车千斤顶来制造小型压机。如果可能，该现场设备应配备压力计，以便可以直接读取施加在样品上的力。如果没有压力计，可以使用测力比较器。但是，这种设备有些脆弱，只能使用在小样本上。也可以用金属或木材制成小型杠杆压机。

这种杠杆压机不能施加很大的力，这意味着必须专门准备样品（圆柱体或边长为 5 厘米的立方体）。夯土，堆摆土或土坯砖样品的制备不会带来很多问题，但是当压缩块需要测试时，必须锯切以获得足够小的样品。不幸的是，这可能会导致发生结构性损坏。另一种解决方案是制作特殊样品，但存在不具代表性的风险。

拉伸强度试验

可以使用美国加利福尼亚州 IIHT 开发的程序进行测量。将土样砖放置在 2 根直径为 2.5 厘米的管子上（在一个大的面上），管子间距为 20 厘米，与砖的纵轴垂直。另一个相同的管子被放置在与短边平行的砖的上表面。这个管子上面是一个平衡的板，然后小心地以每分钟 250 公斤的速度往上堆叠砖块，直到下方被测试的土样砖块断裂。这样做不是为了了解确切的强度，而是为了看到它超过了某个预先确定的阈值。以兆帕为单位的抗拉强度由以下公式给出：

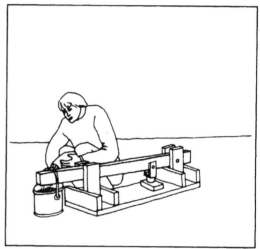

$$\tau = \frac{0.15 \times 20cm \times （荷载 kg）}{（试样块的宽度 cm）\times （厚度 cm）^2}$$

控制测试

在进行鉴定和研制测试之后，应检查生产中使用的基本材料的质量以及它们是否符合实验室确定的要求和性能，从而达到控制测试效能的目的。分析的类型和测试的频率由操作中的合作伙伴确定，尽管在实践中，每天的测试是在将土壤运到现场或砖瓦厂时进行的，或者是从取土点提取主要样品时进行的。因此，这些分析是在场地设备上进行的，或者在场地上进行，或者在材料生产的地方进行。仔细记录结果并提交给操作中的合作伙伴审核：测试实验室、现场经理、业主、承包商。主要控制试验如下：

- 目视检查
- 粒径分布
- 砂当量
- 有机物的数量
- 粉碎度
- 水含量
- 混合均匀度
- 渗透测试
- 重量

这些清单仅是指示性的，并非详尽无遗。

验收测试

这类测试是在建筑材料生产或验收时进行的，可能在砖厂也可能在施工现场。其目的是确定产品的质量以及是否符合实验室分析和测试所确定的要求和性能。对于砌块和砖而言，通常在开始生产时每 1000 块取 5 个样品，在控制生产时每 1000 块取 1 个样品。

在每天生产不足 1000 块砖的小砖厂，做法是每天取两个样品。对于夯土和堆摞土等技术，通常在施工开始时每天采集两个样品，之后每天采集一个。

这些测试是使用移动设备在现场进行的。仔细记录结果，并提交给操作中的合作伙伴：测试实验室、现场经理、业主和承包商。一旦发生法律纠纷或对材料的实际质量产生怀疑，样品就会被送往实验室，由实验室出具正式的检测报告。主要验收测试如下：

- 干湿时色差
- 粉碎度
- 材料的均匀性
- 稳定剂含量
- 净重
- 表观容重
- 尺寸
- 外观
- 干燥收缩
- 抗压强度
- 抗拉强度
- 其他

便携式透度计

这个小巧而又极其方便的装置用来在实际生产时检查砖的密度，每块砖至少要穿透五次。穿透面积 3—5 平方毫米，深度约 5 毫米。这些穿透测试给出了一个大致的概念，并可将结果与预先设定的材料可接受临界值进行比较。

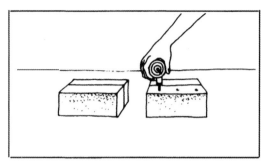

摆动式硬度计

这是一种巧妙的装置，它对材料的质量进行无损检测，通常是对完成的结构诸如墙体进行检测。摆动式硬度计测量土壤的抗压强度，单位为兆帕。当使用土工结构时，应使用一种适用于低强度材料的硬度计：从 5 兆帕到 8 兆帕。

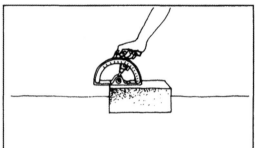

最佳含水率试验

对一批准备压缩的土壤进行最佳含水率的简单试验如下。取一把土壤，用力握拳捏成团，然后将它从大约 1.1 米的高度落到坚硬平坦的地面上。如果土球碎成 4—5 块，含水量是正确的。如果土球被压扁而不解体，则说明水分含量过高。如果球碎成许多小块，说明土壤太干了。

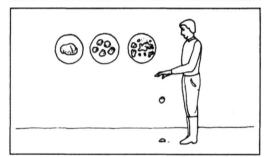

穿透测试

将探针推入土壤样品或样品砖中 5—10 厘米深度。根据探针的穿透力和材料的有效硬度来估算材料的强度。以可接受的预定临界值作为参考。该测试具有主观性。

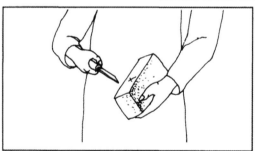

碰撞试验

水泥稳定砖的两个样品或材料的两个样品相互垂直放置，并以越来越大的力相互撞击。材料的硬度是根据冲击产生的声音来测评的。

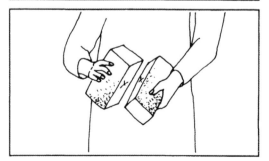

有关用土建造的分析、测试和试验都可以使用市政工程、土壤科学甚至建筑实验室的标准仪器进行。这些测试只需要很少的特殊设备。这里所列的主要材料、工具和产品都是有用的，但并非是必需的。一个设备完善的实验室可以进行这项工作，投资额约为 50,000 美元。但是，这笔投资可以减少到 5000 美元，就足以获得合适的基本设备。通过采用简单实用的分析程序，现场测试和试验，还可以进一步减少这种投资。

勘探
- 土样钻取器，直径 80 毫米
- 螺旋加长杆，1 米长
- 扭力杆
- 3 吨手动千斤顶
- 防水油布
- 铲子
- 铁锹
- 鹤嘴锄
- 地质锤
- 土壤颜色比较表

粒径分布
- 全套标准筛，最大直径 60 厘米
- 筛底
- 筛盖
- 筛架
- 500 毫升洗涤瓶

沉积
- 1000 毫米样品瓶的手动搅拌器
- 995—1050 克 / 升比重计

普氏（Proctor）压实试验
- 带支架的普氏模具
- 水平刮刀
- 压实夯

阿特伯格（Atterberg）试验
- 完整的卡萨格兰德（Casagrande）仪器
- 光滑和粗糙的杯子
- 柔性直铲，150 毫米
- 卡萨格兰德（Casagrande）开槽工具
- A.S.T.M. 开槽工具
- 大理石板，45 厘米 ×30 厘米 ×3 厘米
- 猫舌抹子，12 厘米
- 塑胶量规，直径 3 毫米

粘结力
- 模具
- 张力环
- 支架
- 砂子（用于压载）

强度
- 400 千牛压机
- 劈裂测试表
- 张拉机
- 50 升行星式搅拌机
- 立方体模具
- 圆柱体模具
- 袖珍针式透度计
- 0.5 兆帕—8 兆帕硬度计

收缩率
- 阿劳克（Alcock）收缩模
- 收缩杯，直径 50 毫米、415 毫米

耐用性
- 冰箱，-30℃
- 钢丝刷
- 10 厘米直径玫瑰花洒
- 压力计
- 泵
- 喷灌机喷嘴

化学制品

- 盐酸
- 硝酸
- 草酸
- 氯化钡
- 铬酸钾
- 石灰
- 蒸馏水
- 六偏磷酸钠
- 通用 pH 值指示纸
- 通用 pH 指示剂乙醇
- 石灰乳
- 酚酞
- 氢氧化钾
- 甲基红
- 氢氧化钠

杂项仪器

- 便携式 pH 计
- 湿度计
- 接触式温度计
- 大气温度计 -10/+80oC
- 渗透温度计
- 显微镜
- 校准放大镜
- 20 千克天平
- 10 千克吊秤，供现场使用
- 1 克至 7 千克天平
- 0.1 克至 500 克天平
- 0.001 克至 100 毫克天平
- 天文钟 1/5 秒
- 计时器
- 闹钟
- 拨号比较器 1/100
- 滑架
- 120℃干燥柜

杂项设备

- 2 升玻璃烧瓶，直径 12 至 15 厘米
- 烧瓶盖
- 平底锅
- 20 升聚乙烯桶
- 滴管
- 70 厘米的橡胶管，直径 0.5 厘米
- 派来克斯（Pyrex）容器，400 毫升和 2000 毫升
- 试管 1000 毫升
- 试管 500 毫升
- 试管 100 毫升
- 试管用橡胶瓶塞
- 漏斗，直径 140 毫米
- 10 升聚乙烯袋
- 10 升黄麻袋
- 12 升容器
- 加热板
- 2 升砂浆
- 硬杵
- 橡胶杵
- 标签

杂项工具

- 石棉手套
- 小勺
- 150 毫米柔性直铲
- 16 毫米方抹泥刀
- 硬质直铲
- 不锈钢勺，一大一小
- 不锈钢实验室勺
- 960 克锤子，42×36
- 300 毫米凿子
- 刀
- 尺子
- 折叠尺子
- 钳子
- 其他小工具

[1] AGRA. *Recommandations pour la Conception des Bâtiments du Village Terre* [R]. Grenoble, AGRA, 1982.

[2] BERTRAM, G.E.; *LA BAUGH WM.C. Soil Tests* [S]. Washington: American Road Builders' Association, 1964.

[3] CRET. *Maisons en Terre* [R]. Paris: CRET, 1956.

[4] DOAT, P. et al. *Construire en Terre* [M]. Paris: Editions Alternatives et Parallèles, 1979.

[5] GRÉSILLON, J.M. 'Etude de l' aptitude des sols à la stabilisation au ciment. Application à la construction'. In *Annales de l' ITBTP* [J], Paris: ITBTP, 1978.

[6] HERNÁNDEZ RUIZ, L.E.; MÁRQUEZ LUNA, J.A. *Cartilla de Pruebas de Campo para Selección de Tierras en la Fabricación de Adobes* [M]. Mexico: CONESCAL, 1983.

[7] INTERNATIONAL INSTITUTE OF HOUSING TECHNOLOGY. *The Manufacture of Asphalt Emulsion Stabilized Soil Bricks and Brick Maker' s Manual* [S]. Fresno: II HT, 1972.

[8] PCA. *Soil-cement Laboratory Handbook* [S]. Stokie: PCA, 1971.

[9] SULZER, H.D. Priv. corn. Zürich, 1984.

[10] VERLARDE GONZALEZ, J.M. *La Tierra Estabilizada y su Utilizacion en la Producción de Componentes para la Construcción* [R]. Panamá: Universidad de Panamá, 1980.

在马达加斯加附近的马约特（Mayotte）岛上，机场控制塔和到达 / 离开大厅由压制土块建成，那里已经建造了 10,000 座使用压制土块的建筑物。（建筑师：帕斯卡·罗雷 Pascal Rollet / 设备配合 GEP-HUOC）

蒂埃里·乔夫罗伊（Thierry Joffroy）卡戴生土建筑国际研究中心（CRA Terre-EAG）

7. 特征

　　用土建造的主要问题之一似乎是缺乏相应的规范标准，这样的标准可以用于对准备完毕的材料进行准确的评估。

　　这种缺失不仅会给潜在的业主和决策者带来负面影响，而且还会给投资者带来负面影响，因为在考虑对生土建筑进行投资时，他们无法确保建筑物的技术质量，特别是在贷款期限之外它们的持久性问题。

　　然而，最终，这种对材料特性描述的缺乏和标准的完全缺失，正在逐步得到纠正。

　　近年来，土壤作为一种建筑材料，通过大量的研究工作和实验，使之有可能对它进行较好的特征表述。此外，一些国家也已经制定了具有一定价值的标准。

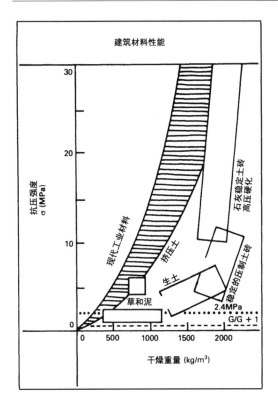

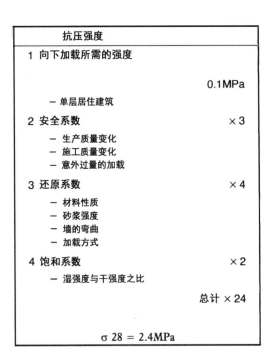

一提到土壤作为建筑材料的质量问题，几乎马上就会提到抗压强度的问题。一般认为，土是一种抗压强度低的重材料。许多土壤材料都属于相同的抗压强度等级，其性能与低强度混凝土相同。事实上，土壤可以被认为是一种弱混凝土。如果将其与其他材料进行比较，我们可以说：

- 与传统矿物材料相比，最低质的土壤产品虽然重量大但强度很小。

- 从宽泛的强度概念而言，土壤材料可与传统矿物材料相媲美。

- 土壤具有极高的性能。在法国里尔的艾肯（ICAM）工程学院进行的研究表明，经高压处理过的石灰稳定土产品（16个大气压的温度为250℃）的抗压强度为90兆帕。当在350℃的烘箱中加工时，强度跃升至200兆帕。的确，通过一些工艺（包括压缩、稳定和烘箱干燥）可以获得极高的强度。然而，问题是这样的表现是否有必要。对于单层住宅或两层住宅，向下的推力约为0.1兆帕—0.2兆帕。因此，使用强度接近10兆帕及以上的材料是没有意义的。

然而，0.1兆帕是不够的，除了建筑砖或结构的简单性能外，还有其他问题。因此，安全系数在20到30之间是可取的。

通常认为2兆帕到2.5兆帕之间的安全系数足够满足大多数现代标准的要求，并且在仔细监测砖的生产时，可认为1兆帕到1.5兆帕是绝对最小值，可以保证足够的强度，特别是对手动操作生产来说。

用于建造的土壤的第二个要求是它可以耐水。用于其他材料的常规测试（润湿和干燥，喷涂，全部或部分浸入，冷冻和融化）未经修改就被用于土壤的测试。因此，实验室获得的结果并不总是与实际实践中观察到的结果一致。这些结果适用于孤立的样本，不适用于墙体或完整结构。

1974 年在布基纳法索，非洲十四国联合农业机械工程学校（EIER）开发了一些关于理论试验和实际表现的比较数据。结果清楚地表明，由稳定土构成的未抹灰墙，对其进行侵蚀测试"与三年间暴露在变幻莫测天气下的对照墙的表现相比侵蚀非常严重"，与在测试中观察到的侵蚀相比，裸露在自然中的墙体侵蚀度是微不足道的。土作为建筑材料，耐久性是它最好的品质，这可以用对天气的抵抗力（雨、霜、风）和它的用途（居民、动物的行为，等等）来表示。理论测试不考虑情况的复杂性，一个简单的晒干土坯砖经不住这些实验室的检验；浸泡后，它的平均抗压强度可能在 0.5 兆帕到 1.0 兆帕之间，或者完全分解，由此得出一个苛刻的结论:不可用的材料。然而，同样的砖块在也门被用来建造多层建筑，在伊朗被用来建造水库。另一方面，许多现代材料的理论耐久性远远高于实际观察到的耐久性。材料耐久性的估算不能仅基于理论试验的简单推断，还必须考虑结构的性能。在这方面，在世界各国仍然矗立着的几百年历史的建筑物证明了土壤作为建筑材料的持久品质。

然而，在目前的情况下，必须设法对土壤的性质进行量化。虽然数字对小型结构可能不是最重要的，但它们是决策机构、金融机构、保险公司、建筑师和承包商的出发点。建造业最好不要根据理论和科学数据草率地作出解释，因为这些数据往往没有充分考虑到现实。

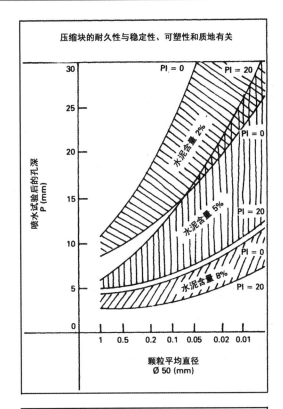

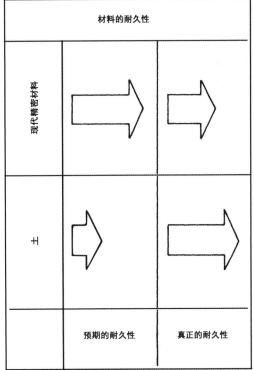

性质	S	U	分级			
			A	B	C	D
28天抗压强度 *（+40%1年后，+50%2年后）	σ 28	MPa	> 12	5 12	2 5	大约 2
28天湿抗压强度 （水中24小时）	σ 28	MPa	> 2	1 2	0.5 1	0 0.5
28天抗拉强度 （巴西方式）	τ 28	MPa	> 2	1 2	0.5 1	0 0.5
28天抗拉强度 （在核心上）	τ 28	MPa	> 2	1 2	0.5 1	0 0.5
28天弯曲试验	τ 28	MPa	> 2	1 2	0.5 1	大约 0.5
28天剪切试验	τ 28	MPa	> 2	1 2	0.5 1	大约 0.5
横向变形系数	μ		0 0.15	0.15 0.35	0.35 0.50	> 0.5
杨氏模量	E	MPa		700 7000		
表观密度	γ	kg/m³	> 2200	1700 2200	1200 1700	>1200
尺寸统一性 （个别成品）			优秀	良好	一般	较差

上述数值是由权威机构在实验室进行研究的结果。对根据现有工艺规则制造的产品，它们提供了合理的预期数值，没有提供数值的表明没有足够的数据支撑。

I 压制土块			II 土坯砖		III 夯土		IV 挤压砖	V 抹泥	VI 草和泥	VII 烧制砖	VIII 水泥块
1 RAW	2 STA	3 STA	4 RAW	5 STA	6 RAW	7 STA	8 STA	9 RAW	10 STA	11	12
D *	C *	A *	D	C	D *	C *	B				
D	A	A	D		D	A	A				
	B					B					
C					C						
C					C						
D					D						
	B					B					
	B			B		B					
B	B	A	C	C	B	B	D				
B	B	A	C	C	D	D	A				

1. 压缩到 2 兆帕
2. 用 8% 水泥稳定
   压缩到 2 兆帕—4 兆帕
3. 用 12% 至 19% 的石灰稳定红土
   压缩到 30 兆帕
   在 90% 的 RH 和 95% RH 的条件下进行蒸压处理
4. 砂模成型法
5. 用 5% 至 9% 的沥青乳液稳定
6. 压缩到 90%—95% 普氏标准
7. 如上所述，用 8% 水泥稳定
8. 空心产品，重 1100 千克 / 立方米
9. 双面板条龙骨
10. 600 千克 / 立方米至 800 千克 / 立方米
11. 表示你所在区域的值
12. 表示你所在区域的值

性质	S	U	分级			
			A	B	C	D
软体对切向冲击的阻力 （从墙壁上方的点垂直悬挂的27公斤沙袋的初始高度）		m	> 3	2 3	1 2	< 1
偏心负载抗压碎 （前向高度与厚度之比为7到8的墙壁的减缩系数；30cm的墙壁）	R		> 0.50	0.40 0.50	0.30 0.40	0.20 0.30
弯曲强度 （均匀水平的风压）		MPa	$0.5×10^{-3}$ $0.6×10^{-3}$	$0.4×10^{-3}$ $0.5×10^{-3}$	$0.3×10^{-3}$ $0.4×10^{-3}$	$0.2×10^{-3}$ $0.3×10^{-3}$
抵抗局部水平推力 （由于直径为2.5cm的圆盘而产生的压力）- 墙h = 2.5m，L = 1.20m，b = 30cm		N	> 4 500			
热膨胀系数		mm/m°C	< 0.010	0.010 0.015		

上述数值是由权威机构在实验室进行研究的结果。对根据现有工艺规则制造的产品，它们提供了合理的预期数值。

I 压制土块			II 土坯砖		III 夯土		IV 挤压砖	V 抹泥	VI 草和泥	VII 烧制砖	VIII 水泥块
1 RAW	2 STA	3 STA	4 RAW	5 STA	6 RAW	7 STA	8 STA	9 RAW	10 STA	11	12
	B		B	C	B	C					
	A	A	B	D	C	A					
	A		D	C	D	A					
	A		A	A	A	A					
						B					

1. 压缩到 2 兆帕

2. 用 8％水泥稳定

   压缩到 2 兆帕—4 兆帕

3. 用 12％至 19％的石灰稳定红土

   压缩到 30 兆帕

   在 90％的 RH 和 95％ RH 的条件下进行蒸压处理

4. 砂模成型法

5. 用 5％至 9％的沥青乳液稳定

6. 压缩到 90％—95％普氏标准

7. 如上所述，用 8％水泥稳定

8. 空心产品，重 1100 千克 / 立方米

9. 双面板条龙骨

10. 600 至 800 千克 / 立方米

11. 表示你所在区域的值

12. 表示你所在区域的值

性质	S	U	分级			
			A	B	C	D
膨胀 （浸泡直至饱和）		mm/m	0 0.5	0.5 1	1 2	> 2
潜在收缩 （人工干燥）		mm/m	0 1	1 2	2 5	> 5
干燥引起的收缩		mm/m	> 0.2	0.2 1	1 2	> 1
渗透性		mm/sec		1.10^{-5}		
被抹灰表面的吸水率		% 重量	0 5	5 10	10 20	>20
总吸水率		kg/m³	0 7.5	5 10	10 20	>20
抗冻性			零	低	平均	高
易粉化性			很低	低	平均	高
暴露于天气中的耐久性 （仅限墙体−无防护）			优秀	良好	平均	较差

上述数值是由权威机构在实验室进行研究的结果。对根据现有工艺规则制造的产品，它们提供了合理的预期数值。

I 压制土块			II 土坯砖		III 夯土		IV 挤压砖	V 抹泥	VI 草和泥	VII 烧制砖	VIII 水泥块
1 RAW	2 STA	3 STA	4 RAW	5 STA	6 RAW	7 STA	8 STA	9 RAW	10 STA	11	12
							C/D				
							C				
B	B		B	B	C	C					
	B					B					
				A			A				
	C	A				C	C				
D	B	A	D	B	C	B	A/B				
B	B	A			B	B					
D	B	A	D	B	C	A	B				

1. 压缩到 2 兆帕
2. 用 8% 水泥稳定
   压缩到 2 兆帕—4 兆帕
3. 用 12% 至 19% 的石灰稳定红土
   压缩到 30 兆帕
   在 90% 的 RH 和 95% RH 的条件下进行蒸压处理
4. 砂模成型法
5. 用 5% 至 9% 的沥青乳液稳定
6. 压缩到 90%—95% 普氏标准
7. 如上所述，用 8% 水泥稳定
8. 空心产品，重 1100 千克 / 立方米
9. 双面板条龙骨
10. 600 千克 / 立方米至 800 千克 / 立方米
11. 表示你所在区域的值
12. 表示你所在区域的值

性质	S	U	分级			
			A	B	C	D
比热	C	KJ/kg	1.00 0.85	大约 0.85	0.65 0.85	< 0.65
热导系数 (视密度而定–见标题)	λ	W/m°C	0.23 0.46	0.46 0.81	0.81 0.93	0.93 1.04
阻尼系数 (40cm墙)	m	%	< 5	5 10	10 30	> 30
滞后时间系数 (40cm墙)	d	h	> 12	10 12	5 10	< 5
声衰减系数 (40cm墙壁，500Hz)		dB	> 60	50	40	30
声衰减系数 (20cm墙壁，500Hz)		dB	> 6	50	40	30
耐火性			优秀	良好	平均	较差
可燃性			非常差	较差	平均	良好
火焰传播速度			非常慢	慢	平均	快

上述数值是由权威机构在实验室进行研究的结果。对根据现有工艺规则制造的产品，它们提供了合理的预期数值。

I 压制土块			II 土坯砖		III 夯土		IV 挤压砖	V 抹泥	VI 草和泥	VII 烧制砖	VIII 水泥块
1 RAW	2 STA	3 STA	4 RAW	5 STA	6 RAW	7 STA	8 STA	9 RAW	10 STA	11	12
B	C		B	B	B	C					
C	C	D	B	B	C	C					
B	B	B			B	B					
B	B	B			B	B					
B	B	B			B	B					
C	C	C			C	C					
B	B	B	B		A	A					
					A	A					
					A	A					

1. 压缩到 2 兆帕

2. 用 8% 水泥稳定

   压缩到 2 兆帕—4 兆帕

3. 用 12% 至 19% 的石灰稳定红土

   压缩到 30 兆帕

   在 90% 的 RH 和 95% RH 的条件下进行蒸压处理

4. 砂模成型法

5. 用 5% 至 9% 的沥青乳液稳定

6. 压缩到 90%—95% 普氏标准

7. 如上所述，用 8% 水泥稳定

8. 空心产品，重 1100 千克 / 立方米

9. 双面板条龙骨

10. 600 千克 / 立方米至 800 千克 / 立方米

11. 表示你所在区域的值

12. 表示你所在区域的值

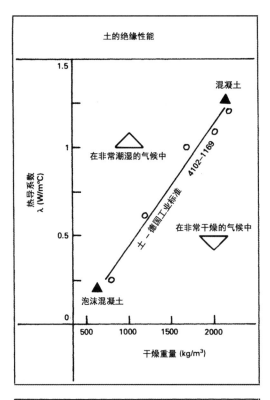

土的绝缘性能

混凝土

在非常潮湿的气候中

土－德国工业标准 4102-1169

在非常干燥的气候中

泡沫混凝土

热导系数
λ (W/m℃)

干燥重量 (kg/m³)

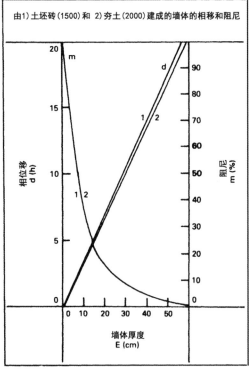

由1) 土坯砖 (1500) 和 2) 夯土 (2000) 建成的墙体的相移和阻尼

相位移
d (h)

阻尼
m (%)

墙体厚度
E (cm)

尽管人们普遍认识到生土住宅的热惯性，但该材料的这种特性并不能解决所有热问题。土壤根本不具备它所宣称的所有传奇特性。该材料不是特别绝缘，并且其热容量远远低于固态混凝土，如以下值所示：对于相等体积的混凝土：590（Wh/m³ ℃）；夯土：510（Wh/m³ ℃）；土坯砖：380（Wh/m³ ℃）。

因此，为了充分利用土壤的热物理性质，了解土壤的这个特性是很重要的。目前文献数据缺乏，较早的专家文献收录了各个研究中心在各自不同的条件下进行的孤立实验，这不利于比较。目前在许多国家正在进行的研究计划将有可能更准确地描述土壤的热性质。在获得新数据之前的这段时间内，可以根据较早的文献构建曲线，并传播有关合理稳定的特性的信息。例如，导热系数 λ（W/m℃）与材料容重（kg/m³）的关系与其他矿物材料非常接近。然而，必须考虑所用材料的密度变化。夯土和黏土秸秆技术通常就是这种情况，并且取决于夯实的力度。此处显示的 λ 曲线是针对在温带气候下，2.5% 含水比重极少的平均湿度绘制的。这是最不利的平均值。λ 的值可以加倍，以使水分含量增加 1% 至 7%。水分含量的这种变化对于从夏季到冬季的温带气候以及在干燥地区（如萨赫勒（Sahel）地区）和潮湿地区（如热带沿海地区）之间不稳定的土墙是很典型的。因此，并非在所有气候中都使用相同的 λ 值进行计算。经验观察表明，含水量的 1% 变化会导致 λ 的变化为 15%。最后，根据文献，土壤的比热在 800 到 1000（J/kg·K）之间。

干燥物料的这些值可能会随残留水分的增加而增加。通过研究有关材料的热隙透和热扩散特性，可以了解土墙的动态特性。此外，这些性质与其他矿物材料非常相似。考虑到热波从一个表面穿过大部分墙体并从另一个表面返回来的速率，隙透决定了材料是否适合储热。尽管土墙的热容量比其他较重的材料低，但其蓄热能力（从逻辑上讲应该较低）仍然是出色的。土壤受益于与其吸收能力有关的潜在惯性，水在土墙中渗透的缓慢性提高了墙体在长周期内的储存能力。扩散系数是对滞后时间和热波在墙体中传播时的阻尼的度量。由于其低扩散性，土壤的优势在于具有显著的阻尼和延迟热变化和外部热流入的能力。这种特性在气候和大气条件高度变化的地区特别有价值。土壤的最大优点是在施工过程中可以很容易地改变其比重。黏土秸秆技术尤其如此，可以使堆积密度在300千克/立方米至1300千克/立方米之间变化。这种能力使得可以通过控制土壤墙体的重量和厚度来改变储能、阻尼、滞后时间波位移和绝缘能力。从而满足热工性能所要求的条件。撇开神话，可以认为土的热物理性质是有优势的，但是尽管如此，由于材料的湿热特性，计算必须考虑到条件变化。

壁厚需达到相当于36.5cm烧结砖墙的阻尼效果
（冷却时间82小时）

未抹灰的材料	干燥重量 (kg/m³)	墙厚 (cm)
黏土秸秆	300	28
黏土秸秆	400	27
木质纤维水泥	400	17
黏土秸秆	600	28
泡沫混凝土	600	30
纤维板	600	17
黏土秸秆	800	29
空心砖	800	35
黏土秸秆	1000	31
黏土秸秆	1200	35
土坯砖	1400	35
土坯砖	1600	36
烧结砖	1800	36.5
夯土	1800	39
重骨料混凝土	2400	52

保温层具有足够的壁厚，可获得36.5cm烧结砖墙体的阻尼效果

未抹灰的材料	干燥重量 (kg/m³)	1/λ (m²℃/W)
黏土秸秆	300	2.80
黏土秸秆	400	2.25
木质纤维水泥	400	1.83
黏土秸秆	600	1.65
泡沫混凝土	600	1.58
纤维板	600	1.31
黏土秸秆	800	1.16
空心砖	800	1.06
黏土秸秆	1000	0.86
黏土秸秆	1200	0.74
土坯砖	1400	0.59
土坯砖	1600	0.49
烧结砖	1800	0.45
夯土	1800	0.43
重骨料混凝土	2400	0.24

人们常常误认为生土建筑没有标准，但事实上已有多次建立标准的尝试。关于这一主题的已知出版物来自世界各地，它们汇集了足够多的数据，可以为这种材料的使用范围提供尽可能广泛的基础，以便适用于尽可能多的不同国家。尽管标准对于诸如个人住宅之类的小规模项目意义不大，但对于越来越普遍的具有挑战性的项目来说，情况肯定不是这样的。参考手册在某些技术检查非常严格的国家是必不可少的，在大多数发展中国家，生土建筑工程的质量往往由当地掌握技术或具有技术支持能力的人保障，但也可能由官方机构保障。

但是，决策者、投资人和建设者都需要标准。现有出版物通常包含技术建议或实用技巧，但它们不涉及整个领域，而仅限于土坯砖、压缩土砖或夯土。

这些主题主要涉及结构和热性能以及测试方法，但忽略了与生产和建造有关的一系列要点。在标准制定者那里可以看出以下几种态度：

- 这种材料被故意忽略，其重要性降至最低。它不出现在手册中。

- 生土建造已经被充分了解，研究现有的案例就足够了。因此，没有必要制定标准。认为足以处理与决策机构、金融机构和监督组织有关的问题。

- 过分严格的标准会危及生土技术的发展。

- 一些标准化制定人员认为他们的工作对于生土技术的进步是必要的。在这种情况下，手册是高度讲授性的，并且会根据实际情况不断更新。这些准则影响实践，而实践又反过来影响准则。

缺乏标准不再被视为阻碍生土作为一种建筑材料发展的障碍。许多专业机构都能编写较好的规范，为生土建造工程负责人员制定标准化规范。下面我们列出了一些很好的标准化制定工作，但并不是全部。这本手册涉及的很多信息都与这些范本有关。

法国　在第二次世界大战后的重建期间，出版了三份具有官方性质的文件：

- REEF DTC 2001《生土混凝土和稳定土混凝土》，1945。

- REEF DTC 2101《生土混凝土的建造》，1945。

- REEF DTC 2102《用水硬性粘合剂稳定的生土混凝土》，1945。

为阿博岛村项目（72 个住房单元）编制了一套具体的规范。该正式文件为投资人、保险公司、场地经理、建筑师、承包商和监督机构提供参考：

-《乡村用土建造房屋设计建议——方案建造》，1982。

土壤的热物理性可以在 C.S.T.B（巴黎）的出版物中找到：

- N° 215. 手册 1682. 198。

德国　这是世界上最早制定标准的国家之一。第一个德国工业标准是在 1944 年发布的。从 1944 年到 1956 年，一系列的标准和建议开始实施。1971 年，这些被认为已过时的出版物被撤销。

- 德国工业标准 18951，第 1 条 生土建筑（生土建筑结构）施工准则 / 第 2 条 说明详解，1951。该文件附有官方评论。

- 生土建筑标准连同农村住房建筑准则 - 赫尔舍·万布斯甘兹·迪图斯，1948。

- 德国工业标准 18952，初步标准，第 1 条 建筑用生土概念、样式，1956/ 第 2 条 生土测试，1956。

- 德国工业标准 18952，草图，作为建筑材料的生土，1951。

- 德国工业标准 18953，初步标准，第 1 条 生土建筑构件，建筑用生土的使用，1956/ 第 2 条 砌成的生土墙，1956/ 第 3 条 夯实的生土墙，1956/ 第 4 条 用草和泥填充的生土墙，1956/ 第 5 条 框架结构式的轻质生土墙，1956/ 第 6 条 生土地面，1956。

- 德国工业标准 18953，草案，生土工程、特性、建筑式样、应用领域，1951。

- 德国工业标准 18954，初步标准，生土建筑准则的实施，1956。

- 德国工业标准 18955，初步标准，建筑用生土，生土建筑构件，防水处理，1956。

- 德国工业标准 18956，初步标准，生土建筑上的灰泥，1956。

- 德国工业标准 18957，初步标准，生土木瓦屋顶，1956。

除了夯土、压制土块、土坯砖、黏土秸秆和抹泥技术等标准外，德国文献中还有大量极为详细的实用施工手册。土壤的热特性仍然是标准的一部分：德国工业标准4108，1981。

印度 是少数几个制定官方标准的国家之一：
-《通用建筑施工用水泥土砌块规范》，印度标准研究所，新德里，1960。

科特迪瓦 这个国家有一份标准化的出版物：
-《关于 geobéton 经济建筑设计和施工的建议》，LBTP，1980。

秘鲁 秘鲁出版了抗震土坯砖结构的官方标准：
-《土坯砖和稳定砌块的抗震和施工标准》，RNC 国家建设条例。第 159-77 号部长级决议 / UC-110°，1977 年。
- 秘鲁标准 331.201，1978 年 12 月，第 9 页。"生土元素：用沥青稳定的土坯砖：要求"。
- 秘鲁标准 331.202，1978 年 12 月，第 8 页。"生土元素：用沥青稳定的土坯砖：测试方法"。
- 秘鲁标准 331.203，1978 年 12 月，第 4 页。"生土元素：用沥青稳定的土坯砖：取样和接收"。

联合国 联合国发布了两份极有价值的优秀实践准则：
- 58/II/H/4，房屋稳定土施工手册，R. 费茨茅赖斯（Fitzmaurice,R.），1958 年。
- 64.IV.6，水泥加固土，在建筑中的使用，1964
作为布基纳法索瓦加杜古（Ouagadougou）西西新（Cissin）项目的一部分，泛非民主联盟拟订了若干基本标准：
- 为西西新项目起草的规范，1973 年。

美国 早在 1941 年，美国国家标准局就对土坯砖、压制土块和夯土的性能进行了研究。发表了下列论文：
- 报告 BMS78 - 五种土墙建筑的结构、传热和透水性，1941。

两年后，美国内政部印第安事务办公室出版了《良好操作规范和技术规范》：
-《土砖建造》，美国印第安事务办公室，1943 年。
如今，土坯砖建筑实践已被纳入国家建筑规范和标准。
-《统一建筑规范标准》，第 2415、2403 条生土砌块单元和标准。
-《抽样和测试方法 . 生土砌块单元》，国际建筑官员会议建议标准，1973 年。
- 统一建筑第 2405 条 - 生土砌块，1973 年。
有几个州对这些国家标准做出了改进，包括亚利桑那州、新墨西哥州、加利福尼亚州、内华达州、犹他州、科罗拉多州和得克萨斯州。1983 年，某些州颁布了夯土施工、压制土块甚至草甸土的法规。

其他国家 发布了一些基本文件，但这些文件不具有官方性质；这些国家包括坦桑尼亚、加纳、莫桑比克、摩洛哥、突尼斯、肯尼亚、津巴布韦、墨西哥、巴西、澳大利亚、苏联、土耳其和哥斯达黎加。

国际化 国际材料和建筑测试与研究实验室联盟（RILEM）和国际建筑研究与文档理事会（CIB）于 1987 年成立了一个新的生土建筑技术委员会。该委员会（RILEM/CIB：TC153- W90 "压制土块技术"）详细阐述了生土建筑的工程建议和技术规范。毫无疑问，这些文本会被许多国家采纳为规范和标准。

[1] AGRA. *Recommandations pour la Conception des Bâtiments du Village Terre* [R]. Grenoble: AGRA, 1982.

[2] BERNARD, P.A. 'L' inertie, Facteur d' Economie de Chauffage'. In *Moniteur BTP* [J], Paris, 1979.

[3] DIAZ PEDREGAL, P. 'Les caractéristiques thermiques de la terre: du mythe à la réalité'. In *Revue de l' Habitat Social* [J], Paris: Union Nationale HLM, 1981.

[4] GRÉSILLON, J.M. 'Etude de l' aptitude des sols à la stabilisation au ciment. Application à la construction'. In *Annales de l' ITBTP* [J], Paris: ITBTP, 1978.

[5] MUKERJI, K.; BAHLMANN, H. *Laterit zum Bauen* [M]. Stamberg: 1FT, 1978.

[6] PENICAUD, H. 'Caractéristiques hygrothermiques du matériau terre'. In *Colloque Actualité de la Construction en Terre en France* [C], Lyon: PCH, 1982.

[7] POLLET, H. *Un Nouveau Matériau de Construction Obtenu par la Réaction Argilo-calcaire* [M]. Paris: RILEM, 1970.

[8] SIMONNET, J. *Recommandations pour la Conception et l' Exécution de Bâtiments en Géobéton* [M]. Abidjan: LBTP, 1979.

[9] VOLLHARD, F. *Leichtlehmbau* [M]. Karlsruhe: CF Muller GmbH, 1983.

[10] WITTRMORE, H. et al. *Building Materials and Structures* [M]. Washington: US Printing Office, 1941.

斯里兰卡用压制土块建成的示范屋

（西奥·西德曼 Theo Schilderman，中间技术发展集团 IT）

8. 建造方法

　　土可用作建筑材料的方法有很多种。简单地说，可以归结为十几种基本不同的建造方法。即便如此，基本的建造方法还有近百种变化。

　　最广为人知和最实用的建造方法是模板夯土，这是用生土塑形并经太阳或烘烤的砖块或"土坯"，以及在压砖机中生产的压制土块。

　　然而，还有其他的建筑方法，如垛泥和抹泥，仍然像过去一样被广泛使用。最大和最宏伟的土楼不一定是用夯土、土坯砖或压制土块建造的。

　　这里描述的 12 种建造方法都曾被用于建造住宅，从简陋的小屋到华丽的宫殿，从定居的小村庄到帝国城市。

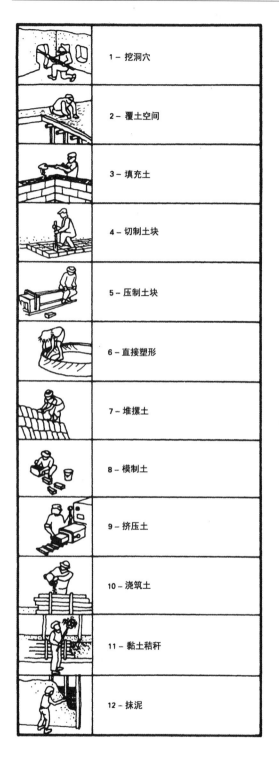

直接从地壳土层中挖出的居所。

用土包裹和覆盖一种其他材料而非土建造的建筑物。

未经级配的土用于填充到作为框架的空心材料内。

直接从地面切出大的土块。

土块或块状的墙是通过模子或模板压缩土料而形成的。

薄壁是由塑性土直接手工成型而成。

厚墙是由一层一层的土球堆积起来的。

可以通过手工或各种形状的模具来模制土。

用一台强大的机器挤压出一种土料膏体，然后用挤压出的材料制造出建筑构件。

液态土被倒入模板或模具中，作为一种混凝土。

也称为草和泥，这是一种由粘性土组成的浆液，将秸秆纤维的碎片粘合在一起，制成纤维材料。

将掺有纤维的黏土料涂成薄层，以填充载体。

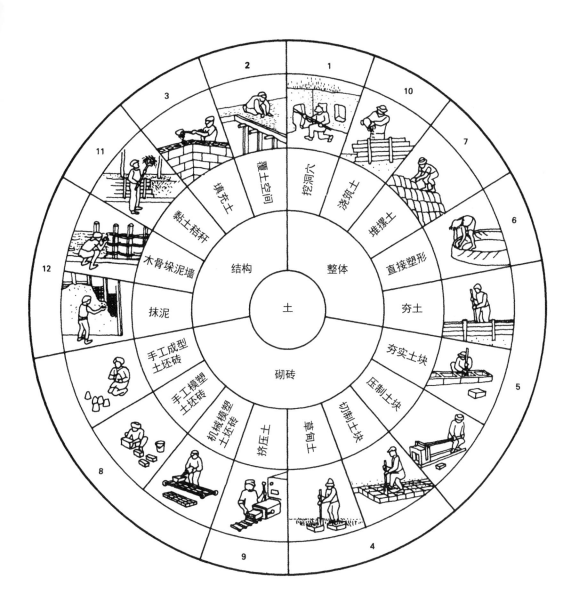

土

整体

结构

砌砖

挖洞穴
浇筑土
堆摞土
直接塑形
夯土
夯实土块
压制土块
切制土块
干草角
挤压土
机械模塑土坯砖
手工模塑土坯砖
手工成型土坯砖
抹泥
木骨垛泥墙
黏土秸秆
填充土
覆土空间

1
2
3
11
12
8
9
4
5
6
7
10

世界范围内的洞穴建筑的分布与气候、土壤类型等因素有着密切的关系。大多数情况下，在气候炎热干燥的地区，基址是在软土、凝灰岩、黄土或多孔熔岩中挖出的。同样，在沙漠和草原中也发现了中国和突尼斯的黄土地下住所。这种结构最集中的国家是欧洲地中海地区（即西班牙和意大利）、土耳其和北非国家（即摩洛哥、阿尔及利亚、突尼斯和利比亚）。

水平的洞穴

施工方法已经能做到以人工方式挖出泥土，利用这些方法，可以建造较为复杂的地下住宅。通常，此类住宅的室内受到同一地区其他建筑的启发，实际上，它们的室内可以视为彼此的镜像。在许多情况下，可以看出洞穴是由精细的单坡结构、简单的门廊屋顶或带遮盖功能的延伸部分所掩蔽。立面也有助于掩蔽效果，这是因为它是用挖出的材料建造的，其视觉效果回应了当地的传统建筑。为临时居住或作为避难所而建造的孤立的洞穴住所是非常特殊的。从历史上看，在山区附近肥沃的土地上长期定居，易于防御，并为洞穴村建立起一个完整的社区提供了基础。这些住宅在一层或几层上排列成行，从而能够最大限度地利用阳光，通过复杂的道路和楼梯网络相互连接。

许多洞穴住宅的布局非常相似，日间区域由客厅和厨房组成，通过立面上的开口直接照明，夜间区域由第二光源照明的房间组成。在更宽敞的住宅中，内部的中心区域确保连接每个房间的入口，这些内部区域受到开挖工程完成后留下的墙体的限制。洞穴的体积和面积不受标准建筑材料的限制，可以说，地下住宅是用泥土轻松地雕刻而成的，此外，在他们中间也不乏带有突出曲线的高度不规则形状。上面提到的区域通常是长方形的，差不多都是四边形的。如果住宅包含一层以上，那么地板通常使用一层更硬、更有凝聚力的材料。拱顶，或垂拱，和圆顶天花板提供了建造系统的稳定性。

由于土体的热缓冲作用，洞穴房屋可隔绝白天的高温，并缓解夜间和白天温度的差异。除了防御目的，建筑技术和材料的匮乏（采石，运输以及漫长而昂贵的建造）导致人们选择住在地下。如今，城市的集中化，空间和能源的浪费，给我们带来了一种新的"穴居主义"。摩天大楼的建造正在产生规模惊人的地下开发。

地下住宅也可以采用柱、横梁、托梁和木板等传统木质结构的形式。这种方法可以根据需要自由分配更大的空间体量。

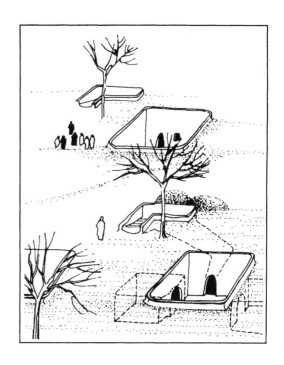

垂直的洞穴

在诸如高原或平原之类的平坦区域，地下住宅是垂直挖掘的。通常，从洞穴底部以平缓的坡道或阶梯通向地面，或深或浅穿透土壤。在突尼斯的马特马他（Matmata）以及中国的湖南、山西、陕西和甘肃等省的黄土地区，可以看到垂直洞穴，居住总人口接近一千万。

在中国，洞穴住宅是有系统规划的，其中有成千上万的住宅和作坊，小型工业、学校、办公室和旅馆，以网格状分布。在洛阳，这些洞穴有9米到10米深，围绕着一个面积约200平方米到250平方米的长方形天井建造。生活区围绕着庭院布置，围绕天井垂直面的外围挖掘房间。由于土的抗弯特性很差，因此房屋呈拱形且很低。以这样的方式建造的住宅既可以遮挡盛行风，又能通过天井通风，并且对极端的季节天气有很强的抵抗力。洞穴住宅面临两个主要问题：侵蚀和雨水的积累。风雨不断侵蚀着外墙，而外墙必须定期重新处理。在雨季，流入天井的水被收集到井里，形成了宝贵的水储备。

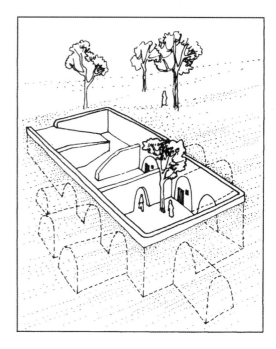

世界上有许多地下建筑的例子，人们普遍认为它们属于一个过去的时代。让人惊讶的是，现在有些人认为住在覆土的房子里是令人向往的。然而传统的施工方法与这一概念并不相容，尽管现代技术和当今关于舒适的标准和观念都支持它。只有在化石能源丰富的时期（现在这已成为历史）人们才能构想出不考虑当地气候因素的建筑。能源危机迫使我们必须为这些问题找到有效和成本效益高的解决办法。由一层厚厚的土堆积在用其他材料建造的结构上所提供的超级绝缘层构成了一个屏障，阻挡不需要的热量进入或自身热量的损失。除了新建筑所达到的相当可观的节能效果

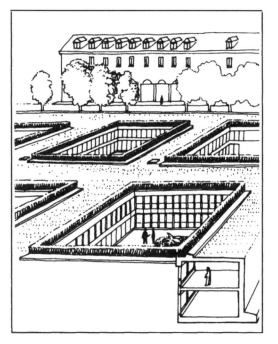

地下住所

地下建筑物的结构不受任何特定规范的限制，并且可以使用除土以外的多种材料。土壤不是结构的组成部分，它只是用来遮风挡雨的。联合国教科文组织巴黎总部为利用回填土提供了一个很好的例子。

与上述相反，在地下建筑物的模板中可以在结构上使用泥土。建筑师亨利·维达尔（Henri Vidal）的"加筋土"方法就是一个很好的例子。在这种方法中，将线性金属增强材料放置在水平层中，并用高度压实的土层覆盖。如此获得的固体土在整个高度上均等，并且深度等于加固物的长度。饰面由柔软的表皮或混凝土"壳"组成。在公共工程项目中经过测试的维达尔方法已在包括法国、西班牙和美国在内的多个国家实现了建筑应用。现在可以在坡度高达 50% 的非常陡峭的场地上进行建造。

覆土住所

用土遮蔽住所是一个非常古老的概念，大约四千年前在中国半坡遗址上建造的圆形住宅就证明了这一点。这些住所建造的基本前提是满足人们在各种天气条件下的舒适感，而不仅仅是防御方面的考虑。

这种古老的隔热方法现在再次被使用。建筑中最新的生物气候概念也适用于此。

隔热土可以单独用来保护屋顶。这个原则不仅在炎热气候下适用，在寒冷的气候中也同样适用。几种不同类型的非洲住宅（例如，在坦桑尼亚、埃塞俄比亚、布基纳法索和尼日尔）都覆盖着一层厚厚的黏土。在冰岛和挪威，草甸土被用来保护传统木制住宅的屋顶。最近

外，后者还迫使我们对景观采取一种新的态度。试验和模型的阶段实际上已经让位于大量的实际结构，这证明了地下住宅越来越受欢迎。同时，经常召开的国际会议把研究人员和专门的建造者聚集在一起讨论这个问题。此外，一些大学和研究中心为研究这一问题设立了高水平的科学和技术方案。这里必须把地下结构和覆土结构进行区分。在第一种情况下，挖出的坑被结构填充，然后用土覆盖。在第二种情况下，该结构建在地面上，然后全部或部分用土掩盖。

在德国卡塞尔大学进行的一项研究证实了这种技术的优势。一层40厘米覆盖着草被的膨胀黏土可以减少50%到90%的热量损失。此外，厚厚的一层土大大增强了住宅的隔音效果。

构筑物，无论是地下还是覆土，必须防潮。

潮湿可能由以下任何原因引起：

- 从排水不良的地表吸收水；

- 来自外墙上的临时水压；

- 地下水位变化和毛细上升；

- 水蒸气透过墙体的传输。

潮湿可以通过排水、保护和有效的防潮来预防。可用的技术很多：过滤膜和周围的排水，隔汽层，防水敷料和油漆，增强塑料膜，等等。

地下结构必须能够承受由覆盖屋顶的大块土引起的垂直压力，以及土壤压在埋墙上所引起的水平压力。有时候还有由水和霜冻引起的侧向压力和地下水位波动引起的向上压力构成了大小不等的负荷。大型支撑墙、悬臂墙、加筋砌体、加筋土、船体形、拱形和圆顶形结构是地下住宅建设者所采用的一些解决方案。

干土是可以用来填充整个中空的现成建筑材料，然后可以用在构筑物的实际结构中。当用作结构的材料很轻，本身不太耐用时，用土填充它们会增加重量，使它们变得稳定。如果用空心建筑材料建造的结构一开始就很稳定，添加的土可以增强隔热和隔音。这些技术在建造灾民紧急住所方面的应用是众所周知的。在应用这些技术的大多数案例中，目的是建造临时住所，它们具有节约稀有材料、快速执行和低成本的优点。

袋

黄麻袋装满干土，然后一层一层地堆起来。它们像砖砌结构中的砖块一样在各自连续的行中交错排列。拱门由钢筋加固，而水平和垂直放置的立柱则加固了墙壁。

管子

将装满火山砂的棉管在石灰水中浸泡，彼此叠放，并插入坚固的竹制加固结构之间。每面墙的两侧都刷白，使墙可以透气。1978年在危地马拉完成了一个这样的项目。

块

大型中空的水泥煤渣块用土填充。拐角单元填充有钢筋和混凝土，构成了坚固的自我封闭结构。1975年在阿尔及利亚阿巴德拉农业村的建设中对该方法进行了测试。

隔热单元

软木制成的空心块里填满了土。该系统集质量与保温于一体。钢筋混凝土的水平和垂直连接是在结构的空心处浇筑的。这种方法由科西嘉岛的研究（Studie）小组于1981年发明，目前仍处于试验阶段。

盒子

1971 年，美国国家航空航天局（NASA）为使用蜡纸板的折叠盒系统申请了专利。这个想法是让盒子装满泥土，然后在月球上建造墙体。巧妙的折叠系统将盒子分成四个格子。当折叠时，褶叶从平整的上表面伸出来，用来固定盒子的位置。

容器和废弃物

废弃的可重复使用的材料，如桶、鼓等，可以作为建造单元。轮胎填满了土，一个轮胎堆在另一个轮胎上，就形成了厚重的隔热墙。这些房子外面是土，里面是灰泥。自助建造者建造的住宅就是这样建造的。

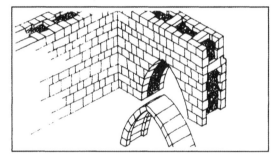

空心墙

被称为填充技术的方法非常古老，用石头或砖砌成的墙填满了土，可以追溯到罗马时代的许多建筑，以及大教堂和中国的长城都是这种技术的例子。它最近被应用到建造阿尔及利亚的泽拉尔达（Zeralda）村。

纺织品

在这种方法中，悬挂在钉入地面的框架上的帆布袋子被泥土填满。长可达 10 米的单元可以批量生产并迅速安装。紧绷的一侧在其底部凸起，构成了一个高度抗震的结构。这项技术在德国卡塞尔大学（Kassel）得到了完善。

格子

木制格子或木制框架表面覆盖有细铁丝网，里面填满了土，该系统将简单性与快速性结合在一起，但是必须加以保护。该技术于 1982 年在科摩罗群岛的马约特（Mayotte）岛上使用。

表层土壤，无论其含有机物还是矿物，都具有天然粘结性，无须任何准备阶段就可以切割。从土壤中挖出土块是一种非常古老的做法，有机土中含有丰富的植物物质，由于根系紧密而被切成块状。这项技术在各个时代的斯堪的纳维亚国家以及亚洲和美洲地区一直在使用。干旱地区的土壤中富含碳酸盐（粘结力的化学来源），很适合这种技术，仅需要基本工具（铁锹、镐和采石工具）即可移除大小块。直到最近，这一领域才取得进一步发展，其中涉及的生产

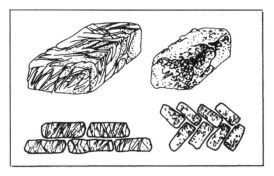

土和草根块

用于建筑目的的土块有不同的术语：例如，英国和美国的"sod"、爱尔兰的"turf"和中南美洲的"terrone"（本节将使用"sod"一词）。如果从含有植物材料的土层中切割出这些土块，则可通过一次切割或多次切割（根据地层的厚度）取出土块。这种技术在美国的应用值得讨论。居住在密苏里州和内布拉斯加州的欧洲移民发现他们缺乏木材和石头的来源，但黏土的供应充足，燃料的缺乏排除了烘烤它的可能性。为了建造他们的农场，定居者受到当地印第安人住所的启发，即奥马哈（Omaha）和波尼（Pawnee）部落特有的圆形小屋，他们开始切割草甸土。用铁锹很难得到形状均匀的土块。这种情况随着一种被称为"蚱蜢"的特别改良的犁的发展而得到改善，这种犁的特点是有一个直角的刀片，能够精细地切出均匀形状的块状物而不折断它们。土块被堆砌在构筑物中（草覆盖的表面朝内），就像传统的砌砖一样。草甸土墙和结构易于沉降，它们很少有地基，施工人员习惯在与门和窗户成直角的位置留出空隙，这些空隙在沉降过程中逐渐闭合。最初的长方形住宅在设计上很简单，随着时间的推移，它们变得更加精致，平面上增加了 L 和 T 形。其中一些开始出现在中产阶级家庭多层房屋的外观上。它们的隔热性能特别好，而且耐腐蚀，此外，由于清理了杂草丛生的土地，使其得以再次耕种。目前这种技术很少使用。然而，应该指出的是，使用"terrone"是由美国新墨西哥州的建筑标准正式批准的。

过程最少，没有粉碎、混合或压实，大块或小块一经切割就可以使用。已经逐渐被弃用的切割土块技术在不久的将来可能会再次被广泛使用。

切制土块

　　一些土壤具有内聚力和硬度，可以从中切出适合建筑使用的土块。这样的土壤尤其以高碳酸盐含量为特征，或者它们是红土硬结的产物。在许多国家中，使用从地面切下的土块的做法很常见。此类土块在墨西哥被称为"tepetate"，在美国被称为"caliche"，在低地国家被称为"mergel"，在英格兰被称为"marl"以及在大多数地中海国家被称为"tuf"。这里所讨论的土壤通常是分解的母岩固结的结果。例如，在布基纳法索常见的一种硬化红土，具有与空气接触时发生反应的特性。尽管它们在水中易碎、易崩解，但当它们从地面移出后，在暴露于空气中几个月后就会变得像岩石一样坚硬，并能防水。制作这些砌块的传统方法类似于石材加工，一个只用镐、凿子、楔子和锯子的工人一天就能做出五十个大块。大约在 20 世纪 60 年代初，在利比亚，使用电动旋转锯对杂赤铁土块进行了机械化处理，这个土块在水中易碎，不能用金刚石锯切割，而需使用了装有碳化钨刀片的专用锯，它对已经硬化的部分砖块具有很高的耐磨性和抗冲击性。借助导向装置，这些锯可以在水平方向和垂直方向上切割具有一定厚度的杂赤铁土块，从而大大提高了生产效率。最近在墨西哥，拉丁美洲和加勒比学校建造地方研究中心（CONESCAL）的研究项目重新提出了使用"tepetate"建造学校的想法，得克萨斯州再次考虑使用"caliche"。这些材料非常坚固耐用，以至于人们对其重新产生了兴趣，但用于开挖它们的经特殊设计的设备仍有待开发。

土具有天然的渗透性和多孔性，极易受到水的侵蚀，一旦水渗入这种材料的空隙，就会造成无法弥补的损害。通过降低孔隙率，可以降低水带来的易损性，提高强度。通过压缩或压实土壤从而提高其容重可以实现这种改进。由于压缩土技术在过去受到了工程师和科学家的重视，它已经得到了深入的研究和广泛的应用。先进且非常现代的压缩土壤技术得到了很高的评价，并且有望迎来光明的未来。

压缩机制

静态压缩：自重在土壤表面施加静态压力。由于土壤内部的摩擦，对地表以下的影响是有限的。

动态压缩：冲击或振动。

当一个物体掉落到土面时，撞击会产生冲击波和压力，使粒子运动。对地表以下深处的影响增强。物体从 50 厘米高处掉落时产生的冲击力所带来的压力是该物体产生的静态压力的五十倍。

振动机器以每分钟 500 到 5000 次的频率对土壤产生一系列快速冲击。压力通过波传播到表面以下。赋予颗粒的运动暂时克服了内部摩擦并重新排列了颗粒。以这种方式可以实现最大的密度。尽管振动压缩很快，设备所需的重量也减轻了，但该设备必须比静态压缩所用的设备更为先进。

1. 静态压缩

在实践中，土体的静态压缩是通过施加一个力来实现的，这是通过液压或机械压机产生的。放置在一个模子里，土壤被压缩在两个缓慢靠近的板之间。压缩使空气排出土壤。由此获得的密度约为 1700 千克 / 立方米至 2300 千克 / 立方米。静态压机仅适用于小型建筑单元（砖、填充物等）的生产，不适用于墙体或整体铺装的施工。根据所使用的压砖机的类型，每天的生产量为 300 到 20 万块砖，这样一台设备的成本从 800 美元到 200 万美元不等。

2. 冲击动态压缩

手工制砖是一种非常古老的技术，它是通过夯锤的击打把木模或钢模内的泥土压紧制成砖。这需要辛苦的劳作，并且产量很低。另外，难以控制块的厚度。曾有人尝试使用重型铰链盖的压机进行机械化制造，但制造起来非常费力。由于生产缓慢，每块砖的厚度和密度难以控制等带来的问题，使得它们不再被投放市场。相比之下，通过冲击进行的动态压缩非常适合以整体式压缩土制成的墙体的构造。众所周知，打夯是在模板中夯土。丰富的建筑遗产已经证明，这样处理制作的最终产品是非常坚实、耐久的、多样的，往往具有出人意料的质量。类似的技术一直被用来打夯墙体或制作土砖。

3. 振动动态压缩

通过振动提高土壤的容重在道路工程中应用非常广泛。它也用于生产由压制土制成的砖块。20 世纪 50 年代中期开始生产的布隆迪（Burundi）和苏丹（Sudan）产品单元就是一个很好的例子。振动压缩的优点，与使用静态压缩进行处理所获得的结果相比，可以大幅度节省能源进行大土块（50 厘米 ×20 厘米 ×20 厘米）的生产，空心砌块也可以通过使用振动压缩来生产，该原理已由德国卡塞尔大学应用于夯土。它采用小型电动振动器的形式，该电动振动器包含通过电力运行的偏心旋转配重，该偏心旋转配重在模板中来回移动，机器在离开和回到起点的运动由一个开关控制，该系统可节省大量人力，1982 年，它被用于巴西的一所住宅的建造。通过振动进行压缩特别适合制作地板。当今市场上可用的此类机器的选型范围非常广泛。

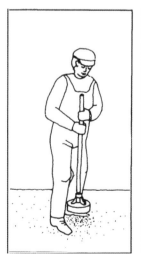

用可塑性土直接成形。这里有一个基本的先决条件,不使用模具或模板使土成型。在非洲黑人地区,萨赫勒(Sahel)和赤道地区的大部分住宅都是用这种方式建造的,尽管极端的雨季确实对结构的耐久性造成了考验,然而那里的建筑常常美得惊人。土壤的质量和制备方式以及适当的土壤稠度只有建造者才清楚。这种专门技术不受科学控制。该技术的主要优点如下:丰富的建筑种类、有限的人力需求、结构的低成本、基础工具的使用、用于完成抹面的良好地面条

卷

直接用手塑造的土通常是事先准备好的。这种制备过程包括以下几个连续的阶段:水合、揉捏和干燥,直到达到理想的塑性稠度。这种材料有时因添加植物或动物质或有机废物而得到增强。然后,土被塑造成香肠的形状,这些香肠斜着交错在一起,然后被弄平,或者是接合在一起,建造者的动作类似于陶工的动作。建造的墙只有 5 厘米到 7 厘米厚,在底部几乎没有增加厚度。世界著名的案例——喀麦隆北部的穆斯古姆(Mousgoum)的壳式住宅(obus)就使用了这种技术,直到今天,他们完全独创的建筑方式仍然令人惊叹。

球

使用大的土球可以建造更厚的墙。该材料分几步进行,人的手是主要工具,每一层都必须晾干,然后才能放下一层。为了从材料中获得更大的稳定性,连续的层之间相互重叠,并以边缘重叠的形式相互配合。墙壁不能承受太大的重量,因此提供较厚的层以支撑较重的木材屋顶和覆盖有捏合黏土的厚重稻草。北加纳北部的洛比(Lobi)的农场和北贝宁松巴(Somba)的要塞住宅就是该技术的很好例子。

盘

这种材料可以用多种方法制备和使用。大量的植物纤维,通常是稻草可以添加到土壤中。小捆的长条扭曲秸秆上覆盖着可塑料黏土浆料。很薄的墙体(5 厘米厚)是通过真实的黏土盘条来塑形的。这种技术的例子可以在墨西哥找到,它被用来建造屋顶,屋顶的形状让人联想到陶窑。这些建筑物保存的时间长得惊人。

件（比如基础支撑的粗加工和在墙里插入硬木片）。另一方面，干燥和控制收缩裂纹以及材料较差的力学性能也带来了问题。除了仔细地列出其建筑风格之外，直接塑形这种技艺还没有以任何系统的方式被研究过，开展相关的研究在一定程度上将有助于克服它的缺点。

虽然这种技术在欧洲不再被使用（它在法国被称为"bauge"，在英国被称为"cob"），但堆摞土的建造在许多发展中国家仍在继续。在阿富汗，简单的乡村住宅以及也门等城市，可以看到高耸的多层建筑，堆摞土建筑既可以是朴素的，也可以是壮观的。在这一技术中，黏土的形式是相当软的粘性膏体。加入脱脂剂以提高其粘结性和抗拉强度。这种材料的添加物通常是稻草或谷糠，尽管某些土壤有时非常粗糙，接近于夯土结构的土壤。这种材料首先被揉捏，然后塑型成大球，这些大球要么被堆起来，要么被用力扔到墙上。用这种方法可以建造非常厚的墙(40 厘米到 200 厘米)，

堆摞土球

在法国，这种已经弃用的技术可以在布列塔尼（Brittany）的雷恩平原和旺代省中找到一些例子。法语中的"bourrine"一词，指的是在旺代省的沼泽地区发现的住宅类型，来自动词"bourriner"，意思是"茅草屋顶"。为了使用堆摞土技术建造墙体，泥土取自蜿蜒在沼泽中的泥路的两侧斜坡（"Marais"），这片土地非常肥沃，属于粉质黏土类型，在地面上以直径 1.5 米至 2 米、厚度为 10 厘米的圆形堆砌起来，充分打湿，上面覆盖着茎、稻草和芦苇，有时还会有石楠树枝，这些植物纤维很大程度上缓解了材料的收缩。接着用脚踩的方式将堆积物搅拌均匀，再添加另一层土和纤维，在几乎 1 米厚的材料上重复该操作，然后将混合物静置一天。第二天，人们用铲子把这种糊状的混合物切成差不多一样的小块，这就是所谓的"bigots"。苦力工使用钢叉给砌砖工打下手，然后用脚踩将"bigots"堆叠并压紧。干燥几天后，使用带有尖锐三角形刀片的小铲加工材料表面。完成后，再用小耙子在墙的外表面刻痕，并用碎屑覆盖，作为抹面的基础。经过两周的干燥后，下一批土又可以开始制作了。德国曾经采用过类似的技术：牲畜踩踏混合物后，用木槌轻塑土球，它们的尺寸可能比较大。像在德国建造的房屋一样，旺代省的茅草住房是相对较长的狭窄结构，总面积较小，并且全部建在一层上，建造墙体是这项工作的主要内容。曾经在英格兰德文郡建造的堆摞土结构似乎更加精致，所以能够建造起多层房屋。正如德文郡的一句谚语所说，有了"好鞋"（地基）和"好帽子"（屋檐），用堆摞土建造的房子可以持续很多年。

抛掷土球

在也门北部，堆摞土建筑得益于广泛的技术普及而一直在延续着。该建筑的特点是在墙体转角多层堆摞的土层。土壤取自建筑物本身的场地，并在其中添加了稻草，弄湿以后在浅坑中用脚踩踏，将混合物放置两天，然后制成大球。这些土球被抛掷到砌砖工的手中，砌砖工站在正在施工的墙体的成品部分上，并通过将糊状的土球强力有节奏地甩到墙体上来形成新的堆摞土层。完成此操作后，立即用木槌敲打土块，然后用手将其抹平。在也门采用的技术具有施工迅速的优点，但漫长的干燥阶段拖延了建筑的完工进度。侵蚀和耐久性的问题可以通过适当的保护材料（即抹面）来解决，关于这一技术的必要知识在许多国家仍然存在，可以用作为建立现代的低成本建筑的解决方案。

由几层整体外观组成。许多使用堆摞土的构造技术不是很广为人知。这种材料在干燥时的开裂是可以避免的，但工程师们却一直在劝阻人们不要再采用这种技术。堆摞土的优点和潜力已经得到充分的证实，足以证明恢复堆摞土的努力是合理的。

晒干的黏土砖无疑是用于建造人类住宅的最古老的材料之一。通常用西班牙语单词土坯"adobe"来指代，该单词源自阿拉伯语"ottob"，而后者又与"thobe"（埃及语中的晒干砖头）相关。黏土砖（Adobe）用厚的可塑性泥浆制成并常添加稻草，它们是通过手工在模具中成型或通过机器成型的，呈现出各种形状。鉴于生产方式的多样性，从每天生产100到150块砖的工匠到每天能够生产几千块砖的全自动工厂，黏土砖是一种用途非常广泛的材料，可以适应尽可能广泛的社会经济环境。大多数发展中国家仍广泛使用土坯建筑，但土坯建筑被视为贫穷的象征。然而，近十

金字塔形的砖

目前人类所知的最古老的晒干砖块是在约旦河谷的耶利哥（Jericho）遗址发现的。它可以追溯到公元前8000年，是手工制作的，形状像一个细长的面包，上面有工匠的手印，至今仍然可见。有一定数量的考古证据表明，经过岁月的变迁，模制晒干砖的形状已经发生了相当大的变化。已知最早的砖块是圆锥形的（在秘鲁发现）和圆柱形的。后来的砖是半球形和弓形的（中东）。立方体和平行六面体形的砖是最近才出现的。目前，圆锥形和金字塔形的砖在西非仍被频繁使用。在多哥和尼日利亚北部，这些被称为"tubali"的产品不用模具，而是用土和稻草的混合物制成的，这种混合物也可以当成砂浆使用。"Tubali"并排放置在厚厚的墙壁中，上面铺满了大量的灰浆。在尼日尔，城市房屋是由手工砖砌成的，这些房屋通常是多层建筑，例如在津德尔（Zinder）和卡诺（Kano），装饰着华丽的几何图案和交错的阿拉伯图案。

圆柱形砖

第一次世界大战后的德国，晒干的圆筒形砖块被用来建造房屋。这种形状是由一位传教士在非洲中部度过一生后，返回祖国的迪内拉（Dünner）村后引入的——这是一种早期的南北交流。当时德国正在进行一项大规模的重建项目，因此对开发利用当地材料的方法很感兴趣。圆柱形黏土砖在被模制成型后，立刻将其填充到墙体的木制框架中。安装框架后立即将其装满，以防止天气变化。

因为圆柱形黏土砖彼此紧紧地压在一起，是粘着的，所以可以不用灰浆。用小树枝加固砖皮，可以防止墙面收缩。墙壁暴露在外的表面有均匀的穿孔，以保证表层抹灰的稳固。迪内拉村的做法已在德国许多地区推广，并在短短几年内建造了近350套独立住宅。

平行六面体砖

在所有不同形状的砖中，平行六面体砖是最著名的。这些砖块大小不一（从0.20米×0.11米×0.05米到0.60米×0.30米×0.10米不等），重量不一（从2公斤到30公斤不等），通常是用木模具或钢模具成型，里面有一两个空格，用的是斜模或砂模成型技术。在采用斜模技术的情况下，黏土非常柔软，并且将模具浸入水中以利于其后续脱模。砖本身是在地面上用稻草、锯末或砂子覆盖的干燥表面上制成的。分数次填充模具，土被压缩从而排出空气，为了使砖从模具中移出，必须有一个短而有力的垂直冲击，用这种方式制成的砖很少是坚固的。在埃及，一个经验丰富的工匠每天可以生产2000块小砖。在砂模技术中，土通常是可塑的。模具的底部布满了洞，就像之前的情况一样，它浸在水里，但这次它洒上了砂子。这个过程是在一张桌子上进行的。模具一次性填满，土被用力甩入，多余的部分被刮除。然后将模具翻转并摇动，以便将砖块取出。以这种方式制成的砖通常质量良好，每人每天可以生产400到600块砖。

年来，土坯在工业化国家中重新流行起来。例如，在美国西南部，已经举行了国际会议，将研究人员和来自土坯建筑实践方面的人员聚集在一起，并使土坯成为建筑标准制定的主题之一。尽管看起来晒干的黏土砖不会有任何非凡的技术进步，但毫无疑问，它在未来几年中将继续在土方工程中发挥重要作用。

土方挤压技术早已被制砖业所采用。在技术文献中，目前大多数以传统制砖技术闻名的国家使用的机器的起源可以追溯到 19 世纪。这项技术的原理没有改变，而机器本身在慢慢改进。所用的土质非常粘，大的骨料已被除去，并以半固体的糊状处理。土料被送入机器，通过一个特别设计的桶挤压出来，形成一个连续的土辊。一旦上了传送带，

土坯

挤出这种加工方式可适用于晒干土的产品，例如土坯。省略烧制环节使得我们必须检查土壤的骨料含量，使其更少粘性和砂性，晒干的物料比烧制的物料更具磨蚀性，因此机器必须能够应对这种磨蚀性。在这种情况下，土壤的粘结力较小，这意味着挤压是一种耗能较小的过程。20 世纪 40 年代和 50 年代，美国曾采用挤压法制造沥青来稳定土坯，在印度，这种方法一直沿用至今。通常此技术的应用需要重型昂贵的机器，但在 1950 年的美国，使用了安装在卡车上并结合了铲式挖掘机、平地机、搅拌机和模具的小型移动设备，使用了配有垂直筒的小型设备。21 世纪初在欧洲，动物驱动系统也在重新被纳入考虑。

土卷

德国卡塞尔大学（Kassel）的研究人员重新采用了挤出机，即将立式搅拌机和底部水平运转的圆筒结合在一起。德国卡塞尔大学的挤出机配有电动马达和螺旋切割机，可以挤出高含砂的土。该机器每分钟可以生产 1.5 米长，8 厘米 ×16 厘米断面的条带，或每小时 360 块砖。土条的相对弹性使得建造流体形状的墙成为可能，比如圆顶和拱门，而不需要使用砂浆。这种技术让人联想到直接成型，1982 年在卡塞尔进行了试验，但仍处于试验阶段。开裂、收缩等问题仍有待解决。

挤压空心砖

能源危机促使生产者考虑如何节约烧制砖所消耗的热能。在布列塔尼的雷恩（Rennes），INSA 已经尝试使用所谓的斯塔吉尔（Stargil）工艺生产挤压土砖。CTTB 也推出了类似的产品。这种砖的制造用到了砖厂除了砖窑外的所有设备。用水泥（约 15%）稳定土壤，并加入增塑剂（糖蜜）后，将其挤出来，制造传统的砖。与燃烧材料相比，整体节能 58%，工厂也减少了 30% 的投资支出。但由于其光滑度，必须使用胶水和灰泥基料开发一种特殊的抹灰打底材料。

土条

在这项技术中，圆柱形的土条是由一个小型的移动挤压机挤压出来的，放在结构中的土条在挤压后被立即使用。它们的可塑性和粘结性使它们能够固定在一个地方。一个木制框架内填满了这些单元，由此产生的结构特别抗地震。这种技术在二战后的德国迪内尔（Dünner）得到了完善。事实上，它代表了用手工工艺生产圆柱形土条的机械化。

土辊就被一根钢丝切成标准长度。这种有效的技术至今仍在陶瓷业中使用，它的优点是能够适应各种材料的生产，包括普通或空心砖、填充砖、瓷砖、管道和排水管。

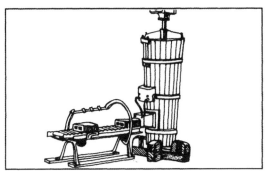

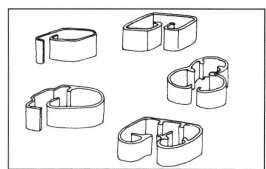
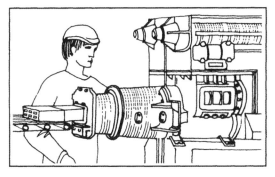

以液态泥浆形式存在的土壤，但含有相当多的砂质骨料，这些骨料甚至达到砾石的程度，都可以起到与低可塑性混凝土相同的作用。浇筑土具有几个优点，例如易于制备、能耗最低、易于使用以及广泛的应用范围，从单元的预制到整体墙的建造或铺装材料的生产。然而，由于该材料在干燥时收缩严重，因此很少使用该技术。后一种问题可以

砖

浇筑土可以用来预制砖块，这种方法目前用于小规模生产。泥浆可以通过前置装载机在大沟渠中制备。然后，前置装载机将料斗中的物料运送到成型区域中放置的模具上。装有料斗的移动设备，将泥浆倒进与机器同样容量的模子里，一次可以生产25块或更多的砖。使用这种机器的生产线一天可以生产2万块砖。另一种方法是把土倒进一个大模子里（例如3米×3米），然后用切割线或盘式切割机切割砖块。所有这些方法至今还在美国西南部使用。浇筑土技术需要大量的专门知识来评估材料的一致性。例如，用土模压的砖，其含水量过高时，从模子里脱模后就会倒塌；用土模压的砖，含水量过低时，就会粘在模子里，等脱模时就会损坏。

浇筑的土墙

可以在现场浇筑砖块。在这里，砖以锯齿状排列的方式被浇筑，然后填满。小尺寸的锯齿状浇筑克服了土的收缩问题，并且使用小而轻的模块化锯齿结构，可以快速组装和拆卸。这种建造方法须围绕结构螺旋形向上进行。目前，该技术已在美国许多建筑承包商中实践，可以像浇筑混凝土一样倾倒或泵送土。

单片墙可以用钢或竹子加固以抵抗地震。1950年，PCA在巴西使用了这种技术。位于玛瑙斯（Manaus）的阿德里亚诺·豪尔赫医院（Adriano Jorge hospital），占地面积10800平方米，就是这样建成的。建筑存在严重的开裂问题。1980年，工程师大卫（David）在科特迪瓦开发了第三种技术，该技术包括预制具有不同直径的骨料的稳定土。干燥后，这些集料用来制作它们通常被稳定化的土砂浆结合的混凝土，该技术利用普通的混凝土模板。

铺装

浇筑土技术非常适合铺装路面。如果要避免难看的裂缝，专业技术的指导是必不可少的。支撑土必须准备到位并排水良好，需要砂子或砂石路基。浇筑的地面可以使用几何图案进行装饰，也可以采用板坯外观，但在这种情况下，必须使用伸缩缝。另一种可能是模仿美国西南部印第安人的风格，使用多种颜色的表面。通过使用表面硬化剂或防水剂，如沥青或亚麻籽油，可以提高浇注式土路的使用寿命，从而获得极好的效果。这种技术适用于室内和室外的铺设，可以使用水泥。这种技术被称为塑料水泥土技术，用于修建道路，甚至灌溉和排水沟渠。在美国，专门为这种技术开发了机器。

通过稳定化的方法来解决，方法是将板块分割成较小的单元，或者在以后不存在结构损坏风险的前提下通过密封裂缝来解决。 此外，浇筑土技术可以适应混凝土技术中使用的所有工具，包括混凝土泵。这项技术可能是未来发展的方向。

在这种方法（也称为草和泥）中，泥土的作用是把秸秆茎秆拉结在一起。任何一种秸秆都可以：小麦、大麦、黑麦和冬大麦都可以，还有其他纤维，如干草和石楠花。秸秆要排列整齐；茎的最佳长度为15—40厘米，如果再长就有纠缠在一起的危险。从黏土中除去大的颗粒，然后用桨叶或螺旋搅拌器将其在有水的桶中搅拌，直到得到油腻的泥浆。然后在秸秆上撒上黏土浆，用叉子搅拌。该混合物保持了与秸秆非常相似的外观。传统的配方需要把70千克的秸秆添加到600千克的土壤里，平均密度为700千克/立方米到1200千克/立方米（λ 范围从0.17 λ 到0.47 λ [W/M℃]），具体取决于土壤的质量，浆液的粘度和模板中混合物的压缩程度。轻度压缩的黏土秸秆被用来填充厚度在15到30厘米之间的木制框架，看不到明显的水平收缩。轻微的垂直沉降有时是由于材料受到挤压造成的。制作和实际使用黏土秸秆不需要太多的特殊技能，只使用普通的工具。因此，它可以被尽可能多的人使用。考虑到它的易用性以及使用寿命长和耐恶劣气候的优势，毫无疑问，黏土秸秆是一种有发展前景的技术。

建造元素

黏土秸秆可用于各种建筑构件的预制，这些实际上是用黏土砂浆砌成的砖。小尺寸的砖块能快速干燥，稍大一点的砖能够进行快速建造。所有的墙体都是轻质结构。通过各种试验，我们建造了70厘米×30厘米×10厘米的楼板砖，并用混凝土进行加固。这些楼板砖可以承受200千克的荷载，挠度0.5毫米。4厘米厚的小型拱券（50厘米×50厘米×10厘米）在关键部位可以支持三个人的重量。墙体的片段也可以预制（即用黏土秸秆填充的木框），面积从1平方米到4平方米不等，安装速度很快。整个房子都可以预制。

墙

外墙通常有20厘米到30厘米厚，内部墙体比较薄，大约12厘米厚，该结构是使用标准截面的锯木板或粗糙的非标准化木材建造的。根据屋顶的荷载，立柱之间的间距为1米到2米，它们的作用是维护模板，缺口包括在框架的结构中。钉在框架上的横楣支撑着填满黏土秸秆的部分，墙体必须干燥几个月后才能进行粉刷。秸秆赋予墙面的质感有助于确保最后的效果。通常用这种方法建造单层房屋，但对结构进行一定的修改后，建造多层房屋也是可能的。

铺装和地板

在固定的石头地基上铺上6厘米至10厘米厚的黏土秸秆，以防止毛细湿气上升。选择管状秸秆是为了最大限度地收集空气，空气起着隔热的作用，应使用传统的地板材料。

地板和墙体的步骤是一样的，但施工是水平进行的。黏土秸秆覆盖在木板之间由板条组成的支架上。另一种技术允许地板的底面作为下面楼层的天花板，涂上一层土或石灰就可以了，没有必要铺木地板，因为黏土秸秆地板可以支撑500千克/立方米的荷载。

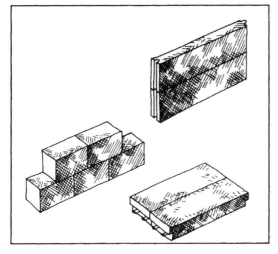

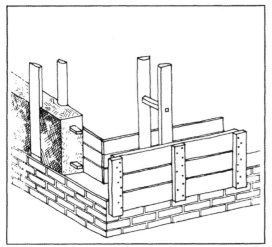

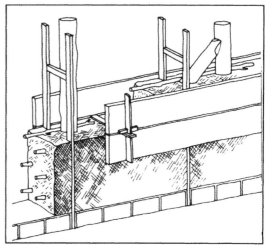

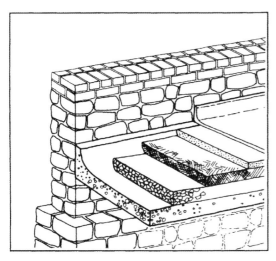

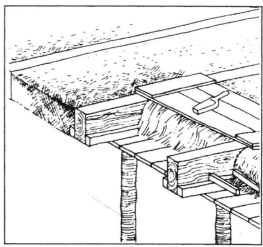

这种技术通常被称为抹泥，并持续在世界许多地区使用。其承重结构，通常是木制的（框架），用涂抹料填充，包覆着一个由木杆、柳条或编织的秸秆支撑组成的格子。土壤很粘，与秸秆或其他植物纤维混合在一起。使用该技术的建筑物被认为寿命有限，因此评价很低。但是，如果规划得当，并且有足够的保护措施以抵御潮气的上升、天气的变化以及啮齿动物和白蚁的侵袭，则该住房的寿命会出乎意料地长，而其抗震性也很高。欧洲乡村建筑的遗产中有许多百年以上的建筑。凡尔赛官的一部分以及秘鲁利马医学院的一部分就是用抹泥技术建造的。抹泥建筑在工业化国家又一次开始实行，专门从事这种建筑的建筑商正在不断涌现。此外，还为未来的从业人员进行各种培训，这种经济的技术适用于建造可容纳众多人口的住房，这类住宅的质量和寿命取决于规划和施工阶段的关照程度。

垛泥墙

这是热带国家最广泛使用的技术。承重框架和篱笆片完全由植物材料构成，这些植物包括木材、竹子、棕榈树、假象草、劈开的藤条和藤本植物。填土在旱季的几天内完成。墙很厚——10厘米到15厘米。该技术非常简单且经济，并且可供大量自助建造者采用。良好的地基和屋顶保证了这种结构能够存在50年以上，甚至在降雨量大、啮齿动物和白蚁频繁活动的地区也是如此。

秸秆瓶

这种技术在很大程度上仍然局限在德国使用。土球是用来填充一种编织稻草制成的篮子，然后再涂上泥土。完成后，每个包裹着秸秆的土"瓶子"被安装在一个木制框架里。由于土的粘附作用，这些"瓶子"单元彼此紧挨着。这项技术需要大量的秸秆，因此具有高度绝缘的优点。这种材料让人联想到上面讨论的黏土秸秆技术。

土的"卷轴"

在这项技术中，长长的秸秆覆盖有黏土，缠绕在木头的"纺锤"上，将这样的单元存储到半干，然后安装在木制的承重结构中。相互接触的土的表面使卷轴彼此粘附。此项技术有多种变体，在欧洲已广泛使用。法语单词"fusée"（纺锤）是在法国安茹（Anjou）使用的技术术语。尽管它提供了很高的绝缘度并且易于施工，但是如今这个技术几乎不再使用。

抹泥篱笆墙

这无疑是已知的最古老的建筑技术之一，也是当今世界上使用最广泛的技术之一。承重结构和支撑填充抹泥的板条在设计上各不相同，但其构造原理在任何地方都是相同的。为了延长抹泥的使用寿命，在某些地方用马尿代替水来混合泥土：效果令人印象深刻。抹泥是目前许多项目的研究对象。例如，秘鲁的因尼未（ININVI）公司就用易于组装的预制板进行了实验。人们也在努力重新发现以前工匠们"画龙点睛"的东西。

喷射土

抹泥仍然还是一种基本的手工操作。最近，在科特迪瓦的一个大型住宅项目中，已经进行了一些试验，涉及将土料喷射到木材、竹子和金属网支撑结构上。该技术需要使用高压泵。主要的困难在于如何使土壤达到合适的粘稠度——太泥泞的土料会遇到严重的收缩问题——以及被结节和球状堆积的植物纤维阻塞泵的喷射流。这些困难尚未解决，它们表明了对当前用于喷射土操作的设备进行改造的必要性。

[1] ADOBE NEWS. *Adobe Codes from around the Southwest* [N]. Albuquerque: Adobe News, 1982.

[2] AGRA. *Recommandations pour la Conception des Batiments du Village Terre* [R]. Grenoble: AGRA, 1982.

[3] AN. 'Adobe brick stabilized with asphalt'. In *Engineer News Record* [J], 1948.

[4] AN. *L' habitat Traditionnel Voltaïque* [R]. Ouagadougou: Ministère du plan et des travaux publics, 1968.

[5] BARNES AND ASSOCIATES. 'Ablobe debuts in Tucson'. In *Adobe Today* [J], Albuquerque: Adobe News, 1982.

[6] BOURDIER, J.P. 'Houses of Upper Volta'. In *Mimar* [J], Singapore: Mimar, 1982.

[7] CERVANTES, M.A. *Les Trésors de l' Ancien Mexique* [M]. National museum of anthropology. Barcelona: Geocolor, 1978.

[8] CHARNEAU, H.; TREBBI, J.C. Maisons Creuses, *Maisons Enterrées* [R], Editions Alternatives, 1981.

[9] CHESI, G. *Les Derniers Africains* [M]. Paris: Arthaud, 1977.

[10] CONESCAL. *Cartilla de Autoconstrucción para Escuelas Rurales* [R]. México: Conescal, 1978.

[11] CRATERRE. 'Casa de tierra'. In *Minka* [J], Huankayo, Grupo Talpuy, 1982.

[12] DAVCO. *Procédé de constructions industrialisées et composants* [OL]. Priv. com. Paris, 1982.

[13] DAYRE, M. et al. 'Les blocs de terre compressés. Elaboration d' un savoir faire approprié'. In *Colloque L' habitat économique dans les PED* [C], Paris: Presses Ponts et Chaussées, 1983.

[14] DENYER, S. *African Traditional Architecture* [M]. New York: Africana, 1978.

[15] DEPARTMENT OF ECONOMIC AND SOCIAL AFFAIRS. T*he Development Potential of Dimension Stone* [R], New York: UN, 1976.

[16] Dethier, J. *Des Architectures de Terre* [M]. Paris: CCI, 1981.

[17] DIAMANT BOART. *Catalog* [R], Brussels, 1979.

[18] DOAT, P. et al. *Construire en Terre* [M]. Paris: Editions Alternatives et Parallèles, 1979.

[19] DUBACH, W. Yemen Arab Republic, *A study of traditional forms of habitation and types of settlement* [M]. Zürich: Dubach, 1977.

[20] FAUTH, W. *Der praktische Lehmbau* [M]. Singen-Hohentwiel: Weber, 1948.

[21] FITCH, J.M.; BRANCH, D.P. 'Primitive architecture and climate'. In *Scientific American* [J], 1960.

[22] GARDI, R. *Maisons Africaines* [M]. Paris-Bruxelles: Elsevier Séquoia, 1974.

[23] GOSSÉ, M.H. 'Algérie: Abadla, villages agricoles au Sahara'. In *A+* [J], 1975.

[24] GUIDONI, E. *Primitive Architecture* [M]. New York: Harry N. Abrams, 1975.

[25] HEUFINGER VON WALDEGG, E. *Die Ziegel und Röhenbrennerei* [M]. Leipzig: Theodor Thomas, 1891.

[26] HOUBEN, H. *Technologie du Béton de Terre Stabilisé pour l' Habitat* [M]. Sidi Bel Abbes: CPR, 1974.

[27] KEMMERER, J.B. 'Adobe goes modern'. In P*opular mechanics* [J], 1951.

[28] LAVAU, J. *Le durcissement chimique des latérites pour le bâtiment* [OL]. Priv. com. St Quentin, 1982.

[29] MARIOTTI, M. *Les Pierres Naturelles dans la Construction* [M]. Paris: CEBTP, 1981.

[30] MARKUS, T.A. et al. *Stabilised Soil* [R]. Glasgow: University of Strathclyde, 1979.

[31] MASSUH, H.; FERRERO, A. 'El centro experimental de la vivienda economica'. In *Colloque L' habitat Economique dans les PED* [C], Paris: Presses Ponts et Chaussées, 1983.

[32] MILLER, T. et al. *Lehmbaufibel* [M]. Weimar: Forschungsgemeinschaften Hochschule, 1947.

[33] MINKE, G. *Alternatives Bauen* [M]. Kassel: Gesamthochschul-Bibliothek, 1980.

[34] MINKE, G. 'Low-cost housing. Appropriate construction techniques with loam, sand and plant stabilized earth'. In *Colloque L' habitat Economique dans les PED* [C], Paris: Presses Ponts et Chaussées, 1983.

[35] NASA. 'Foldable patterns form construction blocks'. In *NASA Tech Brief* [R], NASA, 1971.

[36] PALAFITTE JEUNESSE. *Minimôme Découvre la Terre* [R]. Grenoble: Palafitte Jeunesse, 1975.

[37] PELLEGRINI. *Catalog* [R], 1979.

[38] POLLACK, E.; RICHTER, E. *Technik des Lehmbaues* [M]. Berlin: Verlag Technik, 1952.

[39] REUTER, K. Lehmstakbau als Beispiel wirtschaftlichen Heimstättenbaues. In *Die Volkswohnung* [J], 1923.

[40] RIEDTER. *Catalog* [R], 1983.

[41] ROCK. *Catalog* [R], 1983.

[42] SCHÖTTLER, W. 'Das Dünner Lehmbauverfahren'. In *Natur Bauweisen* [J], Berlin, 1948.

[43] SCHULTZ, M. et al. *Les Bâtisseurs de Rêve* [M]. Paris: Chene-Hachette, 1980.

[44] SCHUYT, E. *Adobe Bricks in New Mexico* [R]. Socorro: New Mexico Bureau of Mines and Mineral Resources, 1982.

[45] STUDIE. *Résumé de proposition village terre de l' Isle d' Abeau*[OL]. Priv. com. 1981.

[46] SVARE, T.l. 'Stabilized soil blocks'. In *BRU data sheet* [J], Dar-Es-Salaam: BRU, 1974.

[47] THE UNDERGROUND SPACE CENTER. *Earth Sheltered Housing Design* [R]. New York: Van Nostrand Rheinhold company, 1979.

[48] TURBOSOL. *Catalog* [M], 1983.

[49] VALLERY-RADOT, N. 'Des Toits d' Herbe Sage'. In *La maison* [J], 1980.

[50] VIBROMAX. *Catalog* [R], 1983.

[51] VIDAL, H. et al. 'Architerre habitat-paysage'. In *Annales ITBTP* [J], Paris, 1981.

[52] WEBB, D.J.T. 'Stabilized soil construction in Kenya'. In *Colloque L' habitat économique dans les PED* [C], Paris: Presses Ponts et Chaussées, 1983.

[53] WELSCH, R.L. *Sod Walls* [R]. Broken Bow: Purcells Inc., 1968.

[54] YURCHENKO, P.G. 'Methods of construction and of heat insulation in the Ukraine'. In *RIBA journal* [J], London, 1945.

摩洛哥用压缩土砖、土坯砖和夯土建造的现代私人住宅

建筑师：埃利·穆亚尔（Elie Mouyal） 蒂埃里·乔夫罗伊（Thierry Joffroy） 卡戴生土建筑国际研究中心（CRA Terre-EAG）

9. 生产方法

生产方法的多样性可与建造方法的多样性相媲美。

其中三种主要的生产方法是众所周知的，并且其复杂程度与工业生产的建筑材料相似。 这些方法是夯土、土坯和压缩土块。

因此，不能再将未烘烤的土壤作为仅适用于"欠发达地区"的落后材料而舍弃。

工艺与工业生产方法之间的鸿沟已经弥合。 使用土的研究人员、手工艺匠人和建筑工人也不再因被怀疑使用没有任何工业发展潜力的材料而遭到谴责。

发展潜力

当今的生土建造采用了从最基础、最手工到最复杂、最顶尖的生产技术，并依赖于工业、机械化甚至自动化的过程。这一范围内的上层技术几乎没有可借鉴的其他现代建筑材料的生产工艺，甚至包括最先进的。一些总包式稳定土生产工厂的投资接近于 100 万美元。它的工业化趋势始于大约 25 年前，包括生产压缩土块。即使今天这种趋势已经在技术上取得了成果，也不是所有的建造项目都会自动应用或向往这一技术。即便如此，这种趋势仍然是现在必须考虑的现实因素。生土技术不再是纯粹的手工生产或没有发展潜力的第三世界技术。从手工生产到工业生产的途径，尽管在技术上是可行的，但显然必须由控制每种特殊情况的参数来证明其合理性，例如发展政策、社会经济和文化因素、经济和技术基础、投资、工作程序等。例如在生产工艺中，每天 5 个工人可以生产的土坯砖范围在 500 块（西非）到 2500 块（在埃及和伊朗）之间，而无须额外投资。

在美国的工业生产中，5 名工人每天可以生产多达 2 万块土坯砖，但投资支出却要 30 万美元。尽管目前人们迷恋机械化系统，但这些系统往往无法实现质量和数量兼顾的目标。乔·蒂贝茨（Joe Tibbets）在美国《生土建造者》*Earth Builder* 杂志上发表的以下观点值得一读："机器并不比你投进去的土壤好多少。"保证生产质量的不是机器，而是生产的组织方式和操作人员的技能。机械化生产过程的真正回报往往只是其商业宣称价值的十分之一，而一件产品在展示时看起来很漂亮，但几年后可能会令人遗憾。当今世界各地都在进行生土建造，这一事实要求在生产过程中的各个阶段，直至建造和维修阶段，对生产工具进行深入的研究。在这里，我们将只讨论 12 种技术中最常用的 3 种：压缩土块、夯土和土坯。

生产周期

无论采用手动还是机械的生产方法，所涉及的操作几乎都是相同的。对于原料的挖掘、运输、初步干燥和存储，以及最终产品的粉碎和筛选，配料和混合以及干燥和存储，情况尤其如此。但是很明显，整个生产方案必须适合每种技术。其中某些过程可能被忽略，被拆分为二或被互相调换。参考以下方案将有助于建造者估算生产效率和实施时间。

T01 开挖　土坑自取。

T02 干燥　通过将土铺成薄层或堆成小堆进行通风或通过热风机进行干燥。

T03 存储　在工地上的未处理的或已处理的土壤储备。

T04 筛选　如果土壤中有太多的大颗粒石块，就得把它们剔除。

T05 粉碎　分解大颗粒的粘性物料。

T06 过筛　消除一般准备后不必要的元素。

T07 干配比　以重量和体积计算，土与水和／或稳定材料混合。

T08 干混　使粉末稳定材料的功效最大化。

T09 湿混　这包括在干混后直接以液体稳定剂的形式通过喷雾添加水。

T10 反应　反应发生的时间差异取决于稳定剂的性质：水泥很短，石灰则要长一些。

T11 磨碎　应该在使用土壤之前进行。

T12 成型　土的最终形状是通过各种不同的过程形成的。

T13 固化　最好在第一干燥阶段的相同条件下进行。

T14 喷洒　如有必要，使用喷洒的方式，使稳定剂充分湿润。

T15 干燥　应进行足够长的时间，以确保得到可接受的产品质量。

T16 最终存储　便于立即使用的产品保存。

整体生产计划					
阶段	水和/或液体	建筑材料	砂浆和/或抹灰	稳定剂和/或添加剂	控制
供给	E01 供给	T01 开挖 T02 干燥	T01 开挖 T02 干燥	S01 采购	C01 鉴别
储存	E02 水箱	T03 储存	T03 储存		
制备		T04 筛选 T05 粉碎 T06 过筛	T04 筛选 T05 粉碎 T06 过筛		C02 质量
储存		T03 储存	T03 储存	S02 储存	
生产		T07 干配比 T08 干混 T09 湿混 T10 反应 T11 磨碎 T12 成型	T07 干配比 T08 干混 T09 湿混	S03 配比	C03 质量
养护		T13 固化 T14 喷洒 T15 干燥			
最终存储		T16 最终存储			C04 验收
建造场地	▼	▼	▼		

挖掘

除洞穴住宅外，对于所有用土建造的技术而言，挖掘土方施工所涉及的问题几乎相同。在陶瓷工业，水泥和粘合剂工业，石料开采甚至农业和道路建设中，所用材料的开挖也遇到类似的问题。这些问题在专业文献中得到了非常广泛的讨论。开挖方法根据几个因素而变化，其中地质和工程问题以及经济条件是首要考虑的因素。在实际进行挖掘之前，必须很好地解决许多问题，以优化工作并简化其组织。例如，从地质和工程的角度来看，必须考虑以下问题：需要哪种类型的土壤和深度？工作的区域和边界是什么？取土的倾角是多少？在例如清除灌木丛、找平植被、清除石头和使用炸药等方面，需要进行哪些准备工作？是否应该制定应急计划来存储有机土壤，以便将其重新用于农业或林业？待处理的土壤层是否均匀或混合并分层？地形是否有足够的排水系统，或者是否需要规划排水系统？地形是否足够稳定以确保

挖掘人员的安全？使用重型机械安全吗？有哪些挖掘设备——手工的、手动的、农具的还是机械化的、自动化的？如果机器可用，它们是重的还是轻的，静态的还是移动的？人工挖掘是否优于机械化挖掘？反之亦然？如果土壤没有分层，最适合的挖掘方式是否是用人工的或者机械的方式进行水平挖掘？或者是采用竖井下放炸药进行垂直挖掘？挖出的原材料如何运输？在区域范围内最可行的总体经济战略是什么？从各个可能的角度来看，如何尽可能有效地管理矿床的开采并优化整个运营？哪些法律法规有效？如何正确清理场地？在你想拿起铲子或操纵铲子之前，这些都是你必须要问的问题。

布基纳法索的例子对于这项工作的经济方面具有指导意义。在那里人们决定人工挖土并通过驴车运输。这样，在十年的时间里能够为十个人提供工作。如果使用了强大的推土机，原本可以在四天内以相同的成本完成相同的工作，但却抢走了十个人的工作机会。

挖掘模式		液体	软体	可塑性	潮湿	干燥	凝固物
非自动化的	1. 锄头和铁锹			○	○	○	○
	2. 手铲			○	○	○	
	3. 探杆				○	○	○
	4. 爆破 等				○	○	○
自动化的	5. 气动挖掘机				○	○	○
	6. 电动手推车		○		○	○	
	7. 挖掘拖拉机	○	○	○	○	○	○
	8. 铲土机				○	○	
	9. 推土机			○	○	○	○
	10. 平土机			○	○	○	
	11. 挖掘机			○	○	○	
	12. 自动犁				○		
	13. 电动除草机				○		
	14. 链斗提升机 等	○	○	○	○	○	

运输

决定土壤运输方式的工程因素与土壤的性质、土壤的水分含量以及取土工作的条件有关。从物流的观点来看，在整个生产过程的每个阶段都应考虑运输问题，但实际上这些问题并非是生土技术特有的，当采石场包含其他材料以及建筑构件生产中涉及的后期阶段，都必须面对这些问题。因此，在进行取土时以及在设置砖块生产区域并将材料直接运送到施工现场的后期阶段（例如：夯土），或者在产品制造完成之后（例如：土坯），都必须考虑运输。为了有效地计划运输，必须评估以下因素：涉及的距离、修建道路的地面适宜性、通道以及是否可以使用现有的道路网。围绕场地周边的运输，通往施工区域的引道施工，以提供最大的可操作性，也是必须考虑的问题。还必须考虑到负责挖掘物料的工人，运输者本身，在砖厂附近工作的生产人员以及靠近存储区的工人的安全。归根结底，上述问题表明有必要从技术角度选择合适的运输策略和运输方式。必须根据以下因素对此进行联合评估：对取土作业的地质和工程的限制，生产区域和建筑工地实施的技术和当地经济的限制，以及总体经济因素，这些因素将决定生产过程的最佳管理。接下来是工具的选择，这取决于工具的可用性或不可用性以及使用它们的成本。视情况而定，最合适的运输方式是人工，牲畜或机动车辆，在这种情况下，必须考虑运输的能源成本。在大型取土场所临近大型项目地点的情况下，建立缆车或吊轨运输车、带式输送车、铁路上的采矿车等各类系统是可行的。在大多数情况下，运输问题是项目真正经济管理的基础，因此常常有必要将生产链中这个环节的压力降到最低。

	运输模式 \ 土的含水状态	液体	软体	可塑性	潮湿	干燥	凝固物
机动的	1. 袋、篮子、桶	○	○	○	○	○	○
	2. 手推车	○	○	○	○	○	○
	3. 电动手推车		○	○	○	○	○
	4. 翻斗车、货车		○	○	○	○	○
	5. 二轮运货车			○	○	○	○
	6. 卡车，轻型卡车，轻型货车				○	○	○
	7. 推土机,铲车 等					○	○
固定的	8. 灰浆输送泵	○					
	9. 混凝土输送泵	○	○				
	10. 通用输送泵					○	○
	11. 传送带					○	○
	12. 架空索道	○	○	○	○	○	○
	13. 起重机	○	○	○	○	○	○
	14. 倾倒货台 等	○				○	○

分级

对于每一种用土建造的技术，都有一个首选的材料分级。为了确保加工产品的质量或用于建筑的质量，应尽可能尊重或接近这种分级要求。开挖时，土壤可能存在以下两个主要缺陷。

1. 质地缺陷

在这种情况下，土壤中含有过多或过少的特定颗粒组分，如过量的黏土和不足的砂子。例如，当土壤中含有太多的大石头或太多的植物物质（如根）时，就会发生这种情况。去除粗糙的材料（石头或树根）是相当简单的：用手清除石头，用手工或机器进行清洁和筛选。去除过量的较细颗粒组分是一种比较精细的操作。它包括筛分至所需的筛孔大小或分别筛分几个组分，然后重新组合成土壤，而黏土必须被滤出。这两种程序都很烦琐，会妨碍生产，并增加成本。还必须注意正确地分离

不需要的颗粒组分，因为如果它被困在其他物质的一层中，操作就会变得困难，并导致由于土壤分解成独立的颗粒组分而造成的结构问题。相比之下，增加一种缺失的颗粒组分是一件简单的事情，并带来土壤的改善，它一般是通过混合来实现的。

2. 结构缺陷

有时需要破碎、压碎或粉碎零碎的或固结的土壤。在压缩土块、水泥或石灰稳定的土块中，粉碎通常是必不可少的，并且在很大程度上确保了产品的质量。当土壤被很好地组合成所需的不同粒级并经过筛分后，颗粒、水和粉末稳定剂将均匀分布，产品则具有优异的质量。

因此，通常有必要对土壤的质地和结构进行初步的研究。这个操作可以是手工的，也可以使用工具。机械设计人员已经为这类工作开发了专门的筛分、破碎和粉碎设备。但是，根据不同区域的情况，从农业或公共工程等其他部门借用的人力或工具也能够达到这一目的。

分级模式		土的含水状态	流体	软体	可塑性	潮湿	干燥	凝固物
质地	非机械化的	1. 手工选择				○	○	
		2. 手工过筛				○	○	
		3. 振动过筛				○	○	
		等						
	机械化的	4. 冲洗	○	○				
		5. 振动过筛				○	○	
结构	非机械化的	6. 自然分解				○	○	
		7. 水分解			○	○	○	
		8. 土夯					○	○
		9. 滚转					○	○
		10. 粉碎或压碎				○	○	
		等						
	机械化的	11. 滚转				○	○	○
		12. 粉碎或压碎				○	○	○
		13. 电动中耕机				○	○	
		14. 农业清沟器				○	○	
		15. 叉车压碎					○	○
		等						

混合

很少有土壤可以从地表下取来直接使用。通常，土壤必须以某种方式进行准备，例如在混合之前进行碾碎、筛分或粉碎。混合是施工前的最后阶段，其重要性不可低估，它与先前的粉碎操作同样重要，它确保了产品和结构本身的后续质量。从结构上说，进行稳定化处理，可以优化材料和添加剂的比例，从而保证该结构的经济性。混合可以在同一土壤被分离成不同颗粒组分的材料之间，也可以在不同的土壤之间（在土壤改良的情况下），或者在特定类型的土壤与已加入水、稳定剂等的其他土壤之间进行。另一方面，只有干燥的材料和液体，或液体和液体可以混合。混合干燥和潮湿的材料会带来一些问题，特别是当使用粉状水硬性粘结剂（如水泥和石灰）进行稳定处理时，尤其如此。在这种情况下，一个初步的干燥混合阶段是必不可少的。之后，通过喷洒再逐步地少量添加水。土料拌和的前序工作与混凝土拌和的前序工作有很大不同，因为尽管混凝土不具有粘结力，但土料具有，因此土料存在形成结块和碎屑的风险，这会降低材料的强度。由此可见，传统的混凝土搅拌机不能胜任这项工作。这需要更长的搅拌时间和更坚固的设备，并配备更强大的马达。在这种情况下，将设备清理干净是一个比较烦琐的过程。混合也可以手工进行，可以使用铲子或脚踩进行混合，也可以使用专用机器或从其他领域（例如农业，道路工程或陶瓷行业）借来的机器进行机械混合。所采用的混合方法将取决于土壤的质量，所使用的建筑技术（即土块、夯土或其他），所需的产品质量和结构，在操作范围内进行生产的条件，可用技能的程度、价格、能源和社会性质（工作的组织）的限制——所有这些都必须进行优化。

混合模式		土的含水状态	液体	软体	可塑性	潮湿	干燥	凝固物
非机械化的	人工	1. 铲	○	○	○	○	○	
		2. 踩踏	○	○	○			
		3. 夯打			○			
		4. 转动				○		
		等						
	畜力	5. 踩踏	○	○	○			
机械化的	垂直轴	6. 行星轮搅拌机			○		○	
		7. 立式搅拌机				○	○	
		8. 练泥机	○	○	○			
		9. 螺旋搅拌机	○	○				
		10. 涡轮式搅拌机	○					
		等						
	水平轴	11. 桨叶式搅拌机			○	○	○	○
		12. 线性搅拌机	○		○	○	○	
		13. 电力中耕机			○		○	○
		等						

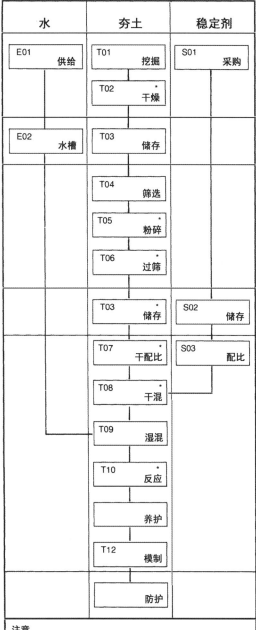

水	夯土	稳定剂
E01 供给	T01 挖掘	S01 采购
	T02 干燥 *	
E02 水槽	T03 储存	
	T04 筛选	
	T05 粉碎 *	
	T06 过筛	
	T03 储存 *	S02 储存
	T07 干配比 *	S03 配比
	T08 干混 *	
	T09 湿混	
	T10 反应 *	
	养护	
	T12 模制	
	防护	

注意
— 应该记住，生产建筑材料的工人和建造房屋的工人是一样的。
— 上面所示稳定夯土的生产图表清楚地指出了稳定带来的复杂性。
— 稳定化对生产过程施加了更高程度的组织，足以确保在建筑材料的制造或建筑本身的施工过程中不会出现减速。
* 稳定化使得这些操作是必要的。

1. 生产

从理论上讲，夯土的生产是一件相当简单的事情：把土倒进模板里，然后夯实。但是高质量土料的理想条件和适当的水分含量并不总是一致的。过分复杂的技术可能会使夯土构造的原始简单性失效。根据实施的地域不同，该项工艺存在许多技术变化。

2. 产品

夯土的外观变化很大。为简化起见，可以把夯土分为两类：砾石类型——当土壤的砾石部分夯实在墙的外表面时；另一种非常精细的类型——当砾石被夯入到墙的内表面时。外表可见的细小颗粒用于保持表面效果。夯土外观的变化也来自表面处理，例如，用浆料勾缝或者不用都会产生影响。

3. 生产季节

在温带地区，在预计会结霜的三个月之前和结霜期间，请勿进行夯土施工。在潮湿的气候中，避免雨季施工，而在炎热的干燥气候中，应避免最热的月份。当地经济，特别是农业经济，也可能决定工作的优先次序。

4. 工作人员和生产力

工作人员的规模根据施工现场的特征和各种当地因素而有所不同。由五到六名工人组成的工作小组适合在小型建筑工地工作。生产率在很大程度上取决于工作条件和建筑物的设计。

	手工或机械化	高度机械化
投资 ($)	200–6000	20,000
组员（工人）	6	5
- 准备	2	1
- 运输	2	1
- 建造	2	3
产量 (h/m³)		
- 非常好的条件	8–10	5
- 好的条件	15–20	9–10
- 差的条件	25	15
- 非常差的条件	35	30

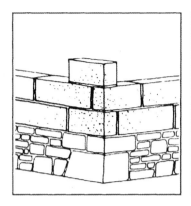

垂直接缝的夯土：建造可以在端部结束。

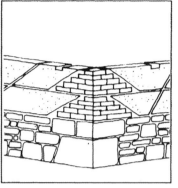

倾斜接缝的夯土：建造不可在端部结束。

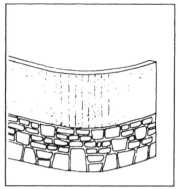

整片夯土：由连续模板建造。

立柱之间夯土：夯土断面靠在立柱上。

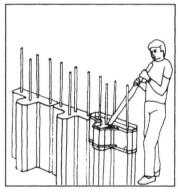

小墙墩内夯土：用圈梁紧固在一起。

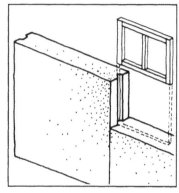

大墙墩内夯土：用圈梁紧固在一起。

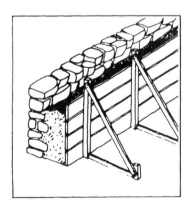

采用失模法的夯土：外表面用粗糙的块石、卵石或烧成的砖。

金属网框内夯土：适用于膨胀土。

采用失模法的夯土：外表面饰以竹子。

夯土施工所使用的土壤，其自然状态下的粘结力是可变的。根据材料的粘结力特性，可以使生产变得容易，也可以使生产变得复杂。此外，虽然土坯砖或压缩土块技术可以容许土壤质量的一些变化——这些变化可以通过在生产阶段采取适当的措施来补偿，以确保结构的质量——但夯土技术的灵活性仍然较差。用夯土建造的房屋质量在很大程度上取决于土壤质量的一致性。从取土坑中挖掘出的原材料必须满足此要求，以获得更统一的质量。在非稳定化夯土施

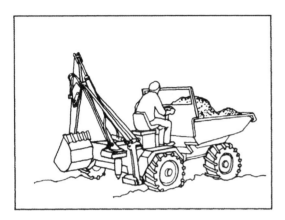

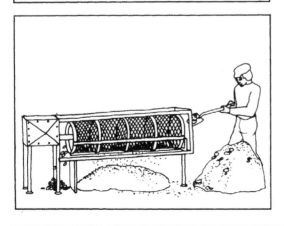

1. 土方开挖

手工的　该操作使用简单的手动工具。它们通常与农业、矿业或道路建设中使用的工具相同，包括镐、锄头、铁锹、撬棍、耙子等，人工挖掘需要耗费大量的人力。

机械的　可使用各种机械装置。机械铲可以有多种配置来配合工作：高装载机、挖掘机、抓斗或翻盖挖掘机。斗链式挖掘机适合用于平缓倾斜的路堤。推土机、侧铲推土机或铲运机可用于水平开挖大量土料。配有切割刀具的动力中耕机具有挖土和松土作业相结合的优点，而且使土壤高度均匀。具有挖掘和提升双重功能的两用机械大大提高了生产过程的生产效率，在一定程度上可以替代脚手架。

2. 筛分

在夯土施工中，经常需要对土方进行筛分。这可以通过手动剔除最大的石块来实现，即那些直径大于50毫米的石头。使用静态的筛子也可以获得相同的成效，这类筛子是水平或倾斜设置的，并且网孔尺寸对应所需颗粒的大小。由于适合夯实的土壤是粉状物质，因此大多数振动筛都非常适合对其进行处理。

工中，施工人员必须确保使用的土壤满足选择标准，特别是在质地和含水量方面，这可以简化整个生产过程。但当土料仍需要其他的生产过程如筛分、粉化和干湿混合（水泥或石灰稳定）的时候，情况就不一样了。除此之外，还有在粒径分布图中偏离极限分布曲线太多会对生产成本、生产率和产品质量产生非常有害的影响。

3. 粉碎

如果要夯土，就必须先把它粉碎。这也适用于土料中含有硬块并且必须添加砂质部分的过粘的黏土。建议将粉碎、磨碎和混合操作组合在一起，用砂子改良粘性土时，对粉碎机中的粘性组分和砂子组分进行交替处理，可以得到质量合理的预混料。这种混合物需经过以下一系列工序：运输、提升和在模板内分散。因此，粉碎机必须是能够处理石质和砂质土料的坚固机器，并且必须能够将土料投射出一定距离，以确保良好的通风和正确的预混合。

4. 混合

当土料需要均质化或需要添加稳定剂时，建议进行混合。最适合此操作的设备是混凝土搅拌机，但在大多数情况下，自动中耕机也会产生良好的效果。

5. 运输

这是夯土技术的主要问题之一。事实上，在建造过程中需要大量的土料。材料必须从场地水平运输到施工现场，并且必须垂直运输到要求的高度。传统上，采用夯土建造的工人要用手工劳作将土料放在或轻或重的篮子里，亦或其他容器中，从取土地点运到施工现场，然后用梯子或脚手架将其提升至使用地点，同样的工作也可以通过起重机以更高效的方式进行。灰浆喷涂机已经通过改造被用于相同的目的，但要适合施工要求又是一件复杂的事情，因为材料不是液体。从中心位置开始，土料可以被泵送到离中心点40至50米范围内的任何地方，高度为10米。

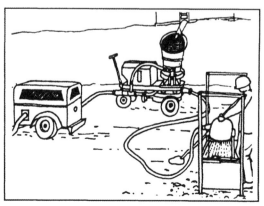

经验表明，模板较小且设计简单时，其效果最佳。它必须坚固且稳定，以抵抗夯打产生的压力和振动（单个挡板的最小抗压强度为 300 达因 / 平方米，以避免膨胀，两个挡板之间的压力高达 100 千牛 / 平方米）。它必须易于管理，既轻巧且易于组装和拆卸——垂直度、装配性和紧固性必须良好。最后也是最重要的是，模板必须完全能够适应墙体的高度、长度和厚度的变化，良好的设计在确保夯土施工的生产效率方面起着重要作用。模板可使用多种材料，例如摩洛哥的加工木材、中国的原木、法国的铝材、阿尔及利亚的钢材和玻璃纤维等。

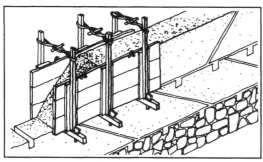

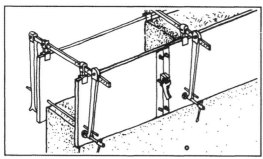

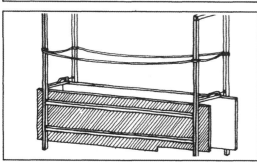

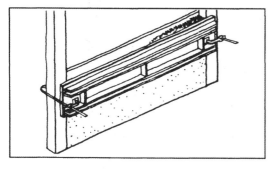

模板固定

模板一旦安装就位，就必须牢固地固定。建筑商为此开发了各种各样的系统。

1. 大夹具和大孔

夹具是与椽子一样厚实的档料，为模板的板面提供支撑，该系统在秘鲁和摩洛哥等国家是传统的做法。使用这种类型的夹具，拆下模板后，夯土中会出现大洞。理想情况下，夹具应略呈圆锥形，以便在不损坏夯土的情况下轻松拆除。如果它们从模板的板面上突出，则可以放置用作脚手架的板。整个构件系统非常烦琐且脆弱，卸下夹具需要使用大锤。

2. 小夹具和小孔

该系统基于混凝土模板技术，螺纹钢杆、混凝土杆或扁铁杆用作夹具，移除模板后仅会出现小孔。钢筋必须具有足够大的横截面，以使其能够支撑模板并避免夯土的剪切，采用塑料管护套可以解决该问题。

3. 没有夹具或孔

这是所有建造者梦寐以求的固定模板的系统。设计师们已经确定了两种解决方案：

独立夹持模板 这些板是通过一个张紧的装置或螺旋锁紧系统来固定的，或者另一种可能性，锁紧液压千斤顶。

支柱间模板 为了消除墙面鼓起的风险，必须注意支柱之间的距离不要太大。该系统已被巴西的塞佩德（Ceped）广泛使用。

模板的组织

施工现场的组织、可用的工厂和人力、执行时间和所需的结果、建筑计划和所需的装饰类型都可能对模板系统的选择产生重大影响。

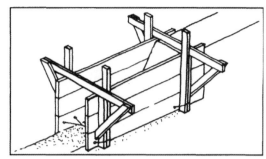

1. 由小单元组成的模板

水平滑动模板 传统上就是采用该系统来进行夯土施工的，这种模板系统是由工匠开发的，并且差别很大。该系统的使用遵循上述原理的紧固方式，并主要具有以下优点：轻便、设备的可操纵性和适应性。

垂直滑动模板 该系统非常适合在支墩间进行夯土墙的施工，它促进并大大加快了结构体系的架设，但是必须仔细设计模板。将模板固定在适当位置的垂直要素可以是模板底部、结构柱或外部框架。

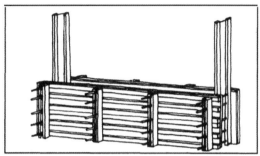

2. 整体式模板

大多数使用这种混凝土施工技术的尝试，结果都相当令人失望。系统的可靠性在很大程度上取决于建筑设计，即建筑设计是否具有模块化尺寸、独立开间的完整墙体、超简单的图纸等特点。

整体水平模板 一圈模板垂直移动。若想成功使用需要其组件轻巧，这样安装和拆卸会容易且迅速。主要障碍是板与板之间的连接、水平定位和铅垂线的维护。

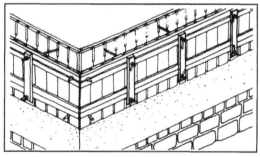

整体垂直模板 这类模板很适合建造大型柱墩，而整个墩子都包含在模板中。为了便于夯击，模板只有一侧是完全竖立的，另一侧是在建造时随墙体的高度竖立起来的。

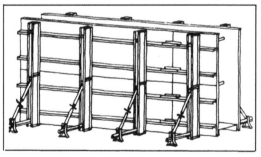

整体-整体模板 一次性放置建筑物的模板。摩洛哥在 BTS67 项目中采用了该系统。使用此类模板的项目应较小，并且在模板内部易于操作。

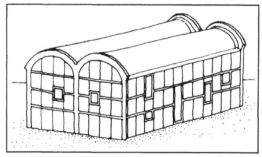

移动模板

模板的移动对工人来说是一个比较困难的问题，因为他们站在 40 厘米厚、离地面 7 米高的夯土墙上。工作的安全性至关重要。通常，移动模板的轻便和可操作性有助于确保安全，人们已经想了很多方法来避免在模板移动过程中完全拆卸和重新组装它们。

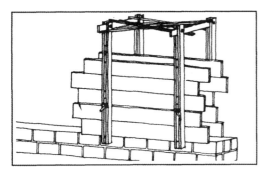

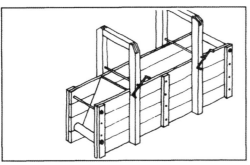

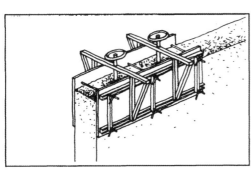

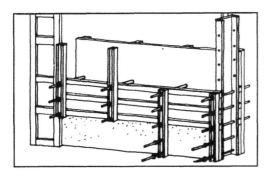

1. 龙门模板

此技术最适合于墩台或墙段的施工，模板轻巧，可以由简单的木板、胶合板，甚至坯板组成，这些坯板由打入地下并固定在顶部的木制支撑固定在适当的位置。这种系统可见于中国的夯土建筑。卡塞尔大学重新引入了该技术，其系统包括一个木制的铰链框架，该框架通过螺纹杆固定。

2. 带滚轴的模板

早在 1952 年，澳大利亚的 G.F. 米德尔顿（G.F. Middleton）就提出了基于使用滚轴的模板形式的概念。该系统适用于建造直墙，但需要于隔间、墙角和隔墙处固定模板。

3. 滑动模板

人们做了各种尝试让模板来适应混凝土结构中使用的滑动形式。到目前为止，各种已实现的尝试都比较费力，虽然它们工作得很好。

4. 跨越式模板

一组模板由一系列垂直面板组成。该原理由美国科罗拉多州的国际夯土研究所（Rammed Earth Institute International）重新应用。需要两套模板面板，第一块面板放在第三位置，然后放在第五位置；第二块面板位于第四位置，然后位于第六位置。该系统性能很好，但不能解决墙角或墙体接合的问题。它的主要优点是下方面板作为上方面板的支撑和参考。

模板形状

无论使用水平模板还是垂直模板，大多数模板都是根据可产生平坦表面的直板原理设计的。人们进行了大量的研究工作，以寻找摆脱这些限制的方法。

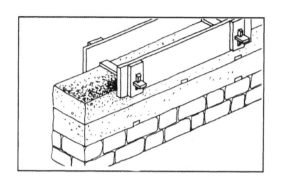

1. 平面和垂直表面

这是最常见的设置，无论使用的模板类型如何，在传统夯土建筑中和现代夯土建筑中都经常使用，原理很简单，不会产生任何复杂的问题。

2. 倾斜面

此模板可用于制作平面垂直面或平面倾斜面，也称为墙的"斜面"。墙体的坡度朝向墙的中心，并随着墙体的上升而延续。只有墙体的外表面或两个主面可以倾斜，可以使用被称为"斜面固定件"的简单木制打包块或楔形物来完成此设计。墙面的倾斜减轻了墙体的质量，与墙的高度成比例。

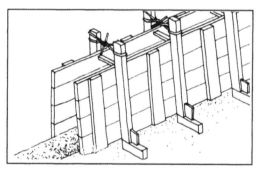

3. 曲面

用某些类型的模板可以做出曲面，可以是在墙角处弯曲的墙体，也可以是用弯曲的墙体构成的建筑物。这一概念在中国夯土建筑的传统中广为人知，如客家的"土楼"。有关这种模板的发展是最近在法国阿博岛地球村项目的一个研究主题。

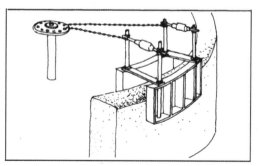

4. 复合面设计

使用模块化面板的模板系统可以塑造由小的垂直面组成的表面。该概念适用于生产各种形状，包括具有几何可变截面的立柱。这个系统的设计相当复杂，但是这个概念仍然是可行的，并且应该可以做到随着时间的推移而简化。

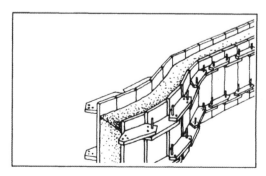

在夯土建筑中，墙体之间的拐角处施工需要使用特殊的模板。如果对角部的关注不足，则说明模板在正交墙体的截面中所能够起的作用也是不足的，这些模板可以整体成型，也可以通过木板的垂直交替布置。有倒角的边缘减少了外角的侵蚀。用于连接隔墙的"T型系统"便是采用了与角部相同的原理。

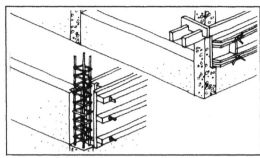

1. 角柱

它们可以用混凝土建造，可以在夯土墙安装之前或之后浇筑。它们可以用石头或砖砌筑，但应与（常规的）夯土齿接。

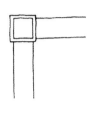

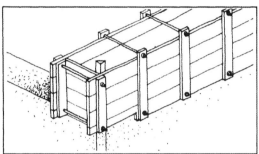

2. 模板端部

这是在摩洛哥夯土建筑的传统中采用的系统，这让人联想到普通的砖砌结构。该转角是由两个方向的夯土板块垂直重叠而成。

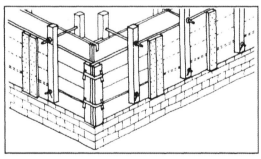

3. 非模块化模板

每个角落都使用一种特殊的元素来构造，该元素适合因使用非模块化模板而产生的特定条件。

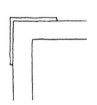

4. 模块化的模板

在这个系统中，转角是作为一个单独的部件，连接两个内板，并在外侧使用模块化的模板。设计和外形尺寸必须非常精确。

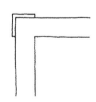

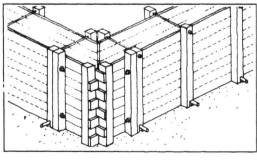

5. 整体转角

该系统可以适应这种模板类型的设置，该模板可以从底部一直到正在建造的建筑物的顶部形成一个整体角。这样，它可以解决非常烦琐的铅垂和调整问题。

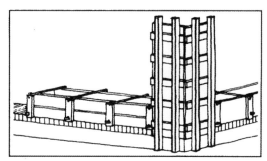

6. 对称模板

内表面和外表面的模板都是模块化且对称的。该系统解决了调整面板的问题，但是并没有完全消除转角容易出现分离开裂的风险。

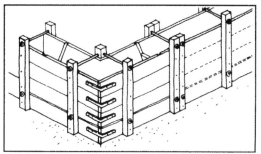

7. 不对称模板

该系统比完全对称的转角更可靠，因为这些形状可以倒转，从而消除了转角分离开裂的危险。

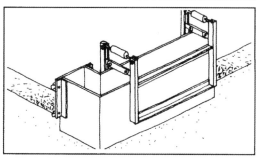

8. 可变模板

所形成转角的角度可以通过包含常规铰链或可升降铰链的系统来改变。这些系统非常精密，并且易于观测面板是否契合。

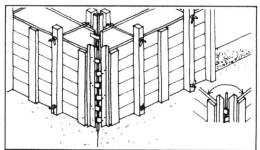

9. 圆形模板

这种转角需要现场制作的特殊模板，以适应建筑的特点。相应的操作非常精细、烦琐并且难以实施。

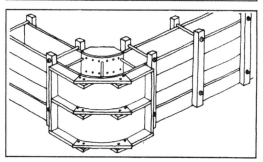

传统的夯锤

　　这些传统夯锤是专为手动夯土而设计的，由大量装有配重手柄的木头或金属构成。该工具设计多样，并且在世界范围内用于称呼它的词汇非常丰富。在某些国家，根据不同的工作要求，几种不同的夯锤也可以在同一构筑物中使用。

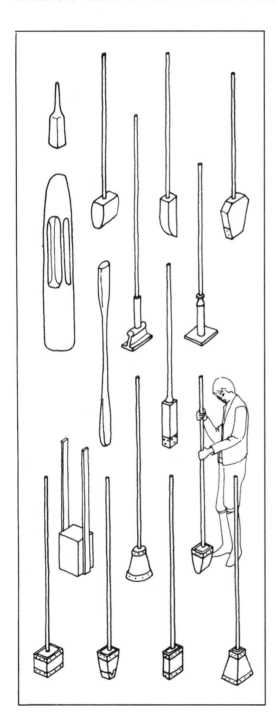

1. 参数

　　传统手工夯锤设计中最重要的因素有：材料、重量、面积、形状、击打面、手柄类型和尺寸。

2. 击打面

　　圆形的击打面不会伤到模板，但在拐角处效果较差，把其边缘倒圆角足以防止损坏模板。就已经获得的先进研究成果而言，棱柱形的平坦击打表面能够提供最佳击打效果。当击打角为 60° 时似乎可以得到类似的结果，但是当击打角度变小时，效果会迅速下降。因此，例如，45° 的击打角可能会导致效率降低 36%。特殊的圆锥形和楔形夯锤头可以深入有难度的操作区域，例如模板中死角或夹钳下的空间。

3. 击打面积

　　最好是在 64 平方米的区域内。研究表明，面积不大于 225 平方米的区域能够确保最大的效率。

4. 击打头

　　这通常是由木头或金属制成的，木锤的撞击头由金属板保护，以减少过度快速的磨损。金属夯锤更坚固，也更容易操作，因为它们的头更小。其重量较重，打击面必须足够大，以防止损伤模板。

5. 重量

　　木制或金属夯锤的建议重量为 5 千克到 9 千克。这可以根据夯锤的大小和操作人员的力量而有所不同。

6. 手柄

　　夯锤可以带有用木头或金属制成的单柄或双柄。中空的手柄消除了夯锤增加重量方面的所有限制。手柄的尺寸可根据打夯人员进行调整，范围从 1.3 米到 1.4 米。还有一些配备有二次撞击作用的滑动块的手柄。

夯实是一项缓慢而乏味的任务，可以使用各种机器来完成，而其中大多数很重，它们会对模板施加很大压力。每种机器具有不同的压实功效，这取决于压实次数、压实速度和未压实土层厚度之间的比率。此类机器的成本差异很大，价格范围从 3500 美元到 1500 美元不等。

1. 冲击夯

气动夯锤　这是直接从铸造行业复制而来的，用于处理模具中的砂子。它们的工作方式类似于手动夯锤，但冲击频率更高（每分钟高达 700 冲程）。在所有可用的气动夯锤中，只有"土壤"夯锤是有效的，其中有许多商业类型的牌子（Atlas Copco，Ingresoll-Rand，Perret 等）。气动夯锤必须既不能太重（最大 15 千克），也不能太强，因为它们可能会破坏模板的稳定性并导致夯土隆起或可能刺入土层内。他们应该行程较长（大约 20 厘米），并使用可控的气体。他们应该能够达到 0.5 兆帕的压力，并且几乎不能超过该压力。压缩机非常昂贵，价格约为 5000 美元。然而，尽管花费很大，但是通过气动夯锤进行夯实还是非常有效的，并且如果土壤的标准较高，夯实土的质量也会非常好。

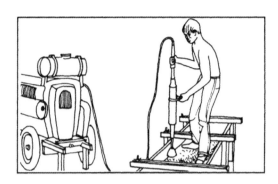

风镐　通过安装一个特殊的冲压板来改造镐锤的想法已经进行过尝试。然而，这些工具动力太强劲了，会在墙体内引起共振，从而分裂材料。

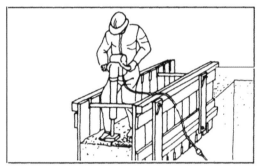

2. 振动夯

振动盘　这种方法是由卡塞尔大学开发的。在这个装置中，一个具有偏心旋转质量的电动机将振动传递到平板上，从而使机器转动，操作员使用开关控制转动的方向，然后机器自动运行。机器的重量、运行速度和振动频率之间的比例很难设定。

振动夯　这些由内燃机或电动机驱动的机器在市场上都有售。它们沉重、笨拙且昂贵。许多测试都用过它们，但结果非常一般，建议施工人员不要使用它们。

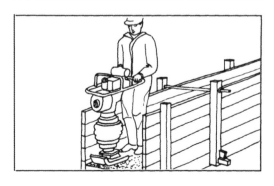

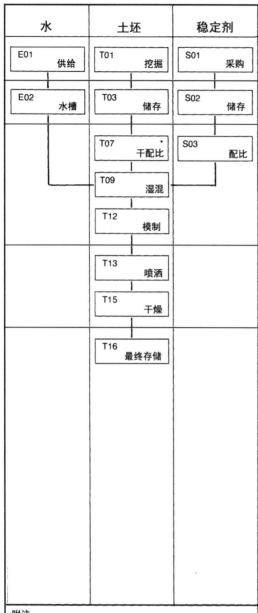

水	土坯	稳定剂
E01 供给	T01 挖掘	S01 采购
E02 水槽	T03 储存	S02 储存
	T07 干配比 *	S03 配比
	T09 湿混	
	T12 模制	
	T13 喷洒	
	T15 干燥	
	T16 最终存储	

附注
本生产图表适用于传统的用沥青稳定的土坯砖的手工生产（以乳化和稀释的形式）。
* 稳定化使得这些操作是必要的。

1. 生产

土坯砖的生产是制造建筑材料最简单的工序之一。它的发展历史和地理分布极为不同。因此，可以描述几乎无数种类的生产过程。

土坯可以使用带有或不带有各类模具的液态土或塑性土生产。塑性土还可以用于挤压这种生产方式。

与压缩土块和夯土相比，土坯在生产过程中具有延展性和易碎性，每块砖必须单独干燥。因此，所需的生产面积是非常大的。

如果是机械化生产，第一个步骤通常是开挖，然后是混合，最后是造型。

2. 产品

土坯的形状多种多样，但其可罗列的种类远不及压缩土块的类型丰富。生产工艺只有在大规模生产时才有可能形成。

3. 生产季节

世界各地的每种技术和每个地区都对生产施加了自己的特征限制。由于高度依赖于良好的天气，所以土坯的干燥是最重要的一项限制。因此，在寒冷的天气，有时甚至在极端高温下也只能停止土坯的生产。许多砖厂建在河堤上，以便能够利用洪水的沉积物。这样的土壤来源会造成生产受限，因为生产区域必须定期清空以应对洪水。

4. 人员和生产力

人员的规模和生产力不是对等的。下表所列的产出考虑到该过程所涉及的所有作业，包括挖掘和储存。

	块/天	工人数	价值($)
机械化	20,000	5 - 6	300,000
半机械化	10,000	5 - 6	50,000
高效手工	2,500	4 - 5	0
低效手工	500	4 - 5	0

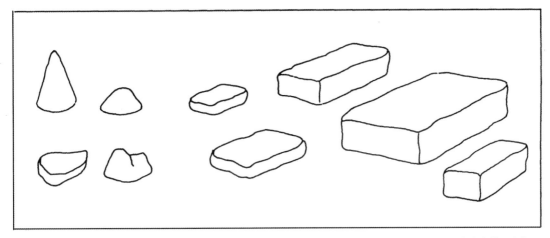

常规的土坯砖 这些东西不用模具也可以手工制作。它们有各种形状，圆锥形、圆柱形、梨形或立方体。它们可以用木框、木块或机械方法制成。在这种情况下，它们是棱柱体、立方体或平行六面体，它们的尺寸变化很大，长度为 25 厘米到 60 厘米不等。

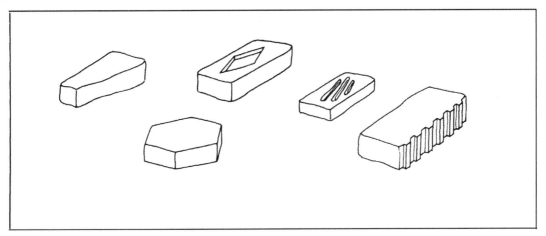

特殊土坯砖 这些土坯砖可用于常规用途或特殊用途。例如，一些土坯有把手，这样它们可以更安全地固定在位置上（如在圆顶或拱门中），与其他结构相连接，或者有特殊的装饰或标记。

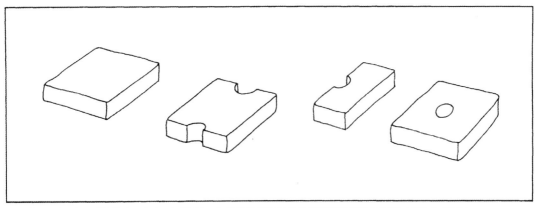

抗震土坯砖 形状特殊，它们更耐地震。它们的特殊设计使其适用于抗震结构系统（例如加固墙）。

适于制作土坯的土壤质地应是较粘或是较粉质的，并且具有很强的粘结力，这种粘结力使挖掘干燥或潮湿的土料成为一项艰巨的任务。开挖地点经常是积水和泥泞的，因此，准备土料的传统方法费力且需要徒步进行。必须精心准备土壤，以确保高标准的土坯。如今，还有其他准备土料的方法，其中有些是机械化的。第三个类别处于前两个类别之间，使用的是牲畜。后两种制备技术显然比第一种昂贵。

切碎稻草

植物纤维，通常是将稻草添加到土料中。茎是用锋利的工具割下来的，但是，手动和电动秸秆切割机在市场上可以买到，它们能够将大量秸秆和其他纤维切成 1 至 30 厘米的长度。此类切割机的正常价格手动型起价为 1000 美元，电动型起价为 1500 美元。纤维切割机也可用于沼气池中植物枝条的切割制备。

练泥或揉捏

1. 动物

土料的准备需要长时间的捏练操作。在许多地区，动物在特定的范围内绕着圈走，通过用蹄子踩踏土料来完成这项工作。可用于此目的的动物包括驴、骡子、牛和马。

2. 机器

可以使用机械设备（例如铲土挖掘机和拖拉机等）将土料在坑中进行捣练，这些设备可以结合挖掘、混合和运输的操作。操作坑应具有稳定的底部和倾斜度，以便机器可以驶出。因为混合的数量巨大，约 10 立方米 / 小时，所以机器的操纵空间必须足够大。

3. 碾碎机

练泥也可以在碾碎机中进行。可以将它们安装在较小的桶中，并用电机驱动，或者在给定的区域内用动物拖拉——用两个加重的卡车轮子就可以达到目的。车轮印不能留在土料中，可以通过设计一种将土料抛回到车轮下方的系统来避免这种情况，这样就可以不断地重新研磨。一套临时的练泥装置仅需花费几美元，而在密闭容器中建造一座磨坊则需要花费约 2000 美元。这种设备很重，每天的典型产量为 7 立方米左右。

混合

1. 立式搅拌机

最普通的立式搅拌机可以使用非常基本的材料制成：一些木板和木材，绳索和钢丝等。它们可以由动物带动。杠杆的长度至少应为 2.5 米，并且动物每天的工作时间不得超过 5 小时。也有机械化立式搅拌机，价格从 2000 美元起。它们必须建造得非常稳固，并且标准产量为每天 10 立方米。

2. 灰浆搅拌机

由于它们不是很坚固，因此这些搅拌机应真正用于液态土壤而不是塑性土壤。它们的日产量约为 8 立方米。价格在 1500 美元以上。

3. 线性搅拌机

它们被广泛用于中、高产量的生产中，它们有许多变体。例如，它们可以是单轴，也可以是双轴；它们可以是恒定流量，也可以是不连续流量；它们可以是重型结构，也可以是轻型结构，它们的产量非常高，泥泞的土料可以倒入专用料斗中。较小的线性混合器价格约为 1500 美元，每天的产量为 4 立方米至 5 立方米。更大的搅拌机已经被陶瓷行业采用，成本可能高达 1 万美元，它们的产量是每天 50 立方米。

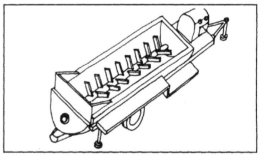

4. 混凝土搅拌机

尽管评价较低，但标准的斜桶混凝土搅拌机还是可以胜任这项工作的。它们的产量低，并且所得的混合物通常缺乏均质性，往往呈现块状。它们的主要优点是型号广泛，从小型到大型，适用于连接拖拉机 PTO（车辆动力装置）、搅拌车和专用轮式设备。

5. 螺旋搅拌机

也可以使用带有螺旋杆的用于油漆和灰泥操作的滚筒进行少量加工。这种方法，可以通过连续批次作业在十分钟内制备 50 升混合物。

6. 行星轮搅拌机

即使必须加入植物纤维混合，它们也非常胜任制备泥浆的工作。最小的可批量处理量为 100 升，成本约为 3000 美元，每天产量为 10 立方米。

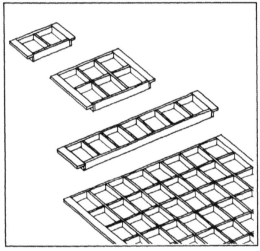

小规模

土坯可以用模具生产，也可以不用。非常原始的生产技术至今仍在使用，用这种方法制成的砖外观比较朴素，用它们建造的墙也不是特别坚固，建议使用棱柱形模具。手工塑形则需要半固态或半软性的膏状物进行处理。

1. 半软膏状物

用手轻轻地将已放入模具中的膏状物进行处理，然后立即脱模。为了便于将其卸下，必须事先清洁并弄湿模具。在这种称为"溢出模塑"的技术中，粘附在模具上的水膜有助于脱模。普通模具为单间型，并且尺寸可变。最重的土坯最长可达 60 厘米。它也可以具有多个隔室，并且一次最多可以成型四个土坯。这些模具由木头或铁制成，有些甚至由塑料制成。这种砖具有相当大的收缩性，必须仔细控制其质量。

2. 半固态浆料

为了生产更高质量、更致密、更坚固的砖，建议使用半固态浆料。模具必须非常干净，然后将其浸入水中，并在内部撒上砂子。使用这种称为"砂模"的技术，可以将定量的泥土大致塑成球状，在砂子中滚动，然后用力将其扔进一个单独的分隔模具中。用拳头将球固定住，注意不要忽略角落，多余的部分用木制导条去除。为了便于脱模，只需在土料表面涂上一层砂子，然后与模具的侧面接触。有许多不同类型的模具，有些模具有底，有些则没有。将土坯从模具中移到干燥区域。此技术意味着必须将土存放在制作区域附近，并且根据需要可以使用多个模具。建议站在桌子甚至是带有内置模具和顶出杆的桌子前工作，土坯应放在小板上（模具底部）的干燥区域。使用模塑技术的产量约为每天 500 个土坯。

大规模

大规模生产需要对该技术进行改进。

1. 多个模具

它们可以是梯子状的阵列，其中模具是并列或大型平行六面体模具。以此方式，可以一次产生 10 到 25 个土坯，土料应当填满整个模具。因此，在软膏状态下，土料必须更湿润。除了水分含量的这种变化，之前所述的制备方法保持不变。然后，通过独轮车、自卸车、前部装载机，甚至从搅拌机直接将土料倒入模具中，在这种情况下，搅拌机可以自行推进、拖曳或安装在卡车上。然后用某种刮刀将土料刮平，使其均匀分布在模具中的各个角落。从模具中取出之前可能需要一段时间，但通常在前一步完成后立即进行，然后重复整个操作而不中断。大型模具必须正确清洗，要么让它们浸泡在水里，要么用强力喷头喷水清洗，模具的清洁度和成型过程对确保土坯的质量至关重要。考虑到重量，模具应由木头或塑料制成，而不是铁。它们应该简单到由两个人以下就能操纵。木材应防腐和防翘曲。五名或六名工人的组合使用这种成型技术可能生产的产量为每天 8000 至 10,000 块土坯。

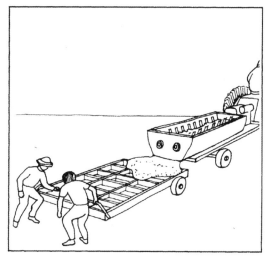

2. 锯土坯

可以用一个由两米长的木板组成的四边模具制作一个非常大的土坯（例如 4 立方米），使用软膏状土料，然后用木制支架上的拉紧线锯将所得的土坯板切成数个小土坯，也可使用带铆钉边缘的木板。使用该技术的产出与上述技术的产出量相似，尽管获得的效果不是很好，但仅需要非常适度的投资。另外，成型区域必须绝对平坦。

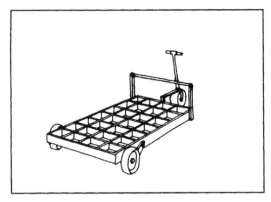

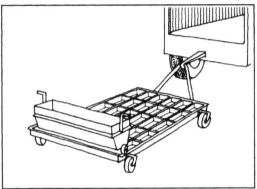

使用多个模具的大规模生产与机械化工艺之间的差异并不是很大。

1. 模制盒

包含大量隔室的金属模具安装在有车轮的框架上，模具被填充后通过杠杆装置提起，土坯被放置在地面上，然后将轮式模具拉到下一个模制点，模制车应做到每次使用前都清洁。可以添加一个移动料斗并将其定位在模具上方，这样可以使用翻斗机进行填料，软膏状土料从悬在模具上方的料斗中倒入模具，多余的土料用安装在料斗上的刮土器清除。这种系统的标准产量为每天 7000 至 10,000 块土坯，并且随着美国汉斯·松普夫（Hans Sumpf）模制盒的开发而完善，该模制盒被设计为独立的单元。该机器每天可实现 20,000 块土坯的产量。土坯被搁置在不透水的纸上，将纸直接在地面上展开，形成一个巨大的生产区域。采用这种机器意味着必须对整个上游生产工厂进行改造，以应对产能的巨大增长，总投资达数十万美元。

2. 刀盘盒

用线切割的方式可以实现自动化，线也可以用刀盘来代替。装有圆筒的料斗会连续不断地把软膏状土料切成扁条状。机器在距其起点的固定距离处停止，并通过另一组刀盘横向切割扁条。其产量非常高，每天可以达到 15,000 块，而投资却很低。生产操作面必须非常平坦和清洁，混合物必须具有高度均匀性并达到理想的稠度。因此，该系统的操作人员必须非常确定自己所做的每一步，这台机器的成本约为 3000 美元。迄今为止，人们只了解原型机，但是它们看似是最有前途的模具之一。

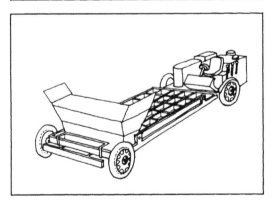

3. 挤出机

土坯的挤出工艺带来了几种非常喜人的可能性。挤出可以作为三个主要过程的基础，应用于土坯的制造。

立式挤出机 它由配备有挤出喷嘴的立式混合机组成，该系统可以是电动的，也可以是由动物牵引的，这个过程虽然效果很好，但现在已经很少使用了。装有电动机的机器成本约为 2000 美元。一台小型搅拌机重约 500 公斤，日产砖量可达 1500 块。

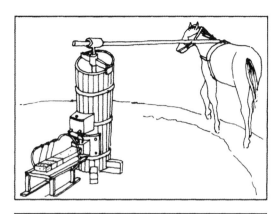

卧式挤出机 这台机器是由陶瓷工业借鉴而来的，在 20 世纪 40 年代的美国得到了广泛的应用。在印度，它仍是标准的做法。虽然它涉及大量的经费支出，但这个系统是有效的。它的生产能力与砖工业的同类产品相同。尽管如此，用来做土坯的土料比用来烧过的砖的土料更沙质。因此，它更具磨蚀性，并且必须考虑到因摩擦而导致的严重磨损。

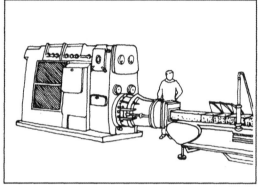

移动挤出机 移动式挤出装置安装在轮子的框架上，现在已经可以在市场上买到。这些设备重约 30 吨，由搅拌机、发电机组和挤出机组成。一些工厂已经在世界各地投入使用，生产烧制砖。它们也可以用来生产晒干的砖。该系统的投资约为 25 万美元，每小时产出 2500 至 3000 块砖。

4. 压机

传统的模制台可以用压机代替。土壤的含水量不一样：土壤要么是半固态的，要么是固态膏状的。要求的压力不超过 2 兆帕。在盖子上钻一个或多个直径 10 毫米的孔，以便挤出所有多余的部分。有时将一小块木板插入模具中，使多余土料喷出，便于运输。产量比压缩块高得多。

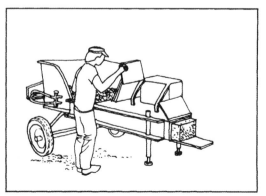

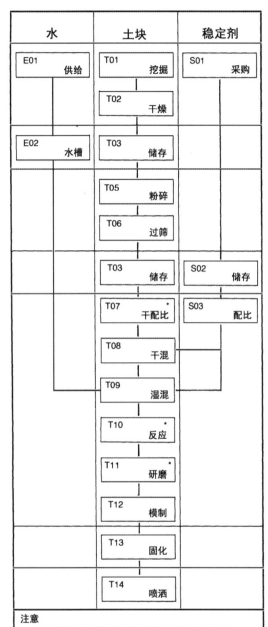

水	土块	稳定剂
E01 供给	T01 挖掘	S01 采购
	T02 干燥	
E02 水槽	T03 储存	
	T05 粉碎	
	T06 过筛	
	T03 储存	S02 储存
	T07 干配比 *	S03 配比
	T08 干混	
	T09 湿混	
	T10 反应 *	
	T11 研磨 *	
	T12 模制	
	T13 固化	
	T14 喷洒	

注意
— 上图显示了生产水泥或石灰稳定压缩块所涉及的各个阶段。
— 它适用于使用各种压力机的压缩土块的手工生产，但不适用于工业化生产
* 稳定化使得这些操作是必要的。

1. 生产

此处显示的生产图表适用于小型手工砖瓦厂，使用两个手动压机和 25 个工人，每天可生产 10 吨土块。另一方面，大型综合生产单元中所采用的生产过程与石灰硅砖工业所使用的生产过程有很多共同点。例如，丹麦的拉托雷克斯（Latorex）工艺以"完成即可投入使用"生产线为核心，根据不同的生产规模，每小时可输出 2500、4500 或 9000 块砖的产量。在手动压机和综合工厂之间，有一整套具有不同特性和能力的生产单元。

2. 产品

这些产品如同陶瓷和石灰硅砖行业以及混凝土砌块行业的代表性产品一样多元。

3. 生产季节

所需生产面积小，成品的存放区域也可以很小，因为成品块一旦从模具中取出，就可以一层一层地堆放，最高可达 1 米。

压缩土块可以在任何季节制成，但在气候恶劣或极端降雨或高温的情况下，进行养护的最初几天，对储存需要采取一定的预防措施。

4. 工作人员和产能

工作人员的规模及其生产效率与机械化程度密切相关。施工人员的数量通常与设备可以达到的理论极限相对应，但是，实际上，这种理论产能通常必须减少 50% 甚至更多。以下给出的数值是配备齐全的砖厂在标准产量下所涉及的初步操作（即挖掘和筛选设备）和后续压制（即存储设施和清洁设备）。

	块/天	工人数	价值 (US$)
手工化	300	4 – 8	3,000
机动化	2,000	20	25,000
整体化	10,000	10	100,000
工厂化	60,000	15	2,000,000 及以上

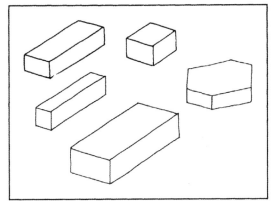

实心块 它们主要是指常规固体，包括立方体、平行六面体、多重六边形等。它们使用方式多种多样。

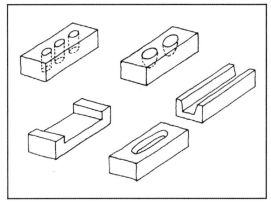

空心块 通常空隙占砌块的 15％，但通过使用复杂的工艺，砌块的空心部分可以达到 30％。凹槽增加了对砂浆的附着力。

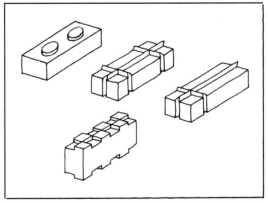

联锁块 这种土块可以不用砂浆，但需要复杂的模具和相对较高的压力。

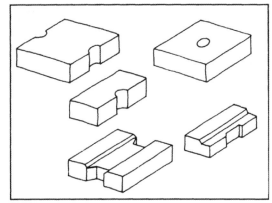

抗震块 这些块的形状增强了它们的抗震能力，并增强了它们在抗震结构系统（如绑扎块）中的结合能力。

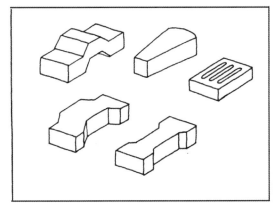

特殊块 这些块是为特定的应用场合而制作的。

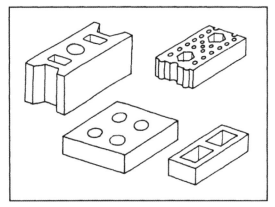

多孔块 它们具有重量轻的优点，但是它们需要相当复杂的模具并且需要的压力更高。

为了使矿物成分、水和稳定剂均匀混合，在挖掘后必须破碎直径大于 200 毫米的块。具有均质结构的颗粒，例如砾石和石头，应保持原样，而具有复合结构（黏土粘合剂）的颗粒则必须破碎，使至少 50% 的颗粒直径小于 5 毫米。土壤必须干燥，湿土只能通过某些机械化系统处理。以下两种基本方法能够进行粉碎。

1. **研磨** 紧随筛分之后，该材料被压在两个表面之间，这是一个效率低下而又乏味的过程。这个过程，只需要简单的器械就能够打碎有用的石头。

2. **粉碎** 物料被强力撞击并分解，所需的机械很复杂，但性能令人满意。在出料端，任何剩余的大块碎片都可以通过筛网清除。

1. 重击

手工过程，非常慢，每人每天 1 立方米，必须进行筛选。

2. 颚咬合式

基本的机械反复操作，手动版本，产量：3—4 立方米 / 天，重量：150 千克。

3. 转轮式

四杆转轮机以 150 转数 / 分旋转。手动或自动（电动）版本，1.5 千瓦电动机。出色的机械效率，每天产量可达 10 立方米，重量：260 千克。

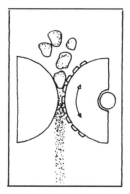

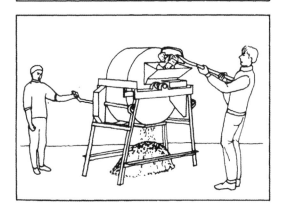

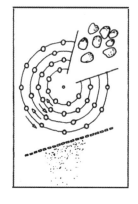

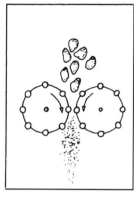

4. 鼠笼式

快速旋转：600 转数/分，3 马力电机（2.25 千瓦），产量：15—25 立方米/天，重量：150 公斤。

5. 锤式

几个安装在中心轴上的弹簧锤以高频撞击土料。10 马力电机（7.5 千瓦），产量：40 立方米/天，重量：200 公斤。

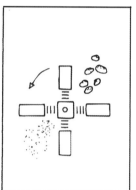

6. 螺杆式

与传统堆肥机中使用的系统相同，实际上，如果足够小心，也可以在使用这种机器时避免过度磨损。单颗螺栓或一组螺栓。5 马力柴油发动机（3.75 千瓦），产量：15 立方米/天。重量：200 公斤。

7. 齿形带

只有带料斗的机器才能高效运行，3 马力马达：汽油（2.25 千瓦），产量：30 立方米/天，重量：100 公斤。

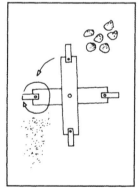

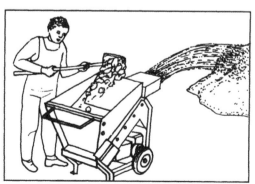

筛分

在以下情况下，此操作是绝对必要的：（Ⅰ）必须去除过大的颗粒或有机物；（Ⅱ）在通过不完全粉碎来修正土壤结构之后。在大多数情况下，可以通过直径在 10 毫米到 20 毫米之间的颗粒 —— 对压缩敏感的压机可以过筛至 10 毫米，对于对压缩不敏感的压机（超压缩）可以在 20 毫米到 25 毫米之间过筛。

1. 固定筛子

倾斜或悬挂设置。该操作是手动的，施工简单。两个基本操作：用铲子将生土抛向筛子。将过筛的土料装入独轮车，将未过筛的土料丢弃，或留作其他用途。低产量：每人每小时 1 立方米。

2. 交替筛子

最简单的方法是将框架筛放在管道和独轮车上。筛子也可以从树枝上悬挂下来并前后移动。美国佛罗里达州塔拉哈西（Tallahassee）建筑学院根据这些施工方法设计了一种特殊的手动工具。它由几个木板，一个切开的圆桶和细铁丝网组成。使用固定式筛分系统获得的产量为每位工人每小时 2 立方米。

3. 旋转筛

由金属丝网或金属制成的圆柱体可以手动或机械旋转。它的构造非常简单。可以使土壤依次经过多个阶段，然后分成几个组分，农用旋转筛例如花生筛适用于该操作。从 1 到 30 马力的各种尺寸的机械旋转筛都可以从市场上买到。从理论上讲，这些筛子的产量可高达每小时 14 立方米。

4. 振动筛

在这个过程中，可以使用单个振动筛，也可以使用多个振动筛的组合，通常是叠加的。该系统提供了与旋转筛相同的优势，因为它可以将土壤分离成若干个组分，也可以重新分组。它们被用于采石场，常用尺寸的振动筛的产量在每小时 5 立方米左右。

混合

这是一个特别重要的阶段。无论是否使用稳定剂，均匀的混合物都是绝对必要的。在依靠体力劳动的地方，混合后的这堆土至少要翻动四次。如果有大功率机械搅拌机，则在搅拌机中混合三到四分钟就足够了。首先将物料干燥混合很重要。然后，使用洒水器，喷雾器或加压蒸汽将水添加到土料中。

1. 手工混合

可以用铲子、锄头、耙子或任何其他简单工具来完成。产量：每个工人每天 1—2 立方米。

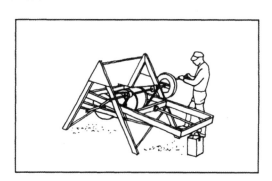

2. 手动搅拌机

利用 200 升油桶已经设计出各种系统。美国佛罗里达州塔拉哈西（Tallahassee）建筑学院处于此类系统开发的最前沿。他们的产量为每名工人每天 1.5—2.5 立方米，略高于使用铲子获得的产量。

3. 电动搅拌机

因电机转速缓慢，有利于均匀混合。但是，由于土料中会形成团块和碎屑，因此不建议使用常规混凝土搅拌机。

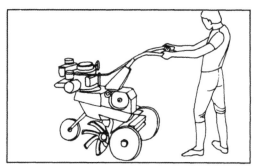

4. 电动中耕机

电动中耕机适用于同时破碎和混合的情况，此方法需要大量空间，就尺寸和功率而言，市场上可用的此类机器的范围非常广泛。产量：每天 4 立方米以上。

5. 行星轮搅拌机

这是用于混凝土产出的常规搅拌机，小型搅拌机很难找到（0.55 千瓦），处理 10 升土壤需要 0.5 马力（0.37 千瓦）的电动机或 0.75 马力的柴油发动机。一台 180 升的行星轮式搅拌机每天的产量为 15 立方米。

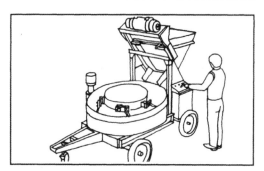

6. 桨式搅拌机

类似于灰浆混合器，但更坚固。它适用于非常干燥的土壤，但如果土壤潮湿（水分含量为 12—15％）容易发生故障。所需功率：电动机，每 10 升 0.75 马力（0.55 千瓦）；柴油发动机，每 10 升（0.75kW）1 马力。150 升安装量的产量：8 至 10 立方米 / 天。

7. 线性搅拌机

不连续的螺旋螺杆轴装有单叶或双叶刀片。轴必须非常坚固。这种设备极重且昂贵，很少使用。

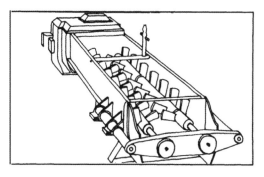

1. 基本问题

土壤的机械强度是颗粒间摩擦的结果，而摩擦又是土壤质地和结构的函数。摩擦特性是一个非常重要的因素，它取决于颗粒大小分布的质地，而当取决于密度的构造性接触时则能提高强度。为了防水（一种高度破坏性的试剂），建议通过消除作为水的通道的空隙来降低土壤的孔隙度，压实土壤的其他原因可能是基于热学考虑。这种密度的增加是通过用压机压缩土壤来实现的——这是一个看似简单的操作，涉及几个因素。

2. 能量来源

压机可以由人力（手动压机）或动物（马力设备）驱动，也可以由电动机或内燃机驱动，或者由水（水轮，水轮机）或风力驱动。目前，市场上仅提供手动和电动压机。

3. 能量传递

能量可以通过杠杆、轮轴、连杆或转环、活塞等传递到土壤中。传输能量的系统主要分为三类：机械、液压和气动。

4. 压缩

压缩可以是静态的，也可以是动态的。在后一种情况下，它可以通过冲击或振动起作用。目前静压仍是比较常用的。动态冲击压缩相当缓慢，模具受到相当大的应力。此外，除了更严重的分层问题，产品的厚度也很难控制。动态振动压缩涉及模具的机械化，将大量的机械应力传递给模具，更不用说其相对较高的成本。

5. 有效力

这是可用于压缩土料的力，不论面积大小，可以任意使用。因此，压机制造商宣称的价值并不能传达出压机性能的准确信息。

6. 成型压力

它是理论上施加于土壤上的压力，用有效力与面积之比表示。

非常低的压力：1—2 兆帕

低压：2—4 兆帕

平均压力：4—6 兆帕

高压：6—10 兆帕

超压：10—20 兆帕

超大压力：20—40 兆帕及以上。

7. 可用压力

这是实际传递到土料上的压力，它可能与理论上的成型压力有很大不同。可用的压力取决于压力板在模具中的通过程度（或空间的减小程度）。可用压力根据压力板在模具中的行进位置而有所不同，在此处模具的空间会减小。在压缩冲程的每个点上，可用压力都不同，并且取决于能量传输的方式。每台压机都会产生一组特性曲线，对于手动压机，这些曲线会随着操作员的体重而变化；对于液压机，该曲线几乎平行于 x 轴。

8. 动态效果系数

在可用压力的静态测量与压机的实际操作之间存在一种惯性或动态效应，这种效应会从这种动量中受益。因此，手动杠杆压机的动态系数为 1.2，这会增加有效的可用压力。

9. 有效压力

这是在压缩循环结束时实际上传递到土料上的压力，它是压机运行的所有效果（即摩擦和惯性）的乘积。因此，在理想条件下，由小型杠杆压机（Cinva Ram）施加的有效压力在 1.5 和 2 兆帕之间，而文献中提到的压力高达 4.5 兆帕，给人的印象完全不正确。

10. 吸收压力

土壤在被压缩时会吸收有效压力，并且变得越来越难以压缩，内部摩擦和由于模具表面引起的摩擦会增加。因此，所吸收的压力会根据空间的减小和土壤的质量而变化。砾石土的吸收压力曲线高于细粒土。对于要压缩的土壤，可用压力必须高于吸收的压力，否则压缩循环将会终止。

11. 所需压力

压机的潜力是一回事，土壤的质量是另一回事，而用户的预算则是第三回事。块的质量随着压缩的增加而线性增加，但会达到一个极限，往往在 4 到 10 兆帕之间，在该极限值处渐近或在某些情况下开始下降。实际上,过高的成型压力可能会造成一些灾难性的后果（例如,发生脱层）。

12. 压缩比

未压实的土料在成型前的密度为 1000 至 1400 千克 / 立方米。压缩后的最低密度应为 1700 千克 / 立方米或在普氏标准压实值范围内。压缩比是模具在压缩之前的高度与在压缩之后达到最终密度所需的高度之比。对于手动杠杆压机，其值为 1.65，但理想情况下应等于 2。使用机械系统很少能达到该比率，但是手动或机械预压实可以弥补这一缺陷。

13. 压缩梯度

由于土料内部摩擦力和模具表面压力的增加，靠近压板的材料比相反一侧的材料受到更充分的压缩。质量的这种可变性取决于最终产品的厚度。为了获得高质量的块，低压时的高度必须限制为 9—10 厘米，超高压时的高度必须限制为 20—25 厘米。

14. 压缩方法

在简单静压的情况下，优质块体的成型厚度不应超过 10 厘米。同时施加在两侧的双重压缩则可以生产 20—25 厘米厚的块体。在块体的中间是压实程度最低的土料，该部分承受的力应最小。

15. 压缩速度

生产有时要求高速运行。但是，压缩速度有 1 到 2 秒的限制，低于此速度可能会发生贴层。

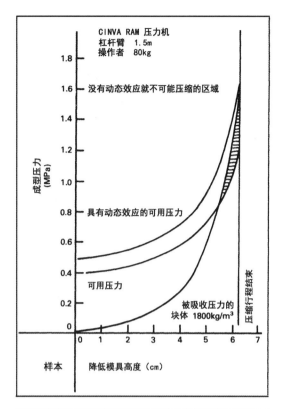

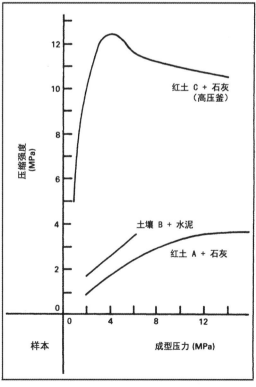

历史与发展

综合考虑，使用压机是种新兴的现象。以前，压缩土块是通过在模具中手动夯实来制造的，该技术源自夯土的经验。18世纪，法国人弗朗西斯·科恩特罗（François Cointeraux）设计了第一台压机，称为"Crécise"，该压机是基于葡萄酒压榨机的原理而设计的。当时他为自己发明了一种"新的砌墙土"而自豪。目前，人工打夯仍在进行，有时甚至是大规模的打夯。最近的一个例子是阿尔及利亚的农业村庄马德尔（Maadher）的建设。

直到20世纪初，压制土砖才实现机械化。第一次是用带有重盖（30公斤）的手动压机来完成，由于土壤过量，它们需要用很大的力才能盖上。这些设备甚至被机械化了。然后出现了带有机械夯的压机，这些压机是手动驱动的。这种类型的压机在市场上仍能找到，等待接受新理念对它的重新启用，尽管由于该系统固有的缺陷，尚未有成功案例。自20世纪初以来，压机制造商一直在设计利用静力的压机。该工艺用于制造烧结砖，在压缩土块的生产中或多或少也能适用。然而，该工艺的开发者未能对压缩比和可用压力进行相应的改变。直到1956年，第一台专门设计用于生产压缩土块的压机才进入市场。这是辛瓦夯土（Cinva-Ram）压机，是哥伦比亚波哥大美洲住房和规划中心（Cinva）工程师劳尔·拉米雷斯（Raul Ramirez）发明的，它席卷了国际市场。它最重要的优点是机械简单，手动操作和轻便。紧接着，许多其他压机成为辛纳夯土压机的竞争对手，20世纪60年代出现了机械、自动和液压压机。

到了20世纪70年代和80年代初，才出现了新的压机热潮，如今几乎每个月都出现新的观念。出现在市场上的一些压机巧妙地结合了通过振动和冲击压实进行动态压实的原理，并使用了部分筑路技术。振动压机在20世纪50年代已经用于某些建筑项目，例如在苏丹和布隆迪。之后，他们黯然失色，直到20世纪80年代才在法国重新出现。

市场概况

如今，新的压机制造商青睐液压机。掌握市场和富有经验的制造商喜欢开发坚固、简单、可靠、高效的小型机械压机。仅仅在十年甚至五年前，去采购压机都是一件困难的事情，但现在这已经成为过去。如今，压制设备的选择非常广泛，并且以从极低到极高的价格反映了各种技术趋势。不幸的是，这些机器并非都没有缺陷，因此建议购买者在进行选择和进行初步测试之前，应采取一定的谨慎态度。即使如此，我们也可以说，虽然压机是必不可少的工具，但土壤的选择更为重要。与用良好的压机压制质量较差的土料相比，宁可用中等的压机压制良好的土料，这句话至关重要。因为如今可以使用复杂的超高压压机，如果使用的土壤中等，在设备的质量和性能方面不会增加任何优势。眼下在评估市场时，应考虑以下趋势：

- 如今，越来越多的手工压机在发展中国家的小型工厂大量生产；

- 电动压机在发展中国家的市场份额与在工业化国家一样大；

- 在工业化国家，新业主 - 建造商市场和小型建筑承包商的需求刺激了小型现场生产设备的发展；

- 目前还不能肯定推广在现场生产的大型设备在经济上是否可行，因此这种推广将构成巨大的风险；

- 工业生产设备在工业化国家和一些较先进的发展中国家占有一定的市场份额；

- "完成即可投入使用生产线"工厂存在巨大的风险，除了少数例外情况外，它们在大多数工业国中似乎并不比在发展中国家中更可行。

动力来源	大小	系统 动力传输	压缩行为	压缩类型分类	压缩类型	成型压力	特征 重量(kg)	按日产量(29.5/14/9)	价格范围(US$)
手工的	轻	机械的	静态的	1	手动压机	非常低	50 to 100	300 to 800	750 to 3 200
	轻	液压的	静态的	2	手动压机	超级	30 to 150	300 to 400	3 200 to 6 400
	重	机械的	静态的	3	手动压机	低	200 to 500	400 to 1 000	1 800 to 3 600
机动的	轻	机械的	静态的	4	电动压机	低至中等	400 to 1 500	800 to 3 000	12 700 to 25 500
	轻	液压的	静态的	5	电动压机	低至中等	400 to 1 500	800 to 2 000	12 700 to 82 000
	轻	机械的	静态的	6	移动生产单位	低至中等	1 500 to 2 000	800 to 3 000	12 700 to 25 500
	重	液压的	静态的	7	移动生产单位	低至中等	2 000 to 4 000	800 to 3 000	32 000 to 109 000
	重	机械的	静态的	8	移动生产单位	低	4 000 to 6 000	2 000 to 15 000	64 000 to 109 000
	重	液压的和机械的	静态的和动态的	9	工业产品	低至超级	4 000 to 6 000	1 500 to 7 500	82 000 to 182 000
	重	液压的	静态的	10	工业产品	低至超级	2 000 to 30 000	3 000 to 50 000	109 000 to 2 700 000
	重	液压的和机械的	动态的	11	工业产品	低	6 000 to 30 000	10 000 to 50 000	182 000 to 2 700 000

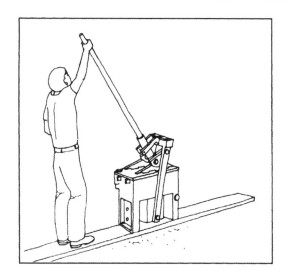

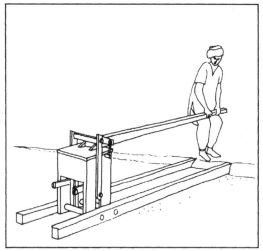

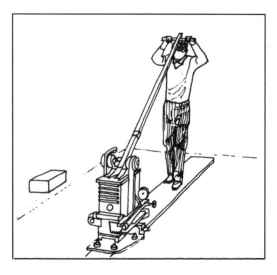

轻型压机

类型 1：机械压机

辛瓦夯土（Cinva-Ram）型压机的优势显而易见。它们重量轻，较坚固，成本低并且易于生产和维修。它们的主要缺点如下：磨损过早（连接环），只具备一个成型模块，施加压力低，输出功率低。但是，它们是市场上同类压机中最好的类型之一，通常模仿他们的那些机器都会磨损迅速，模仿者并不能很好地理解辛瓦夯土压机的工作原理。尽管如此，这种压机还有改进空间，以下是设计人员提出的一些改进建议：将盖板连接到杠杆（Tek-Block），更好的脱模（Stevin，Ceneema），更大的成型深度（Ait Ourir），更好地传递能量（Dart-Ram），折叠式翻盖（Meili），标准钢型材（Unata），双重压紧行为（C + BI），间隔模具（MRCI），生产穿孔砖（Cetaram）。这些技术改进的最终目的还在于改进生产过程，据分析，这一过程相对独立于压机的生产过程之外。实际上，生产在很大程度上取决于工作的组织方式，人员的报酬方式和当时的工作传统。因此，辛瓦夯土压机或类似压机的平均产量为 300 块／天，尽管可以提高到 1200 块／天。这些压机现在在许多国家／地区生产，包括美国、法国、瑞士、比利时、喀麦隆、赞比亚、坦桑尼亚、哥伦比亚、新西兰、布基纳法索、摩洛哥等。

类型 2：液压压机

一台小型压机，布雷帕克（Brepak），是对辛瓦夯土的重大改进。它由英国建筑研究院（BRE）创建，由 Multi-Bloc 销售。用液压活塞代替辛瓦的旋转杆系统，使其能够达到 10 兆帕的压力。所得块体的尺寸与使用辛瓦制成的块体相同，但密度约高 20％。超高压意味着它适用于压实高度膨胀的土壤，例如黑色棉质土壤。

重型压机

类型 3：机械压机

它们能产生大于最小 2 兆帕阈值的压力。这些压机坚固、不易磨损、易于操作和维护，它们具有可互换的模具。这些机器的折叠式翻盖可以进行预压实，从而免除了从压机一侧到另一侧地来回运动。这种机器的设计使绕压机进行的工作有了更好的组织。另一方面，这些压机很重，价格高达辛瓦压机或类似机器的七倍，尽管成品的最终价格实际上是相同的。它们是可靠、可盈利的。特斯塔拉姆（Terstaram）或称塞拉曼（Ceraman）是由制砖工业发展而来，最初以斯塔比布洛克（Stabibloc）、S.M. 等名称在南非兰特克里特（Landcrete）销售。现在，它的生产在比利时和塞内加尔进行，不久之后还将在其他非洲国家制造。并非所有型号都具有相同的质量。投机行为影响了销售，一些型号的售价往往是原来价格的 6 到 10 倍。

"艾尔森土块大师"（Ellson Blockmaster）是在印度制造的，还有其他同类型的型号，例如，仅在秘鲁进行完善和生产的卡戴（CRATerre）压机，以及由瑞士苏黎世理工学院进行设计的萨图尼亚（Saturnia），而由墨西哥特鲁巴（Trueba）开发的尤亚（Yuya）则适用于生产联锁块。

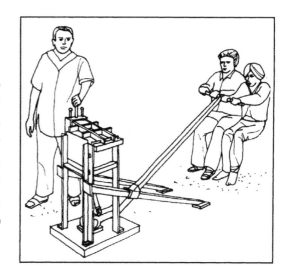

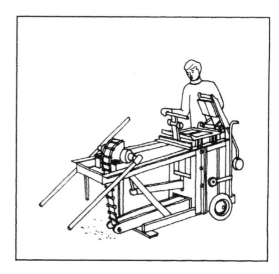

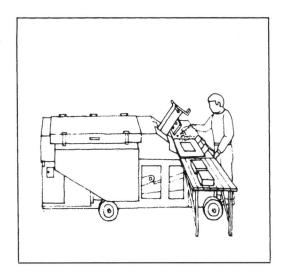

类型 4：机械压机

它们代表了新一代压机，这些压机目前在市场上都有售，并且注定前景广阔。尽管它们的成本约为重型手动压机的四到七倍，但其经济可行性仍然很高。这些压机中的一些，例如半特斯塔拉姆（Semi-Terstamatic），是重型手动压机的衍生产品，并从旧型号的压机中吸取了经验教训。半特斯塔拉姆曾经在市场上以商品名马乔（Majo）和 LP9（兰特克里特型）进行销售。电动机械压机可分属两类：一类是具有固定工作台和单一模具，简单而坚固的机械压机；另一类是具有旋转板和多个模具（三或四个），在一定条件下可以提高生产率的机械压机。在第一种情况下，压机可以快速、廉价地更换模具，而使用旋转板更换模具则需要花费更多时间，并且成本更高。这些工作台可以用手（帕克特 500 型 Pact 500）来翻动——这是一个令人厌烦的操作——也可以用机械来翻动。后一种系统需要更复杂的机制和更多的能量（塞拉曼型）。使用单个模具的系统可以通过降低盖子实现动态预压缩，这具有显著的优势。通过调节位于进给位置和压紧位置之间的锥形预压实辊，实现转台压机的预压实。土料的平面应略高于模具侧面，并且只有在压机配备了进料斗时才能实现。这类压机的设计人员遇到了重大问题，并且这些问题在压机投放市场时仍未解决：在任何情况下，土料都不能进入敏感区域而干扰机器的功能；必须确保机器的安全运行，以免损坏机器；压机不允许反向运行，如果将电动机反向安装会发生这种情况；当有效压力小于所需压力时（例如，当模具中的土太多时），压机将阻塞；移除一半的压实砖会减慢生产速度。因此，压机应配备一个补偿弹簧和一个电机释放系统。

最后，这些压机的设计应该让用户可以选择电动机、内燃机或其他类型的马达。这些压机很大程度上依赖于筛分、配比和混合的上游生产操作。

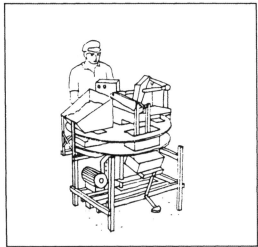

类型 5：液压压机

这些是能够实现中等产量并且价格相当高的单独式压机。液压压机曾在 20 世纪 50 年代一度流行，但很快就从市场上消失了（例如 Winget，仅售出了 125 台）。20 世纪 70 年代推出了相同类型的新压机，但它们的可靠性备受争议，这类机器得到的用户反馈是好坏参半的。尽管如此，由于活塞的功能及其紧凑性，液压系统具有长冲程的优点，因此，可以实现等于或大于 2 的压缩比，这些系统可以很容易地调整以适应土壤的组合。它们也可以配有料斗，这是实现自动化的第一步。此外，与陶博（Tob）型压机一样，使用液压压机可以很容易地进行双重压实。然而，液压机也确实会引发一些自身的问题，例如精密的液压泵。除此之外，如果旋转板也采用液压驱动，则储油罐的容积应至少为 200 升。尽管有如此大量的油，但在热带气候中，流体的温度仍会迅速升高至 70℃以上。如果想要所有液压部件都能正常工作，那么这是可接受的最高温度，那些可以承受 120℃的液压部件除外，但是如果发生故障则很难更换。替代方案是使设备变换成为更复杂的油冷却系统，这个油需要按时更换，而且不是随时可以找到。这些压机在适当的情况下（例如在技术先进的环境中）可能工作良好，但在农村地区，甚至在发展中国家城市的郊区，它们的表现通常很差。这种类型的压机已经制造了很多型号，并且在市场看得到稳定的型号出现和消失的情况。他们很少被认为是可靠的。许多国家生产这类设备，包括比利时、法国、美国和巴西。

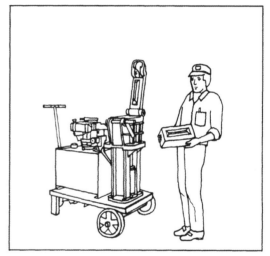

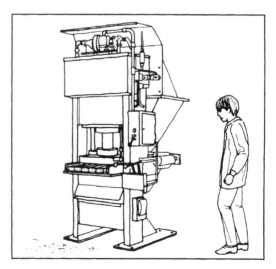

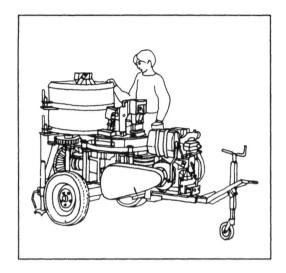

电动压机通常需要对上游工艺进行大型机械化。因此，设计师的研究参照是把工厂的所有设备整合成自成一体的机器，这相当准确地反映了当前的生产趋势。然而，尽管成本可以接受，但是自成一体的机器的经济可行性仍然是一个问题。因为它们并非都以相同的方式运行，而且所有条件都必须是最佳的。即使在工业化国家，这些机器也在非常紧张的经济条件下运转。在发展中国家，它们通常性价比较低。

轻型机

它们提供了在工业化国家和发展中国家城市地区开拓全新市场的优势，即出租给自己动手的建筑商。的确，这些机器可以以较低的价格在整个生产期间租用。即便如此，这种类型的机器仍然存在一些缺陷，这主要是由于已经组合在一起的不同类型的设备之间缺乏集成。应努力使这些机器的产出和成本与它们所集成的不同生产阶段相协调。

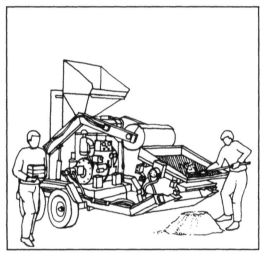

类型 6：机械压机

目前，在瑞士制造的梅利（Meili）型号是此类压机市场上的唯一实例，此类单元的种类不多，到目前为止，市场上还没有完全集成的单元，粉碎机仍然存在缺陷。

类型 7：液压压机

土夯（Earth Ram）（美国）、克鲁 2000（Clu 2000）和克鲁 3000（Clu 3000）是这类机器的众多型号中的少数几个。这些机器有时会根据常备的机型进行改装。它的设计原理很吸引人，但成本计算表明，在大型建筑工地上，单独购买生产要素（粉碎机，混合机，压机）更为经济，未集成的设备效率并不低，并且集成的设备是否更方便尚不清楚。

重型机

一些较大的制造商已经提出了一种完全可移动的生产机型的想法，它可以被带到任何地方，但是非常大且重。相应的年产量很高。该工厂大致对应于类型 7，目前有使用超压缩的趋势。迄今为止，这种类型的产品只生产了几台，这些压机的经济可行性尚待证明，在购买它们之前应该对市场进行充分的调查。

类型 8：机械压机

目前已知的整体机型只有这一种。它的设计是基于组合所有现有的生产单位，将它们安装在一个单一的底盘上，被称为"综合压机"（Unipress）。该设备通常用于生产烧结砖，在埃及尝试将其用于压缩砖生产时遇到了一些主要的但并非完全不可逾越的障碍，这个设备很强大。

类型 9：液压压机

这些被认为是通用的机器，但实际上在市场上找到的型号——美国的艾尼布莱克（AI Niblack）和法国的特罗克（Teroc）——从各方面考虑，应用范围相当有限。这些机型未配备粉碎机或筛网。沉积在料斗中的土料，通过重力用一个综合比例系统的稳定器进行预混，然后通过传送带输送到搅拌机中进行干湿混合。储料斗将土料分发在模具内，然后进行超压缩，再自动以块状弹出，这些机型设置了不能用于生产空心块或多孔块的滑模系统。由于成本高昂，且产量中等，它们的未来似乎仅限于有限的市场。

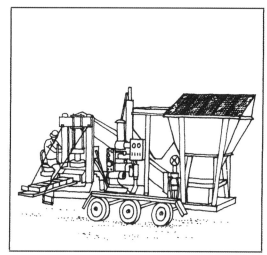

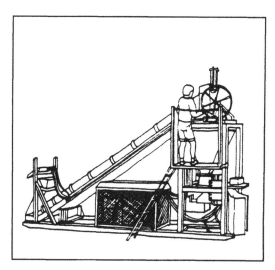

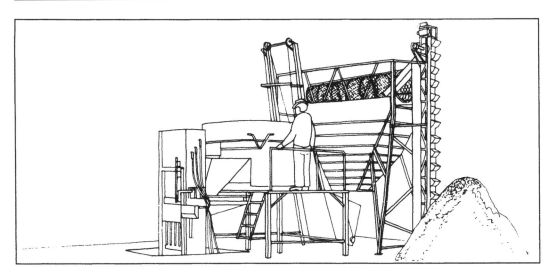

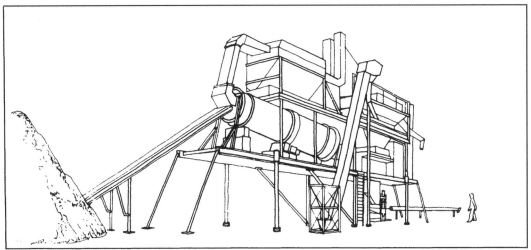

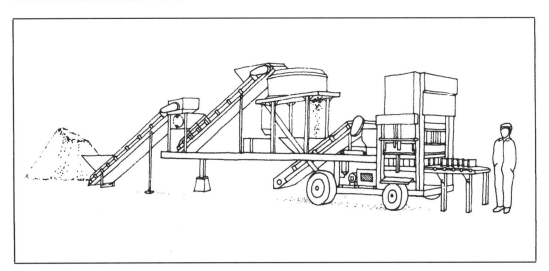

多年来，市场上已经出现了尺寸有限但功能齐全的全套固定式工业生产机。这些工业机以单静态压缩或双静态压缩或动态压缩原理运行。他们可以生产的产品囊括了几乎所有其他压机都能生产的小块。因此，生产清单囊括了所有形式的混凝土块和使用稳定的土料制成的烧结砖，包括空心砌块和多孔砖。该生产设备仅打算用于有限的市场，只有大规模的建设计划才能确保所涉及的投资能够收回，并且使得生产砖块的成本大大降低。目前在巴西、墨西哥、阿尔及利亚、加蓬和尼日利亚等国家和地区使用这种压机。

类型 10：液压压机

全自动液压工业机有多种尺寸。在小范围内，诸如赛拉马斯特（Ceramaster）（在比利时制造）之类的设备相当紧凑，这种类型仍处于样机阶段。像巴西的卢克索（Luxor）或之前的特克摩尔（Tecmor）这样中等规模的机型已经过翻新，可以轻松适应生产技术。他们使用双重压缩。最后，最重的液压工业压机是名副其实的全套设备，有几种尺寸可供选择。今天看来，世界上似乎只有少数几台设备在运作，在这些工业机的运行过程中都存在相当大的保密性。丹麦的拉托雷克斯（Latorex）和德国的克鲁普（Krupp）这两种机型分别采用了基于熟石灰和生石灰的稳定化工艺。在这两种情况下，该技术都与石灰硅砖行业的技术有很多共同之处。施加的压力在超高压和高压范围内。这些块在全自动操作的高压容器中干燥。在尼日利亚和菲律宾，这种重型液压工业设备遇到了较大问题。实际上，已开发的技术非常复杂，需要对工作的组织进行完美的技术控制和监督。

类型 11：液压和机械组合压机

它们相当于真正的全自动工厂。其中一个的原型目前正在法国运转，在里昂附近的阿博岛建造实验性的"生土村"。这些压机是从混凝土砌块压机改造而来，该工艺结合了机械振动和液压压实技术，这意味着在高频低振幅（1.5—2 毫米）下的振动和在 0.2—11 兆帕低压下的液压压缩，振动频率和压实压力可以调节以匹配土壤。生产过程包括以下操作：从框格中填充模具，振动，降低柱塞，升高模具，通过撤回柱塞从模具中取出物料，在传送带上取出完成的产品。整个过程的持续时间约为 40 秒。这种压机可以每天产出 1000—1500 块空心块（20×20×40 或 50）或每天 2000—2500 个实心块。相对于生产混凝土砌块的效率，这大约低了 50％。这些压机的平稳运行还需要适当的技术环境以及训练有素、经验丰富的操作员和维护人员。目前正在出现规模缩小的趋势，市场上也有一些压机不是基于振动压实，而是基于锤击。然而，他们的产出是有问题的。

目前，用土建造正在变得越来越工业化，这一趋势反映在所采用的技术和所发展的机械化程度上。同样的道理也适用于数量庞大的商用建筑产品和部件，它与陶瓷和混凝土砌块行业的数量相仿。这种土壤工业化的趋势是最近才出现的，始于 20 世纪 60 年代。预制工厂作为产品交付的生产单位，其复杂程度可与最先进的工厂生产其他建筑材料的过程相媲美。

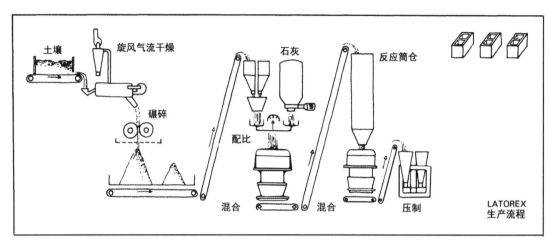

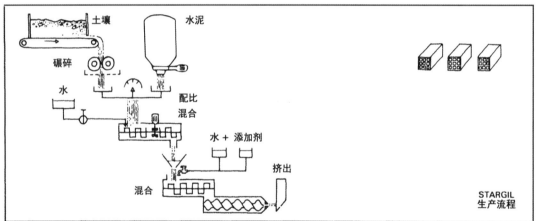

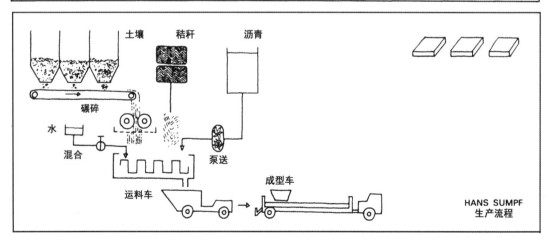

适用于当前市场的土壤工业化的主要产品，一方面包括压缩的土块，实心和空心以及各种形状，另一方面包括挤出砖和用沥青稳定处理的土砖（asphadobe 或 bitudobe）。这些产品被设计成建筑物的常用构件，用于墙体和地板，以及墙面、装饰、地板覆盖物和表面的修整工作。对制造设备和稳定性的广泛研究表明，随着真正的"土壤"行业的建立越来越近，对其应用的范围还将进一步普及。

压缩土砖

这类产品中最具代表性的工厂是拉托雷克斯（Latorex）和克鲁普（Krupp）集团，该制造工艺已被石灰硅砖工业采用，使用的基本原料是红土、稳定剂是石灰。这些工厂旨在优化每个生产阶段，即干燥原料、称量、混合、与稳定剂的反应、粉碎、压缩、在高压容器中固化以及最终干燥和存储。

产地	丹麦
集团	LATOREX
投资额	US$800,000
产出	5 吨/小时

挤出土砖

用挤压土来制造空心和穿孔组件已经建立起了操作基础。该方法主要在法国雷恩的 INSA（研发了斯塔吉尔 Stargil 机型）和 CTTB（研发了西马克斯 Simarex 机型）研发。除了窑炉和人工干燥室外，挤压工厂还使用了现代砖瓦厂中的所有设施。将土料与水泥混合以形成基础浆料，并向其中添加增塑剂（糖蜜），这种浆料被抽出、挤压并转化为多孔砖。与烧过的砖相比，不烧的砖可以节能 40%—65%。

产地	法国
集团	CHAFFOTEAU & MAURY
投资额	US$2,500,000
产出	7 吨/小时

沥青土砖

用沥青稳定的土坯砖的制造已成为高度机械化的过程，尤其是在美国。加利福尼亚州弗雷斯诺（Fresno）市的汉斯·松普夫（Hans Sumpf）工厂是此类工厂中最著名的一家，已经运营了数十年，砌块机每天可生产10,000 至 20,000 块，上游生产是完全自动化的。这种类型的生产机器正在激增，甚至已经出口（苏丹）。

产地	美国
集团	HANS SUMPF CORPORATION
投资额	US$750,000
产出	20 吨/小时

有人指出，在有关用土建造的各种讨论中，普遍倾向于过分简化事情。按照这种简单化的观点，只需挖土，压缩或塑形土料即可，仅此而已。这样的解释可能会满足初学者的要求，但绝不能欺骗他，并且在服务大型项目时必须明

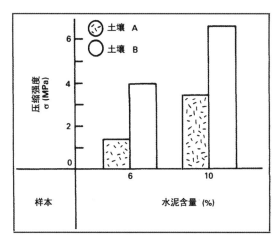

1. 选择土壤

正确选择甚至改良土壤可获得的产品质量远远优于普通土壤。同样，当使用级配良好的土壤时，可以优化稳定性，这意味着与级配不良的土壤相比，所需稳定剂的百分比要低得多。普通土壤的稳定化既不应视为理想的解决方案，也不应视为奇迹。获得良好的土壤并不总意味着需要长距离取土。但是，它确实意味着能够识别本地可用的最佳土壤。

2. 粉碎

由于粉碎操作优化了稳定剂的配比，从而促进了生产，并使产品具有经济性，因此，它对于制造稳定的压缩土块至关重要。

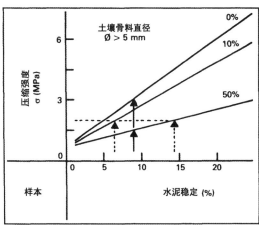

3. 混合时间

根据所使用的设备或混合技术，混合操作的持续时间会发生很大变化。事实一再证明，遵守最短的混合时间至关重要。例如，水泥稳定土块的最少混合时间在三到四分钟之间，如果时间更短，则有可能会损失 20％ 的稳定效果。关于沥青稳定的土坯，存在最佳的混合时间，在该时间以上或以下，稳定剂的效力会大大降低。

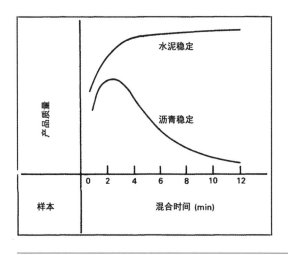

确拒绝这种观点。应该指出的是，生产参数对产品的质量、产量和操作经济性有相当大的影响，优化生产对于产品的经济可行性和可接受性至关重要。这并不一定意味着答案在于机械化、复杂的技术或密集的投资。更重要的是专门知识，它并不总是经验的结果，而更多的是训练的结果。

4. 留置时间

混合和成型之间的时间非常重要。例如，在使用水泥稳定的混凝土砌块的情况下，如果留置时间未降至最短，则存在水泥可能过早凝固的危险，从而导致形成骨料并对砌块的机械阻力产生不利的影响，延迟一到两个小时可能会导致产品质量下降一半。相反，在石灰稳定的情况下，由于石灰与空气的反应缓慢，较长的留置时间则能提高砌块的质量。留置时间在生产过程的组织中起着重要作用。

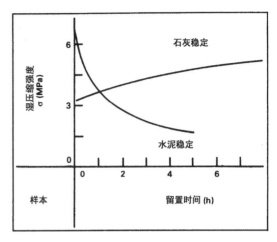

5. 成型方法

材料的极限变形强度（接近5%）在很大程度上取决于成型和压实的方法。在某些情况下，与使用柱塞手工成型相比，在压机中成型可使变形强度增加5倍，而在其他情况下，通过揉捏成型可以得到更好的效果。因此，用恰当的标准选择正确的成型技术是很重要的。

6. 干燥方法

众所周知，如果干燥条件差，水泥稳定度低的砖块质量会急剧下降。如果砖块被高效稳定，则几乎可以保留三分之二的有效抵抗力。另一方面，在最佳的干燥条件下，使用一半的水泥可以达到相同的质量，当使用石灰进行稳定时，这些条件将发挥更大的作用，太多的砖厂对干燥阶段不够重视。

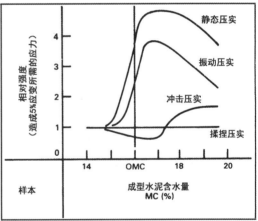

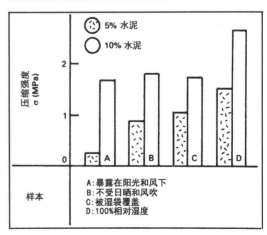

[1] ADETEN. *Etude et Expérimentation de la Construction en Terre à Vigneu* [R]. Grenoble, UPAG, 1976.

[2] AGRA. *Recherche Terre* [R]. Grenoble: AGRA, 1983.

[3] AGRA. *Recommandations pour la Conception des Bâtiments du Village Terre* [R]. Grenoble: AGRA, 1982.

[4] ALTECH. *Catalog* [R], 1984.

[5] AN. *Adobe Solar Project* [R]. China Valley.

[6] AN. *Manual Prático de Construção com Solo-cimento* [R]. Salvador: CEPED, 1978.

[7] AN. 'New portable adobe making machine now on the market.' In *Adobe News* [N], Albuquerque: Adobe News, 1980.

[8] ANKER, A. *Naturbauweisen* [M]. Berlin: Deutsche Landbuchhandlung, 1919.

[9] ATELIER NORD (Platbrood), *Catalog* [R], 1984.

[10] BARRIÈRE, P. et al. Optimisation de la Mise en Œuvre du Pisé. *Clermont-Ferrand* [R], Université Clermont II, 1979.

[11] BOGLER. 'Lehmbauten unter Verwendung von Trümmersplitt'. In *Naturbauweisen* [J], Berlin, 1948.

[12] CERATEC. *Catalog* [R], 1984.

[13] CINVA-RAM. *Catalog* [R], 1968.

[14] CINVA. *Experiencas sobre Vivienda Rural en Brasil* [R]. Bogota: CINVA, 1961.

[15] COLZANI, J.H.; 'Archéco'. *Tob System* [OL]. Priv. com. Toulouse, 1983.

[16] COMET OPERA. *Catalog* [R], 1974.

[17] CONSOLID AG. *Catalog* [R], 1983.

[18] COUDERC, L. Priv. com. Pierrelatte, 1980.

[19] CRATERRE. 'Casas de tierra'. In *Minka* [J], Huankayo: Grupo Talpuy, 1982.

[20] CTBI. *Catalog* [R], 1984.

[21] DANSOU, A. 'La terre stabilisée, matériau de construction'. In *Bulletin d' Information* [J], Lome: Centre de construction et du logement, 1975.

[22] DOAT, P. et al. *Construire en terre* [M]. Paris: Editions Alternatives et Parallèles, 1979.

[23] DYNAPAC. *Catalog* [R], 1982.

[24] ELLSON. *Catalog* [R], 1978.

[25] FAUTH, W. *Der praktische Lehmbau* [M]. Singen-Hohentwiel: Weber, 1948.

[26] FERNANDEZ-FANJUL, A. *Rapport pour une meilleure Connaissance du Comportement et de l' Utilisation du Geo-béton* [M]. Abidjan: LBTP, 1974.

[27] FREY, R.P.; SIMPSON, C.T. *Rammed Earth Construction* [R]. Saskatoon: University of Saskatchewan. 1944.

[28] GONÁLEZ, J.M.V. *La Tierra Estabilizada su Utilización en la Producción de Componentes para la Construcción* [M]. Panamá: CEFIDA, 1980.

[29] GRAVELY. *Catalog* [R], 1983.

[30] GTZ. Priv. com. Eschborn, 1983.

[31] GUILLAUD, H. *Histoire et Actualité de la Construction en Terre* [M]. Marseille: UPA Marseille-Luminy, 1980.

[32] GUMBAU, J. Priv. com. 1983.

[33] HAYS, A. De la Terre pour Bâtir. *Manuel pratique* [M]. Grenoble: UPAG. 1979.

[34] HELLWIG, F. *Der Lehmbau* [M]. Leipzig:Hachmeister und Thal, 1920.

[35] INTERNATIONAL INSTITUTE OF HOUSING TECHNOLOGY. *The Manufacture of Asphalt Emulsion Stabilized Soil Bricks and Brick Maker' s Manual* [S]. Fresno: IIHT, 1972.

[36] ITDG. *IT workshops product information sheet* [R]. ITDG, 1983.

[37] KAHANE, J. *Local Materials. A self builder' s manual* [M]. London: Publication Distribution Co-operative, 1978.

[38] KERN, K. *The Owner Built Home* [M]. New York: Charles Scribner' s Sons, 1975.

[39] KÜNTSEL, C. *Lehmbauten* [M]. Berlin: Reichsnährsthand, 1919.

[40] LA MÉCAIQUE RÉGIONALE. *Catalog* [R], 1983.

[41] LATOREX. *Catalog* [R], 1983.

[42] LES ATELIER DE VILLERS-PERWIN. *Catalog* [R], 1977.

[43] LINER. *Catalog* [R], 1974.

[44] LUNT, M.G. 'Stabilised soil blocks for building'. In *Overseas Building Notes* [J], Garston: BRE, 1980.

[45] LUXOR. *Catalog* [R], 1984.

[46] LYON, J.; LUMPKINS, W. *Large Scale Manufacturing of Stabilized Adobe Brick* [R], Los Alamos: Self Help Inc, 1969.

[47] MAGGIOLO, R. *Construcción con Tierra* [S]. Lima:Comissión ejecutiva inter-ministerial de cooperacion popular, 1964.

[48] MARKUS, T.A. et al. *Stabilised Soil* [R]. Glasgow: University of Strathclyde, 1979.

[49] MEILI. *Catalog* [R], 1983.

[50] MEYNADIER. *Catalog* [R], 1981.

[51] MILLER, L.A. & D.J. *Manual for Building a Rammed Earth Wall* [S]. Greeley: RE Ⅱ, 1980.

[52] MILLER, T. et al. *Lehmbaufibel* [M]. Weimar: Forschungsgemeinschaften Hochschule, 1947.

[53] Minke, G. *Alternatives Bauen* [M]. Kassel: Gesamthochschul-Bibliotek, 1980.

[54] MORANDO. *Catalog* [R], 1977.

[55] MORIARTY, J.P. et al. 'Emploi du pisé dans l'habitat économique'. In *Bâtiment International* [J], Paris: CIB, 1975.

[56] MTD. *Catalog* [R], 1982.

[57] MULLER. *Catalog* [R], 1979.

[58] MUSICK, S.P. *The Caliche Report* [R]. Austin: Center for maximum potential, 1979.

[59] PERIN, A. Priv. com. Marseille, 1983.

[60] PLINY FISK. 'Earth block manufacturing and construction techniques'. *2nd Regional Conference on Earthen Building Materials* [C], Tucson: University of Arizona, 1982.

[61] POLLACK, E.; RICHTER, E. *Technik des Lehmbaues* [M]. Berlin: Verlag Technik, 1952.

[62] PPB SARET. *Catalog* [R], 1983.

[63] PROCTOR, R.L. *Earth Systems* [OL]. Priv. com. Corrales, 1984.

[64] QUIXOTE. *Catalog* [R], 1982.

[65] REUTER, K. *Lehmstakbau als Beispiel wirtschaftlichen Heimstättenbaues* [R]. In Bauwelt, 1920.

[66] RIEDTER. *Catalog* [R], 1983.

[67] RITGEN, O. *Volkswohnungen und Lehmbau* [M]. Berlin: Wilhelm Ernst und Sohn, 1920.

[68] ROCK. *Catalog* [R], 1978.

[69] SEREY, Ph.; SIMMONET, J. Etude de la Presse Cinva-Ram, *Étude de l'Injluence de la Compaction sur la Qualité du Géobéton* [M]. Abidjan: LBTP, 1974.

[70] SHAABAN, A.C.; AI JAWADI, M. *Construction of Load Bearing Soil Cement Wall* [M]. Baghdad: BRC. 1973.

[71] SIMONNET, J. *Définition d'un Cahier des Charges pour la Conception d'une Presse Manuelle à Géobéton Destinée à la Côte d'Ivoire* [M]. Abidjan, LBTP, 1983.

[72] SMITH, E. *Adobe bricks in New Mexico* [R]. Socorro: New Mexico Bureau of Mines and Mineral Resources, 1982.

[73] SONKE, J.J. *De Noppensteen* [M]. Amsterdam: TOOL, 1977.

[74] SOUEN. *Catalog* [R]. 1983.

[75] SULZER, H. D.; MEIER, T. *Economical housing for developing countries* [M]. Basle: Prognos, 1978.

[76] TECOMORE. *Catalog* [R], 1982.

[77] TIBBETS, J.M. 'The pressed block controversy'. In *Adobe Today* [J], Albuquerque: Adobe News, 1982.

[78] TORSA. *Catalog* [R], 1978.

[79] TRUEBA, G. Priv. com. Mexico, 1983.

[80] VENKATARAMA REDDY, B.V.; JAGADISH, K.S. *Pressed Soil Blocks for Low-cost Buildings* [M]. Bangalore: ASTRA, 1983.

[81] WEBB, D.J.T. 'Stabilized soil construction in Kenya'. In *Colloque L'habitat économique dans les PED* [C], Paris: Presses Ponts et Chaussees, 1983.

[82] WEBB, D.J.T.; *BRE* [OL]. Priv. com. Garston, 1983.

[83] WILLIAMS-ELLIS, C.; EASTWICK-FIELD, J. & E. Building in Earth, *Pisé and Stabilized Earth* [M]. London: Country Life, 1947.

[84] WOLFE, A. *Tallahassee* [OL]. Priv. com. Florida A & M university.

法国埃斯科菲耶城堡，传统夯土结构

于贝尔·圭劳德（Hubert Guillaud），卡戴生土建筑国际研究中心（CRATerre-EAG）

10. 设计导则

生土结构可能会暴露在恶劣的天气中，这是导致这些结构退化的主要危险之一。

仔细研究世界各地的传统生土建筑，可以发现建筑师在保护暴露于水侵蚀风险下的结构耐久性方面的能力。

它们属于行业技巧，具有独创而巧妙的结构系统，其有效性通常非常出色。但是，如今这些技巧经常被现代建造者遗忘、误解或忽略，这些传统的技艺往往没有保留下来，因为它们没有被注意到。

目前，由于遗忘或缺乏传统技术，生土建筑的质量已大大下降。另一方面，由于经济环境和技术的变化，过去可能适用的某些解决方案已不再可行。

如今，需要定期维护的技术经常受到忽视，在当代语境下，这是不可接受的。

即便如此，对于因土壤本身的性质而产生的问题，如其固有的脆弱性和保护性，已经有很多解决方案。可能的解决方案太多，以至于更大的问题是如何做出好的选择。

所选的解决方案首先应满足可快速做出决定的条件，同时提供相关且经济的解决方案，从而保证生土建筑的安全性和耐用性。

建筑物中出现水

与其他类型的结构相比，那些用土建造的结构特别容易受到水的影响。当水靠近建筑物或渗入建筑物时，建筑物会变得不舒适，甚至不健康，并有迅速恶化的危险。

水若要起作用，必须同时具备以下三种条件：

1. 建筑物表面必须有水；

2. 表面必须有一个开口，如裂缝或窗户，让水进入；

3. 一定存在一个力——压力、重力或毛细作用——促使水进入孔内。

消除水引起的有害作用，可以确保结构保持健康，并减少由于长期潮湿而导致建筑物破败的风险。但是，这并不总是那么容易，可以通过建立良好的基础和基层，保护墙体的顶部并降低冷凝敏感性来减少水对墙体的作用。通过定期维护建筑物的外表层，也可以消除裂缝和水经过墙体表面的可能路径。但是，决不能使土墙的表面不透水，因为必须允许它们呼吸，并且能让水蒸气可以穿越。也可以直接作用在渗透力上，但是这种作用是微妙的，例如取决于材料的毛细现象。

最好的策略也是最有效的方法，就是使水远离建筑物的易损部分，即土墙。当牢记这一点时，德文郡那句谚语"所有的垛泥墙都想要一顶好帽子和一双好鞋"的含义就变得清晰起来。事实上，这个关于如何装饰房屋的建议是一个很好的基本公式，它能给高质量的生土建筑提供保障，避免长期遭受潮湿困扰。撞击到墙体表面的水（如雨水），如果能够马上蒸发，就不会带来特别严重的后果。然而，当水已经渗入墙内并在那里积聚时，情况确实会变得非常严重。

注意事项

对于生土结构，采用一种良好的设计和施工方法，可以避免典型的长期受潮问题。实际上，这是"了解如何正确构建生土结构"的问题。然而，与增加建筑物对水的抵抗力的正确方法相反，为了增加"土"对水的抵抗力（对材料的过度保护），有一种对建筑物进行包覆的不良趋势。水以水滴形式带来的最典型影响可以通概括为：冲击、径流、静止、吸收、渗透、飞溅。潮湿是水作用的第二阶段，它以更糟糕的方式起作用，即渗透性和毛细作用。随着材料孔隙率的增加，这些影响变得更加明显。

生土结构中最脆弱、最容易受到水的侵害和潮湿影响的是：

- 墙的底部；
- 墙的顶部。

还有其他局部的弱点，例如窗侧的开口、露台的女儿墙、滴水槽，以及不同材料之间（例如土与木之间）的结合处。这些是需要特别保护和定期维护的重点。

机制与效果

1. **基础** 墙根底部的毛细上升始于地基，其起因有几个，例如地下水位的季节性变化，灌木根部滞留的水，下水道有缺陷，建筑物缺少排水装置，墙体底部的积水等。持续的潮湿会削弱墙体的底部。当材料从固态转变为塑性态时，墙体不能再承受载荷，从而增加了坍塌的可能性。潮湿有利于盐类（如氯化钠（NaC1）、硫酸钙（CaSO4）和硫酸钠（NaSO4））的风化，材料被侵蚀并形成空洞。潮湿条件下吸引的昆虫和啮齿动物会进一步破坏墙体。

2. **基层** 在地面以上的地方，墙体的底部可能由于以下任何原因而被侵蚀：滴水槽溅出的水，过往车辆溅起的水，室内地板的清洗，表面结露（晨露），墙脚下的径流（排水沟太靠近墙），表面不透水（阻水通道或墙面封闭），防止蒸发或促进土墙与防水层之间的凝结，寄生菌丛（苔藓）的生长和风化。

3. **墙体** 水通过结构裂缝（沉降、剪切）和收缩裂缝渗透，这些裂缝是由反复的干湿循环、模板卡箍留下的未填充的孔洞和存在缺陷的灰浆接缝造成的，即毛细作用和墙体空心化。

4. 水从窗侧和土墙（支撑、过梁），以及墙体与土壤、窗框与土壤的接缝处渗透进来：局部恶化。

5. 雨水和温度变化会导致材料分解：黏土被洗掉，降低了土壤的内聚力。

6. 当土墙被一种能阻止水蒸气穿透的抹灰物保护时，墙体的冷表面的凝结（夏季室内墙；冬季的外墙）或墙体与抹灰之间的凝结会使墙体恶化。

7. 水可能会渗入地板或屋顶梁穿过土墙的位置。

8. 水会进入设计不良的滴水槽穿过墙体的位置，在它们进出墙体的两端接头未做保护。堆积的土会堵塞滴水槽，导致积水，吸收和毛细作用。

9. 没有顶盖保护的女儿墙，或开裂或覆有缺陷抹灰的女儿墙，会促使水的流失和渗入。放置在女儿墙旁的物体（例如需要浇水的植物）和排水不畅的露台会导致积水和潮湿。

10. 破碎的露台和损坏的表面会助力水的渗透。

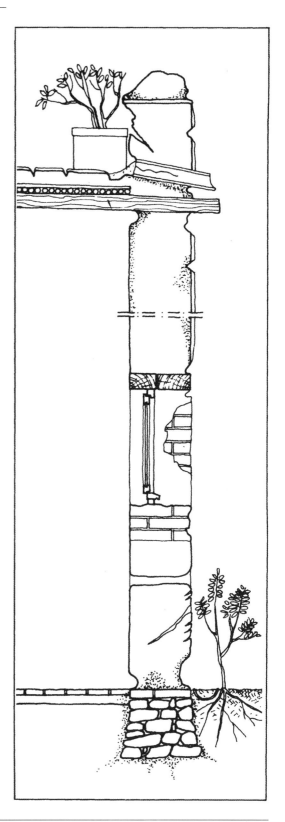

与所有建筑物一样，那些用土建造的建筑物也可能会受到结构缺陷的影响，这些缺陷有时会造成不可逆的破坏。使用土壤作为建筑材料需要严格遵守材料和建造系统的良好实践规范。但是，结构缺陷可能是与土壤本身无关的原因造成的。可能包括与场地有关的问题，例如，沉降和滑坡、自然灾害、地震和飓风，这些都会对结构产生非常严重的影响，特别是当设计不当、建造不当且不精心维护时。

典型的结构缺陷

通常，典型的结构缺陷首先表现为建筑物出现裂缝。但是，也存在一些物理化学性质的缺陷（材料的分解）和由于外部因素（例如活的生物体的作用）而引起的缺陷。

结构性开裂　这些涉及建筑物的结构的开裂，通常是由于建筑存在缺陷，建筑物的后续改造或事故引起的。材料抵抗机械应力的能力不足。这样的应力包括大的压缩、穿透力、张力、弯曲和剪切。它们可能是局部的力，例如土壤和各种"硬"材料之间的结合，由于地板、开口等造成的向下载荷；或施加在墙体的力，例如地面沉降、地基较差。

收缩裂缝　通常是由于忽略了对所用土壤（例如，过多的黏土）的质量控制或在施工期间操作控制（土过于潮湿，干燥太快）的结果。收缩裂缝很容易识别，是垂直的，有规则的间隔（例如夯土中每隔 0.5 米到 1 米）。相对湿度的显著变化也可能导致收缩：润湿和干燥的反复循环。

隆起　高机械应力，可能是由于一片松散的墙体突然前向运动或过度的局部负荷，导致墙体变形（例如，向外凸出）。这种变形通常伴随裂纹，尽管并非总是如此，因为土壤具有明显的蠕变特性。

倒塌　可能是由削弱结构的应力累积引起的，也可能是由于材料的强度损失（例如由长期的潮湿）引起的。偶尔或偶然的应力也可能起一定作用，例如地面的沉降或塌陷，土壤的隆起，车辆或地震引起的震颤。

材料分解　水、潮湿、高温或霜冻可能会导致土壤的化学和矿物结构发生变化，失去稳定性并分解。有机寄生物和盐的加入会使材料的结构发生变化。

结构缺陷的主要原因

- 不适合材料的应力，例如拉伸应力和弯曲应力。土只有在受压的状态下才能正常运行，其他应力需要其他材料来应对：木材、混凝土和钢材（用作连接的梁，过梁等）

- 长期受潮，即使在受压情况下，材料的强度也会下降。

- 在无法承受传递给它载荷的糟糕的场地上或在移动的地面上（滑移，不均匀沉降，起伏和膨胀）施工。

- 建筑物的设计欠佳：地基设计不足或偏心，支撑墙不足，未固定墙体，墙体过高，墙体开口过多或由复合材料制成，过度负荷的楼板、屋顶、入住率和荷载点，不适合使用土作为建筑材料的建造系统。

- 劣质建筑：劣质材料（例如不合适的土壤、劣质砖），施工技术执行不力（例如连结错误，接缝处出现垂直裂缝），不正确地混合砂浆，设计不佳的开口，没有联系梁，墙体的顶部和底部（潮湿）没有保护。

- 相关原因：气候影响（例如，潮湿墙体上的风力作用，材料损失）。活体生物的作用：寄生植物（苔藓、地衣），啮齿动物，昆虫（白蚁）。

结构缺陷：示例

1. **基础**　在不稳定或脆弱的地方（例如非均质土壤、堆填区、易膨胀或易沉陷的土壤）建造构筑物时，存在长期结构缺陷的危险。如基础设计不当，风险就会增加；如果是劣质的建造（砌体地基的接缝开裂或劣质建造的毛石地基）或排水不畅（水和侵蚀），则缺乏足够的强度或不能承受适当的载荷。墙脚的树根和花园栽种、昆虫和啮齿动物（尤其是在地基由土壤构成且已经遭受长期潮湿的情况下）会损坏地基并破坏墙体，最终导致其坍塌。

2. **基层**　在地面以上，墙体的底部尤其容易受到水的侵蚀。在长期潮湿的地方，墙体可能会变弱，并且材料的粘结力也会减弱，一旦这种趋势开始，风、寄生植物、可溶性盐的沉积、啮齿动物和昆虫会加剧墙体底部的衰败。由于车辆、牲畜或定期工作（道路工程、农业等），基层还容易遭受意外损坏。

3. **施工不良**　施工不良的土墙会大大削弱建筑物的结构，例如，在夯土建造中，如果不注意夯实部分交错重叠（接缝彼此贯通或没有充分错开），则会在接缝处形成垂直裂缝。模板夹具上的孔如果不加填塞，则会削弱墙体，并更易被害虫破坏墙体。所用土壤的不一致或压实不均匀会导致压实层的密度不同，从而在材料中产生孔隙或断层。如果水分含量远低于最佳值，则材料的粘结力可能会降低；如果太高，将会有更多的收缩裂纹。

4. 垂直于开口，下降的载荷会作用于窗户的护壁（与门柱垂直的裂纹）。设计不当的门窗过梁可能会弯曲并产生破坏墙壁的裂缝。

5. 粘结性差的砖墙或用质量、大小和强度不同的砖砌的砖墙，或用质量差的灰浆（如砖与灰浆的粘结性差）砌筑的砖墙更脆弱，更易开裂。

6. 托梁锚固不良（例如，穿透不够）或缺少用于分配局部载荷的系统（例如木板或稳定装置）会导致材料的切变、开裂或失效。

7. 如果圈梁不能承受屋顶载荷，则墙壁可能会开裂。

8. 在潮湿的地方，如果滥用滴水槽并且对女儿墙的保护不足，很快就会出现结构缺陷。

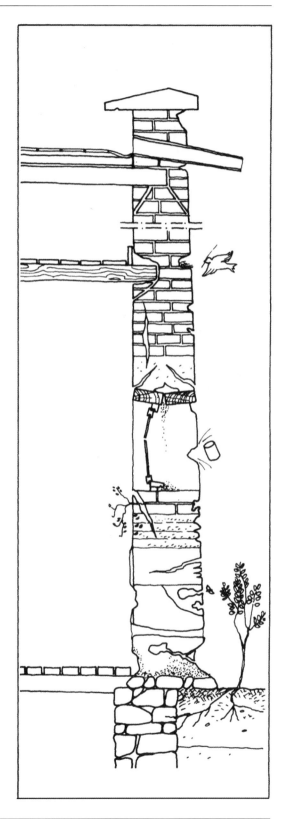

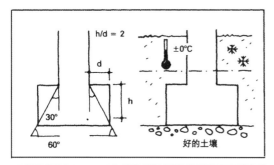

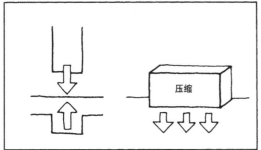

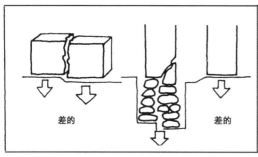

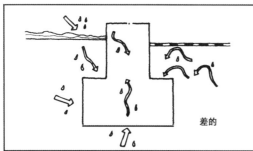

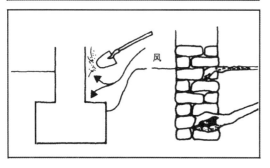

设计的一般原则

可以按照对传统砌筑的基本原理去理解生土结构，它的实体墙由较小的单元（例如砖、土坯或压缩土块）组成，或者由垛泥或夯土制成的整片式墙体组成。这些是建在浅基础（基脚）或中等深度基础（地梁、垫层）上的重型结构，根据既定规则设计。传统的地基系统和材料是非常令人满意的。

基础应该足够深，才能具备以下优势：

- 在良好的土壤上建造。对于膨胀土壤或容易严重下沉的土壤（例如黑棉土）要特别注意；

- 防止地表水和潮湿的负作用；

- 防霜冻；

- 免受风的侵蚀，因为风会侵蚀地基（在严重的风暴中）；

- 免受附近工程（道路、园艺、农业）的影响；

- 保护免受啮齿动物和昆虫（例如白蚁）的侵害。

具体的问题和局限性

- 实体墙的土壤结构较重。对于具有土质屋顶和露台的单层夯土房屋，向下推力约为 0.1 兆帕。许多土壤的强度接近于此数字，或更低或稍高（范围为 0.05 兆帕到 0.15 兆帕）。

- 只有当土壤被压缩，并且几乎没有抗拉、抗弯或抗剪力的时候，它才是真正有效的建筑材料。因此，必须将不同沉降的风险降到最低，并将载荷正确地传递到基础上。沉降应是均匀的，应避免柱子和墙体有分离基础的情况。

- 土壤对水非常敏感，应通过以下措施保护土壤结构的基础免受水侵害：

• 排放地表水；

• 排干地基四周的水；

• 防止渗透；

• 不影响干燥。

坚实的基础

基础块体必须坚固，并能够有效地将荷载传递到土壤，同时它们本身不受到影响。为此，它们必须由坚实的材料制成并且对水不敏感。

用料

1. 经稳定处理的土壤

- 不建议使用经稳定处理的土壤，只在干燥和排水良好的特殊情况下才能使用。如果这是唯一可行的解决方案，则将基础用稳定过的夯土或压缩土砖建在开阔的沟槽中。

- 经稳定处理的土壤被置于混凝土垫层或石砌垫层或沙层之上。沟槽底部的粗糙混凝土或钢筋混凝土板代表了相当大的改进措施。

- 在潮湿地区，即使用经过稳定处理的土来做基础也是不可行的。如果没有其他选择，则必须采取措施保护表面或使其防水（用硬质材料涂层，防水外皮等）。

2. 其他材料

所有其他材料均适用。

- 基础板可以用石头建造。在这种情况下，可以使用碎石作为砌块，在上面倒入砂浆。它们也可以用砂浆涂覆并彼此紧密挤在一起。必须注意将碎石以错缝的方式牢牢地铺好，以免产生通缝导致开裂。

- 基础也可以用粗混凝土建造。在这种情况下，碎石被嵌入连续的混凝土层中，这些混凝土层包裹着每层石头，覆盖这些石头的深度至少为 3 厘米。

- 烧结砖也适合制作优质的基础板。应使用优质的无孔烧结砖，并在施工中注意接缝的细节。

- 最后，可以使用钢筋混凝土和现代技术建造基础板。

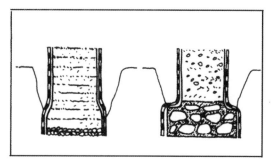

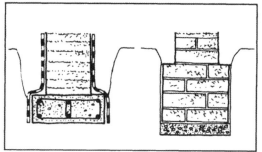

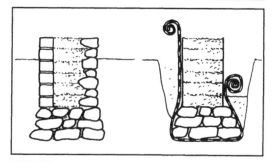

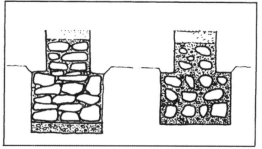

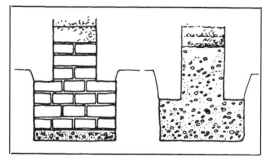

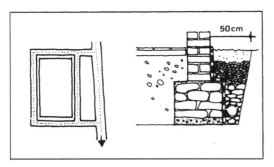

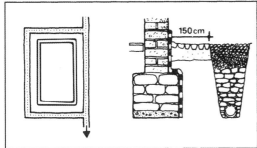

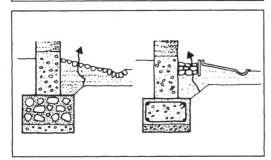

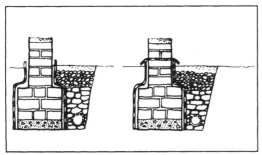

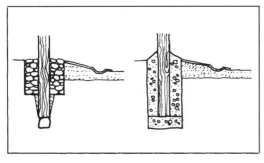

防水

即使经过稳定处理，土壤仍然对水非常敏感，这会削弱其特性。因此，建议最大限度地去除用土建造的建筑物附近的地表水和地下水，以避免毛细作用通过地基上升。

1. 排水

如果要使水远离建筑物，则良好的外围排水至关重要，必须精心构建以确保其有效性。开挖期间，应在沟槽底部，靠近基础或离基础较短的距离（1.5 米）处建造排水沟。在沟渠的底部铺设一条管道（用黏土烧结成的或其他合适的材料制成），该管道用来收集水并通过一定的坡度将其排掉，然后用石头和砾石填满沟槽，形成一个过滤系统。

2. 坡度和水沟

建筑物外部的土壤是经过特殊布置的。每米放坡 2 厘米或更大的坡度可使地表水流到距墙壁一定距离恰当设计的排水沟中。应避免对土壤进行防水处理（不透水的路面等），以免妨碍土壤中水分的蒸发。最好将砾石铺在窄条上，沟槽应该用向外倾斜的压实层回填。

3. 防潮屏障

它们可以是地基外表面的垂直屏障或作为地基和基层之间的反毛细通道的水平屏障。这样的防潮层必须是完全连续的，不能开裂或有缺陷。防潮层也可以使用防水水泥（500 千克／立方米）或沥青产品制成。

4. 防水

在使用抹泥或黏土秸秆的地方，明智的做法是按步骤对木材进行处理，尤其是固定在土壤中的木桩。木桩应嵌入石材或混凝土基础板中。必须注意在结构周围做好排水。

不稳定土壤上的基础

干旱地区的土壤通常非常不稳定，特别是冲积土和深色热带土非常容易膨胀。这些土壤的不稳定性主要是由于水的作用降低了其内聚力，地基中的土壤可能需要经过特殊处理或采用特殊地基。

1. 膨胀土

- 与水保持一定的距离：外围排水是必不可少的，而且墙脚处需要向外放坡（5% 的坡度）。

- 挖沟直至条件较好的土壤，压实沟底，并在板下和靠近建筑物的地方回填。

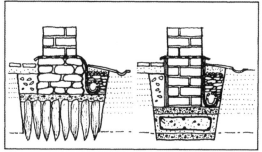

- 建造坚实的地基：石头、钢筋混凝土、桩、粗砾石和石块填充物。

- 稳定土壤，使其对水的敏感性降低。

- 架起足够灵活的结构：木制或金属框架。

- 建造极重的墙体以抵抗冻胀。

2. 缺乏粘结力的土壤（例如黄土）

- 引导水溢出并排干边缘。不要阻碍水的蒸发。

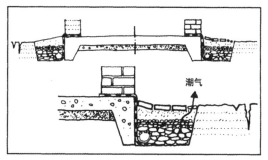

- 夯实土壤和 / 或稳定。一种方法是先灌满土壤，使其干燥后即是填满的状态。

- 架设浮动结构：浮动板、垫层。稳定两侧和这些浮动结构下方的土壤。

白蚁防护

在潮湿的热带地区，建筑物经常被白蚁通过孔道挖得满目疮痍。木材很容易受到这种攻击，即使诸如灰浆和水泥等砌体材料也不例外。湿热是白蚁滋生的有利条件。应采取以下预防措施：

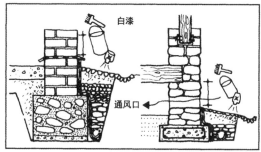

- 防潮：排水。

- 始终保持建筑物边界的清洁。

- 从土壤中隔离结构性木材：建在用石块砌筑的框架或桩上。对木材进行处理：用火硬化，用废油或杂酚油浸渍。

- 填塞砌体裂缝。

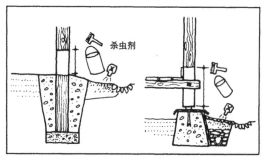

- 将基础层涂成白色，以使孔眼容易被察觉。

- 通过用防白蚁杀虫剂处理土壤，建立化学屏障。

- 通过将碎玻璃掺入土壤中来稳定地基或基础层。

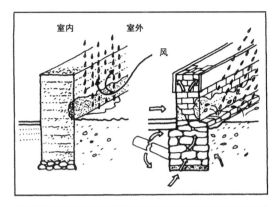

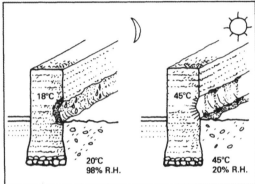

在多雨的气候或遭受自然水灾（热带气旋，洪水等）的地区，墙基是必不可少的元素，可确保将水从整体上隔离在建筑之外。

约束条件

1. 水的侵蚀

土墙的底部极易受到水的侵蚀，例如：水溅、积水、孔隙水。同样，冷凝（露水，即使在沙漠气候下）以及反复的湿润和干燥也会导致墙体底部的严重腐蚀。水的作用可能导致以下情况：

- 材料状态的变化，由于不断地从干燥状态变为潮湿状态，因此失去了粘结力和强度。

- 盐类沉积物改变土壤的矿物结构：黏土基质的分解。

- 寒冷季节因霜冻而开裂。

- 被寄生菌群（苔藓、地衣）定植，湿气无法散去，招来昆虫和啮齿动物的侵扰。

2. 地面上升

建筑物附近的地面可能会因为农业活动、道路工程（在城市地区抬高道路）、建造防水人行道、沿墙基铺设花坛以及靠墙放置物体而升高。这样的地面上升涉及土墙更直接的暴露，逐渐失去了墙基提供的保护。

3. 因意外事故或设计不当造成的侵蚀

- 人类活动，例如机动车、手推车、杂物的撞击。

- 牲畜活动：牲畜擦碰墙体的底部，啮齿类动物或白蚁对墙体的各种钻孔以及鸟类的筑巢。

- 由于潮湿或种植导致的，在建筑表面上植物的生长，从而引发长期潮湿和盐分沉积以及风化等问题。

保护原则

1. 磨损层

这一基本技术特别适用于暴露在水蚀作用下的土壤墙基——例如水溅、冷凝等。在墙基上增加一层固化的土壤，它会先于墙基发生磨损。定期维护这一保护层是至关重要的。

这种磨损层最好应配有一个排水系统，把从墙基上收集来的径流水排走，例如排水沟或排水槽。

这种方法对于有悬挑屋顶的建筑物和顶部有女儿墙的平屋顶建筑物同样适用。

传统建筑广泛使用了这一保护原则：比如马里、摩洛哥、沙特阿拉伯和其他地方的生土建筑。

该保护技术具有经济且易于使用的优点。

2. 放置在底部的材料

石头、砖头、木头、垫子、瓷砖等。

这些保护材料要么放置在墙的底部，要么与墙的底部结合在一起。

添加保护材料的厚度和高度应能满足孔隙水的充分蒸发。

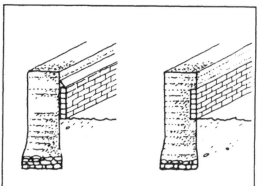

3. 墙基

可以使用所有已知的固体材料:石头、砖块、混凝土。

墙基应足够高，以应对当地侵蚀因素（水、风）施加的限制，并遵循场地的位置和周围环境的布局：梯田、台阶等。必须注意要在墙基和土墙之间提供防水层。

4. 基层的高度

这取决于当地的降雨模式，洪水出现的可能性，屋顶的悬挑以及墙体底部积水的蒸发等因素。

- 干旱地区：0.25 米。

- 降雨量一般的地区：0.4 米。

- 大雨地区，屋顶悬挑小：0.6 米或更大。

- 易受洪水侵袭的区域（例如在河道的一侧）：0.8—1 米，以使基底吸收的孔隙水充分蒸发。

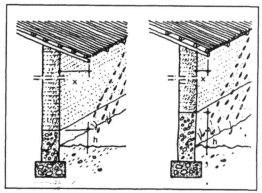

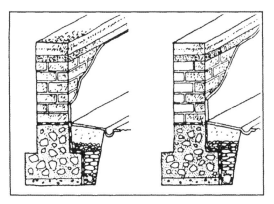

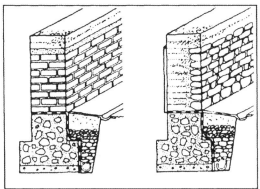

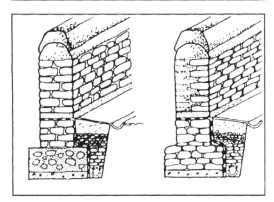

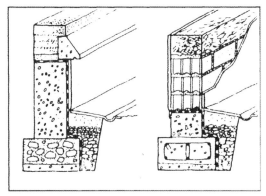

1. 稳定砖

这种材料只能在偶尔使用，先决条件必须是建筑所在的位置干燥，排水良好，并可以防止渗透水。

整个墙基都可以用稳定砖砌成，需遵守建造的规则（尤其是粘结）或仅作为饰面来使用。在后一种情况下，稳定砖和非稳定砖之间的强度差异不能太大。

建议这种类型的墙基的建造以水可以蒸发出去的抹灰来收尾。如果要避免毛细吸收，抹灰必须做到地面以上。

构筑物的边缘必须小心布置：远离建筑物的斜坡、外围排水带和地表水的排水沟。

2. 烧结砖

用于此目的的烧结砖不能是多孔砖。在这个前提下，采取与稳定砖相同的预防措施。此外，烧结的砖也仅用作饰面，或用作砖和石头的保护层。这种类型的饰面是对改造建筑物下部进行修复的有效解决方案。

3. 石头

根据其渗透性，石材被视为多少带有防水性能的材料。可以挑选优质的石头，但是必须小心地清理灰缝，以防止水的渗入。清理灰缝还有助于和抹灰的粘结。

4. 混凝土或混凝土构件

混凝土（250 千克／立方米）经过正确搅拌可以防水，但是建议用防潮膜保护它，特别是埋置在地下或混凝土位于倾斜侧的地方。

实心或空心的混凝土砌块都可以用作墙基，但是最适合于用在例如黏土秸秆制成的轻质土墙中，防潮的膜是必不可少的。

5. 稳定的夯土

夯土可以在整个墙基的厚度范围内或者墙基表面进行稳定处理。后者的优点是更经济，但需要非常仔细的操作。将未稳定和稳定的夯土同时夯实，一层接着一层，将稳定的土夯向墙外表面的模板。

也可以通过在每个压实层中铺一层石灰砂浆来充当表面涂层。灰浆是用泥刀铺放的，其厚度由模板上的标记控制，以确保墙面的收尾效果。

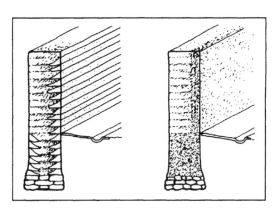

6. 覆层

可以将覆层（木头或木瓦，钉在板条上）安装在墙基上。此类工作通常需要木龙骨格子来承载覆层。保留在覆层后面的间隔空间允许通风和水分蒸发，从而提高系统的有效性。

编织的芦苇和稻草席子价格便宜，但必须定期保养并定期更换。覆层具有在温暖的气候下提供热防护的额外优势，尤其是在通风的情况下。

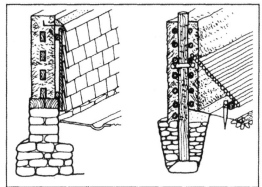

7. 外围或人行道

可以简单地用木材纵向放置在墙基的前部，紧挨屋顶排水沟的下方接住所有滴水。将瓶子、锡罐或石头扔进土里也同样可行。

倒置的柱体由组件串联在一起，同时保留了土路人行道，形成了更为精细的系统。人行道应有轻微的坡度，并应设有排水沟。

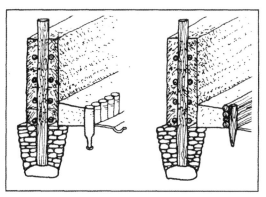

8. 结壳的抹灰

覆盖在墙基上用砾石或石屑包壳的抹灰构成了良好的耐磨层。

9. 临时保护

在雨季，靠墙的底部放置简单的砖块或平整的石头，可以提供令人满意的且非常便宜的保护。

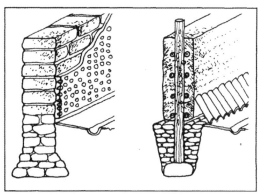

墙体系统

生土的墙体系统是高度多样化的，但是当忽略其中的变量时，用土来建造的规则是通用的。这些规则主要关注的是材料和结构系统所承受的机械应力与材料的性能和特性之间的兼容性。因此，所有设计都必须牢记"土的逻辑"。该原则重视小型生土块的砌法和大型夯土块的连接，以及材料对水的敏感性，因此必须采取保护措施。但是，除了这些基本原则外，还应考虑所选的建筑技术和场地的局限性。由于每种技术有几种建构方法，因此从项目一开始就必须考虑到施工细节和合适的建造方法。

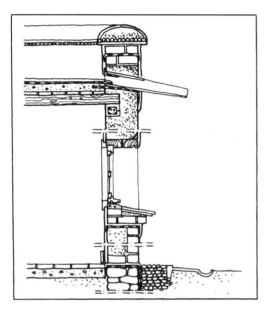

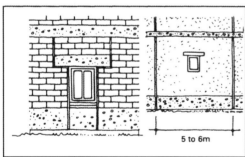

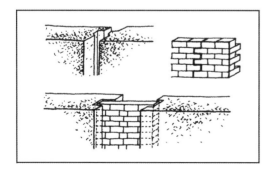

1. 机械性能

土的抗压性能良好，但抗拉、抗弯和抗剪强度较低。因此必须避免以下情况：

- 偏心负载；
- 弯曲和可能的凸起；
- 点载荷。

还必须注意：

- 主墙和分隔墙，柱子和扶壁的大小和稳定性，以及拱门和拱顶的支撑；
- 用于砌筑的粘合剂；
- 框架和封盖。

2. 尺寸设计

其他建造的实践经验为土砖墙的建造提供了借鉴，其中墙体的厚度应至少为其高度的十分之一。单层结构的夯土墙的最小厚度应为 30 厘米，两层结构的夯土墙的最小厚度应为 45 厘米。同样，隔墙或扶壁或伸缩缝（事先计划好的干缝或严格远离开口的干缝）之间的距离不应超过 5 米至 6 米。

粘结剂 用土坯砖或压缩土砖制成的土墙必须满足与砖墙或石墙相同的粘结要求。

对水的敏感性 必须保护墙体，尤其要注意防止底部的毛细上升，蒸气在冷壁上的凝结，潮湿的房间以及雨、霜和雪。

易受损 土墙或部分墙体因磨损而受到侵蚀 —— 墙底、墙角、墙顶、女儿墙、露出的开口等 —— 必须进行抹灰打底或"坚硬"的砌体保护。

防火性能 在结构中应用木材（例如联系梁）的情况下，表面硬化会产生闷燃的风险。

砂浆

砂浆的质量和铺设时的细心谨慎可以大大提高墙体的强度。使用水泥稳定的土壤砂浆可使土坯墙的抗压强度提高25%，并使抗剪强度翻倍。稳定可使砂浆与砖的摩擦增加一倍，粘结力增加三倍。如果没有填满垂直接缝，抗压强度会降低20%到50%，并会将所有的抗弯和抗剪强度归零。必须避免使用流动性过强（含水过多）的砂浆，因为这种材料的过度收缩和缺乏粘附力会降低墙体的稳定性和强度。这些考虑在震区是特别重要的。

1. 性能

用于接缝的砂浆应具有与砖相同的抗压强度和抗侵蚀性。如果砂浆的强度较低，则会发生侵蚀和水的渗透，并使砖变质。如果砂浆的强度大于砖的强度，则砖会被侵蚀，水会停留在砂浆的裸露表面上，导致砖进一步腐蚀。

砂浆应在先前的测试中检查其收缩、粘合、耐蚀度和抗压强度。

经稳定处理的砂浆必须用于经稳定处理的砖。砂浆的质地和含水量与砖不同：砂浆中的水泥或石灰比例必须从 1.5 倍增加到 2 倍，才能获得与稳定的砖相同的抗压力。

接缝处的收缩会导致墙每 5 米水平收缩 1 毫米至 2 毫米。

接缝在载荷作用下的沉降会导致墙体每 3 米垂直收缩 1 厘米至 2 厘米。

2. 好的做法

砂浆的质地 比最大粒径为 5 毫米的土砖的砂性更高，最好是最大粒径 2 毫米至 3 毫米的砂浆。

接缝厚度 水平接缝和交叉接缝的最大厚度应为 1 厘米到 1.5 厘米，对于土坯砖，最大公差为 2 厘米。

施工 稳定砖必须预先浸湿，并彻底湿润垫层。砂浆必须抹在砖的接合面上，并且必须使用正确的量。砖在平放上去时应尽量少敲打，建议使用防晒和防风措施。

勾缝 铺设后立即勾出 2 厘米至 3 厘米的深度，用砂浆嵌平，并用勾缝工具进行加固。

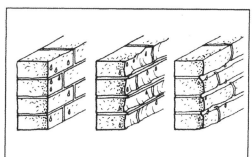

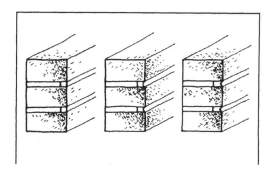

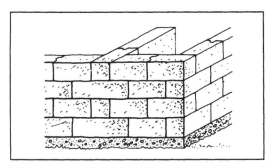

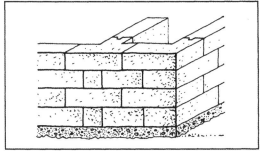

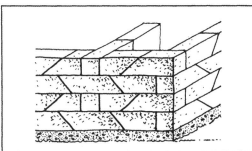

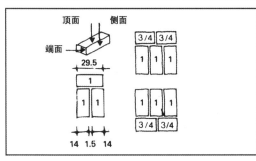

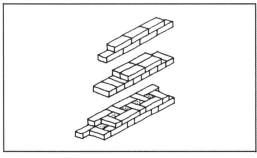

砌法：砖和夯土

土坯和压缩土块墙的砌法必须仔细计算（接缝的位置），不良砌法会导致结构缺陷：例如，垂直开裂。适用于普通砖砌的规则与用于烧结砖的规则相同。可调模板成型的夯土应视为具有较大粘结力的砌体结构，其中，垂直接缝必须至少错开模板长度的四分之一，并且在拐角处和墙缝处应具有完美的齿状搭接。因此，模板尺寸必须与项目设计中所规划的搭接尺寸相适应，并与设计的特殊尺寸相关联。接缝可以是直的（例如摩洛哥、秘鲁的做法），也可以成一定角度倾斜（例如法国的做法），并且如果可能，还可以开槽以实现更好的粘结。

砖：术语和尺寸

砖块或土砖有六个表面：顶部和底部，两个端部和两个侧边。砖的铺作以砌砖的分布位置和表面形成的图案命名：

丁砖砌法 砖的最长边在墙体的厚度方向，砖的一个端部出现在墙体表面。

顺砖砌法 砖的最长边和一个侧边是可见的。

饰面砖砌法 砖的最长边和一个面是可见的：应避免砖块断面向外。

全丁砖砌法 在墙的两个表面上都可以看到砖的两个端面。

调节砌法 通常使用完整的砖砌墙，但也使用四分之三的砖和半砖。柱子中的砌法经常使用四分之三的砖。

砌法

墙表面上两个垂直接缝之间的距离，从一皮砖到另一皮砖，应不小于一块顺砖长度的四分之一。叠合的接缝会导致垂直通缝，意味着做工差，必须避免。以下是相互叠合接缝的规则：

在墙的厚度范围内，沿一个方向延伸的粘合明缝搭接长度不超过砖长的四分之三。通过接缝垂直粘合的搭接长度之和不应超过砖的长度。

常规砌法

1. 方砖

在南美和中美洲的土坯建筑中经常使用方形单元：典型尺寸为 40 厘米 ×40 厘米 ×9 厘米。这种土坯砖最常用于全丁砖砌法。拐角处需要使用半砖以确保良好的齿状搭接，较大的矩形砖有助于强化拐角。外墙和隔墙的粘结也是如此。

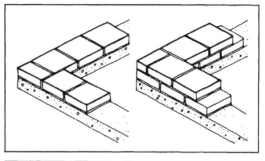

2. 矩形砖

市场上大多数压机生产的最常用的矩形单元的标准尺寸为：29.5 厘米 ×14 厘米 ×9 厘米。砌块厚度的变化不会影响所在层的砌法。这种类型的砖允许使用顺砖砌法建造壁厚仅为 14 厘米的墙体，和使用丁砖砌法或一丁一顺砌法来建造 29.5 厘米壁厚的墙体。直角构造需要四分之三的砖。这种砖可以用来建造 45 厘米厚的墙，这样的墙具有更大的热惯性，并能够承受由拱圈、拱顶或穹顶产生的推力。45 厘米厚的墙体砌法与不那么厚的墙体砌法一样多。墙可以是一丁一顺的砌法，其中四分之三砖和半砖用于拐角；或者在丁砖砌法和顺砖砌法中，四分之三砖和四分之一砖用于拐角。

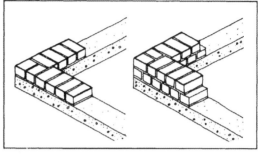

厚的墙体，例如 60 厘米的，需要使用四分之三砖、半砖和四分之一砖作为墙之间的拐角和连接。非常厚的墙由于其更大的复杂性，更难以执行，而且由于使用了更多的材料和更低的砌砖速度，也不经济。对于更厚实的普通土墙应寻求其他施工方法，例如夯土或垛泥墙。

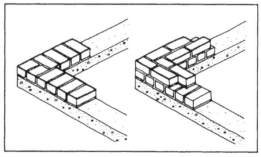

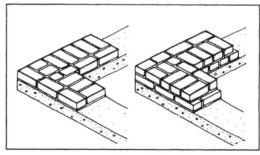

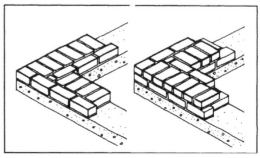

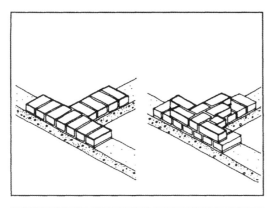

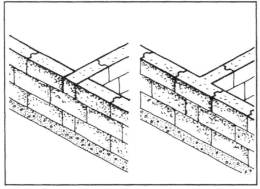

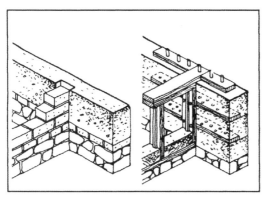

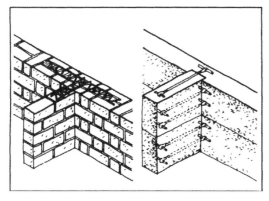

墙间砌法

类似外墙和隔墙之间这种良好的结构性砌法是使结构坚固稳定必不可少的条件。

将墙体结合在一起的最佳方法取决于要结合的墙体是由相同材料还是由不同的材料构成。

1. 相同的材料

在砌砖和砌块工程中，墙与墙之间的砌法应完美，从而确保良好的齿状搭接。墙体砌法的设计必须符合砌体结合的规则，并且重叠部分必须避免垂直缝引起的竖向开裂。墙体之间砌法的复杂性取决于它们的厚度，一般使用四分之三砖和半砖。在厚墙体和薄墙体结合之处，可以在厚墙上设置可安装薄墙体的垂直槽。但是，还必须提供水平加固（钢筋、木材、网），这些可以加强墙与墙之间的"T"型连接，每隔五六层砖就可以安装一次。还应在楼板高度设置联系梁连续地拉结墙体。在夯土结构中，可以将墙体的交接处整体夯成一个特殊的"T"形，或者断面可以在两个方向互相咬合：隔墙的一个部分伸入外墙。外墙也可以提供插槽，但是在那种情况下，必须在所有方向和所有交接处加强水平的墙体连接。

2. 不同的材料

在这种情况下，不建议使用齿状的墙体连接，因为材料功能和强度的差异可能会导致开裂。因此最好的方法是在较厚的墙体上开一个槽，而要将轻木框架分隔墙结合到夯土墙上，最好的办法是将木板嵌入夯土中，然后将分隔墙固定到木板上。隔墙的最后一个木柱也可以嵌入墙体内。

转角

转角的稳定性在很大程度上决定了结构的稳定性。通常在土房的墙角处可以观察危及结构的结构裂缝。这些裂缝可能是地面和建筑物沉降速度不同（在地基较差的情况下）引起的，因此，拐角处和其他墙体间的连接处受害最大，然而，这种裂缝也可能是墙体之间连接不良的结果。

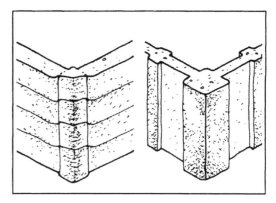

1. 土的转角

在土坯或压缩土块的砌体中，转角的构造要求严格遵守交接的规则。此外，切勿将砌体切成较小的部分，以免弱化墙角。如果可能的话，最小的砌块应限制在四分之三单元。如有必要，半砌块也是可以接受的，但四分之一砌块太小了。

在夯土中，转角处应在互相交接的墙体两个方向上都有齿状搭接，或者，也可以每隔一段有齿状搭接。转角可以由特殊的 L 形的单块体量形成，在这种情况下，必须确保十字接缝的位移在各截面之间足够大。不要忽视倒角。

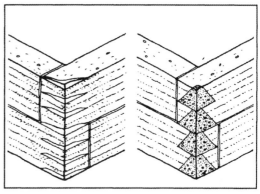

在垛泥墙中有许多加厚转角的例子。它们的接受度很高，并构成耐磨层的一种形式。

2. 硬质材料的转角

有许多加固转角的方法。其中包括使用石材、烧结砖、石灰或水泥砂浆。这些材料会暴露在易受侵蚀的外侧阳角中。它们在土料夯筑过程中被排列成型（对于夯土而言）。转角采用矩形或三角形的齿接型，以确保"硬"材料与土壤之间的良好粘结。两种材料之间的砂浆层增强了它们的结合力。用砂浆层对角进行加固必须仔细且均匀地进行。

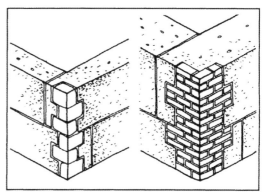

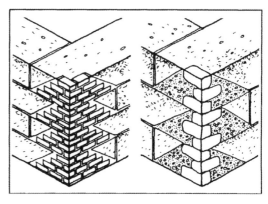

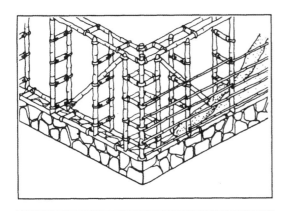

增强的墙体

1. 框架和结构

为了应对压缩应力以外的力，建设者们开发了加固墙体的方法，尤其众所周知的技术是使用龙骨、板条抹泥、黏土秸秆填充物以及形成墙体整体部分的木制框架或结构。

2. 拉结杆和钢筋

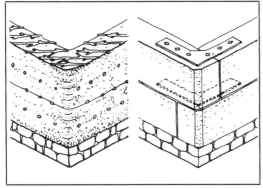

水平和垂直拉结杆是最常用的加固系统。它们有时会定位并放置在墙体最薄弱的部位，例如转角或开口处。它们是由木头或铁（例如窗台），金属格子制品或网（在转角处）制成的。

用钢丝网打底作为增强的"表皮"，不能用于掩盖结构性缺陷，例如垂直裂缝。如果将其用于此目的，则将无效。筐栏中夯土也被用于加固墙体。

对于薄墙（29.5 厘米 ×14 厘米 ×9 厘米砖的顺砖砌法），可以考虑在门窗洞口周围的立面中使用扶壁（朝向室外的简单支撑）。墙体也和水平向的楼板或屋顶相连接。

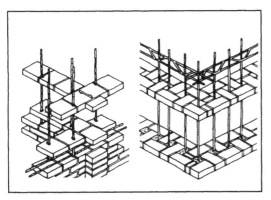

对于山墙端部，立柱应整合在墙的轴线上，使之与墙结合，并将其适当地嵌入墙中。这个立柱加强了墙体，可更好地抵抗风荷载并承担横梁的荷载。山墙底部的联系杆传递来自屋顶的推力。

为提高土壤结构的抗震性，人们开发了用于土墙加固的系统。大多数地震地区都制定了垂直和水平加固的标准（如秘鲁、土耳其、美国）。采用的解决方案是利用嵌入墙体的木材或钢材联系杆，转角和外露的开口得到特别加强。

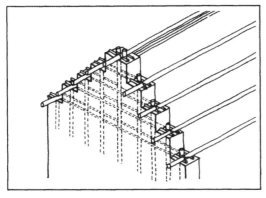

圈梁

圈梁对于确保生土结构的稳定性特别重要。事实上，墙体上的裂缝和开口是由以下原因造成的：

- 不同的沉降率；

- 收缩、膨胀、热扩张；

- 旋转或剪切应力（例如墙体的开口和结合处）；

- 楼板的张力；

- 来自倾斜屋顶和拱圈、拱顶和穹顶的侧向风压。

联结提供了一种控制这些有害限制因素的方法，因为它为各个方向的墙体提供了连续的环带。

为了达到有效性，圈梁必须刚性且不易弯曲（抗拉强度）。

圈梁还可以用于其他目的，例如：载荷的均匀分布，抗风支撑，连续过梁，楼板和屋面的支撑和固定。也存在中间联系梁系统，它们被用于开口的窗台和门楣上，尤其是在容易发生地震的地区。然而，在大多数情况下，联系梁被限制在楼板和屋顶的边缘，以传递荷载和推力。

圈梁的材料

圈梁使用的主要材料是木材、钢材和混凝土。这些材料必须与土壤高度粘合，以确保连接的有效性。

木制圈梁通常在浸入灰浆后固定在墙体的厚度中，也可通过钢或金属环固定。经济有效的解决方案是使用当地的木材，例如竹子或桉树。如果不经过特殊处理，木材很容易受到水和火的伤害以及白蚁的侵蚀。最好使用经过处理和干燥的且树皮已被剥去的木材。

钢梁必须正确固定，尤其是在墙角处，并用砂浆和混凝土充分覆盖，再加以金属网格连接。钢筋混凝土梁的做法是建议在一层稳定土上浇筑，以确保混凝土能很好地附着在土上，不会因为接触潮湿材料而变质。

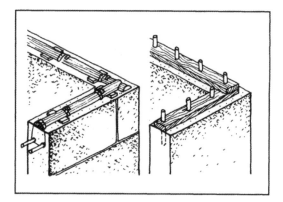

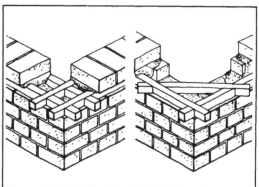

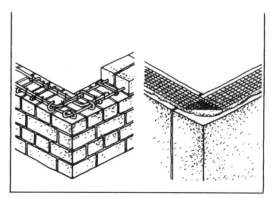

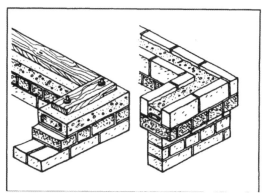

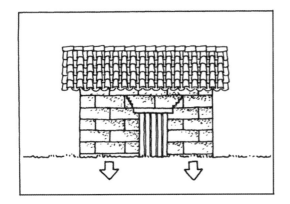

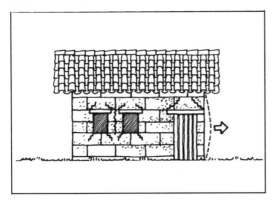

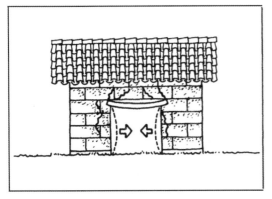

必须特别注意开口框架和土墙之间的结构结合，以免发生开裂，开裂会引起快速侵蚀，特别是如果还存在长期潮湿的问题。

结构性缺陷

窗台不能充分承受剪切应力，过小的过梁或过大的开口等原因会引起窗侧开裂。另外，如果墙在干燥过程中发生收缩（如夯土、踩泥墙），会导致窗侧和土墙的薄弱。因此，必须避免某些典型错误，例如：

- 开口过大：过梁的超负荷和不同的沉降率；
- 同一墙段的设过多开口或太多尺寸不一的开口：削弱了墙体；
- 开口距离建筑物一角太近：转角塌陷；
- 开口过于靠近彼此，导致墩柱强度不足：墩柱塌陷；
- 薄弱的门框；
- 门楣和窗台锚固不足：剪切力；
- 开口附近墙体的结构失衡：例如垂直开裂。

水的破坏

由于裂缝造成的破坏会导致水通过溢流、飞溅、渗透和积水等方式对墙体产生侵蚀。最薄弱的点是以下各项之间的连接：门窗过梁／土墙（锚固），门窗侧壁／土墙（齿合和粘结）和窗台／土墙（锚固）。同样，必须加强槽口和窗侧，以及框架、门和百叶窗的铰链周围的密封。

建议注意以下事项：

- 在门楣和窗台下的滴水，室外墙顶上的滴水，或带有水不能渗入的泛水系统。避免在门楣和窗框上出现不合适的突出物；
- 解决所有冷凝问题（例如热桥）；
- 稳定窗框附近的土墙（尤其是窗台下方）；
- 如果可能的话，在外墙上遮盖或粉刷窗框；
- 在窗台下提供防水。

力学方面

开口的窗侧部分应精心设计：厚重的过梁和窗台以及稳固的窗框，必须采用点载荷。开口可以用木头或砖石装饰（注意不要增加框架和墙体之间的应力差）。可在干燥后挖出开口，但是必须事先安装过梁。

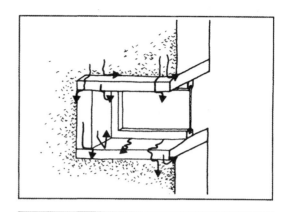

1. 门窗过梁

可以由木头、混凝土、石头或砖制成。它可以现场浇铸或预制。门窗过梁承受很大的压力。过梁两端必须支撑在墙体内至少25厘米，如果开口较大，则应加大支撑。此外，建议增加支撑过梁的抗压强度：加固门窗侧壁或用砌体结构覆盖它们。

2. 窗台

窗框传递的载荷必须妥善承载：加长窗台并在窗台下方增设加固措施。为了防止窗的中部受到剪力，最好在窗下墙和墙体之间使用干接缝，或者在墙体建造完后使用独立的填充物：例如夯土墙，用晒干土砖建造窗下墙体。一旦墙体完全干燥并且稳定，记得填塞窗下墙体的干缝。

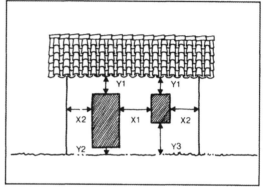

3. 尺寸

以下是指导原则，不排除开口设计的不同样式。

- 任何一堵墙中开孔与实心部分的比率不应大于1:3，并且应尽可能均匀地分布，避免集中开孔或过大的开口；

- 所有开口的总长度之和不得超过墙体长度的35%；

- 常规跨度不超过1.20米；

- 开口和拐角之间的最小距离为1米；

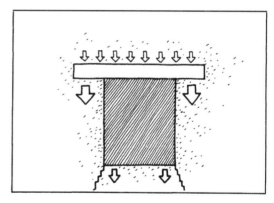

- 窗间墙的宽度不应小于墙体的厚度，且至少应为65厘米。小于1米宽的窗间墙不能承受载荷；

- 窗下墙和窗上墙的高度与窗间墙的宽度之比应足够。可以对窗户周边加固：例如对窗台下加固。

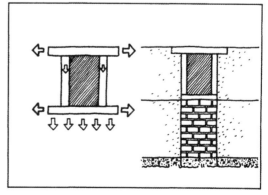

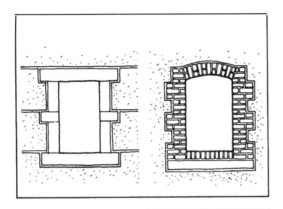

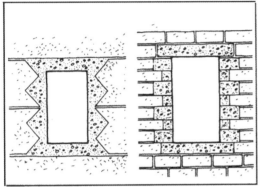

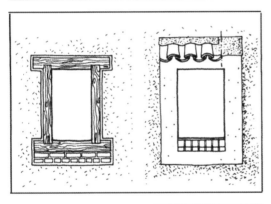

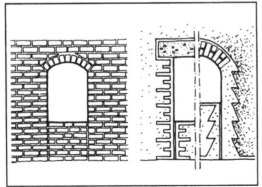

开口的侧壁可以用"坚硬"的材料装饰，以确保适当地承受载荷和应力。该过程有助于细作木工的锚固或固定，但是提供这种硬化是困难的：难点在于"硬"材料与土墙之间的结合。

用料

- 石头或砖的过梁可以是直过梁或过梁层的形式，或各种形状的拱：垂拱、平拱、三心拱、半圆拱等。门框由实体单元构成或建造而成（例如砖）；门框可以用齿状锚固点固定在墙上合适的位置，齿槽可以是矩形的也可以是三角形的，并且与土墙的粘结是通过在砌体侧面和土墙之间施加一层砂浆来确保。窗台既可以是实心的（例如，石材或混凝土），也可以是砌筑的（例如，边缘的砖块）。

- 混凝土可以建造整体的窗套，这些窗套是在土墙竖立或预制时浇筑的。混凝土与土之间的粘结（带齿）必须良好，并且应避免裸露土墙上混凝土的凸出部分。

- 木制窗套非常普遍。窗楣、窗框和窗台构成刚性框架。这既可以设置在墙的外侧，也可以形成一个贯穿整个墙厚的实心块。过梁或窗台对土墙的充分穿透确保了材料间良好的结构性结合。尽管如此，还是建议将木板放在砂浆垫层上，甚至放在砖砌体上。在气候潮湿的地区，最好粉刷这些木制框架（木材的粗加工），并在过梁上方提供泛水。

- 窗套也可以用稳定的土或被加固的土构成。在由稳定压块制成的墙中，过梁可以用砖拱代替。窗框必须完美地粘合在一起，而窗下台可以是独立的，可以在墙体和拱券之后建造。如果仔细粘合，小开口可以做成叠涩结构。在夯实的土墙中，过梁可用木材制成，也可以是砖拱，而洞口侧面则用石灰砂浆垫层或三角形砂浆齿加固。必须注意对突出的阳角倒角，以减少侵蚀。

窗侧的保护

窗侧应防止水和风的侵蚀，这在易于开裂的墙体上非常重要。可以通过重点关注窗侧的构造来提供这种保护。此外，还可以通过表面稳定或围绕窗侧的抹灰来增强它。

对于地面以上的住宅，面向盛行风的墙体上的开口要比一楼暴露得多，尤其是在窗台处。被阻挡的风会产生旋涡，这些旋涡尤其是在窗下墙和底层门窗过梁附近特别明显。因此建议对暴露的部分进行稳定处理，上部开口的窗台不应从墙体突出太多（风蚀）。不要遗漏窗台和土墙之间的密封，也不应忽略过梁上方的泛水以及过梁下的滴水槽和窗台。

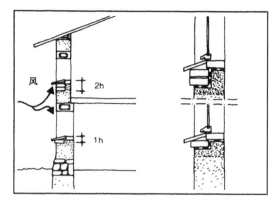

固定支承框架

当计划将门窗的支承框架直接固定在土墙上时，必须注意提供牢固的锚固，因为频繁使用所带来的冲击和振动会导致开裂和松动。连接细作木工的木板可以埋入土墙中。这些板（窗框或特殊砌块形式的木板）的固定是通过金属支架，用钉子在涂满砂浆后进行固定，或通过铁丝网绑扎作为窗框逐渐沉入墙体中来完成的。

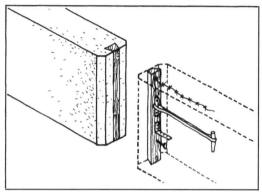

细木工

细木工应格外仔细，如果突出墙面，则应在底侧设置滴水槽。如果细木工是凹进墙面的，则窗台必须具有倾斜的表面并且斜度良好，以便将水排出。必须注意将窗户铰链牢固地固定在墙上，窗台下面的防潮垫层一定不要忘记。

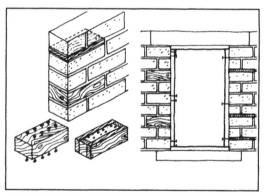

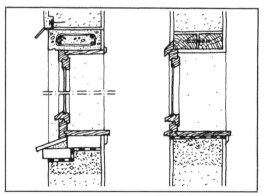

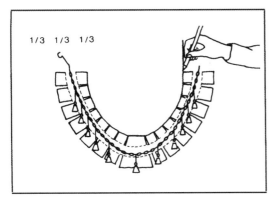

由于土壤处于压缩状态，拱形结构非常适合桥接墙体上的开口。

各种类型的拱

最适合用土建造的拱的形状是：

- 半圆拱和半圆垂拱；

- 三心拱，既饱满又垂坠；

- 葱形拱和葱形垂拱；

- 都德式拱（四心尖拱），椭圆形扁平拱；

- 悬链拱和抛物线拱。

拱的设计

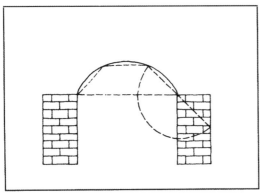

拱内的推力线可以通过多种方法进行评估：计算、图形化或模拟。悬链线（悬索）的图形模拟了承受自身重量的拱形，但未模拟承载拱形的情况。压力线的合成曲线应保持在拱的中间三分之一内。如果曲线偏离中间的三分之一处，则有理由担心会破裂。

拱的设计问题有两种主要解决方案：

- 拱形的形状是预先确定的。推力线图应在圆弧的中间三分之一范围内通过，并给出所需的厚度。

- 确定推力线，并根据其调整拱的形状和厚度。

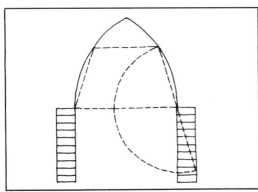

即使这样，由于砌体对拱的荷载不是被动的，因此计算结果并不能准确反映实际情况。它有自己的内部粘结力，并形成一个叠涩的拱（可以在倒塌的墙体中观察到，并且跨度可能长达7米）。因此，任何推力线图都是假设的。因此小心建造拱，避免裂和松动是非常重要的，特别是对于大跨度而言。

柱墩设计

拱将很大的推力传递到起拱点和支撑这些的柱墩上。因此，后者必须坚固且稳定。这些推力可以通过图形方式计算或估算［例如马克维尔 - 克雷莫纳（Max-well-Cremona）应力多边形］。也可以通过经验方法来估计柱墩的大小：拱的前三分之一的延伸部分应始终落在柱墩内。当具有相同图形的两个拱在同一柱墩上相遇时，推力便相互抵消。在这种情况下，仅需考虑朝下的垂直载荷。

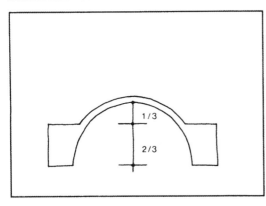

建筑拱

1. 拱圈

根据所涉及的跨度和载荷，可以使用单拱圈，双拱圈或三环拱圈来建造拱。轻型模板可以构造第一层拱圈，该层拱圈又用作第二层拱圈的基础，依次类推。但是，这些连续拱圈的载荷分布必须正确，必须彼此连接，以免发生断裂。实际建造这种彼此连接的结构是一个极其精细的任务。

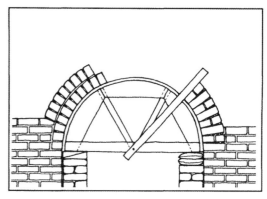

2. 模板

叠涩拱不需要模板（形状接近葱形拱），但其他类型的拱则需要模板的支撑。模板可以用木头或金属制作，也可用临时砖石或更轻的东西（例如，由棕榈树干制成的模板，上面涂有涂层）。使用楔形木块或小沙袋可以在不压拱的情况下移除模板（有开裂的危险）。模板只有在结构稳定、安全的情况下才能拆除。

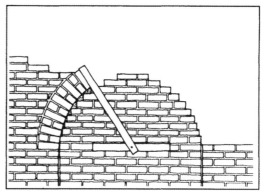

3. 砌筑

用土坯或稳定的压缩土块建成的拱必须粘合良好：砌体与拱之间的连接节点处必须吻合。拱的建造过程从两侧柱顶对称地进行，并以拱顶石结束。拱脚嵌入墙体并被切割，以便确定拱的方向并尽可能地承受推力。原则上，在建造拱时不考虑砂浆：砖块就像是干砌的。砖块与模板的内弧面直接接触，在外弧面通过楔入卵石控制斜度，交接处的填充必须非常小心。可以使用防止滑动的特殊拱砖（梯形或锁扣形）。这些砖更适合大跨度，拱和它所承载的砌体是同时建造的。在大型拱中，拱顶石理想上是用一种在现场切成一定尺寸的材料制成，它会很宽(40厘米)。当使用鹅卵石楔入，模板可以马上移除。如果仅使用砂浆，则必须先进行干燥，然后才能除去模板。

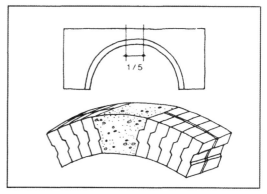

4. 门窗

它们要么必须适应拱的形状，要么必须在拱肩下放置一根横梁，并且两者之间的空间要用轻质砖石填充。

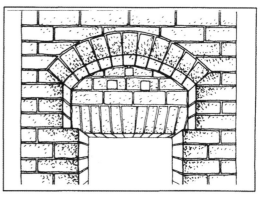

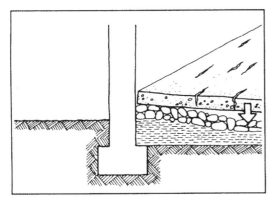

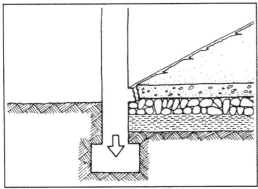

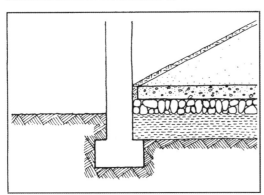

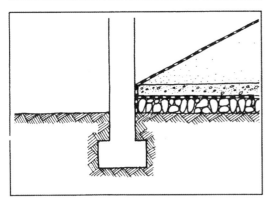

按照传统，生土地坪广泛用于用土建造的工程中。如果操作得当，这种结构牢固、美观、安全、经济。这种类型的地坪在现代建筑中几乎不再使用，但值得重新唤起它的使用价值。然而如果操作不当，则生土地坪会带来风险。

建造生土地坪时，必须遵守某些规则并采取一些预防措施，因为地坪必须能够抵抗穿孔、磨损、水浸、站立和活动荷载。它应将这些荷载均匀地分布并传输到地面，并且可能还需要增强地基的承载能力。此外，地坪应具有隔热性能（隔热和隔音），易于维护，美观（质地、颜色）并能够承载配套（例如供电），保持干燥且无虫害。

生土地坪主要存在于附属建筑物和空间中：例如棚屋和外屋。在地窖中，其实用性取决于地下土壤的渗透性和地下水位（至少3米）以及通风的良好程度。一般来说，生土地坪可用于干燥、通风良好的空间，场地排水良好，土壤干燥。它们也用于起居区（例如客厅、卧室），但这需要非常仔细的修整和更精细的设计（例如，隔热）。它们的强度很高，点载荷高达35兆帕。

不同的沉降率

地坪和墙体的功能有所不同：墙所能承受的荷载要大于地坪所承受的荷载。因此，地坪应在结构上独立于墙体，以免因沉降速率不同而破裂。紧贴在基础底板下的防潮膜材料必须是柔性的，以免因两种结构所施加的不同应力而改变。为了避免沉降，必须对底层土进行费力的准备工作：平整、必要时进行回填和压实。

尺寸

厚度的变化取决于基础地基的承载能力、施加的荷载产生的应力和选择的饰面。由块石地基、砂剖面和夯土覆面组成的地面厚度可达45厘米。

防水

总的来说，必须保护生土地坪免受水的侵害，尤其要防止毛细上升作用。根据地面的断面不同，它可以是透水的，让水蒸发，也可以是防水的，就像地基一样。防水膜必须格外小心地铺设，并且随后铺上的土不能造成防水失效，后者必须与墙体的防水膜连接起来。因此，最好提供一层沙，以便在其上铺设防水屏障。地坪的完成高度将高于经防潮处理过的基层的完成高度（特别是在基层和土墙之间）。此外，还可以通过踢脚板为地坪和墙体之间的接合处提供饰面。该踢脚板的固定不得损坏垂直防潮膜。其他形式的水侵蚀可能来自日常用水：洗地板、冷凝（热桥），或是渗漏的管道。必须谨慎地寻找解决所有这些问题的办法。

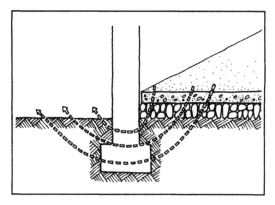

保温层

生土地坪无法提供充足的保温，尤其是在边缘处。因此，可以进行适当的设置外围保温。必须小心使用不易穿孔的保温材料。

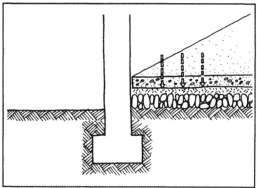

耐久性

1. **稳定化**　整个地坪或仅表层（更经济）都可以进行稳定处理。与稳定土的生产使用相同的添加剂，过程也相似。也可以添加植物胶（例如白胶）。稳定作用大大增强了地面的防水性和耐磨性。

2. **表面硬化剂**　传统上，干燥的生土地坪经由动物（马）尿液和牛血的硬化处理，将牛血撒上煤渣和炉渣，然后击打。也可以使用苏打硅酸盐（地坪未完全干燥）或氟硅酸盐（地坪已干燥）。废油或松节油与亚麻子油的混合物也可以达到目的。使用抛光蜡可获得干净的表面效果。

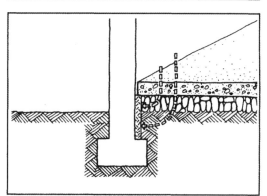

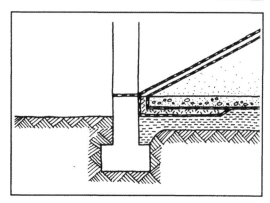

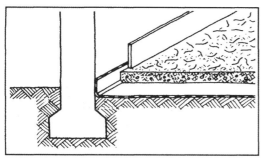

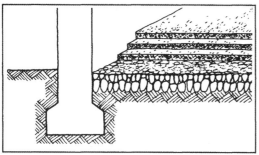

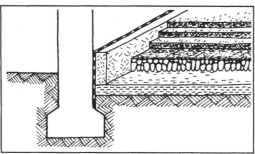

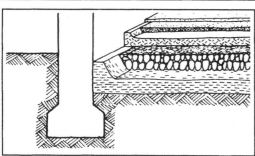

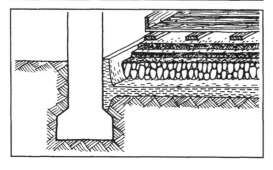

施工

1. **准备**　在建造生土地坪之前，必须处理好地面以下部分。这一层含有植物和腐殖质的土壤需要被仔细地清理，其中所有有机残留物都需要被清除。除非土壤膨胀或其承重能力足够，否则需要将上层土壤夯实。开始生土地坪施工之前，地坪基层必须干燥。

2. **防水**　在潮湿状态下，通过在精心夯实的土层上铺设一层 10 厘米厚的黏土层，可以制成抗毛细屏障。每层必须干燥，并在覆盖之前修补细小裂缝。夯实后用平锤修整顶层。沥青或石灰稳定的沙土可以代替黏土，也可以使用稳定土或塑料薄膜。无论采用哪种解决方案，防潮膜都必须沿着墙体的底部向上翻起。

3. **石材填充**　干石块铺地 20 厘米至 25 厘米深，是很好的地坪基础。首先铺放最大的石头，然后是碎石。干石块也可以用砾石和粗砂或道渣来代替。

4. **保温**　石块层上覆盖着保温层，保温层可以是 10 厘米厚的稻草黏土层。如果这一层太柔软，则可以在其上覆盖一个承载层来分布载荷。

5. **承载**　该层可以由混合有切碎秸秆的黏土或包含有坚硬的、切碎的秸秆（秸秆长 4 厘米至 6 厘米）的草泥构成，并向其中加入水泥砂浆，其配比为每六体积的精选砂配一体积的水泥。承载层应为 4 厘米厚，并始终是超稳定的，以使其在固化后变硬。这种固化有时需要湿润的条件（湿麻袋）。

6. **饰面**　可以用稀薄的水泥浆完成表面处理，在水泥浆中加入细砂或进行油基处理。也可以将类似木屑的轻质填料添加到水泥浆中。配比如下：一体积的砂子，一体积的水泥，一体积的锯末。为了使锯末骨料化，要预先将其浸泡在石灰或水泥浆中并干燥。饰面的最后阶段可以是地坪的着色或打蜡。

整体式地坪

地坪可以使用以沥青做稳定处理的标准黏土砂浆建造。首先，正确地准备好土壤材料，然后将砂浆倒入，并在定位好地面导槽之后用刮板将砂浆摊开。收缩的裂缝必须用更细的黏土砂浆填充，最后用抹子抹平。干燥后，用松节油和亚麻子油的混合物处理表面，干燥一周后再铺上一层。地板可以打蜡和抛光。

用土稳定的混凝土砂浆（一份水泥和六到八份沙土）也是合适的，将其铺在 5 厘米厚的层中，并用钉子标记出来。收缩缝必须每隔 1.5 米留一道，这些缝必须清晰且有一定的深度（3 厘米深和 0.5 厘米宽）。

其他类型的整体式地坪是用对潮湿敏感的夯土、经过稳定的夯土或经过稳定的黏土秸秆来建造的。也可以在地坪边缘进行保温隔热和精细平整处理（价格更高）。这些地坪若没有和墙体连接，那么可以用黏土秸秆制成柔性后连接。

单元式地坪

由稳定土制成的砌块和砖可以铺砌在 2 厘米厚的砂浆层上：一份水泥加六份沙土。必须注意砖与砂浆的正确粘结，接缝处可以填充水泥浆。所用的砌块应是超稳定的或涂有耐磨层。这些砌块也可以铺在一层沙子上，并将接缝处填满沙子。

砌块的形状，甚至颜色（向土壤中添加氧化物）可以预先设定。但是，形状应始终保持简单，以免使成型操作复杂化，尤其是在使用压机时。为了获得良好的耐磨性，砌块的所有角应等于或大于 90°。它们的厚度应为 6 厘米到 9 厘米之间，并可形成一个具有超稳定耐磨损双重处理的表面。

由黏土秸秆砌块（40 厘米 ×40 厘米 ×16 厘米）制成的地坪涂有耐磨层，并经过硬化处理（例如，用氟硅酸盐），具备隔热性能。

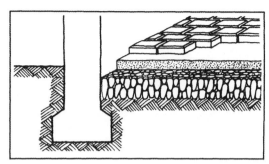

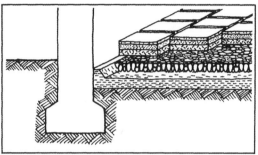

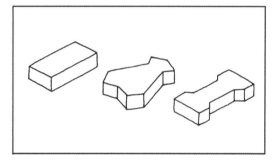

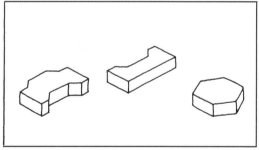

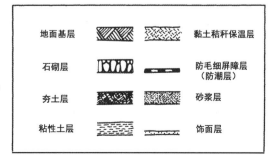

地面基层		黏土秸秆保温层
石砌层		防毛细屏障层（防潮层）
夯土层		砂浆层
粘性土层		饰面层

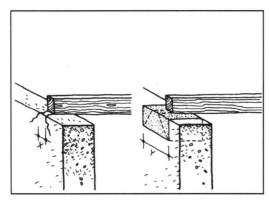

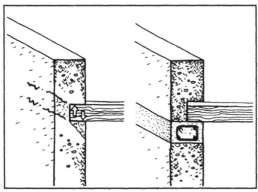

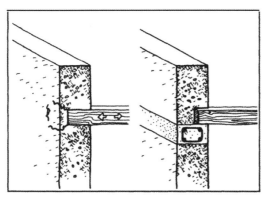

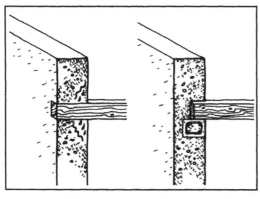

抬升的楼板可以处于不同楼层：

- 在地下室或卫生间上方；

- 在房子的顶部，在屋顶下；

- 在平屋顶上。

抬升的楼板由不同部分组成：

- 上表面（地板）；

- 结构（木制品或平板）；

- 底面（天花板）。

每个部分都对其建造所用的土壤施加了条件，还产生一些相关的具体问题，主要和承载有关。但是，原则上可以使用所有传统类型的楼板。

条件与限制

上表面或覆盖层必须能够抵抗磨损，并且耐用、平坦、外观宜人、易于维护，如果是平屋顶，则必须是防水的。

结构，木制品或平板必须能够承受动态和静态载荷，抵抗点载荷，非常坚硬并能将载荷正确地传递到支柱。底面或天花板必须美观。

楼板和墙体的连接

这种支承提供了楼板和墙体或立柱之间的连接以及荷载的传递。可归纳出四个缺陷来源：

1. **凹陷** 支承件尺寸过小，不能均匀分布载荷：张力差和裂缝。支承件的表面积必须增加，并将载荷朝墙体的重心转移。避免使用会削弱墙体纵断面的支承。

2. **扭转** 楼板在支承下下陷并扭转：边缘上升，偏心加载，内边缘受压和开裂。必须留心建立令人满意的负载/承载比，并安装拉结件。

3. **尺寸差异** 可能是热成因，也可能是由于楼板与其支承之间的应力不同所致。通过不将它们固定在墙体和水平拉结梁上来避免墙体和楼板之间的直接接触。

4. **不连续** 不连续的隔热层会导致冷凝。

施工

在墙体上插入楼板时，允许一定的细小误差。必须采取防雨措施或在建筑物盖好屋顶后再铺设楼板。

支承

对于楼板与土墙之间的连结问题,有各种各样的解决方案,支承可以是独立于墙的,也可以是在墙上的。

1. 独立于墙的支承

在基础上 支承梁的立柱固定在基础底部的凹槽上。虽然可能固定立柱较困难,但对位于地下室或卫生间上方的楼板而言结果是令人满意的。

在墙基上 这部分比墙体宽用来搁置梁,基层必须找平,并且梁不能碰到墙体。在基层的水平方向上,通过将梁定位在墙底部的壁龛处,可以更方便地加宽基层。此处梁仍然不接触墙面。在这两个系统中,必须铺设水平的反毛细膜,并安装踢脚板作为饰面。对于钢筋混凝土楼板,最好使用加宽的基层,因为楼板嵌入墙内会削弱墙体的基础。

在墙体旁 此方法利用了墙角的木制角块或突出于墙面的砖石构件。这是重型楼板和非承重墙的首选解决方案:例如用黏土秸秆填充的板条墙或垛泥墙。

2. 墙上的支承

该系统存在以下危险:点荷载(梁)或墙体的连续性弱化(板),支承点的扭转(梁的过度自由移动或楼板的下沉),对墙体不同程度的推力。

点载荷应通过圈梁或经过精心设计(载荷重量以45°角传递)的木、石或混凝土底板或通过联系梁进行分配。在建造墙体时,可以挖出梁的空间或为梁预留空间。木地板应选用经过处理的木材,并使用沥青油毡或防水砂浆等柔性材料来避免木材与土壤的接触。

3. 墙体一侧的支承

墙体的厚度在楼板通过的地方减小,在这里也必须注意提供梁的支承点或圈梁。避免将楼板放在沿墙体的梁上,否则有被撕裂的危险。

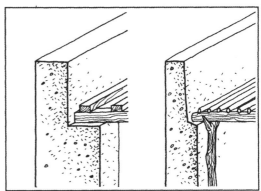

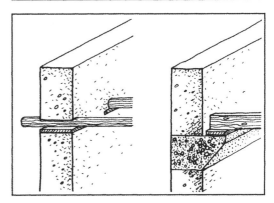

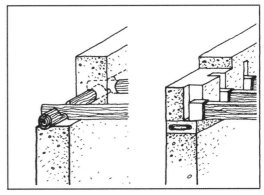

尽管土的抗拉强度和抗弯强度相当低，但其已经被用于建造活动楼板。结果是非常显著的，特别是当材料经过稳定 / 或加固时。主要缺点是生土楼板的重量，这使其在地震地区特别危险。此外，这些系统在承重墙中会产生重荷载。因此，希望减小生土楼板托梁之间的距离（60 至 90 厘米之间的距离），以便在墙体上更好地分配载荷。在用于楼板的材料中，黏土秸秆具有重量轻，并具有可观的抗拉、抗剪和抗弯强度以及良好的保温隔热优点。

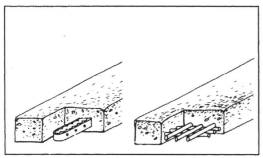

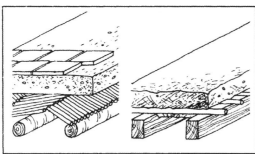

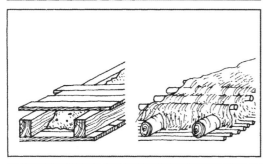

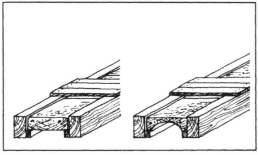

1. 土用于结构

加筋生土混凝土楼板 传统的使用木材作为加筋材料的生土楼板系统已经成为施工现代化研究的对象，这项研究也测试了竹子（美国）和镀锌钢（法国塞内加尔）。但由于系统仍然很重（500 千克 / 平方米），因此结果远不能令人满意。

2. 土用于表面

结构 木质结构，由覆盖着木板的梁、原木，有时甚至是平的石头组成。为了减少灰尘，通常在支承结构和土层之间放上编织的垫子，结实的纸或稻草，这个土层通常是夯制的（10—15 厘米）。这些楼板的重量达 250 千克 / 平方米。如果用黏土秸秆填充在间隔 10 厘米至 15 厘米的板条上作为楼板铺设会更轻（150 千克 / 平方米）。表面处理要么是经过稳定的黏土秸秆耐磨层，要么是抹灰甚至是表面涂层。

3. 填土的楼板

这些系统通常用于增强隔音效果。

疏松的土 许多木龙骨楼板和木板楼板（带有木板底板或芦苇席底板）都用松散的土填塞。所用的土应绝对干燥。

预制板 通常，它们是由抹泥或黏土秸秆制成的，用于填充楼板的底面而不增加其承载力。因此，托梁之间的距离可以相当大——80 厘米至 90 厘米——预制构件的长度可短可长：对于 15 厘米的厚度，长度为 0.4 米至 1.2 米，每个构件的重量为 35 公斤至 120 公斤。楼板采用空腔形态可以减轻其重量。

4. 拱和承重的填充物

土砖拱　用土砖拱建造的楼板使土壤处于压缩状态，弯曲应力被木材、钢材甚至钢筋混凝土制成的梁吸收。梁之间的间距范围从较小系统的0.5米到最大系统的2米，有时需要使用金属拉杆。土砖拱靠在下翼缘或小梁的侧面。轻微的挠曲（跨度的十分之一）可使小梁很好地承受应力。这些系统相当重（400千克/平方米）。它们可以用模板（通常是滑模）建造，砖块沿边铺设或平铺成两层，接缝错开，或无模板；努比亚式（Nubian）的斜砌。可以使用较轻、穿孔的砖块和砌块，形状适合安装在横梁上，或者采用依靠楔入而不需要模板的方法。

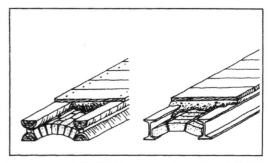

套管拱　该拱由黏土秸秆制成，使用排列非常密集的芦苇管作为模板，可以获得很轻的楼板（150千克/平方米）。对于天花板抹灰而言芦苇是一个很好的关键要素。用黏土秸秆做成的平拱，内部用圆木加固，重量较重（220千克/平方米），这类系统能提供良好的隔热和隔音效果。

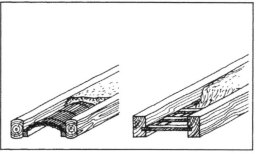

预制填充物　承重构件仍然是长梁或短梁，但它们之间的间距不大（0.5米）。黏土秸秆粗砌体由两根木杆件加固，解决了弯曲问题。混凝土或稳定土的楼板（6厘米至10厘米）用于分散荷载，可以用网加固并将梁连接到填充物上。用黏土秸秆做成的生土卷可以用来代替填充物。这类系统重量较轻（150千克/平方米）至200千克/平方米）。

空心填充物　该类产品由压缩稳定土或挤压土制成，目前正在测试中。

5. 其他系统

双曲填充　稳定土用于钢筋混凝土短梁，已经在巴基斯坦进行了测试，负载可能高达1220千克/平方米。这个研究也在美国进行（Max-Pot）。

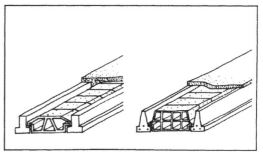

薄砖　薄的超稳定砖，带有粗糙的灰泥饰面（2层）。

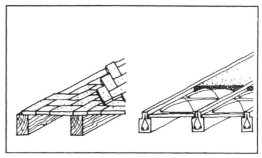

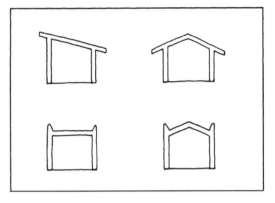

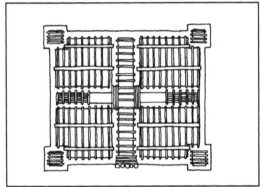

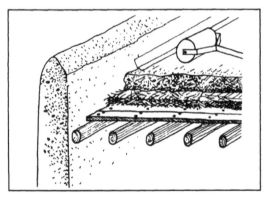

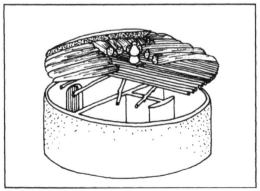

屋顶是结构中造价最高的部分，可以占到总费用的70%。此外，该系统需要一流的工艺才能做到耐用。根据定义，平屋顶的最大坡度为10。1到2的坡度足以排水。平屋顶在炎热地区很常见，但不适合热带气旋多发的地区——屋顶可能会因压力差而被撕裂。通常，普通楼板系统最适合用于平屋顶，但应通过表面防水的保护加以改进。不建议使用覆盖有土壤的钢槽或纤维水泥的系统，因为这些支撑物的承载力低，并且由于重叠支撑物而易产生渗透问题。由土制成的平屋顶包含许多系统，在这些系统里土具有多种功能：保护涂层、耐磨层、防潮、提供坡度、荷载分配板、隔热和缓冲等。这些生土屋顶的设计取决于该系统的用途，即屋顶是可接近的还是不可接近的。

重量

生土平屋顶非常重，重量范围从300千克/平方米到500千克/平方米不等。因此它们不适合在地震地区使用。这种重量导致将大量载荷传递到墙体上，并涉及大量承受弯曲应力的材料，例如木、钢和混凝土梁。跨度必须保持很小，这使得严谨设计至关重要。也门和摩洛哥的建筑有很多这样的例子，其中空间设计的重量限制非常明显。

防水

生土平屋顶对水特别敏感。暴雨会破坏屋顶。因此必须注意确保足够的防水性：特殊土壤（高岭土、盐渍土），稳定剂，其他防水材料，尤其是合适的设计和持续的维护。

热参数

由于其巨大的热惯性，这些屋顶适用于炎热干燥的气候。如果屋顶需要隔热，则可以使用伸缩垫、松散的稻草、黏土秸秆或海藻。用石灰刷白会增加对太阳光的反射：90%，而裸露的屋顶仅为20%。

排水

防水系统 可以使用常见的材料完成：沥青油毡和塑料布，或夯实的黏土层或稳定的土层：例如压实的石灰砂浆。沥青油毡或塑料布防水层必须覆盖土壤，以防止紫外线造成的损坏。排水屋顶和排水方向朝着盛行风，以防止飞溅，防水系统必须精心维护。

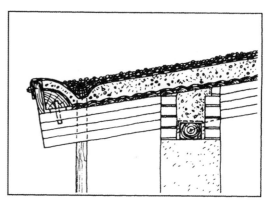

排水沟和落水管 必须注意不要将天沟固定在墙上，而应沿着屋顶的屋檐固定。截面应足够宽且坡度足够大。从屋顶的每个部分单独排水，并让它在直的天沟的末端流出，切勿弯曲：因为有溢出和阻塞的危险。应将天沟直接连接到落水管中。

落水管应使用较宽的截面，并避免将其固定在墙上。请勿使用易碎或易腐烂的材料（例如塑料）。

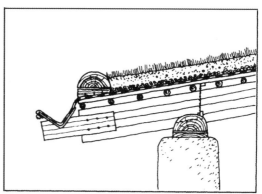

水不应排放在墙脚处：提供面朝排水管或排水沟的散水。请勿在墙脚下放置雨水桶。落水管的维护：及时进行维修。

应避免将落水管埋入或嵌入墙体。避免装饰性落水管和装饰物，例如悬挂的链条（在大风天溅起水花）。

滴水嘴 它们在美洲大陆被称为"canales"，需要经常维护，并且必须在屋顶上有一个出水口，以减少堵塞或阻塞的危险，口部应远离墙体：0.5 米到 1 米。

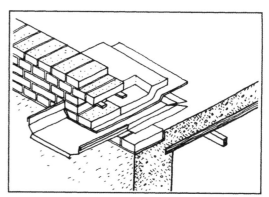

在出水口的防水重叠部分必须小心施工，并且滴水嘴在穿过女儿墙的地方应该有一个防水套筒，女儿墙上有个洞更好。

滴水嘴必须牢固安装并且不能移动。滴水嘴应该远离盛行风的方向。

使用优质材料：锌、镀锌铁、釉面陶器。如使用木材，应该从一整块木头上锯出来，而不是拼接出来。木材应进行防腐处理。扶壁、窗户或凸出物上方不应设置滴水嘴。

墙的底部必须有保护以免溅起水花，水要排入排水沟里。

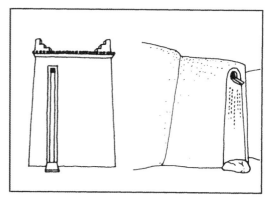

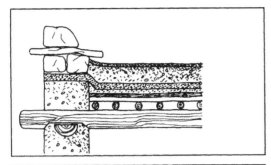

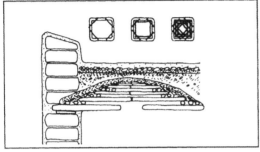

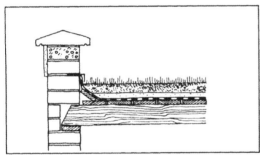

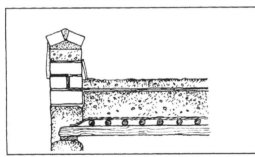

生土平屋顶的主要缺点是防水性通常很差。在传统的建筑中，使用特殊的土壤：来自非洲白蚁丘（tertnite hills）的粉状土，盐黏土泥（土耳其语称为"corak"）或已添加天然稳定剂（例如动物粪便、乳木果油等）的土壤。也有一些系统，其中的沙子和黏土层交替形成一层厚实的层。这些屋顶很重，只有在上层湿透时才能保证其水密性。生土屋面的质量首先取决于良好的施工：通过分层将土层夯实，密封所有收缩裂缝，并通过敲打压实。卵石可以夯实在表层，这样能形成良好的耐磨层，可以抵抗雨水冲刷。尽量减小土壤的厚度（减轻重量）并处理和稳定土壤是很好的做法，定期维护是绝对必要的。

1. 土壤层

如果这些土壤需要处理或稳定，则必须使用有效的稳定剂。油污的灾难性例子是众所周知的。沥青稳定作用比石灰或水泥更有效。

2. 粉刷打底

由石灰和粗砂组成的找平层，经过仔细密封，其中的细小裂纹由定期涂刷的石灰水密封是有效的。也可以使用橡胶基涂料，但在潮湿或通风不良的房间必须防止冷凝。

3. 沥青油毡

可以将其放置在夯土下，然后铺上卵石并种上苔藓。也可以置于夯土上方，但必须覆盖一层砾石来隔绝热量。与女儿墙和沟渠的连接处必须小心维护。

4. 塑料薄膜

土壤下的聚乙烯膜与沥青油毡一样有效，土壤里可以播种根部不会穿透薄膜的草种。屋顶和墙体之间的接缝必须小心处理。

5. 铺砌块、瓦、石板

可触及的屋面可以用各种材料来铺砌。坡度必须足够陡峭，水必须有效地流向滴水嘴和落水管，并且使用防水砂浆。

风雨的影响

对暴露在盛行风中墙体上的气流的观察表明，在建筑物离地面约三分之二的高度时，气流分成两股，一股上升，一股下降，在裸露的墙体表面产生涡流效应。如果遇到平台、凸出物、门廊和屋檐之类的障碍物时，则这些影响会更加明显。英国建筑研究院（BRE）在英格兰进行的研究表明，由于风和雨的共同作用，凸出物的大小直接影响侵蚀程度，其影响主要集中在凸出物要保护的区域上，距离至少为20厘米。如果凸出物较窄（5—20厘米），并在墙上更高的位置，则效果会更加明显。最极端的例子是屋檐。为了限制侵蚀，应将凸出部分做得更宽（至少30厘米）。此外，绝对有必要对凸出物上方和下方（最小距离为20厘米）区域范围内进行粉刷。

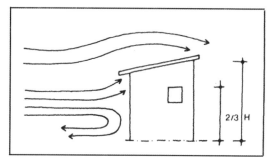

挑檐

挑檐的功能是多方面的：保留构成屋顶的土壤，减少墙顶的侵蚀，使水从远离墙脚处排出，保护墙面防止垂直雨淋并提供庇荫。

在传统的生土建筑中经常会遇到宽檐（至少30厘米）。它们提供了更大的稳定性和对风引起压差的抵抗力。这样的屋檐可以装上比例合适的檐沟，并应牢牢地固定。

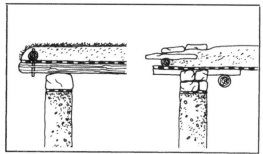

女儿墙

女儿墙可以保留屋顶土壤，并通过将水引导至滴水嘴和落水管来更好地控制屋顶的排水。女儿墙还可以用作通达露台的栏杆，并提供有效的保护，以防止由于风造成的压力差。另外，女儿墙还起到美学作用。它应该是很重的，用耐用的材料建造，并且/或者用传统材料（石头、砖、瓦、芦苇和土）制成压顶（至少30厘米）来防止侵蚀，或用最好的防水涂料来防止侵蚀。女儿墙上的防潮柱和滴水嘴周围需要非常精细的施工。

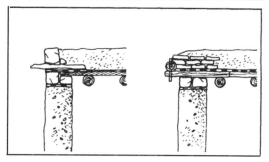

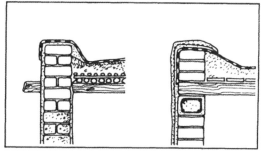

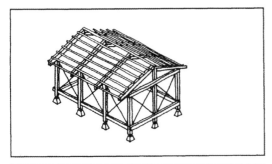

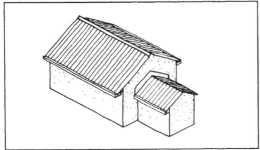

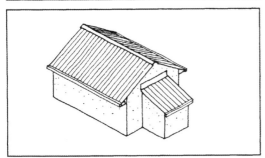

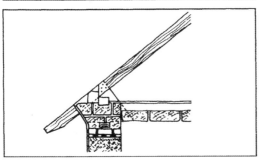

带有宽檐（至少 30 厘米）的坡屋顶可以很好地排放雨水，特别适合于生土结构。这些屋顶也适用于热带气旋地区（最小坡度为 30°）。在这类区域中，相对于人字屋顶（两个斜坡）而言，更适用于四坡屋顶（即四个斜坡）。坡屋顶提供了更好的防风雨保护，并节省了墙体材料，但使结构更加复杂。这些精巧的屋顶在材料和人力上都非常昂贵，而且斜度变小也很常见，这样可以减少表面积，并节省屋顶框架和盖板。四坡屋顶和人字屋顶可以在墙体建造之前搭建起的"伞形"结构，并使其能够在庇护区域中进行。由于屋顶结构直接支撑在基础和平板上，因此该系统消除了土墙上的载荷和推力的限制。但是，存在结构和材料的冗余，只有在较富裕的经济体或大型建筑项目中才可以接受。

防水

屋顶必须很快地建好，而且不能把这个拖到剩余工作做完之后。如果在建造屋顶时下雨，则必须保护好裸露墙体的顶部。必须始终考虑到屋顶可能发生的故障，并使墙体的顶部防水。每个屋顶覆盖层都要有合适的倾斜度。减少倾斜度可能会由于排水不充分、积水或水渗透而导致泄漏。应避免使用锯齿形屋顶，因为两个相邻斜坡的屋顶边缘较低，除非设想使用宽斜坡的排水沟。防潮节点必须正确施工。应避免墙体上部形成山墙，这样就需要泛水处理和填充砂浆，但这并不总是可靠的。由山墙支撑的屋顶的泛水应是一条由石材或烧结砖组成的抹灰或耐磨表面，以防止水溅到墙面。

荷载和推力

必须消除或适当吸收水平推力：开孔周围的墙体存在弯曲或破裂的危险。载荷应均匀地分布在圈梁上。加固薄壁结构的山墙：钢筋、拉杆、立柱。

锚固坡屋顶

如果要避免在强风中造成屋顶变形和屋顶受损的危险，将屋顶锚定在墙体上是绝对必要的。在容易遭受热带气旋的地区，这一预防措施至关重要。通常，锚固系统必须非常牢固且设计合理，不应在材料上节约开支。屋顶必须固定在外墙、檐沟承重墙和山墙上，但也可以固定在分隔墙上。如果建筑物的结构用混凝土或木桩加固，则锚固相当容易。但是，最好将屋顶固定在连续的拉杆上而不是孤立的支撑架上。

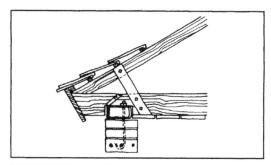

1. 锚固在檐沟侧的承重墙上

木材 檐沟侧承重墙上的垫板既可以用作圈梁，也可以作为锚板。这种连续的木制支架必须非常地牢固：例如连接环、用螺栓固定在墙上的锚杆等。当圈梁的高度低于檐沟侧承重墙屋顶下方的水平层顶部时，下部檩条可以通过卡箍或金属或木联系梁固定在圈梁上。同样的圈梁也可用于锚固牛腿或金属支座，以容纳门廊或阳台的横梁，甚至可用于建筑物的未来扩建（印度）。

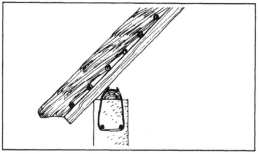

混凝土 混凝土圈梁可以为较低的檩条或屋面梁提供铁系杆。

2. 锚固在山墙上

根据已经阐述的原理，四坡屋顶固定在侧墙上。将檩条延伸到山墙的屋顶，可以将檩条锚固到圈梁上，该圈梁是檐沟承重墙上圈梁的延伸，或在檩条的支撑高度处另设圈梁。也可以使用固定在圈梁水平处的木托梁上的金属或木质拉杆，无论在其上方（拉杆承受的重量）还是在其下方（风对圈梁施加的拉伸应力）。这种锚定到圈梁的解决方案避免了山墙本身的过载，山墙是结构中最薄弱的墙体。采用卡箍或木制或金属拉杆的系统增加了山墙的刚度。

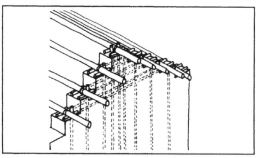

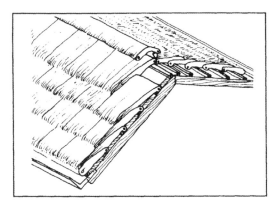

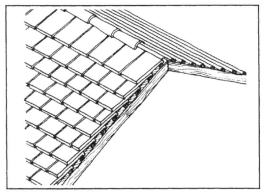

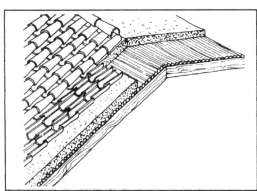

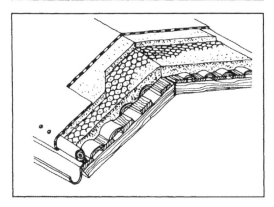

1. 黏土秸秆盖瓦

这些盖瓦由一层稻草（在屋顶上可见）和两层黏土组成，第二层黏土从下方可见。用秸秆保护黏土不受雨淋，用黏土保护秸秆不受火烤。盖瓦易于生产且经济。它们的尺寸从 90 厘米到 120 厘米不等，宽度从 45 厘米到 150 厘米不等，尽管 60 厘米的宽度更容易铺设。

这种材料制作的 20 厘米厚屋顶的平均重量是每平方米 5 千克。

2. 瓦

使用两种类型的瓦：用高度稳定的黏土制成的单向搭接平瓦（例如，巴西）和弯曲瓦（例如，法国）。这些材料很容易冻融，除非它们经过过度稳定，但在这种情况下它们不再真正具有经济性。

用酚醛树脂制成的黏土砖仍处于试验阶段。

3. 屋面砂浆

在某些地区（例如西藏），使用高粘性土壤代替砂浆来固定板岩甚至屋顶的旗帜。这种防水砂浆（饱和黏土）也可以用于固定曲面瓦或罗马瓦（例如布隆迪）。

4. 土层

该系统类似于用于平屋顶的那些系统：夯土或黏土秸秆。沥青油毡的防潮层铺放在土壤上或薄木板上。也有用沥青稳定的黏土制成的屋顶，并用网（找平层或盖板）加固，这些屋顶覆层很重。

5. 草屋面

这样的屋顶具有几个优点：净化室内空气，隔热和缓冲，通过冷凝和蒸发控制室内舒适度，隔音。草生长的土壤厚度至少为 20 厘米，这会导致沉重的负荷（吸水性强），因此有必要设计一种特殊的屋顶框架。防潮必须优先考虑。在传统系统中，是使用经过处理的木材或铺有沥青的平石来防潮。如今，可以使用塑料防潮材料。该防潮材料可以单层铺设，没有接缝。这种防潮材料必须是不易燃的，并且能够承受太阳辐射。这种屋顶的坡度在 5 度至 45 度之间，优选 20 度的角度，因为该坡度非常有利于排水。

6. 土卷

它们由黏土和长纤维混合而成，并以卷轴的形式绕着木轴滚动。在仍然湿润时，将得到的土卷放在檩条之间，并相互压紧。成排的土卷之间的空间用泥料填满。干燥后，用拖把涂抹黏土来填充裂缝。然后用细切的纤维和石灰稳定一层2厘米厚的黏土砂浆，用屋面油毡层和沙子层覆盖。这种类型的屋顶重约200千克/平方米（包括轻型框架），不建议在有白蚁出没的地方使用。

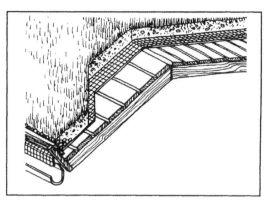

7. 泥板

这些相对较薄的单元是黏土秸秆或抹泥面板，并用木杆加固。它们被直接放在简单的椽子上。它们的承载力很低。泥板通过一块木板固定在屋面底部边缘的适当位置，该木板的厚度决定了成品屋面的厚度。屋脊杆上覆盖着板条和一层黏土秸秆。屋顶铺设一层掺有切碎纤维的黏土砂浆找平层，并在铺上沥青油毡之前用石灰稳定。

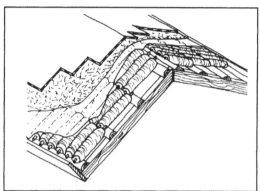

8. 砖屋面

使用了砖地板的原理。它用小而平的砖砌成，并用粗灰泥浇筑。砖块和工艺都必须是高标准的。该系统由两层砖组成，其中第一层砖上覆盖一层灰泥，第二层砖上覆盖一层砂和水泥砂浆。最后，用灰浆砌的瓦装饰屋面。

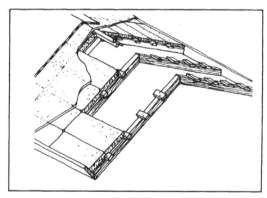

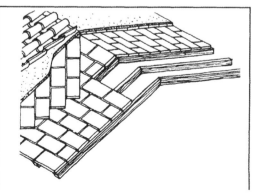

在许多无法获得优质结构木材的地区，建造者们想到了用拱形屋顶覆盖空间的办法。拱形屋顶在埃及很早就发展起来了，它是用晒干的土砖制成的［例如公元前1290年第十九王朝的拉美西姆（Ramesseum）的粮仓］，在过去的几个世纪中，拱形屋顶一直主导着近东和中东大多数国家的建筑。这种土制屋顶仍然是许多城镇建筑景观的特征。拱顶由土制成，具有利用材料的高抗压强度以及将屋顶荷载很好地传递到垂直墙体的优势。

应用领域

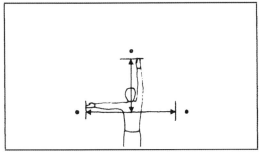

一个大空间可以由一个单独的连续拱顶或一系列小型横向拱顶覆盖。这两个非常常见的系统与各种形状的拱顶相关联。拱顶的使用有时会带来文化接受度的问题，有时缺乏对强降雨地区或对地震发生时的结构表现的适应要求。但是，有针对这些问题的适当解决方案。

形状

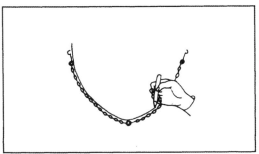

有许多形状：拱形、卵形、交叉拱、回廊拱，葱形拱或肋拱。但是，最常见的是筒拱，其形状多种多样：圆形、连续形、提篮形、横向形、环形、椭圆形或偏曲形、螺旋半圆形（如楼梯）、曲度形等。悬链拱是努比亚（术语努比亚拱）广泛使用的另一种拱的形状，并因哈桑·法赛（Hassan Fathy）的建筑物而闻名。所有这些拱形可以是平的、下垂的，或是凸起的。

标识

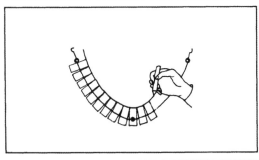

可以使用数学设计方法。但是，例如对于悬链拱而言，更实际的做法是使用轻型链条来构建一个线图。跨度和上升量由链条必须通过的垂直平面中的三个点预先确定。绘制的曲线是倒转的，曲线必须限制在拱厚度的中间三分之一处。模板的形状必须校正为所需的拱形厚度：曲线两侧各一半的厚度。

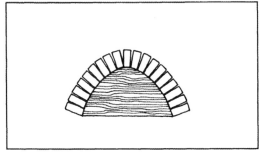

尺寸

跨度　用稳定的压缩土块建造的拱顶最高可达跨度6米，厚度15厘米；而在夯土中，拱的跨度很少超过2.5米。在伊朗，最常见的跨度是4米。这是地震区域的最大值，对于此类区域，已确立跨度与长度之比应等于1.5乘以宽度。如果跨度比长度的值大于这个值，则拱顶就有共振和破碎的危险（根据墨西哥下加利福尼亚大学的研究）。

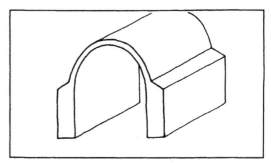

矢高　矢高越小，侧向推力越大，矢高越大，则侧向推力越小，接近极限值零。对于悬链拱，传统的跨度与矢高比表明，矢高幅度应等于50厘米加跨度的一半。在震区，建议将矢高幅度限制在跨度值的20%到30%之间。

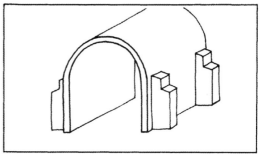

推力　如果矢高非常大，则墙体上的推力足以使它们倒塌。用于确定拱和柱墩尺寸的方法可用于确定墙的尺寸。首先，必须仔细设计墙体的基础和地基。有几种方法可确保拱的稳定性。

- 厚壁需要大量材料，不应被大开口削弱。
- 扶壁必须由良好的基础支撑，并与墙的基础相连。
- 预应力荷载（女儿墙或尖顶），将侧向推力转换为竖向推力。
- 消除推力的拉杆；这些必须均匀分布并安全固定。
- 承受推力的联系梁，该联系梁应能够抵抗推力引起的弯曲力。

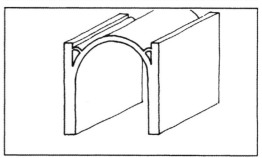

防水

这是强降雨地区拱顶的主要问题：通过细微的表面裂缝渗透（这是反复的热胀冷缩的结果），顶部和两腋侧的排水不充分（水积聚并渗透材料的问题：坡度必须做得更陡）。必须通过诸如粉刷，沥青油毡，弹性涂料之类的防潮措施和定期维护来小心保护拱顶免受雨淋。

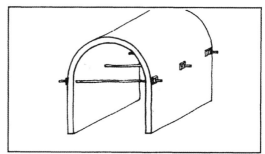

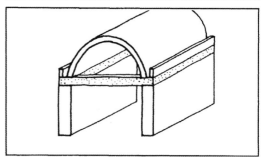

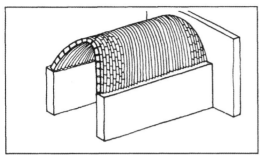

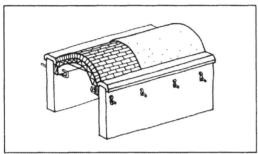

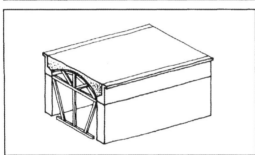

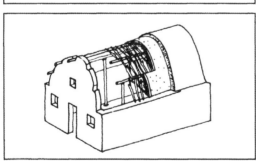

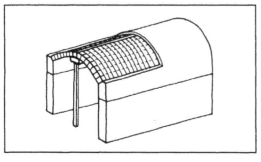

建造系统

1. 土砖 – 无模板

"努比亚式"方法利用了砖块之间的相互摩擦和黏土砂浆的粘结力，每皮砖的倾斜角度在 10 度到 15 度之间。砖块必须是轻质的（例如富含秸秆的土坯）且不能厚（5—6 厘米）。也可以使用带有凹槽的薄的压缩土块，以增强其附着力。主要困难在于曲率（仅限于中间三分之一）。对于没有经验的建造者，必须使用建筑模板。

2. 土砖 – 用模板

模板可以使土砖平行于墙体，模板可以很重且固定，也可以很轻且可以滑动。在后一种情况下，建造者以连续的粘结砖层或粘结成环的形式推进。拱心石的安放必须小心进行。

3. 模板上夯土

尽管很少使用，但确实存在此构造系统。通常，由夯土和模板制成的整体式拱通过系杆落下并固定在适当的位置。拱背上方的土层具有一个坡度。模板非常重且固定（夯实应力），几天内不能使用。

4. 框架外覆泥

一个由交错的树枝搭成的拱形结构覆盖着泥土，上面撒满了牛粪。该系统的刚性和耐水性是不稳定的。

5. 预制单元

空心单元是通过双作用液压机预制的。该系统高度复杂，需要使用混凝土杆件来为预制拱顶提供高度的稳定性。这个拱顶是一个在环形曲线上组装的小的半拱。

不用模板的砖拱建造

1. 拱的开始

起拱点的支撑有两种方式。

- 依靠垂直支撑：一堵合适的山墙，拱顶的整个曲线都嵌在上面。该支撑墙必须很重且完全稳定，并且没有任何粘结缺陷，不然可能会在拱形推力的作用下引起开裂。

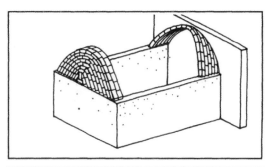

- 依靠水平支撑：拱顶由山墙的最后几层支撑，像穹顶一样开始。逐渐改变轨迹，直到达到 150 度的倾斜角度。山墙和檐沟承重墙之间的连接可以描述为矩形、三角形或半六边形甚至半圆形。建议将后者用于地震区域，因为拱顶表现为硬壳式结构。由垂直山墙支撑的拱顶有断裂的危险，因为在地震中，墙体和拱顶之间的振幅并不相同。

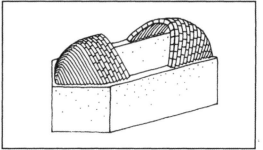

2. 拱的结束

在拱顶末端，可以保持原来的倾斜角度，但是最好逐步调整直到达到垂直。然后可以将拱顶支撑在另一个垂直的山墙面上，或者可以用砖石封闭空腔。也可以从两侧的山墙同时启动，并逐渐交会在拱的中间。

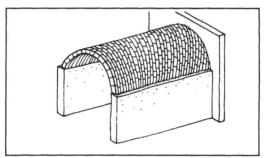

3. 拱的剖面

如果采用逐渐倾斜的过程，即采用平铺的砖块，则外观是均匀的。但是，若采用互相交错的人字砌，可以获得极具吸引力的轮廓。必须非常小心地执行复杂的连接，并且用小石子把砖紧贴地塞入外拱背的水平缝隙处。

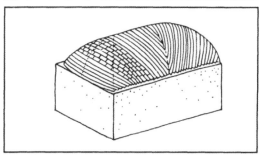

工匠和生产力

在努比亚，一位泥瓦匠师傅由四名同伴协助，每天的工作面积为 12 平方米至 15 平方米。如果协助人员没有经验，则产出会低得多。在后一种情况下，建议使用轻型模板（例如由钢丝制成），这样便于施工并可以得到均匀的曲线。

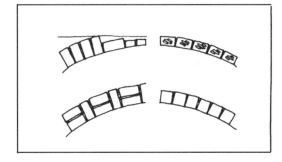

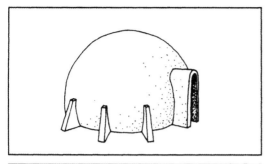

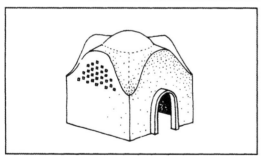

穹顶是一个圆形横截面的拱顶，其拱顶是由拱形围绕其垂直轴的旋转产生的。像拱和拱顶一样，穹顶的优势在于它使用压制材料。

应用领域

穹顶最常见的功能是可以完全覆盖所围合的空间。像拱一样，穹顶也不适合降雨多的地区。穹顶在地震中表现良好，但墙体很脆弱必须进行精心设计或加固，如扶壁、拉结等。从建筑的角度来看，穹顶在封闭空间的设计方面提出了一些问题：巨大的高度是由非扁平的穹顶实现的。土坯穹顶的正常直径约为 4 米（伊朗），但使用稳定的压缩土块可以达到 12 米左右的直径。与穹顶有关的另一个问题是它们的声学共振，这使得它们不适用于某些目的，除非采取特殊措施，例如精细的粘贴、拉伸的材料或复杂的设计。单独施工的简单形状的穹顶很容易建造，但是当一个项目涉及一系列穹顶、拱和拱顶时，场地必须组织好，并且施工人员必须经验丰富。也可以建造两层的穹顶，例如，室外拱顶升高而室内拱顶下降，从而在两层之间提供空气的隔热层，并提供更好的坡度以排出雨水。除了在地震区域之外，也可以在穹顶中开口而不影响其稳定性。传统上，穹顶是用砂浆（例如沥青、石灰等）作为底层来防水的，表面铺上烧结砖或瓷砖饰面（例如伊朗）。

形状

它们是根据立面和平面来定义的。立面实际上涵盖了拱形和拱顶的所有形状。平面图可以是圆形，椭圆形，正方形,矩形(长方形穹顶)等,也有半穹顶或半圆形拱顶。

标识

简单的半球形穹顶很容易描述，但是更复杂的计划需要使用相当复杂的几何公式（例如伊朗传统的清真寺）。

装饰

无论是室内的还是室外的，都可以通过精心制作的砖块、抹灰、绘画或平铺的图案来完成，除了审美之外，穹顶的装饰方式没有任何限制。

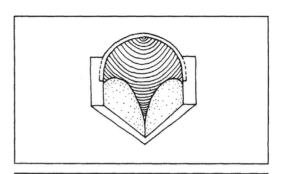

支撑穹顶

支撑结构的变化很大程度上取决于平面，墙体的高度、穹顶的直径及其中心定位必须适应这一点。圆形平面上的球形穹顶没有问题，但是方形，矩形或五边形平面会引起复杂的放样问题，并且需要构造中间支撑结构，例如内角拱和穹隅（帆拱）。

1. 内角拱

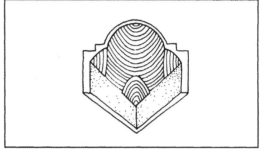

这些是提供支持的小拱。通常它们是圆锥形的，半球形或半圆形的，带有面拱。它们建立在多边形隔室的内角处，用于增加边角的数量，以使形状接近圆形并利于穹顶的开始。使用内角拱可以提升穹顶的高度。

2. 穹隅（帆拱）

穹隅是一个交角券，是一个弯曲的三角形内弧面。穹隅的使用降低了穹顶的高度。在拜占庭和文艺复兴时期的建筑中，长方形隔间上使用带穹隅的穹顶是很常见的。

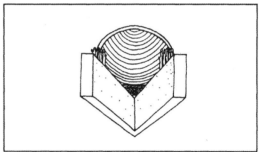

3. 过梁

它们位于内角，由木材、钢材或混凝土制成。使用的材料数量较少，但是该系统需要具有高拉伸强度的材料。

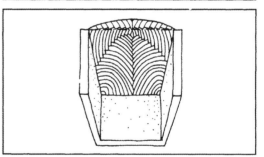

4. 从角落开始

穹顶同时从四个角开始，就像是一个拱顶一样，轨迹相交处的角度可能为45度。

5. 从墙体开始

建造的开始就像拱顶的建造那样，但是很难以完全相同的高度和相同的曲率进行连接。

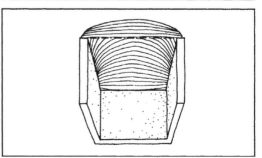

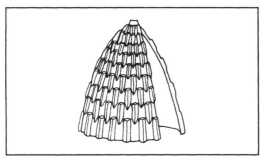

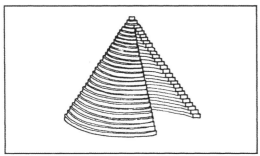

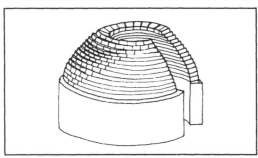

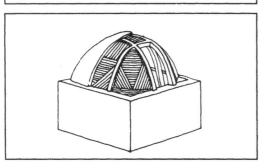

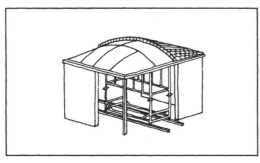

建造系统

1. 整体穹顶

这些是手工建造的穹顶，使用了与建筑相适应的陶器技术。一个典型的例子是喀麦隆穆斯古姆（Mousgoum）部落的著名贝壳形房屋，但这种房屋越来越稀有。它由高粘性的特殊准备的土壳组成，其底部厚度为15厘米至20厘米，顶部厚度为5厘米，高度为7米至8米。它的建造不用脚手架，但表面的凹凸起伏为其提供了立足点，同时分隔了雨水的径流，有效地减少了侵蚀。使用挤压土卷的现代版本已在德国的 T.H.K. 进行了测试，在那里也成功尝试了夯土穹顶的建造。

2. 叠涩穹顶

通过在连续的水平方向上向内建造而成的穹顶，要归功于砂浆的附着力和粘结力。该原理已经应用到了圆锥形和金字塔形形状（20世纪80年代在洪都拉斯的项目），但是施工速度非常慢，因为每砌完两层或三层砖就需要停止，等待砂浆干燥。

3. 带有倾斜层的穹顶

这涉及从传统努比亚建筑（上埃及）发展起来的建造原则，并被哈桑·法塞（Hassan Fathy）设计新古尔纳村项目时采纳。该建造系统非常巧妙且快速。

4. 包覆模板建造的穹顶

这种方法是尼日尔和尼日利亚建筑的典型代表。穹顶是用灌木杆和小树枝建造的，然后用泥土覆盖，从而使结构坚固并防水，里面的木肋条也被泥土包裹。

5. 使用模板建造的穹顶

模板对于极为扁平的穹顶是必不可少的。在印度，已建造了跨距为5.2米，高为60厘米的缆索壳（传递均匀的垂直力）。模板必须轻巧，可移动并且容易拆卸才能有效。

穹顶的建造

1. 过程和砌法

这些是用独立的闭合环堆叠起来的。它们也可以构造为从两个或三个不同的点开始的连续螺旋：路线重叠而不相互连接。使用这种方法，两到三个经验丰富的泥瓦匠可以在一天之内建造一个直径 3 米的穹顶，接缝处的外侧口子用小石子填塞。砖块也可以倾斜放置以增加摩擦力：梯形单元可以校正倾斜方向充当微调的作用。与拱顶一样，横列倾斜的角度范围为 10 度到 15 度。

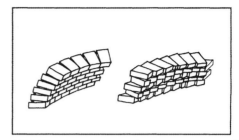

2. 土砖

通常使用的是小块的，正方形或长方形，轻（高秸秆含量）的土坯砖或稳定的压缩土块（厚度在 5 厘米到 6 厘米之间）。相互咬合或倾斜可增强粘结性。穹顶的标准厚度在 10 厘米到 30 厘米之间，其中 15 厘米是 3 米到 4 米跨度的常见值。

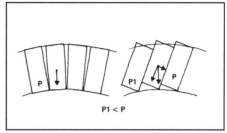

3. 饰面

如果仔细地铺设并且很好地弄平接缝，简单的石灰涂刷就足以完成内部饰面。对于外部，相当厚的抹灰层将确保美观的饰面和良好的防水性。

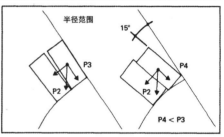

4. 拉结梁

如果计划使用拉结梁，则将其放置在穹顶的底部，穹隅或内角拱的上部，并按穹顶的厚度就地浇铸，甚至将其贯穿在拱背上。

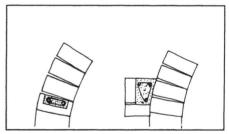

5. 工具

传统上，这种穹顶是不用工具就能建造的。泥瓦匠的眼睛，辅以连接穹顶圆心和泥瓦匠的手腕的标记线，就足够了。已经开发了几种可以解放双手的工具如"穹顶追踪器"。它们通常由可调节的中心装置组成，该装置能够确定穹顶的形状，指示每个砖块的位置，并显示每个砖块的正确倾斜度。

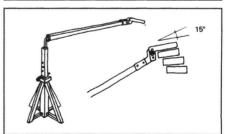

应用领域

土可用于多种用途，包括建造窑炉、熔炉、壁炉和烟道。此类设备功能良好，但需要定期维护；缺乏维护很可能会迅速毁坏。人们不可避免地得出这样的结论，即经过焙烧的土更适合于建造这类设备，并且它们显然更耐用。可以将土用作整体材料，例如夯土或垛泥，但由于破裂和收缩问题，不建议用它们制造壁炉或烟道。另一方面，建造者会发现可以使用稳定的压缩土砖或非常紧实的土坯砖来建造。

炉膛

有两种可能性：要么炉膛和火炉周边都是用晒干的泥土建造的，要么火炉周边使用焙烧过的材料建造而炉膛用生土建造。如果土壤非常粘，火炉烟道的燃烧会引起收缩裂纹，必须格外小心地封堵。如果土壤不太粘，热量将导致干燥，材料将失去内聚力而变得易碎。这些是与低温燃烧有关的问题。为了生产优质的烧成材料，温度范围必须在 600°C 至 900°C 之间。

火炉和烟道

确实，窑炉的内表面可以用生土制成，不同于外表面需要经过焙烧的材料制成，但也必须使用耐火材料来制造回火。窑内裂纹是可以接受的，但在室内烟囱的情况下就不是这样了。所使用的砂浆可以由未稳定的土制成，其中已经添加了磨碎的砖，后者用作砂子。炉膛中的所有裂缝都必须小心塞住。不建议使用未焙烧的土来制作烟道。最好将陶管并入到墙体的厚度中或建在外部，即外部烟道。这种预防措施可确保烟道的稳定性，并有助于防止有害气体从裂缝中逸出。在室内，烟道可以用生土制成，但出屋顶的烟囱应该是用烧过的砖来建造。

点火

只有在炉膛或火炉的砖石完全干燥之后才能点火。初火应该是中度并缓慢燃烧，烈火容易损坏结构。冷却也应缓慢进行。在第二次点火时，应略微提高温度，以便在燃烧快要结束时，在火炉变热并膨胀时控制出烟量（例如湿树叶）。这样，可以通过裂缝检测到任何可能的烟雾逸出，然后将其定位并封堵。在泥土和金属相遇的地方（例如炉盖），可以加一点盐，因为加热过的盐可以密封所有裂缝。

应用

1. **范围** 许多专门从事相关技术的机构和研究所已经发布了改进的生土厨房应用模型的详细信息。其中一些是众所周知的，例如印度的赫尔邱拉（herl chula）或普纳（pouna）、罗瑞纳（lorena）和辛格（singer）这些炉子。与传统的平炉相比，这些土制火炉消耗的木材减少了10%至20%。这些火炉的共同特征是都有一条穿过很多土层的加热通道。

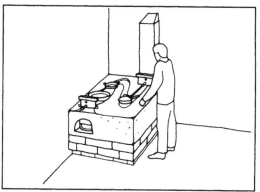

2. **烤炉** 它们通常拥有拱顶或圆锥形穹顶［例如，印第安纳普韦布洛（Pueblo Indians）烤炉］。墙体必须相当厚，高度不得超过60厘米，以保持热量。炉子的底部可以用晒干或烧结的砖块制成，其上为一层砂子和玻璃碴，能非常有效地保留热量。

3. **开敞式壁炉** 它们通常是用土坯砖建造的，并且其构造没有大的问题。开敞式壁炉通常安装在美国西南部土坯房的每个房间中，它们是所谓"土坯风格"的标志。不应忘记，由土制成的敞开式壁炉很重，需要良好的基础，并采取常规的火灾预防措施建造它：例如不要穿过烟道安装木梁或门楣。最好用耐火砖建造炉壁。

4. **锅炉、炉灶** 中国和韩国的炕是众所周知的例子：大量的土被烟道气体加热，并缓慢释放出热量。

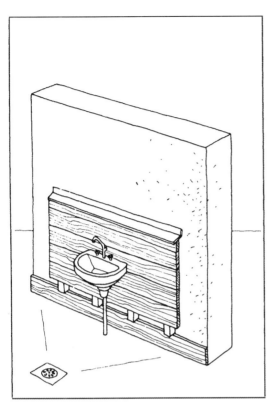

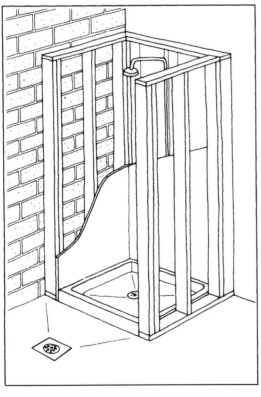

管道工程

在生土房屋中安装供水和排水管道必须特别小心，因为持续的湿气会带来非常严重的后果。原则上，应尽最大可能将管道集中，以易于检查和维护，同时避免增加难以定位的缺陷风险。所有废水必须排到屋外，并远离地基。排水沟和检修孔必须仔细维护。在房屋内部，必须特别注意装有管道设备的房间（厨房、厕所和浴室）的配件，因为很可能会受潮。它们必须通风，并配备方便检修的地漏。楼板必须有足够的坡度以便排水。淋浴间必须远离土墙，并且必须使用通风的防水涂层（有冷凝的危险）进行保护。必须注意可能引起冷凝的管道：空调和暖气。必须将所有此类冷凝水排出，风管和滴水通道的坡度必须足够，否则风管必须隔热。

1. 线管和风管的定位

不建议将线管和风管合并到土墙中。最好的方法是利用非土制成的结构部分（石头或混凝土墙基层，垂直和水平连接构件，木制框架）固定它们，此类紧固件必须精心施工以防止松动。

2. 紧固件

线管、风管和电器设备的锚固点必须提前计划。牢固锚定在墙体上的大小合适的木块可以用来固定支架、挂钩和吊环。洗脸盆、水槽、热水器、膨胀水箱等可以固定在诸如起通风作用的木结构上。必须保护墙体以防溅水：防护面和底座。

电气

生土房屋供电与其他任何房屋一样，是通过与现有干线的连接供电的。如果主电源是地下的，则连接不会出现问题，并且可以在终端和机柜（外部仪表）中进行。如果是大型住宅区，则必须事先确定电气网络与房屋的连接。另一方面，当主电源来自架空电线时，需要特别注意主电源与房屋的连接问题。电线很重，一旦拉紧，会产生拉应力和振动。因此，不建议将主电源托架直接锚固到土墙本身。它们应该锚定在房屋中可以抵抗拉伸应力的部分，例如垂直和水平的联系梁。

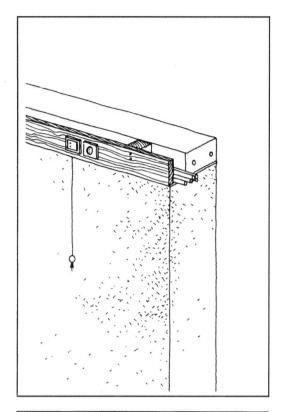

1. 接线

建议将护套电线以及所有屏蔽导线合并到楼板或地坪的厚度中（普遍做法），或已提供凹槽或锚固点的"硬"基层中。最大限度地使用非土材料——木材、混凝土——用于固定：例如黏土秸秆结构中的木制框架。一般而言，不应该在土墙上开槽来布线，但如果提供了抹灰层，这是一个可行的解决方案。在这种情况下，凹槽会被泥土或砂浆填塞，并在金属网上进行抹灰。明智的做法是利用柱基和门框或在圈梁或地板厚度中提供电缆导管。

2. 固定

开关和插座可以齐平安装或表面安装。如果齐平，则它们必须非常深地嵌入；为此必须使用正确设计的配件。基底可以是灰泥的。表面安装配件最好安装在基层、底座，以及开口的子框架和垂直木制框架上。在土墙上安装配件时，应提供预先集成在土墙内的小木块，并完全嵌入灰泥中，以便安装。

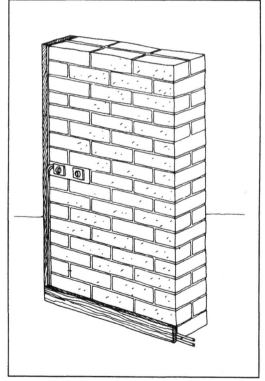

改造

就像其他材料的所有结构一样，生土结构的改造从定义上来说，是将使用多年的结构焕然一新。有时需要进行较大的改动以消除这些由时间造成的破坏，特别是如果计划彻底改造建筑物时。如果只是进行改进提升，则只需进行影响较小的工作。然而，翻新者将立即面临一个重大抉择：应解决衰败的原因，从而提供持久的修复，还是仅解决症状，从而允许破坏结构核心的基本缺陷保留？

修复和更新

修复结构需要处理现有的损坏并直接修复建筑物框架中的缺陷：结构缺陷——由于沉降速率不同而造成的开裂（不良基础），由于支承力差（例如缺乏连接）导致的开裂——和与水有关的损害：例如由于毛细作用对墙体底部的掏空。这类修复可能涉及建筑物地下作业的主要环节：例如重做地基，建造基层和重建隔墙。

除了修复建筑物的框架外，还可能需要修复小型的结构工程，例如开口和设施：管道和电气及其他设备。

如果项目涉及将历史建筑修复到"原始状态"，则修复过程必须尊重该建筑的历史背景。另一方面，如果修复后的建筑除了用于见证历史之外，还可以用于其他任何用途，那么最好称其为更新。在这种情况下，修复工作必须更多考虑到该结构的未来居住者，他们的需求可能与原始居住者有很大不同。如果目标是历史上准确的修复，则可以还原建筑物的原始布局。如果计划对建筑物进行更新，则该建筑可能的居住者将影响更新的各个阶段，并施加空间、形式和美学限制，这些限制本身取决于结构限制和结构的原始布局：墙体的位置，结构损坏的程度等。

与修复相比，更新主要关注的是回应该建筑的使用需求,而不是回应它的历史形象。除了上述问题的澄清外，修复工作很容易会受到预算限制的许多影响，因为两种不同过程的费用将有很大不同。实际上，所涉及工作的严格定价确保了操作的真实可行性，最重要的是确保了在可接受的期限内完成操作。这样的估算必须由专家来作出，因为毫无疑问，要正确地修复或更新生土建筑比建造新建筑物要困难得多。确定衰败的程度，修复的方式以及所使用的修复技术会直接影响操作成本。不能轻易做出这个估算，而要对问题和解决方案有充分的了解。这就是为什么必须逐步制定行动计划的原因：历史研究、准确勘测、损害评估（尤其是对于潮湿而言，墙体干燥、恢复水平以及对自然地面排水都可能是必要的）、将来使用的场景、构造系统的详细信息和效果图。

预算将决定各种可能性和可用的手段，尤其是用于修复建筑物的隐蔽工程——地基、墙基、墙排水、地板、框架、开口——这些都是非常昂贵的。在任何情况下都必须优先处理主要问题：例如吸收水分会导致的损害，以及结构的加固。

保护

许多国家一直在保护历史性的生土建筑，他们以这种方式寻求保护和恢复对其建筑遗产的自豪感，这具有相当大的文化价值。除了修复孤立的建筑物外，保护工作现在还涉及考古遗址，其中一些遗址可能涉及范围很广。以中东为例，那里的建筑物构成了在美索不达米亚、埃兰、苏美利亚和巴比伦孕育的重要文明的鲜活见证，由于缺乏维护或在建筑中使用与原有土壤不相容的修复技术，它们面临着被破坏的风险。实际上，这个问题相当普遍，如今，所有伟大历史文明的遗存都岌岌可危，这些遗留的原始生土建筑遗产，几乎遍布世界各大洲。

保护由生土构成的考古遗址或历史古迹是一个颇为棘手的问题，因为作为结构材料的土需要适当地修复处理，并且有时与适用于其他材料的修复处理不兼容：不透水抹灰的问题，可能导致长期潮湿，这是阻碍水蒸气挥发的结果；以及如何利用原有的建筑技术修复建筑物的问题。除了这些使用土作为结构材料的特定问题外，还有所有旨在保护历史建筑的行动所共有的问题。

其中包括：

- 无论古迹的衰败程度如何，都应该避免改变古迹或遗址的外观并试图将其保存在当前状态。如果决定这样做，介入将主要包括保护技术、提供庇护所或稳定材料。

- 是否应该改变可能导致场地或建筑物衰败的环境条件，以制止这种衰败的根源和正在进行的过程？如果是这样，则表明需要包括平整地面和减少沟壑在内的排水技术（例如通过种植）。

- 是否应该部分或全部重建建筑物并尝试恢复其原始面貌？如果是这样，若要避免建筑物的塌陷或损毁，拆除和重建需要强大的技术能力。

如今，有国际机构以保护遗址和历史建筑为主题，举办了各种会议和研讨会。一个典型的例子是国际文化遗产保护与修复研究中心（ICCROM），该中心由联合国教科文组织于 1959 年成立，是一个独立的政府间科学组织。它具有多种功能，包括收集和研究关于保护文化遗产的技术和科学文献，协调和激励在这一领域工作的研究机构，提出建议和提供实用技术倡议书，并为该领域的专业发展做出了贡献。还有国际古迹和遗址理事会（ICOMOS），它组织了许多国际研讨会：雅兹德（伊朗），1972 年；圣达菲（美国），1977 年；安卡拉（土耳其），1980 年；库斯科（秘鲁），1983 年。

这些国际机构建议采取的某些行动，特别是在考古遗迹和遗址方面，可以总结如下：

- 对包括生土构筑物在内的遗址挖掘制定了明确的保护政策；

- 对这些构筑物衰败的原因进行详细的评估和定义；

- 开挖后，对必须保留在自然地平面以下的考古构筑物进行掩盖；

- 考虑到特殊暴露条件下的临时保护措施；

- 为挖掘后仍须高出地面的遗迹提供充分的排水系统；

- 屋顶或其他保护手段；

- 定期维护。

当前的研究旨在建立良好的实施原则，从长远来看以上所提出的方法将被有效地应用。

国际古迹和遗址理事会、卡戴国际生土研究中心和格勒诺布尔建筑学院于 1990 年建立了一个全球行动框架：GAIA 项目。

[1] ADAM, J.A. *Wohnlund Siedlungsformen im Süden Marokkos* [M]. München: Georg D.W. Callwey, 1981.

[2] ADAUA. *Chantier d' Essais* [R]. Genéve: ADAUA, 1978.

[3] AGRA. *Recommandations pour la Conception des Bâtiments du Village Terre* [R]. Grenoble: AGRA, 1982.

[4] ALVA, A.; CHIARA, G. 'Protection and conservation of excavated structures of mud-brick'. In *Conservation on Archaeological Excavations* [J], Rome: ICCROM, 1984.

[5] AN. 'Ausfiihrungswarten der Decken'. In *Neue Bauwelt* [J], Berlin, 1947.

[6] AUZELLE. R.; DUFOURNET, P. 'Le beton de terre stabilisé'. In *Techniques et Architecture* [J]. Paris, 1946.

[7] BARDOU, P.; ARZOUMANIAN, Y. *Archi de Terre* [M]. Marseille: Editions Parentheses, 1978.

[8] BEITDATSCH, A. *Wohnhaüser aus Lehm* [M]. Berlin: Hermann Hübener, 1946.

[9] BRE. 'The thermal performance of concrete roofs and reed shading panels under arid summer conditions'.In *Overseas Building Notes* [J], Garston: BRE, 1975.

[10] BRU. 'Fireplace in houses'. In *BRU data sheet* [R], Dar-Es-Salaam, 1974.

[11] CAROLA, F. *Recherche de Systèmes Economiques de Construction* [M]. Rome: CONSASS, 1977.

[12] CRATERRE. *Projet de 8 Logements de Fonctionnnaires* [R]. Grenoble: AGRA, 1982.

[13] CRATERRE; *GAITerre. Marrakech 83 Habitat en Terre* [R]. Grenoble: REXCOOP, 1883.

[14] DALOKAY, Y. *Lehmflachdachbauten in Anatolien* [R]. Technischen Universität Carolo-Wilhelmina zu Braunschweig, 1969.

[15] DELLICOUR, O. et al. *Vers une Meilleure Utilisation des Ressources Locales de Construction* [M]. Dakar: UNESCO-BREDA, 1978.

[16] DENYER, S. *African Traditional Architecture* [M]. New York: Africana, 1978.

[17] DETHIER, J. *Des architectures de terre* [M]. Paris: CCI, 1981.

[18] DIN. *DIN Lehmbau 18951-18957* [S]. Berlin: DIN, 1956.

[19] DOAT, P. et al. Construire en Terre. Paris: éditions Alternatives et Parallèles, 1979.

[20] EVANS, I.; BOUTETTE, M. *Lorena Stoves* [R]. Stanford: Appropriate Technology Project of Volunteers in Asia, 1981.

[21] FAUTH, W. *Der Praktische Lehmbau* [M]. Singen-Hohentwiel: Weber, 1948.

[22] FOADEY, S.M. L' habitat en Afrique, *contribution à l' étude des possibilités d' utilisation des matériaux locaux* [R]. Liège: Faculté des sciences appliquées, 1978.

[23] FOX, J. Building with Zed Tiles.

[24] GALVÁN DUQUE, H. PEÑA TOMÉ, E. *Cartilla de autoconstrucción para escuelas rurales* [M]. Mexico: Conescal, 1978.

[25] GATE. Lehmarchitektur, *Rückblick-Ausblick* [R]. Frankfurt am Main: GATE, 1981.

[26] GATE. *Low-cost Self Help Housing* [R]. Eschborn: GATE, 1980.

[27] GÉRARD, V. *De l' architecture traditionnelle à la construction scolaire* [R]. Paris: UNESCO, 1976.

[28] HAMMOND, A.A. 'Prolongation de la durée de vie des constructions en terre sous les tropiques'. In *Bâtiment Build International* [J], Paris: CSTB, 1973.

[29] HARRIS, P; 'Earth roofs'. In *Adobe News* [N]. Albuquerque: Adobe News, 1977.

[30] HAYS, A. De la terre pour bâtir. *Manuel pratique* [M]. Grenoble: UPAG, 1979.

[31] HERBERT, M.R.M. 'Some observations on the behaviour of weather protective features on external walls'. in *BRE* [J]. Garston, 1974.

[32] HERRERA DELGADO, J.A. et al. *La Tierra en el Arquitectura una Revalorizacion* [M]. Mexicali: Universidad autónoma de Baja Califórnia, 1978.

[33] HÖLSCHER WAMBSGANZ DITTUS. *Lehmbauordnung* [M]. Berlin: Von Wilhelm Ernst und Sohn, 1948.

[34] HUGHES, R. 'Material and structural behaviour of soil constructed walls'. In *Techniques and materials* [J], 1983.

[35] ICOMOS. *International Council of Monuments and Sites* [R]. Yazd: ICOMOS, 1972.

[36] INNOCENT, C.F. *The Development of English Building Construction* [M]. 1916.

[37] IYAD RUWAIH; ORHAN EROL. 'Building damages caused by foundation failures in arid regions'. In *International Journal IAHS* [M], Pergamon press, 1984.

[38] KUBA, G.K.; MADIBBO A.M. *Polyethylene Waterproofing for Traditional Mud Roofs* [R]. Khartoum: BRD, 1970.

[39] LEROY, L.; *IDABOUK. Etude d' une Voute Surbaissée en BTS* [R]. Rabat: CERF, 1968.

[40] LIÉTAR, V.; ROLLET, P. *Mayotte Habitat Social* [M]. Grenoble: AGRA, 1983.

[41] MARKUS, T.A. et al. *Stabilized Soil* [R]. Glasgow: University of Strathclyde, 1979.

[42] MATUK, S. *Architecture Traditionnelle en Terre au Pérou* [M]. Paris: UPA.6, 1978.

[43] MCHENRY, P.G. *Adobe and Rammed Earth Buildings* [M]. New York: John Wiley and Sons, 1984.

[44] MCHENRY, P.G. *Adobe Build it Yourself* [M]. Tucson: The University of Arizona press, 1973.

[45] MEUNIER, A. Technologie professionnelle de chantier. *Les matériaux de construction* [M]. Paris: Foucher, 1958.

[46] MIDDLETON, G.I. *Build your House of Earth* [M]. Victoria: Compendium Pty, 1979.

[47] MILLER, T. et al. *Lehmbaufibel* [M]. Weimar: Forschungsgemeinschaften Hochschule, 1947.

[48] MILLER, T. 'Adobe or sun-dried brick for farm buildings'. In *Farmers Bulletin* [J], Washington: US Department of Agriculture, 1949.

[49] MINISTERIO DE VIVIENDA Y CONSTRUCCIÓN. *Mejores Viviendas con Adobe* [R]. Lima: Ministerio de vivienda y construcción,1975.

[50] MORALES MORALES, R. et al. *Proyecto de bloque estabilizado. Estructuras* [M]. Lima: Universidad Nacional de Ingenieria, 1976.

[51] MORENO GARCIA, F. *Areas y bóvedas* [M]. Barcelona: CEAC, 1978.

[52] MUKERJI, K. et al. *Dachkonstruktionen für den Wohnungsbau in Entwicklungsländern* [M]. Eschborn: GATE, 1982.

[53] MUSICK, S.P. *The Caliche Report* [R]. Austin: Center for maximum potential building systems, 1979.

[54] NIEMEYER, R. *Der Lehmbau und seine Praktische Anwendung* [M]. Grebenstein: Oeko, 1982.

[55] PERING, C. *Autoconstruction Organisée* [R]. Lund: Ecole d'architecture de l'université de Lund, 1981.

[56] PERRIN, H; 'Université Officielle de Bujumbura, Burundi'. In *Schweizer Baublatt* [J], 1974.

[57] POLLACK, E.; RICHTER, E. *Technik des Lehmbaues* [M]. Berlin: Verlag Technik, 1952.

[58] SCARATO, P. *Les Conditions Actuelles de la Réhabilitation des Constructions en Pisé* [R]. Région du Dauphinó. Grenoble: UPAG, 1982.

[59] SCHILD, E. *L'Etanchéité dans l'Habitation* [M]. Paris: Eyrolles, 1978.

[60] SCHÖLTER, W. *Dünner Lehmbauverfahren* [M]. In Natur Bauweisen, Berlin, 1948.

[61] SCHULTZ, K. *Adobe Craft Illustrated Manual* [S]. Castro Valley: Adobe Craft, 1972.

[62] SMITH, S. *La obra de fábrica de ladrillos* [M]. Barcelona: Editorial Blume, 1976.

[63] SPERLING, R. 'Roofs for Warm Climates'. In *BRE* [J], Garston, 1974.

[64] STRUCTURAL ENGINEERING RESEARCH CENTRE. *Houses for Economically Weaker Sections* [R]. Madras: SERC.

[65] STEDMAN, M. and W. *Adobe architecture* [M]. Santa Fe: The Sunstone press, 1975.

[66] SULZER, H. D.; MEIER, T. *Economical Housing for Developing Countries* [M]. Basel: Prognos, 1978.

[67] TORRACA, G. *An international project for the study of mud-brick preservation* [M]. 1970.

[68] TORRACA, G. *Porous Building Materials, Materials Science for Architectural Conservation* [R]. Rome: ICCROM, 1982.

[69] TRUEBA, G. Y. CORONEL. 'Systema constructivo "YUYA"' [OL]. Priv. com. Mexico, 1983.

[70] US/ICOMOS. 'Recommendations of the US/ICOMOS-ICROM adobe preservation working session' [C], Santa Fe: US/ICOMOS-ICROM, 1977.

[71] VERWILGHEN, A. *Details of an Improved Method of Traditional Wattle and Daub Construction* [R]. Panzi: Verwilghen,1976.

[72] VERWILGHEN, A. Priv. com. Antwerp, 1984.

[73] VITA/ITDG. *Fourneaux à Bois Économiques pour Faire la Cuisine* [R]. Mt Rainier: VITA, 1980.

[74] VOLHARD, F. *Leichtlehmbau* [M]. Karlsruhe: CF Muller GmbH, 1983.

[75] WARREN, J. *The Form Life and Conservation of Mud-brick Building* [C]. 3rd International symposium on mudbrick (adobe) preservation, Ankara: ICOM-ICOMOS, 1980.

[76] WIENANDS, R. *Die Lehmarchitektur der Pueblos* [M]. Köln: Studio Dumont, 1983.

[77] WILLIAMS-ELLIS, C. ; EASTWICK-FIELD, J. &E. *Building in Earth, Pisé and Stabilized Earth* [M]. London: Country Life, 1947.

[78] WOLFSKILL, L. A. et al. *Bâtir en terre* [M]. Paris: CRET.

[79] YURCHENKO, P. G. 'Methods of construction and of heat insulation in the Ukraine'. In *RIBA journal* [J], London, 1945.

澳大利亚昆士兰州的库伦滨（Kooralbyn）酒店度假村，由稳定后的夯土（CEAC）制成。　建筑师：
林荫路建筑事务所（Greenway Architects）；墙：工程聚合事务所（Engineered Aggregates），
澳大利亚）大卫·奥利佛（David Oliver），工程聚合事务所（Engineered Aggregates），卡戴
国际生土研究中心（CRATerre-EAG）

11. 抗灾建设

世界经常遭受自然灾害的袭击：地震、风暴和洪水。它们发生在世界许多地方，其后果往往是灾难性的，特别是在发展中国家。仅在 1976 年，菲律宾、印度尼西亚、土耳其、意大利和中国的地震活动就造成 50 多万人丧生。

虽然由于建筑物倒塌而造成的人员伤亡经常发生在使用坚固和安全的材料和技术（如钢筋混凝土）建造的城市地区，但在大多数结构都是用土建造的危房地区，这种伤亡更为常见。近年来，在抗灾建设领域已经取得了长足的进步，不幸的是，在灾区经常会使用不合适的构造方法，这可能是由于缺乏时间和手段而造成的，但首先是由于缺乏适当的信息。同样的错误到处都在重复着，而且一直如此。

然而，人们已经清楚地认识到，无论是泥土、混凝土还是其他材料，都不是材料本身的问题。损坏的主要原因通常是材料的生产方式和在建筑中的使用方式。事实清楚地表明，一座建造良好且维护良好的房屋可以承受大多数的地震，无论其建筑材料是什么。因此，只需增加相对较小的建设成本，就可以大大降低灾害造成的风险。

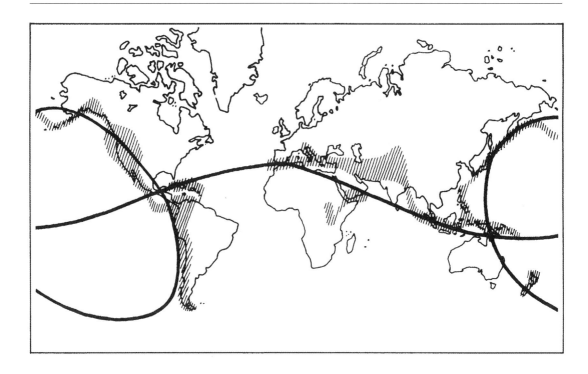

地震发生在陆地和水下，沿着海洋边缘或中部的狭窄地带。这些地震带也划定了地震非常罕见的广阔陆地和海洋区域，尽管这些地方并非完全不存在地震（澳大利亚、西伯利亚、斯堪的纳维亚半岛、西非、加拿大北部、巴西）。

地震活动严重的地区位于：

- 沿着大陆边缘，例如北美和南美的太平洋沿岸；

- 沿着岛屿弧线，如穿过加勒比海和太平洋的弧线，与阿留申群岛和千岛群岛、日本、马里亚纳群岛和菲律宾以及印度尼西亚、新赫布里底群岛、汤加等；

- 沿大洋中脊：大西洋中脊、太平洋和印度洋脊等；

- 在这些狭窄的地带外，各大洲内，有地震活动范围更广的地区：从中国和缅甸到土耳其，在阿尔卑斯山和地中海，从土耳其到亚速尔群岛。

大洋和大陆的相对位置不是静止的：大陆是在运动的，这一事实很好地解释了地震的发生。因此，美国正逐渐远离非洲，而阿拉伯半岛由于红海和亚丁湾的开放而与非洲分离，并正在接近伊朗。早在 17 世纪，就已经发现了大西洋两岸海岸线的互补性。但是，直到 1912 年，阿尔弗雷德·韦格纳（Alfred Wegener）才详细阐述和解释有关大陆运动的理论，大约 40 年后，即 1960 年左右，

这种板块漂移才真正被地球物理学家证实，并在其当前的板块构造理论中得到发展。

地球的最外层地壳称为岩石圈，厚约 100 公里；它被分成大板块，这些板块容易受到水平运动的影响，是由影响下面地幔的对流推动的。两个相邻的板块会聚合或分离，并带走它们所承载的大陆。对海床的探索导致发现了海底山脉，该山脉长数千公里，宽数百公里——是海洋中部的山脊，在它们的中心有一个陷落区或裂谷，两个相邻的构造板块在此发生分离。单个板块的移动速度每年可以达到 6 厘米到 8 厘米，因此，两块板的分离可以差不多达到该距离的两倍，即每年 16 厘米。这导致在海洋中部观察到地震活动并形成海底火山，海底火山的熔岩流填满了由板块分离引起的空隙。由于板块沿这些脊移动，因此它们会在其他地方汇聚。两个会聚板块的对抗会导致其边缘变厚，有时会使一个板块下沉到相邻板块的下方。它们的接触区域是非常活跃的地震活动的重点区域，那里发生的地震最严重。也有两个相邻的岩石圈板块沿断层线横向移动的区域，称为转换断层。

地震冲击相对较短；在大多数情况下，其持续时间不超过一分钟。但是它们可能具有极大的破坏性，并且几乎总是伴随着其他冲击（余震）。

地震的规模取决于其震级和地震烈度。

震级 查尔斯·里希特（Charles Richter）将其定义为在地震震中100公里处，一种特殊类型的地震仪上记录的最大地震波振幅的十进制对数（以微米为单位）。震级代表震源的规模，无法直接测量。因此，它是根据地震图上记录的振幅和土壤运动的周期来计算的。对于特大地震，最新的震级定义（Kanamori）最为重要。虽然震级的定义是无限的，但由于构成地壳的岩石的坚固性，在实践中规定了一个最大限度。事实上，自从开始测量以来，从未记录过9.5级以上的地震。

地震烈度 是地震对建筑物或自然场所的能为人感知的影响以及生物反应的量度。对于某个地点，烈度表明了地震对应的十二个等级（麦卡利（Mercalli）地震烈度表或MSK烈度表）的强度影响。当前使用的是1984MSK烈度表，它已取代了改良的麦卡利地震烈度表。

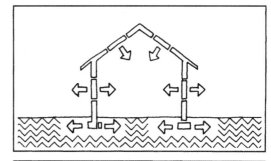

1. 震颤

它们会导致物体掉落，对建筑物产生动态冲击，引入水平加速度分量并产生剪应力。在大多数情况下，普通结构是无法承受这些影响而不受损坏的。因此，在地震地区，有必要在设计和建造建筑物时考虑到这一点。此外，地震会影响建筑物的基础，并会大大降低其承载力。

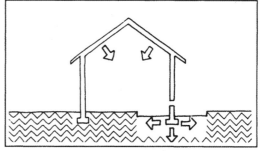

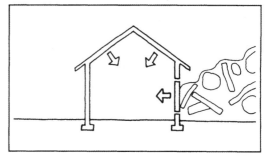

2. 二次效应

建筑物可能会被因地震摇晃移动的物质或水破坏，甚至掩埋。短路，载有易燃物质的储罐或管道的破裂以及锅炉或火炉的翻转都可能引起火灾。水库和网络基站以及通行道路的破坏妨碍了消防和急救服务。因此，与震颤本身相比，二次效应往往具有同样、甚至更大的破坏性。

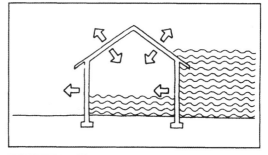

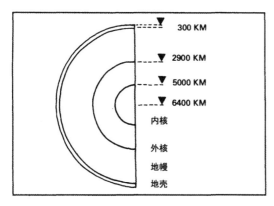

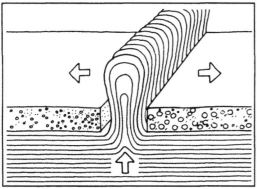

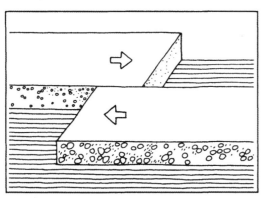

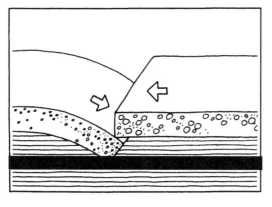

每年，世界各地约有100次6级以上的大地震，其中约有二十个达到7级或更高震级。如果这些地震发生在人口稠密的地区，则尤其致命。因此，1976年发生在危地马拉、弗留利和唐山的地震造成数十万人的伤亡和巨大的物质损失。破坏性最大的地震是由两个地壳板块相对运动引起的自然构造现象。火山活动是地震的另一个自然原因。

最后，人类活动，例如采矿或大坝的填充也会引起地震。因此，存在两种地震活动类型：一种是自然地震活动类型，另一种是人为诱发的或人工产生的。

构造源地震

这是最常见也是最具破坏性的地震。构造裂缝的形成和扩展释放了变形过程中积累的能量。可以分五种地震：

- 由板块分离引起的地震，例如在冰岛和亚速尔群岛以及阿法尔地区的大洋中脊上发生的地震，尽管后者不是海底地震。

- 由板块汇聚引起的地震，导致板块对冲。其中一块板块淹没在相邻的一块板块之下，这会造成破坏性最大的地震。在安第斯山脉地区就是这种情况，纳斯卡板块穿透了南美板块。它也发生在太平洋或加勒比海的岛屿弧线上。

- 板块沿相反方向滑动引起的地震；运动的主要部分平行于接触区。加利福尼亚州的圣安德烈亚斯断层就是这种情况。

- 由正常断层引起的地震。主要是沿着地壳裂缝的垂直运动。它们发生在例如沉降带，如大湖区的非洲裂谷。

- 在某些构造复杂的区域中，难以分析的组合现象也会产生地震，这是大陆地区多次地震的情况。

地震是通过一系列或多或少强烈的地面和建筑物的振动被感知的。这些振动起源于地球深处的一个点，即震源或中心点，从那里扩散开来。地球表面垂直于震源上方的点称为地震震中。地震对建筑物的影响取决于建筑物与震源之间的距离，建筑物与震源之间地形的性质和布局，场所的形态，震源位置地震的性质和强度，当然，还有建筑物本身的性质。

地震波

在震源和能感受到地震区域之间的地形中发生的大部分为弹性波的传播。

1. 实体波：主次波

- "P" 波或主波是纵波，在固体和流体中传播最快。他们依次加压和减压穿过岩石。他们的速度范围从地表每秒几百米到地幔内部每秒超过 13 公里不等。

- "S" 波或次波是横波，他们不如 "P" 波快。他们的特征是垂直于其传播方向的振动并产生剪应力。他们不能在液体中传播。"S" 波是最具破坏性的类型。

"P" 和 "S" 实体波被岩石的解理面和地面反射并折射。这可能会导致波的相互干扰，从而加剧震颤或有时将地震波困在一定区域内，从而引起共振。

2. 表面波：瑞利波（Rayleigh waves）和勒夫波（Love waves）

这些波比 "S" 波稍慢，并在接近地面处传播。

瑞利波在平行于传播方向的垂直面上水平和垂直向移动土壤颗粒。乐夫波的传播没有固体颗粒的垂直位移。

因此，在某个地点感觉到的地震是上述各种波的组合结果。

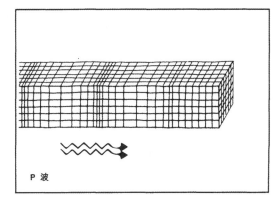

P 波

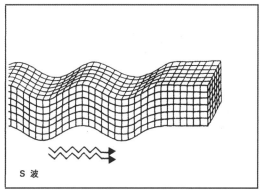

S 波

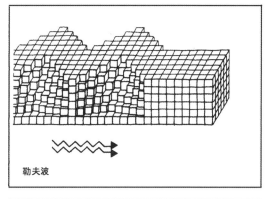

勒夫波

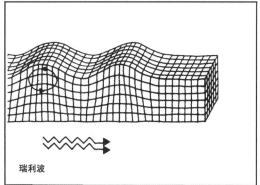

瑞利波

当地震源的扰动到达某一特定位置时，那里的土壤颗粒将经历一个加速度，并被传递到建筑物中。当土壤水平移动时，建筑物的地基也会随之移动，但是上层建筑会产生一定的延迟，这导致了墙和柱发生弯曲，而这种变形并非人为导致的。人们普遍认为水平加速度是最具破坏性的加速度，因此存在忽略垂直加速度的趋势。一般认为，在通常的

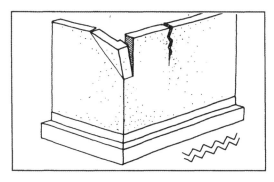

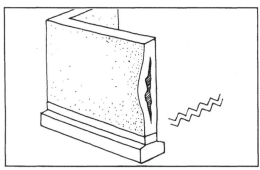

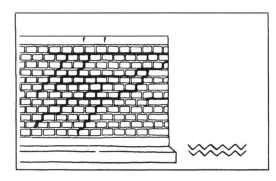

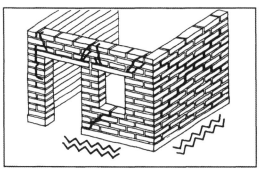

1. 对土壤的影响

地震振动引起土壤的收缩或膨胀（例如 P 波）和剪切（例如 S 波），具有巨大的影响。一个区域的大面积收缩可能会导致像铁路线或地下管线弯曲那样惊人的破坏。在附近区域，膨胀将会造成裂缝。在其他地方，地震振动往往会压实松散的土壤，从而导致沉降。在一些含水饱和的土壤中，它们甚至会产生液化作用，从而导致其承载力的丧失，并且如果坡度合适，它们还可能导致灾难性的滑坡。

2. 对构筑物的影响

地震地面运动是以下各项的总和：

- 全局加速度，包括三个分量：一个在垂直方向上，两个在纵向和横向方向上；

- 变形（收缩、膨胀和剪切），也包括三个分量。

这迫使构筑物振动，然后自由摆动；结果，它们的各部分可以收到六个分量的运动，其中三个是纵向运动，三个是旋转运动。

水平分量的影响

根据受影响的构筑物单元的性质和方向，纵向水平分量可能会产生不同的影响。

- 在平行于该分量方向的墙体或独立的垂直墙板上（平面内墙），它会导致沿一条对角线扩展，并随后沿另一对角线开裂。由于冲击是振动和交替的，因此会导致产生典型的对角线裂纹模式。

- 在垂直于水平分量（平面外墙）的独立垂直墙板上，振动会导致弯曲。

实际的建筑，由各种内外墙以及山墙组成，将经历以上效果的组合。

静态结构计算中包含了足够大的安全冗余度，以应对震源的垂直力。但是，垂直加速度的确经常造成结构的额外损坏并增加破坏力。

垂直分量的影响

垂直分量具有垂直膨胀和收缩的影响，通常的静态结构计算提供了安全冗余度，这在大多数情况下似乎是足够的。但是，该分量可能会对弯曲的构件以及拱形产生危险的直接影响，在拱形中会产生不可接受的推力。这对悬挑结构的稳定性也非常有害。

如果人们认为垂直分量的加速度通常要比水平分量的加速度大得多，那么就不应忽略其直接影响。垂直分量也加剧了水平分量的影响，尤其是在拐角或边界上。

因此，地震不仅通过规则的压应力和拉应力的增加来影响结构，还通过对角线张力、面内挠曲或扭曲产生的附加应力来影响结构。

3. 砌体性能

地震强烈影响砌体结构，尤其是石头或生土结构。它们抗拉强度以及抗剪切性非常弱，产生的应力很容易导致塌方。由于这些建筑大多是中小型建筑，往往没有按规定修建。因此，当地震来袭时，这些建筑物已经被削弱，尤其是因为它们的维护经常是不够的。

墙体倒塌，天花板和屋顶将掉落，这是非常危险的，尤其是在拱顶和穹顶的情况下。

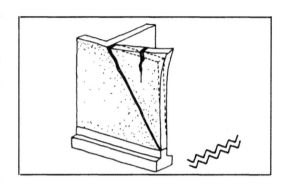

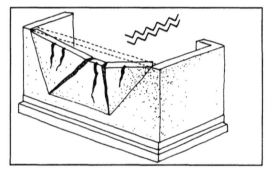

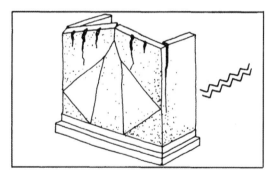

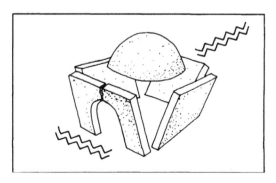

受地震影响的生土建筑物的病理学表明，材料破坏和致命后果通常是由于施工疏忽，存在许多缺陷以及维护不良造成的。在建筑材料的生产、设计和建造的各个阶段，由于忽视和缺乏监督，加剧了生土作为建筑材料的劣势，与其他砖石结构一样，生土结构对震源的应力没有太大的抵抗力，各种构件之间的不良结合和承重墙的薄弱环节都会受到地震的严厉惩罚。即使是低强度的地震也足以产生裂缝并削弱结构，从而降低了其对前面提到的应力的抵抗力，并最终导致其完全被破坏。

以下部分列出了与建筑物及其位置有关的不同损坏因素。它们在很大程度上与那些减少对静态冲击的阻力相同；此外，加入了建筑设计元素和场地条件，其影响尚不清楚。当前的知识不足以使我们准确地确定这些因素的相对重要性。

1. 场地条件

破坏程度大多取决于建筑场地的地质和地形特性。

免费的建议，尤其是那些错误的建议，往往会在人们的脑海中留下最深刻的印象；例如，通常认为将建筑物靠近"活动断层"是危险的。实际上，当建筑物位于断层之上或非常接近断层时（实际上已知是活跃的），损坏尤其是与垂直分量有关的损坏确实会增加。但是，尽管在这方面还不能做到足够多的观察，但是这些仅有的观察似乎表明，断层两侧的扰动区域没有人们先前所想的那么宽广。最后，我们应该意识到，尽管震中的机制是断层运动，但在大多数情况下，震源位于较深的位置，距受灾的位置相当远。并非所有在地表上可见并在地质图上能够标识出的断层必定会再次活跃起来。

现场的地形可能导致地震波放大；在某些频率水平上，这些放大可能是相当大的。因此，与具有规则地形的平坦或略微倾斜的区域相比，峰顶和山脊，悬崖或路堤的边缘或陡坡是破坏较严重的点。

至于地下土壤的性质，研究发现，松散和不稳定的土壤往往伴随着严重的破坏，而建在岩石上的建筑物一般受影响较小。此外，土壤的粒状结构引起液化的有害特性不容忽视。

2. 材料

建筑中使用劣质材料会导致更多损坏。

当使用生土时，不正确的比例，不良的建造或砖的形状不规则会降低静态和动态力学性能。

3. 形状：质量分布和刚度

从地面传递到地基的地震加速度会导致结构中的扭矩振荡，当重心在不同水平面上与扭转中心不一致时，振荡会大大增加。这就是不对称建筑物更容易受到破坏的原因。

非对称平面

具有复杂平面图的建筑物，尤其是带有多个翼（L型，T型，H型或十字形平面图）的建筑物会受到严重破坏：每个部分的响应各不相同，会在连接处造成相当大的扭转。

同样，建筑物的外部附加物，例如增加的房间，楼梯或外部露台，在质量和刚度分布上是不规则的；这些水平悬挑非常容易受到水平分量的影响。最后，非对称的抗风支撑可能是造成损坏的另一个原因。

非对称立面

具有不同刚度的水平叠加是非常危险的。因此，刚性的低层被一个相当柔性的上部结构覆盖，会引起"鞭打"现象。例如，在放弃上部楼板的情况下可能会发生这种情况。相反的布局（一个柔性水平结构由刚性体块覆盖）同样危险甚至更为危险。

随之而来的"倒立摆"行为被证明是灾难性的。最后，悬挑部分会受到最大程度的损害。

4. 基础

在大多数情况下，地震破坏的起因并不是通常所说的地基塌陷。但是，基础的设计错误和缺陷会降低抗震性。此外，人们还注意到，当相同的结构位于具有不同岩土性质的两个地层上时，当地基类型不同或地基坡度不均匀时，会发生更大的破坏。而且，事实证明，塑性土壤比刚性土壤或岩石更危险。

5. 砌体和结构

受影响最严重的建筑物是砌筑质量差的建筑物：粘结不良、不垂直以及砂浆质量差是导致破坏加重的因素。

同样，非常纤细的构件（以高细比计），非常长且无支撑的构件以及仅部分填充有嵌板的墙，都表现得非常糟糕。

当地基与墙体之间，相邻的墙体之间或墙体与屋顶之间的粘结不足，并且没有横梁时，会出现系统性的严重破坏。

开口的存在会刺激裂纹的扩展，特别是当开口较大或接近拐角时。

6. 屋顶和楼板

楼板和屋顶危险的倒塌当然与它们的承重构件、墙体和柱子的断裂有关。但是看来似乎建造的类型也可能造成灾难，拱门和拱顶的表现很糟糕，而更加对称且需要更多技巧的穹顶似乎更具抵抗力。

对于平屋顶，梁在墙内的弱锚固是非常危险的。大截面梁的倒塌比小截面梁表现得更为频繁。这似乎是自相矛盾的：如果发现这是正确的话，它将提供一个与通常的静态计算相比，更为特殊的动态计算地震尺度的例子。人们经常注意到支撑梁或桁架的墙面出现裂缝。在地震的情况下，负荷的过度集中会增加破坏程度。

7. 湿度

在抗震条件下，生土结构的湿度非常不利于其坚固性。在地震条件下也是如此。

8. 老化和缺乏维护

受损最严重的房屋通常是那些用户主动破坏结构的房屋：设备超负荷，增加相邻结构或更多的开口。还包括那些维护不当的部分：未修复的檐沟，墙基和拐角的养护不良或表面抹灰的退化。而且，我们还必须加上那些房屋，即在上一次地震中已经损坏过，但是修得不好或根本没有修好。

抗震工程原理

在地震风险高的地区，建筑居住者的安全应该放在首位。由于物理现象的强烈性，地震的不可预测性及其影响的复杂性，完全和彻底地保护建筑物是绝对不可能的。因此，我们的目标应该是限制破坏的规模并防止建筑物倒塌。牢记这一点，可以确定以下三个重要措施。

1. 确保一个好的选址

特别要考虑的是：地基土壤的性质、地形和整体场地条件。

2. 建造坚固的结构

"通常建议使结构的各个部分表现为一个坚固的整体，能够在所有方向上均匀抵抗地震作用。如果结构本身不能直接做到这一点，则有必要引入联系梁或加强件等旨在实现这种连接的构件（例如，在砌体的情况下，以几何上和力学上连续的三个维度上的联系框架）"。

让·德斯皮鲁克斯（Jean Despeyroux）在维克多·戴维多维奇（Victor Davidovici）指导下编辑的"抗震建设项目"在《抗震工程条约》中的这句话，完全定义了这一基本措施。

维克多·戴维多维奇（Victor Davidovici）在同一著作《地震的教训》一章中写道："大多数独立房屋都是砖石建筑，它们正是遭受地震影响最大的建筑物。它们的刚度和厚重性使它们成为强大作用力的焦点，由于其较差的力学特性，尤其是较差的抗拉强度，它们特别容易受到损坏。众所周知，砖石结构最容易发生意外失误，但是一旦出现失误，这些失误又是最难以发现的。因此，这些类型的建筑物会迅速损毁。"在我们看来，这段文字非常清楚地展现了寻找合适的结构时遇到的困难。

3. 确保妥善保护建筑物

这是必要的，因为如我们所见，结构的老化和用户的改建是加剧损坏的因素。

行动策略

生土结构是最容易受到地震破坏的结构，但是对其性能的研究却很少受到人们的关注，这种材料的特性及其结构响应尚不为人所知。

有些人将由黏土、夯土或土坯制成的建筑物分类为抗震性最低的建筑物。对于此类结构，唯一真正合理的解决方案是禁止在地震风险高的区域中进行建造。尽管严格来说，这种观点是完全站得住脚的，但实际上问题并不那么简单。这是因为存在大量的生土房屋，尤其是在经济贫困的地区，至少在很长一段时间内，禁止的做法是完全不可行的。因此有必要设法提高生土房屋的抗震力。

为此，建议明确定义所追求的目标。首先，减少人员生命和有形资产的损失，同时适当限制设计所要求的成本增加，最大的优先事项应该是消除结构倒塌的风险。对于强度相当大的地震，最低限度的保护应该是阻止屋顶坍塌和主要结构的破坏。

合适的原理和技术必须得到广泛传播和应用，并能够被尽可能多的人接受。因此，如果它们的实施需要健全和高水平的技术，则最终的解决方案应包括大量实践得以实施，以适合当地的社会经济背景。应该从对地震发生的现场观察中吸取最大的教训。

关于为实际或潜在灾区制定预防或保护计划的建议很多，但似乎有些障碍是无法克服的。然而，国际学术讨论会（1982 年阿尔布开克会议，1983 年利马会议）使各种想法得以进行比较，提出了技术解决方案，并提出了切实可行的建议。这是一个有趣的开始，但是在这一领域，人们正面临着技术、经济、社会心理甚至文化方面的障碍。因此，在许多地区都无法很好地接受某些形状，例如圆柱、圆锥或穹顶。在这些情况下，通过适当的加固改进结构可能是一个更好的主意。

在确定了要采取的目标和行动原则之后，实现这些目标的道路仍然充满障碍。

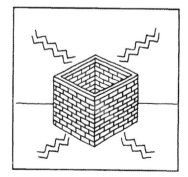

在所有的生土建筑中，现有的抗震建议主要针对土坯砖，土坯砖是大多数高地震风险地区使用最广泛的材料。对于生土砌筑工程，包括夯土、垛泥墙或直接塑形等形式的整体式结构，主要参考为土坯制定的建议。对于填土的木框架的建议是针对模板建造的，当前几乎没有任何可用于埋藏结构的资料。研究表明，加固良好的生土结构可以承受相当严重的地震。这些建议大多是定性的，它们不应取代良好设计所需的计算，因为这些计算是可靠和现实的。

最后值得牢记的是："给 100 个人一条建议总比给一个人 100 条建议要好。"

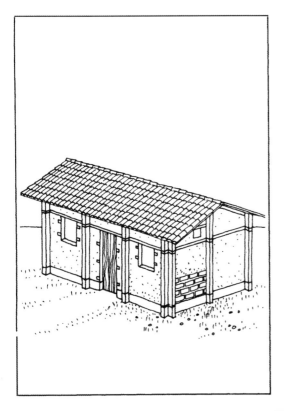

1. 场地

场地条件直接决定地震强度带来的影响，因此必须对其进行识别和非常彻底的分析。建筑物在地震风险较高地区的选址要求建立有效的地震风险机制，其中包括已知地震活动的清单，以及随后的地质研究，主要集中在区域构造，潜在活动断层的确定、其类型和最近运动的指数，以及松散土壤或液化敏感场地的定位。岩土工程研究需要确定存在土壤移动、滑坡、沉降或塌陷风险的区域。然后才有可能把建筑物定位在最佳位置，至少在最小倾斜的区域内，最远离活动断层、山峰、山刺、悬崖或护堤的边缘。有时建议避免在承载能力低于 0.1 兆帕的场地上建房。

这样的建议只能是指示性的，因为从地基类型角度来说，土壤本身的承载力不会为地震行为提供判断标准。另一方面，基础场地的本质是通过过滤某些频率来定义影响建筑物的震动的频率类型。

并且研究表明，坍塌是由结构的动力响应与地震的频率重合引起的。

2. 材料

在地震带，材料必须具有更好的质量。有人建议最好使用薄砖，其长度不超过其宽度加垂直接缝厚度的两倍。这些砖应该充分干燥并固化。

用于砌砖的砂浆应与土坯具有相同的成分，并应具有良好的稠度和粘结性。

3. 结构的形状

应禁止在平面图和立面图中使用非对称形状，以及质量或刚度的非对称分布。 因此，平面图应紧凑且为正方形或圆形。

4. 基础

基础的设计和建造必须无可挑剔。它们应尽可能形成一个统一的整体。必须注意不要将一栋建筑物放置在两个不同的岩土地层之上。相同的结构应具有相同的基础类型，其基层应具有统一的倾斜度。基础应尽可能坚固（在网格中），并与垂直联系梁相接。

5. 砌体和结构

砌体应具有优良的品质，精心粘合，房屋四周砖块平整，垂线完美。垂直接缝应严格错开，宽度应为 1 厘米到 2 厘米。砌筑砂浆应确保没有收缩裂纹。砌筑之前，应根据需要弄湿砖块。墙体厚至少应为 40 厘米，墙高不得超过其厚度的六倍。相邻的垂直联系梁之间的距离不应超过 3 米。在两个垂直联系梁或扶壁柱之间，墙段的长度不得超过其厚度的 8 倍。应该避免碎片化的墙体，相邻部分之间的连接应该非常小心地施工。扶壁柱应有足够的尺寸，对称放置，并具有足够的基础。砂浆中应每隔 50 厘米左右插入水平和垂直钢筋。

开口的总面积应尽可能小，当然不能超过墙面的 15％到 20％。他们的宽度也应该被限制，不超过墙段长度的 35％。开口之间的墙墩宽度至少应为 90 厘米。

过梁的尺寸应足够大，并应很好地嵌入两侧的墙体中。有开口的地方，最好采用外部水平联系梁作为过梁。

墙体顶部采用连续的水平联系梁，具有较高的抗拉强度和耐久性。

为了增加结构的抗扭强度，可以加入斜拉杆。另外还应包括设计巧妙的拐角加固。

6. 屋顶和楼板

屋顶必须适合当地的气候，并应尽可能轻。在地震风险高的地区，应避免使用过重的生土屋顶。四坡屋顶能最好地分配荷载。墙体上的推力应尽可能小。屋顶桁架应做好防风支撑，并由固定在墙上的水平圈梁支撑，梁应适当嵌入墙体。穹顶和拱顶应固定在其基础上。拱顶的高度不应超过其宽度的两倍；拱顶不应该施压于端墙上，而最好以半球形结束。不应忘记，拱顶的抗震性很差。

7. 防潮

应使用合适的墙基、防潮层和表面处理保护生土结构不受潮。与结构紧密相连的钢丝网水泥层有助于抵抗地震。

8. 保养与维修

建筑物必须小心维护。由地震或其他原因造成的所有损坏都应尽快修复，也就是说，如果修复的费用比全面重建的费用便宜，人们应该利用维修来提高建筑物的抗震性能。

提高结构抗震性意味着要使用合适的施工技术。这些技术大部分来自砌体结构，但是它们也必须考虑到生土这个材料的特殊性质。它的比重、较低的力学强度和脆性使生土成为极易受地震作用影响的材料。

如果我们再结合前文中对砌筑工作的具体建议，我们可以理解为什么大多数设计师都犹豫使用生土。各种研究机构已经提出了一些建议，旨在提高砖砌的质量、粘结性、匀质性和抗地震力。还提出了有关生土砌筑的建议，但只有少数建议得到系统实施。

尽管有可能甚至可以肯定，采取这些措施将减少损害的程度，但人们尚不知道会减少多少，还有很多工作要做。在不提供观点倾向的情况下，我们在此给出这些建议内容的一些例子，它们展现了解决问题的方法的某些方面。

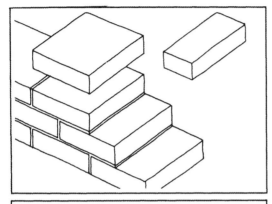

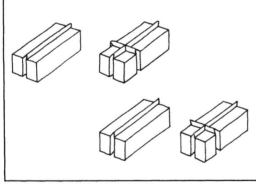

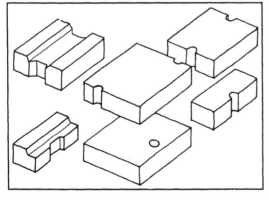

1. 砖的形状和组成

建议使用 40 厘米 ×38 厘米 ×10 厘米的方砖。这些尺寸可以实现多种良好的组合，但需要完善的计划草案。此外，还可以通过添加一些秸秆来改善这种砖砌体的性能。由于秸秆增加带来重量减轻的同时又不会减少摩擦阻力，从而达到改善砖块的目的。

2. 互锁砖

在墨西哥，已经使用互锁形式的砖块进行了测试，砌法上没有用到砂浆。使用这种方式，已建造了几座建筑物，但仍有改进的余地。

这种类型的稳定砖可以用非常简单的压机制造。

然而，这类砖必须经过精准的制作，并且在存储和搬运方面仍然存在问题。

3. 加筋砌体砖

普通砖可用于加固砌体，但并非没有建造问题。最好使用带有空隙的砖来放置水平和垂直钢筋。

4. 砂浆和粘结剂

优质砂浆和粘结剂可提高抗震性能。这也可以通过使用经稳定处理的稳定土砂浆代替普通土砂浆来实现。砂浆的稳定提高了界面处的摩擦力，使它们更好地粘附于砖。应避免使用过于潮湿的砂浆，因为它会引起收缩和微裂缝，并且不能很好地粘合。竖向接缝的缺乏或是施工不佳会实质上降低墙的抗压强度，甚至进一步降低其抗弯强度和抗剪强度。砌法的设计应使接缝的位置最不像地震造成破坏的典型对角裂缝模式。

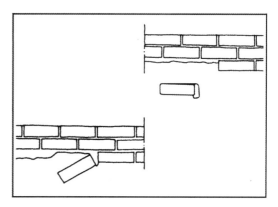

5. 增强的砌体

水平和垂直加固由竹子、桉木、钢筋和铁丝网制成。加固材料大大提高了抗拉强度和抗弯强度。用普通砖也可以加固墙体，但最好使用特殊砖。

6. 圈梁

这些是最能抵抗地震的结构构件。它们保证了力的适当传递，从而实现了结构作为坚固的整体。高处和低处的圈梁必须通过拐角和交叉点处的垂直构件连接。没有圈梁实际上会使所有其他的抗震措施都失效，特别是在单薄或细长的墙体中。

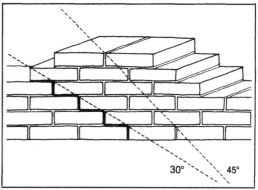

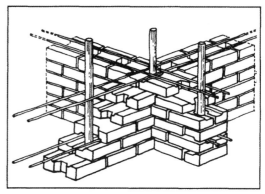

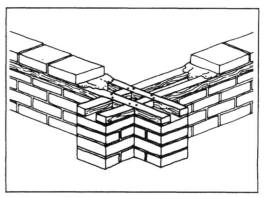

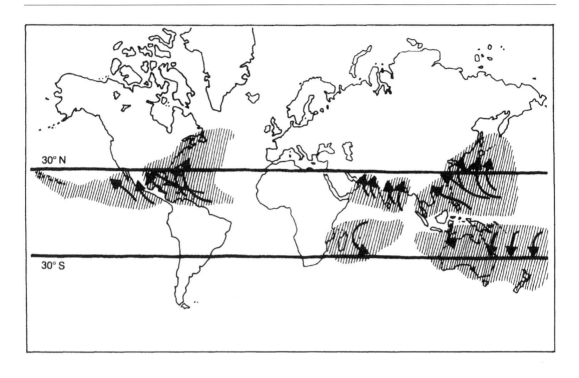

　　世界上有数亿人生活在遭受飓风或类似风暴袭击的地区。但是，这些人中有四分之三没有亲身经历过飓风，因为在每个受飓风影响的地区，处于此类风暴中心的可能性很低。但是，重要的是要意识到它们造成的灾难，尤其是在结构稳定性方面。每年，飓风摧毁了全球各地的无数家庭，每年平均有 23,000 人丧生，260 万人遭受灾难。这些数字是惊人的，它们主要发生在全球热带地区。飓风实际上是热带风暴，它们的名称因地区而异：在加勒比海，它们被称为飓风，在中国和日本，它们被称为台风，在其他地方被称为飓风或龙卷风。飓风是海洋和大气因素共同作用的结果。当大量稳定的空气覆盖在温暖的海面上时，空气会上升，并携带大量水蒸气。这样就形成了一个被高压区域包围的低压区域，其特征是会聚风（从外部向中心吹）和抬升风（在中心），从而引起旋转运动。一旦水蒸气上升到一定高度，它就会凝结成雨。这种状态的改变伴随着热能的释放，促使空气进一步上升。

　　这一过程会不断重复，导致气旋的体积大幅增长并将其旋转速度提高到至少 120 公里 / 小时。然而，有记录的最高速度曾达到约 320 公里 / 小时（飓风卡尼拉，1969年）。气旋可能会在温暖的海洋空气中形成几天，一旦与陆地接触，在它被停止之前是非常具有破坏性的，因为没有暖气流汇入，同时气旋又被陆地上的障碍物撕开。但是，气旋并不是唯一具有破坏性的风，也有狂烈的大陆风，例如沙漠中的沙尘暴，很容易达到 100 公里 / 小时的速度。

破坏机制

1. 地面侵蚀

  猛烈的风可以吹开建筑物周围的地面。基础暴露在外，地基被破坏，导致结构坍塌。这种破坏机制已经在尼日尔的尼亚美被观察到。

2. 风压

  暴露在风中的墙体会受到极强的侧向推力，可能被风推倒。此压力在暴露的墙体中心处最高，并向其拐角处减小，在未暴露的墙体上较低。这些压力差会在地面上产生旋涡，从而可能侵蚀建筑物。

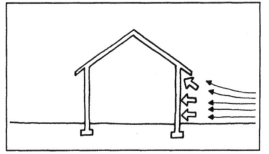

3. 基础侵蚀

  沿建筑物侧面高速逃逸的猛烈漩涡通常会裹挟磨料（砂砾），并有侵蚀墙体基础和地基结构的倾向，从而导致建筑物的破坏。

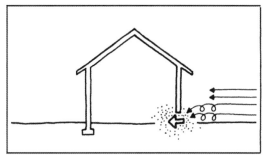

4. 墙的吸力

  如果墙体没有直接暴露在风中（建筑物的侧面和背风），则湍流和低压会引起吸力。材料甚至部分建筑物都有可能被撕裂。

5. 屋顶的吸力

  根据气流与屋顶表面的接近程度，吸力可能发生在直接暴露的梁上。此现象与屋顶的坡度有关,在水平面(平屋顶)上且在小于 30° 的坡度上会更大。屋顶悬挑处因旋涡（涡流）而引起局部吸力，从而可能撕裂整个或部分屋顶，而屋顶下方的超压则会加剧这种效应。

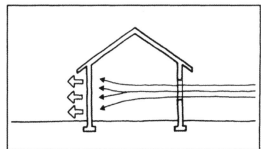

复杂性

  上述机制适用于具有矩形平面图和山墙屋顶的简单设计的孤立建筑物。当建筑更加精巧，如 U 形或 L 形的平面，有隔间、门廊、阳台和烟囱时，或者当建筑被组合在一起时，其机制就更加复杂了。

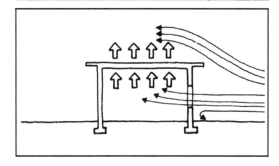

飓风造成结构上的破坏是巨大的，建筑物通常因糟糕的设计而遭受风的破坏，因为这样的设计让它完全无法适应这种破坏力。设计师通常很少关注风对建筑物增加的荷载，与经常需要考虑的荷载因素相比，风的载荷被认为是次要载荷。常规考虑的荷载包括建筑物的静载荷，楼层的活载荷和超载、冲击力、土壤压力引起的载荷等。但是，由风引起的应力可能远远超过这常规载荷产生的应力。

这些风荷载不能有效地与静态荷载进行比较，而静态荷载却经常被用到。确实，由于可能发生威胁的范围很广，而且湍流形式很多，因此很难评估气旋所施加的压力。此外，绝大多数构筑物不是由专业人员设计的，许多建筑是由当地居民或小公司设计和建造的，它们借鉴了当地的知识或传统的建造技能，而忽略了抗风性问题或采取临时解决方案。例如，墙体和屋顶之间的连接通常非常有限，无法承受撕裂。科学的计算和设计方法确实存在，并在大型工程中得到应用，但在小型结构中却被忽视。所涉及的参数非常多，并且根据场地和建筑物布局的不同而变化很大。不可能审查每一个案例，并且这些方法不适用于低成本房屋，因为它们往往会增加研究和设计成本。人们一致认为，从统计学上讲，如果超级强热带风暴每 50 年出现一次，那么这种奢侈就毫无意义。不过即使这样，也应该考虑这种可能的风险。

可以应用一些通用的设计建议。这些并不能防止所有灾难，但是肯定会限制灾难的范围。

推荐建议

对飓风造成的典型结构损坏的病理分析表明，没有标准的"耐飓风"结构。

仅采用适当的建筑方法和法规是不够的。在现实中，必须将其他重要参数添加到由风引起的应力中，例如：

- 地基的性质；
- 环境和地点（地形、植被、城镇规划）；
- 建筑模型（形状、体积、细节）。

通常，主要弱点如下：

- 墙体倒塌；
- 薄弱的结构连接失效；
- 没有或很小的基础；
- 结构柱在地面上的锚固不良；

- 屋顶被掀掉。

1. 总体建议

建议执行良好的操作规范并确保结构的维护。

要考虑建筑物整体的稳定性以及建筑物每个构件（地基、墙体、屋顶等）的抗风性。任何侧向力都不能移动或翻转建筑物。维护应注意评估各种构件之间的联系是否退化：地基、墙体和墙体、屋顶。并且应防止水蚀、风蚀或白蚁对地基的破坏。

就飓风而言，强风的作用通常与洪水有关。因此，还应注意有关洪水的建议。

2. 选址

- 利用自然条件。将构筑物放置在面对盛行风的地形（丘陵）或植被（灌木丛，树篱）的遮蔽处。
- 避免极端丘陵地带和陡坡，它能使风速加快约 50%。
- 避免缝隙或可能会导风的位置。

3. 城镇规划

建筑物的密度会影响风速。山墙的顶部容易受到吸力的影响。附近两座平行建筑物之间的湍流可能会对屋面板之类的物体造成压力，要确保将其固定好。通常，应避免将所有建筑物排成一排，以免导致窜风，从而加快风速并增加其破坏力。

4. 地块

在地块上提供砌石或植被的防风墙，选择深根的物种。建造煤渣砌块的开放墙体，以分隔风力。提供良好的地基，以稳定这些建造坚固的围墙。所有相邻的构筑物，例如谷仓、车库、花园棚、外屋，都应坚固，以免被吹倒并撞到房子上。建造此类附属建筑时，应避免使用太薄的墙体。清除所有可能被房屋周围的风刮起的物体和碎屑。

5. 形状

圆形（穹顶，拱顶）和立方体比矩形更可取。使用以下比率：长度 / 宽度 =1.5，高度 / 宽度 =l。减少体积并限制墙体暴露于盛行风中。选择建筑的一个角面对盛行风吹来的方向。

6. 地基

地基应能很好地锚固房屋结构。它们应该很深，以免被风吹倒，并应使用坚固耐用的材料（石头，稳定的土壤）来建造。

7. 墙体

将墙体直立在基础之上。确保基础和墙体之间有适当的连接。无论使用哪种材料，均需提供垂直加固（钢筋、竹子或其他）于地基中。还应提供水平加固，尤其是在拐角处，必须在结构的所有水平面对其进行加固。

如果可能的话，墙体应厚实坚固，用夯土 / 土坯或压缩土块建成。如果预算允许，请稳定土料。砌体的粘结应仔细实施（理论上经过计算），以免开裂。采用板条抹泥或黏土秸秆的轻质墙体应能牢固地抗风，框架应固定在基础中，通过使用分隔墙和圈梁来确保结构坚固。黏土砂浆可用于建造。

8. 柱子和支柱

框架应经过处理，以防腐烂、寄生苔藓、昆虫和白蚁。如果结构需要打桩，请确保角落的支撑物有良好的锚固。

建在墙内的柱子应与基础相连并绑紧。角柱应水平和垂直都加固。

9. 开口

使用重型门窗，与墙体厚度密封良好，并配备百叶窗以保护玻璃（玻璃破碎，物体撞击），百叶窗应易于操作，并且密封且防水。避免将开口设置在靠近拐角或屋顶的位置，以免削弱结构。避免开口在面向风口的外立面上，因为这会增加房屋内的压力。对称立面上的开口应保持一致，以避免压力差。

10. 屋顶

屋顶应较重，并应尽可能呈流线型：穹顶、拱顶、圆锥体和斜屋顶。

选择大约 30 度的倾斜度，以减少平屋顶或 5 度到 10 度之间的斜屋顶容易产生的高应力。女儿墙降低了平屋顶上的吸力效果。避免屋面悬挑超过 50 厘米，以免被撕裂。脊式通风机可降低内部压力。确保轻屋顶（茅草、瓦）固定牢固（网或灰浆）。

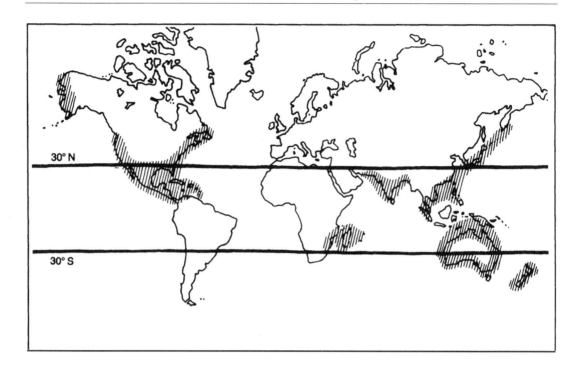

洪水有许多原因：暴雨、水位上涨、大坝或堤坝决口、地震、火山喷发和飓风。然而，最致命的洪水是由潮汐引起的，这是地质运动或大气扰动的结果。通常由地震触发的海底断层或海底泥石的破裂使水产生运动，巨大的地表波从地震的震中开始传播，穿越海洋直到到达海岸，其后果是毁灭性的。这种现象以潮汐和海啸（日本）等各种名称而闻名，自从日本遭受此类灾难以来，tsunami（海啸）这个日语词汇被广泛使用。在 1896 年 6 月 15 日的本州海啸中，有 26000 人死于高出最高潮位 25 米至 35 米的巨浪。平均而言，世界每年经历一次海啸，而且它的破坏性往往比一次强烈的地震还要大。每个大洋和大多数海区都曾受到影响，并且仍然处在它们的影响之下。

在过去的两个世纪中，有 300 场海啸摧毁了沿海地区。但是在海湾，自然和人工湖泊中也存在由滑坡引起的"假潮"或局部波浪。海啸和假潮的波高取决于海床地形和裸露的海岸线，有保护措施的海岸可能会幸免于难。波浪在深水中不会特别高，但到达海岸线时会突然放大。然后，它们变成一堵真正的水墙，将其毁灭性地倾倒在岸上，席卷了所有建筑物，只有少数人得以存活。也有大气引发的海啸。飓风眼中的气压非常低，会产生垂直吸力，从而提高水位。风增加了水的体积，气旋与海岸的接触放大了破坏性浪涌的高度，这种海啸可以袭击数公里的海岸线。它们的作用力取决于飓风眼中的气压和风速，以及其推进速度和撞击时的潮汐水平。1970 年 11 月袭击印度安得拉邦（Andhra Pradesh）的海啸高度为 20 米。

破坏机制

1. 波浪的力量

几米高的波浪面用巨大的力撞向建筑物的墙体。剧烈的撞击可能会使构筑物倒塌。这取决于水的总质量和波浪前进的速度。

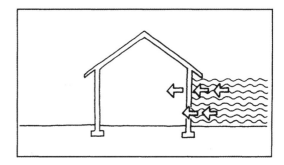

2. 物体的碰撞

波浪可能会在其前进过程中携带松动的物体或碎片，例如树干、岩石和建筑物的碎片。这些物体对墙体的撞击具有类似破城槌的作用。

3. 水力侵蚀

当水流冲击薄弱的地基和墙基时，其速度和湍流侵蚀了建筑物的基础。它还可能导致建筑物下方的地面侵蚀，从而导致其被冲走。

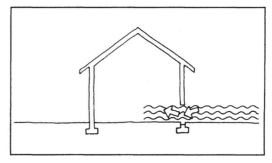

4. 磨损侵蚀

水中可能会暂时裹挟沉重的石头、砾石、沙子和淤泥。这些材料可能具有类似于在基础上喷砂的效果，甚至会把地基完全磨损掉。这也可能会影响建筑物下方的地面，导致失去支撑的结构发生倒塌。

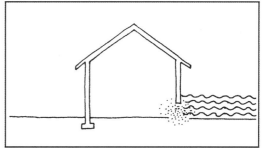

5. 压力差

水进入房屋并上升到居住区域可能会导致墙体上的压力差，在天花板下面形成的加压气穴可能导致屋顶爆裂。建筑物的部分、墙体、地基，墙基或屋顶的坍塌加速了其最终的破坏。

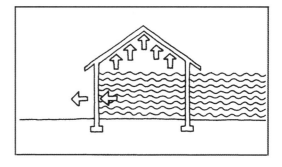

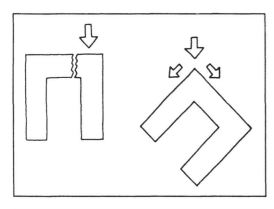

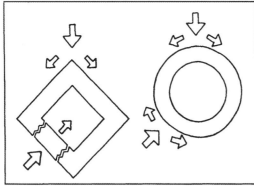

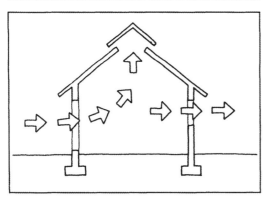

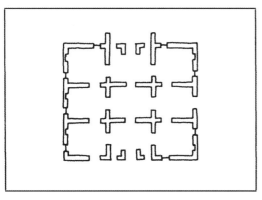

总体建议

　　- 请勿在河道、湖泊或港湾两岸划分土地，因为这有滑坡和局部浪涌的危险。在排水良好且受植被保护的高处建造建筑物。

　　- 用人工林和坚固的围墙环绕房屋，以减弱波浪的力量。

　　- 不要在一条直线上建造房屋，以免形成通道并增加波浪流动。减少墙体在波浪方向上的暴露。

　　- 从房屋周围清除所有可能充当撞击物的重物或碎屑。

　　- 增加走道和人行道的高度。

　　- 优先选择圆形。对于矩形，使用的长 / 宽比为 1.5，高 / 宽比为 1。

　　- 遵守良好作业守则：良好的锚固、防白蚁和良好的维护。

　　- 使房屋的重量与承重土壤的性质相匹配。在条件差的土壤上使用轻型结构，在条件好的土壤上使用厚实的墙体。

　　- 深厚而牢固的基础，锚固良好；抬升的墙基。对于这两个结构单元，请使用优质的砖石和耐用材料。

　　- 内墙加固和支撑。将地基与墙体连接，将墙体与屋顶连接。

　　- 利用内墙作为刚性结构。

　　- 避免使用单个承重砖柱。

　　- 仅使用轻质材料填充，易于维修。

　　- 使用坚固的重型门窗来限制水的渗透，良好的固定以防止其被撕裂。

　　- 对齐对称墙体上的开口，以避免压力差。

　　- 减轻楼板和屋顶的重量，避免在倒塌时碎片掉落的危险。

　　- 在楼板和屋顶（楼梯间和天窗）上提供开口，以帮助居住者逃生，并允许空气和水排出（减少压差）。

　　- 提供通往升高的露台（楼梯）的通道，以协助居住者逃生。

有关使用生土的建议

- 使用锚固好的桩柱对夯土、垛泥墙或板条抹泥的围墙进行垂直加固。使用树枝、带刺铁丝网等进行水平加固。

- 用稳定土或加筋土铺设的走道，需要把土很好地压实。

- 在受特殊潮汐影响的地方，将堤坝、堤岸、垃圾填埋场、木桩或钢筋混凝土柱等建筑物提升至水平面以上。

- 防止因水的渗透而破坏部分结构，因为这会降低稳定性。

- 如果是重型结构，则优先选择夯土、垛泥墙或土坯中的重型整体系统。对于轻型结构，请使用填充有黏土秸秆或板条抹泥的框架系统。

- 避免使用生土地基和生土墙基。如果没有其他选择，请尽可能地使用稳定土。避免将不稳定的土用于砌筑砂浆。

- 加固由压缩土块、土坯、夯土或其他材料组成的砌体。在用黏土秸秆或板条抹泥或未烧制土块填充房屋的框架时要格外小心，填充物可以被侵蚀而不会造成建筑物的破坏。

- 在砌体中使用圈梁和钢筋。

- 避免用生土砌体构筑承重支柱。建造这样的柱子要用坚固的稳定土和良好的基础。

- 小心地固定门窗。将它们放在墙板的中央。

- 避免将屋顶直接支撑在生土墙上，因为土墙可能会被侵蚀而不再能够支撑他们。

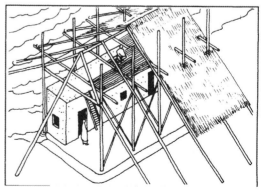

[1] AFSHAR, F. et al. 'Mobilizing indigenous resources for earthquake construction'. *In International Journal IAHS*[J],New York: Pergamon Press, 1978.

[2] AN. 'Building in earthquake areas'. In *Overseas Building Notes* [J], Garston: BRE, 1972.

[3] BARNES, R. 'Guidelines for anti-seismic construction'. In *Adobe Today* [J], Albuquerque: Adobe News, 1981.

[4] BOLT, B.A. *Les tremblements de terre* [M]. Paris: Pour la science, Belin 1982.

[5] CARLSON, G. *Earth blocks for Laos* [R]. Washington: USAID/IVS, 1964.

[6] CEMAT. *Fichas técnicas para la Vivienda popular de Zonas sismicas* [R]. Guatemala: CEMAT, 1976.

[7] CRATERRE. 'Casas de tierra'. In *Minka* [J], Huankayo: Grupo Talpuy, 1982.

[8] CUNY, F.C. *Improvement of adobe houses in Peru: a guide to technical considerations for agencies* [M]. Dallas: Intertect, 1979.

[9] DALDY, A.F. 'Small buildings in earthquake areas'. In *Overseas Building Notes* [J], Garston: BRE, 1972.

[10] DAVIDOVICI, V. *Génie parasismique* [M]. Paris: Presses de l'E.N.P.C., 1979.

[11] DÉPARTEMENT DES AFFAIRES ÉCONOMIQUES ET SOCIALES. *Comment Réparer les Bâtiments endommagés par un Séisme* [R]. New York: Nations Unies, 1976.

[12] DÉPARTEMENT DES AFFAIRES ÉCONOMIQUES ET SOCIALES. *Construction d'Habitations à bon Marché à l'Epreuve des Séismes et des cyclones* [R]. New York: Nations Unies, 1976.

[13] EATON, K.J. 'Buildings in tropical windstorms'. In *Overseas Building Notes* [J], Garston: BRE, 1981.

[14] EIDGENÖSSISCHES POLITISCHES DEPARTMENT. *Studie zu besserem baulichem Schutz indischer DorjbevJohner in zyklonge-fährdeten Gebieten* [R]. Bern: EPD, 1978.

[15] ESCOFFERY ALEMÁN, F.A. *Casa de Adobe resistente a Sismos y Vientos Como Solución al Problema de Vivienda Rural en Panamá* [R], Universidad Santa Maria la Antigua, 1981.

[16] HAYS, A. *De la terre pour bâtir. Manuel Pratique* [M]. Grenoble: UPAG, 1979.

[17] HOMANS, R. 'Seismic design for earthen structures'. In *Adobe Today* [J], Albuquerque: Adobe News, 1981.

[18] INTERTECT; CARNEGIE-MELLON UNIVERSITY. *Indigenous Building Techniques of Peru and their Potential for Improvement to Better withstand Earthquakes* [R]. Washington: USAID, 1981.

[19] INTERTECT; UNM. *Conference Report of the International Workshop Earthen Buildings in Seismic Areas* [C]. Albuquerque, 1981.

[20] KLIMENT, S.A.; RAUFSTATE, N.J. *How Houses can Better Resist High Wind* [S]. Washington: National Bureau of Standards, 1977.

[21] LAINEZ-LOZADA, NAVARRO, et al. *Comportamiento de las Construcciones de Adobe ante Movimientos Sismicos* [M]. Lima: LLN, 1971.

[22] MATUK, S. *Architecture Traditionnelle en Terre au Pérou* [M]. Paris: UPA.6, 1978.

[23] MINISTERIO DE VIVIENDA Y CONSTRUCCIÓN. *Mejores Viviendas con Adobe* [S]. Lima: Ministerio de Vivienda y Construcción, 1975.

[24] MORALES, R. et al. *Proyecto de Bloque Estabilizado. Estructuras* [M]. Lima: Universidad Nacional de Ingenieria, 1976.

[25] Normas de Diseño Sismo Resistente, *Construcciones de Adobe y Bloque Éstabilizado, RNC* [R]. Lima: Resolucion Ministerial n° 1159-77/UC110, 1977.

[26] OFICINA DE INVESTIGACIÓN Y NORMALIZACIÓN. *Adobe Estabilizado* [R]. Lima: Ministerio de Vivienda y Construcción,1977.

[27] PICHVAÏ, A. Vers une Architecture Antisismique Appropriée. *Constructions rurales en terre* [M]. Bruxelles: ISAE La Cambre, 1983.

[28] PONTIFICIA UNIVERSIDAD CATÓLICA DEL PERÚ. Memórias Seminário Latinoamericano de Construcciones de Tierra en Areas Sisimacas. Lima: PUCP, 1983.

[29] REZA RAZANI. 'Seismic design of unreinforced masonry and adobe low-cost buildings in developing countries'. *In IAHS International Conference of Housing Problems in Developing Countries* [C], Dharan, 1978.

[30] ROUBAULT, M. *Peut-on Prevoir les Catastrophes Naturelles?* [M] Paris: P.U.F., 1970.

[31] SANTHAKUMAR, A.R. 'Building practices for disaster mitigation'. In *International Journal IAHS* [J], New York: Pergamon Press, 1983.

[32] UNAM. Arquitectura autogobierno. *Manual para la construcción de Viviendas con Adobe* [R]. UNAM, 1979.

布基纳法索巴尼清真寺，完全用土坯建造

蒂埃里·乔夫罗伊（Thierry Joffroy）卡戴生土建筑国际研究中心（CRA Terre-EAG）

12. 土墙饰面

生土结构并非总是建在最适宜的气候条件下，在许多国家和地区，生土必须经受严酷和恶劣天气的考验。在温带和大陆性气候中，夯土、土坯、垛泥墙和抹泥非常普遍，良好的建筑设计和专业技术可以省去大部分修饰的手段，从而实现可观的经济效益，它们的使用范围仅限于建筑物中最裸露的部分。另一方面，人们通常不喜欢看到裸露的土，因为人们似乎将其与贫穷联系在一起。古往今来，建造者们都试图用传统装饰覆盖来掩饰它。装饰性的表现、绘画和塑形以引人入胜的高贵风格丰富了土的内涵。在其他地区（热带），表面保护是必不可少的，尤其是当建筑设计忽略了提供基本保护（基层和宽檐）或技术不够完善时。

由于恶劣天气的影响，生土建筑经常遭受慢性缺陷的困扰。如今，当人们认为需要或有必要保护土墙时，可以采用多种技术解决方案，这些解决方案可以轻松地适应多种当地情况。但是，这些解决方案通常使用不佳，结果不尽如人意。

所选择的解决方案必须首先适应当地经济，因为保护墙面的成本通常令人望而却步。在处理这个问题时，技术与经济之间的冲突常常是不可避免的。如果要使用有效的解决方案，则必须对其进行适当的评估后实施。

生土和使用生土的建造技术都给人一个糟糕的形象，反对它们的主要理由是它们在恶劣的天气条件下表现不佳。对于没有经过必要的精心建造的简单生土构筑物来说，这是公认的事实。

然而，对于精心地使用优质材料建造，并考虑到土壤构造的特殊要求（尤其是对材料的保护）的构筑物而言，情况并非如此。

当然，世界上绝大多数的生土住宅，大部分建于农村环境中，当暴露在恶劣的天气下时，都会遭受相同的缺陷：表面侵蚀，局部剥落，由于持续潮湿而造成的不健康状况，墙体底部被掏空等。因此，非常需要提出用于修复和保护这些现有房屋的有效解决方案，此外，这些解决办法也适用于那些仍然完好，但如果得不到有效保护就容易损坏的房屋。另外，最好将这些解决方案集成到当前或将来的生土建造中，以便永久消除这些典型缺陷。

除此之外，如果这种材料不能像其他现代材料一样满足要求，那么几乎无法想象一种连贯的、真正可行的生土建造的复兴。因此，在将来必须用土建造出质量显而易见的建筑物，这是毫无疑问的。通过改进材料本身和所涉及的构造技术，以及通过使用可以显著降低对地表水的敏感性，此类广泛技术可以用来实现该目的。

像现代材料中的其他表面一样，必须为生土表面提供符合当前墙面规范的防护涂层。只有当生土被视为真正的现代材料时，它才会享有良好的形象。在进行表层保护之前，对结构中使用的生土进行保护的必要性仍然取决于材料的质量、设计和建造所用的施工程序。在材料的稳定和系统地使用非腐蚀涂刷之间——采用了两种最常见的方法——表层保护的解决方案范围足够广，可以确保耐用性，而不必诉诸"奇迹疗法"。然而，在所检查的众多结构中，稳定和涂刷很少能令人满意，并且不能始终提供持久的解决方案。

需要保护

每一堵用土建造的墙都应能够承受潮湿和水的直接作用。土墙的耐水能力首先取决于土壤本身的质量、粒度分布、结构和孔隙度。可以通过在受控条件下添加稳定剂，或用与该材料兼容的保护性涂层进行保护，或在设计和施工阶段采取防护措施（例如，宽屋檐和门廊等）来进行改进。抹灰提供的保护可以采取多种形式，并且在不同的地区有很大的差异，因为地区条件对材料有特定的保护要求。

一般而言，在温带地区，当土壤质量令人满意时，只要土墙建在良好的基础或地基之上并在顶部受到保护，它就经得起气候的侵蚀。如果土壤质量适中，则在不忽略墙体顶部和底部的基本防护措施的前提下，稳定可以带来一些改善。在干燥的气候条件下，如果土墙不容易受到洪水的破坏，那么在顶部有屋顶边缘保护的土墙，或其他一些"帽子"，就能很好地抵御水蚀。

在任何降雨量少或只达到平均水平的地区，只需采取建筑预防措施即可提供防雨保护。相比之下，在降雨和暴雨多的地区，以及常年雨量维持在一个较高水平的地区（例如在热带地区），防护涂层是必不可少的。

在气候变化与建筑传统密切相关的地区，这种预防措施是至关重要的，该建筑传统在墙的顶部和底部不提供任何保护［例如萨赫勒地区（Sahel）的黏土建筑］。同样，根据构造技术来看可能或多或少会需要涂层。

因此，对于经过适当保护和无裂缝的整体式土墙（例如，垛泥墙、夯土、黏土秸秆）而言，对保护的需求少于用土块砌成的墙体（例如，土坯、压缩土砖），因为水可能会渗入土块的砂浆界面，即接缝处。

原则上，用稳定土建造良好的构筑物不需要保护涂层，用稳定过的土建造的土墙可以经得住多年恶劣天气的考验。但是，好的基层并非没有意义。可以预料的是，顶部没有保护的土墙会逐步发生局部退化。因此，在建造几年后，当需求变得明显时，保护涂层可能会是有用的。但是，还应该记住，当防护被证明是毫无意义时，系统地使用涂层可能是负担且不必要的。即使这样，保护表面的决策仍可能受到与房间使用和后续维护有关的特定条件的影响。

如果决定使用涂层，则必须努力获得尽可能光滑和精细的外表面。例如，在夯土的情况下，石块通常会被置于墙的中心，而墙的外表面会被稍微夯实一些。

如果要提供表面修饰，则骨料要集中在墙的外边缘，并且墙的夯实程度需较小，以获得稍微松散的结构。经过暴露在空气中的第一段时期之后，石头将被显露出来，并会促进抹灰的附着力。在这种情况下，墙体的中间部分和内表面将被强烈夯实，以提供必要的强度。

在决定使用面层保护之前，应考虑三种替代解决方案：

1. 建筑结构设计合理，具有良好的基础、防毛细作用屏障、悬挑的屋顶、排水沟和落水管，排水性好，防风，并按照既定规则建造；

2. 稳定化，如果可能的话，避免稳定所有材料（过高的成本）并将稳定化限制在墙的外表面；或通过防水涂层来稳定（粉刷或涂料），而不是稳定从内到外整个墙；

3. 在墙面变得不那么光滑的几年后再涂上涂层，从而给予良好的粘附力。实际上，土墙表面的退化在最初的两年中非常迅速，但很快就会稳定下来。

最重要的是，保护构筑物免受风的侵害，因为与雨有关的风特别具有侵蚀性，即使是非常短暂的狂风。最后，一种不适合于土的涂层，或者由于处理不当而无效的涂层，可能比完全不使用涂层更有害。

功能和要求

保护性涂层的主要功能是保护墙体免受恶劣天气和冲击的影响，延长墙体的使用寿命，通过隐藏粗心施工造成的缺陷并赋予墙面有吸引力的颜色来改善墙面的外观，即使做不到这一点，至少可以掩盖缺陷，并提高热工舒适性。最后，这些功能不应使涂层成本失控。

此外，功能可能会导致相互矛盾的要求。例如，一个良好的涂层应使结构外部的雨水不可渗透，但内部的湿气仍可渗透出来。抹灰很容易受到气候压力（温度、日照、雨水和霜冻的变化）的影响，并且可能会恶化，但是，它们一定不能导致载体的不可逆转的变质（例如，粘附在抹灰板上的墙面材料的损失）。

良好的保护涂层应很好地粘附在载体上，而不会引起墙体材料的损失；应具有柔韧性，以允许载体变形而不会破裂，不透雨水，能使墙体内部的湿气渗透出来，防冻。最后，应具有与当地环境兼容的颜色和纹理。

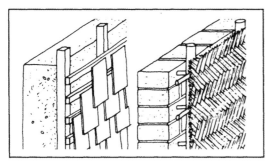

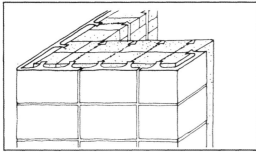

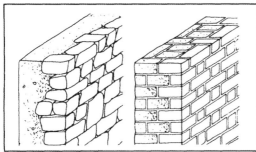

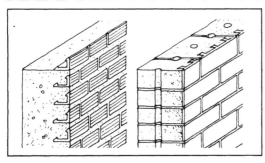

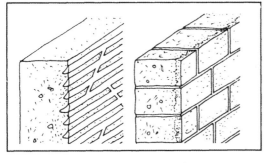

1. 风雨板

这些是附着在墙面上的覆盖物，并固定在木材或金属等次龙骨上。风雨板可以采用多种材料中的任何一种，例如木板、平板、防水板、瓦、水泥纤维板、波纹铁、外部隔热系统等。

2. 包覆

19世纪20年代，德国使用了由外侧包覆了预制混凝土单元的土块砌成的墙体。由于设计公差非常有限，因此对土块和混凝土产品的生产工艺要求特别高。

3. 覆面

美索不达米亚人（Mesopotamians）曾掌握这种保护方法，当墙面还是湿的时候，他们将釉面陶瓷锥敷在墙面上。该系统的发展方向是卵石和烧结砖饰面，这在中东和远东地区很常见，当夯土墙仍在模板中时就施加饰面，或在随后施加饰面。该系统可能会导致混合的墙体，其强度并不总是均匀的，并且可能导致墙体和饰面的不均匀沉降。该系统不适用于地震地区。

4. 整合饰面

扁平或L形的烧制黏土构件在施工过程中作为饰面安装在夯实的土墙上（德国工艺），或者在模制过程中包含在土块中（洛桑联邦理工学院使用的工艺）。在后一种情况下，通过燕尾榫连接件确保饰面与土块的粘合。

5. 双层

这是一个表面稳定系统。对于夯土，当其还处于模板中时，可以采取整个外表面稳定的形式，或者采用灰浆和石灰层进行部分稳定。还开发了用于土块的双层系统［布隆迪，1952年；瓦加杜古的非洲十四国联合农业机械工程学校（EIER）］，它的效果很好，但是生产速度很慢。表面稳定化的作用仅限于2厘米至3厘米的厚度。

6. 镶嵌

在这里，外部耐磨层由镶嵌的元素制成，这些元素可以是卵石或小片的石头、陶片或砖片、贝壳、瓶盖（在墨西哥见过）、瓶底、箱盖（在喀土穆中见过）等。这项工作要求很高，并且需要大量的元素，一般仅镶嵌最外露的墙面。

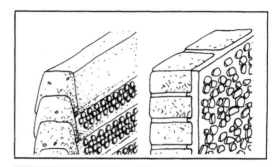

7. 表面处理

外露的表面需经过仔细处理。法国建筑工人在夯土工艺（pise de terre）结束后用"夯土花"（fleur de pise）这种工艺完成墙面处理，这涉及用极细的土料仔细夯打外表面。按照摩洛哥的做法，表面处理还可以使用木拍子对墙面进行精加工，这种外部拍实也在也门的垛泥墙结构上进行。墙体的表面也可以用例如石头等材料进行摩擦，这样的处理降低了土壤的孔隙率并且是有效的，但是在打算要抹灰时不应该进行这个处理。

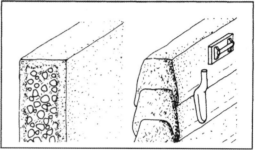

8. 抹灰

它们可能是土、稳定的土，或是添加了水硬性粘结剂的砂浆：水泥或石灰，或其他一些添加剂，例如沥青、树脂等。抹灰可以是厚的或薄的单层，也可以多层运用。多层抹灰的效果非常好，但需要更长的操作时间。

9. 涂料

实际上，在该标题下提到的涂料确实包括常规涂料，但也包括水浆涂料和粉刷。后者是用刷子涂在预先适当准备并水合的墙面上的水泥或石灰浆。它也可以以液体稀释的形式进行沥青涂覆，也可以使用喷枪来作业。

10. 浸渍

土壤被天然物质（例如亚麻籽土）或化学产品（例如硅）浸渍，这些产品赋予了墙面某些特性：抗渗性，细小颗粒和粉末的固着，裸露的墙体表面的硬化、着色等。浸渍产品可以用刷子或喷雾剂作业。

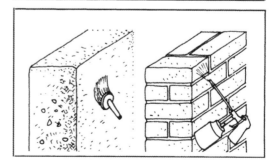

如今，基于水硬性粘合剂（例如水泥和/或石灰、灰泥、有或无添加剂）的传统抹灰是众所周知的，当用于保护生土建筑物时，这种敷料往往能起到足够的效果，但是必须指出，还要采取许多预防措施。尽管这些材料经常被成功地使用，但也经常不尽如人意。这些失败似乎主要是由于使用了不正确数量的材料，尤其是缺乏专业知识。除了用于混合的比例之外，如果要使抹灰适应建筑环境并且让水蒸气通过，则比例必须是正确的，问题往往来自准备不充分和粗心的施工。抹灰和土必须相容，选择成分、混合比例以及准备墙面和抹灰的技术时应格外细心。

1. 非水硬性石灰

水合熟石灰以极细的粉末或预先制备的糊状形式可获得最佳效果。在许多国家，使用熟石灰作为生土构筑物表面抹灰的方法已经很久了，并且已经被广泛使用。必须记住的是，基于熟石灰抹灰的硬化是空气中二氧化碳缓慢碳化的结果，因此，这些敷料不应被过度遮盖。长时间的硬化过程使这些抹灰对大气条件特别是霜冻和高温非常敏感。在许多地区，石灰敷料在制备过程中会进行改性，并加入各种添加剂以改善其质量。例如，新鲜的牛血，撇开它在神话传说中的重要性不谈，至少可以改善抹灰的防水效果。其他做法包括添加天然肥皂，以改善砂浆的可加工性，促进混合和施工。类似的，在摩洛哥，塔德拉克特（Taddelakt）类型的石灰抹灰传统上是用蛋黄来进行润滑的，尽管现在使用的是软皂，它可以改善防水和促进抛光，添加少量糖蜜有助于硬化效果。当熟石灰抹灰暴露在相当大的压力下时，可以添加少量的水硬性石灰或水泥。但是，只能添加一小部分以避免过度硬化或降低透气性。通过实验，可以为基于石灰或砂子的多层抹灰和基于石灰、水泥和砂子的混合抹灰指定比例。

	石灰	水泥	砂
第一层	1		1–2
第二层	1		2.5–3
第三层	1		3.5–4
或			
第一层	2	1	3–4
第二层	2	1	6
第三层	2	1	8

2. 水硬性石灰

天然水硬性石灰和人造水硬性石灰之间有区别，天然石灰遇水迅速硬化，而在空气中缓慢硬化。该优点降低了新的抹灰对潮湿和霜冻的敏感性。人造水硬性石灰的性质类似于水泥，应避免使用。在小比例的情况下，它们是有用的，例如1份石灰加5份或10份砂子。

3. 水泥

水泥砂浆太硬，存在着与土墙粘结不好的缺点，开裂、起鼓和成片状松脱是常见的症状，因此不建议使用它们，最多只是作为临时解决方案，比例为1份水泥对5或10份砂子。最好在其中添加一点石灰：如果可能的话，比例为1比1或1比2。水泥抹灰应该运用钢丝网片做底，这样可以减少裂纹和碎片，但不会提高其粘合力。

4. 灰泥

灰泥抹灰与土墙完全兼容，但应优先用于室内而不是室外。在干燥的气候条件下，它们也可以在室外使用。最好先使用稀释的石灰或水泥来改善灰泥对土面的附着力。在外墙上可以将熟石灰加到灰泥中。这样可以硬化抹灰并改善其耐水性。抹灰可分两层进行，第一层中将1至1.5份熟石灰添加到10份灰泥和7.5至10份砂子中。第二层可以使用相同比例的粘合剂，但不含砂子。用氟硅酸盐溶液在几天后对表面进行防水处理是较好的做法。

5. 火山灰

添加到石灰中含有足够二氧化硅的火山灰，会产生类似于波特兰水泥的化合物。但是，基于火山灰的抹灰比基于水泥的抹灰更适应建筑环境。它们通常用于修整平坦的砖砌屋顶和拱顶。

6. 阿拉伯胶

当添加到土壤中，阿拉伯树胶会产生良好的保护性涂层，在添加到砂子中时效果更好，该涂层坚硬，不开裂并很好地粘附在土墙上。该产品不能很好地防水，因此最好在建筑物内部使用，所获得的颜色是淡赭石红色。阿拉伯树胶主要在苏丹用作粉刷材料，但价格已越来越昂贵。

7. 树脂

就目前的知识而言，树脂、有机粘合剂和各种矿物质的选用最好仅限于上述各类饰面的表达。

8. 即用型抹灰

这些抹灰是在基于矿物粘合剂的干砂浆基础上制备的。它们被设计成可单层应用于土墙以外的其他载体，如果载体准备得当，可能会获得很好的效果。它们的使用需要技术和严格、系统的实验。在遵守适用于所有土墙抹灰的基本原则的情况下，也值得考虑组合体系，诸如带有浸渍层的矿物有机产品、基于添加树脂的矿物粘合剂的饰面砂浆和使用有机粘合剂的饰面层。

9. 塑料涂层

塑料涂层的使用意味着不会保留载体的外观。在防水塑料保护中加入增强材料的做法可能很有吸引力，并且取决于载体的构型。但是，存在起泡的危险和对水蒸气的不渗透性使其不可取。

产出量

● 准备载体，刮除灰尘	½ 天	每 m²
● 准备砂浆+协助泥瓦匠	¼ 天	每 m²
● 由泥瓦匠进行三层操作	¼ 天	每 m²
● 由一名工人进行清洗	1/30 天	每 m²
● 由工头监督	1/20 天	每 m²
总计	1.1 天	每 m²

这些数字是基于对热带国家大规模施工现场的观察而产生的，此处所列的产出是正常劳动力的产出。

成本

成本并不特别取决于抹灰的类型，而是取决于工作的组织分配。下图是由雇员或合作伙伴进行的工作，是根据不同的场所以及室内和室外的抹灰使用情况总结的。

建筑物类型	% 占总成本 无服务
1. 非常低成本房子	15
2. 设备最少的小房子	20–25
3. 板房	30
4. 拱顶和穹顶的覆盖物	5

对于第一种类型，这15％包括所有使用到的金属网，最终价格可细分如下：材料8％、设备8％、组织8％、工资的76％，劳动力成本实际上可以达到80％甚至90％。现场的困难程度可能会导致范围从系数 ×1 到 ×2 的变化。

对于第二种类型，最低限度的设备意味着没有电，一个水龙头，最少的房间，没有地面保护，没有天花板。

对于第三种类型，即使住宅不过是裸露的框架，指示值30也并非不合理。

对于第四种类型，覆盖物是防潮涂层。

生土无疑可以是出色的抹灰，也可以是抹灰的组成部分之一。即使这样，除非通过使用稳定材料加以改善，否则对于一流的外部抹灰效果（尤其是在雨天的环境）而言，土并不是令人满意的基础材料。生土抹灰已被广泛使用，并且仍在世界许多地区使用。

无论在室内还是室外使用，生土抹灰的附着力实际上都是完美的。然而，它们终究只不过是最易受到腐蚀影响的磨损层，而且可以廉价地更换。简单的浸渍、清洗、灌浆或油漆的应用可以大大改善这些有点脆弱的抹灰。生土抹灰通常用术语"dagga"来指代，并且该术语在文献中的广泛使用经常引发混淆。

1. 生土

当用作抹灰时，首先去除直径大于 2 毫米的所有成分。最好使用黏土和砂质土壤（1 份黏土对 2 到 3 份砂子）。建议进行初步测试，以便确定 2 到 3 份砂子的确切值，此类测试在施工几天后检查开裂情况和附着力。具有强烈膨胀和收缩特质的黏土是不合适的，高岭土类型的黏土是首选，红黏土通常以吸引人的红色或赭色呈现良好的效果。这些生土抹灰的主要缺点是它们容易开裂。

2. 水

混合水不会遇到大问题，最关键的因素是使用的量，这对控制抹灰的收缩和干燥很重要。观察表明，最好使用雨水。这是因为这种水可以贫化阳离子，固定在黏土 - 腐殖质复合物中的钠离子进入溶液，并引发两个反应，这些反应导致氢氧离子的固定，并将 pH 值提高到 10，充分的氢氧离子分散了黏土，使其变得更加粘稠。通过增加抗絮凝剂和分散剂到水中来进行其他的改进也是可能的；通过使用更少的水和获得一种散布的且高度均质的混合物，抹灰将更少遭遇收缩，因此会干燥得更快。抗絮凝剂主要有碳酸钠（Na_2CO_3）和硅酸钠（Na_2OxSiO_2），应在黏土中添加 0.1% 至 0.4%。其他产品如腐殖酸、单宁酸和马尿可以完全代替水。

3. 纤维

纤维起到加固作用。纤维的来源可能多种多样：植物类，例如小麦、大麦、冬大麦、大米、小米的秸秆；动物毛发类甚至是合成的材料，例如聚丙烯纤维。常见的比例是每立方米土壤使用 20 千克至 30 千克纤维，在大多数用纤维增强的生土抹灰中，它们被切成很短的长度来使用。最后的精加工层也可以用纤维增强，该纤维可以使抹灰具有美观的纹理，但这个纹理也容易积聚灰尘。纤维也可以作为轻质填料，例如刨花或锯屑，但是，废木材的填充料首先应通过浸泡在石灰乳或水泥溶液中来进行矿化。

4. 稳定化

实际上，用于稳定大块土壤的所有产品均适用于稳定抹灰。

5. 水泥稳定

只有土壤是非常砂质的情况下才真正有效。水泥的比例可能在 2% 到 15% 之间变化，具体取决于是否需要适度改善或真正稳定。水泥稳定的抹灰应优先应用于稳定的表面，也可以添加 2% 至 4% 的沥青，这种混合物易于使敷料变暗而不会损害颜色，但大大提高了耐水性。

6. 石灰稳定

当大量使用石灰稳定剂（通常超过 10%）时，其对黏土的影响最大。类似的，石灰稳定的抹灰最好应用于稳定的表面。添加动物尿液或粪便可对抹灰产生真正惊人的效果（减少收缩，增强硬度和良好的渗透性）。主要缺点是混合过程中会散发出强烈的氨味，这可能会使一些人感到不适。

7. 沥青稳定

沥青稳定的土料不应太粘，也不宜含沙尘多。沥青的用量从 2% 到 6% 不等，通常是稀释沥青，加热时最好不要超过 100℃。在使用沥青乳剂的情况下，必须缓慢制备混合物以避免乳剂分解。可以通过将四份沥青添加到一份煤油中，然后加热并添加 1% 固体石蜡来制备稳定剂。煤杂酚油可以代替煤油，上述混合物可用 4.5 份稀释沥青或 3.5 份乳化沥青代替。用于抹灰的沥青稳定剂对已经用稻草甚至粪便进行了加固的土料特别有效，沥青在最后阶段抹灰操作开始前 2 小时至 3 小时添加。沥青、阿拉伯树胶和烧碱溶液的混合物也非常有效，载体应准备妥当，刷好并弄湿。在印度鲁尔基的中央建筑研究所（CBRI）用这种类型的抹灰取得了很好的效果。

8. 天然稳定剂

这是高度多样化的，通常是许多国家／地区的传统稳定剂，它们的有效性千差万别。它们的效果更多的是延迟了材料的衰减，但并不能真正确保抹灰的持续寿命，而是限制了它被重新抹灰的频率。传统的稳定剂包括龙舌兰和仙人掌的汁液，融化的乳木果油。通常添加到阿拉伯树胶中，煮香蕉茎的汁液，将 15 升黑麦粉在 220 升水中煮沸，将获得的糊状物添加到土壤中，牛粪或马粪（1 份粪便 1 份黏土和 5 到 15 份砂），阿拉伯树胶，与水形成胶体；将金合欢果实的树液与几块褐铁矿（一种红土矿）在水中煮沸，可以产生相当有效的拒水作用；大戟乳胶与石灰沉淀，该石灰是从粉末状果实中提取的非洲角豆树的汁液，将其加入土壤中，然后作为洗剂施用到土壤上，使乳胶稳定。还有珍颇尔族肥皂，一种酪蛋白，像糨糊一样稀释和搅拌。其他天然产品已在多哥的卡卡维利中心（Cacavelli Centre）尝试过，用于改善抹灰。包括通过烘烤木棉种子以获得具有高脂质含量的粉末形式而获得的木棉油，将粉末用水稀释并煮沸数小时。然后将其干燥后，添加足量的水混合，接着，用两层调和木棉油对抹灰的墙面进行涂刷。也可以使用将富石灰和棕榈酸混合而获得的棕榈酸钙，它是由盐酸和一种叫作阿科托（akoto）的天然肥皂反应而成。将棕榈酸钙稀释在少量水中，并将土壤与所获得的石灰乳混合（混合物重量的 10%）。

非洲的豪萨人（Hausa）使用天然的钾肥，这些钾肥堆积在染色的沟槽里，或用来浸泡角豆荚，甚至是在富人从埃及进口的含羞草里。毫无疑问，还有许多其他的天然稳定剂。

9. 合成稳定剂

化学稳定剂种类繁多，其有效性尚未得到科学证实。这些包括纤维素、聚醋酸乙烯酯、氯乙烯、丙烯酸酯、硅酸钠、季胺、苯胺、膨润土、硬脂酸皂、酪蛋白胶和石蜡等。其他可能是上述方法的结合，也许还有天然产物的添加。

10. 生土抹灰的应用

在室内使用时，它们可以产生极好的效果，虽然建议使用砂子和石灰的砂浆加固建筑物的薄弱点（内部和外部拐角，窗侧，墙的底部）。但在室外，单层是不够的。至少应涂两层，最好是三层。首先，用高粘性的黏质土进行粗抹灰，这个黏质土由一份石灰和一份砂子混合而成的灰浆完成；然后用黏土和粗砂再铺一层 1.5 厘米厚的灰泥涂层，并用切成 3 厘米至 5 厘米长的纤维加固；最后用黏土和砂子铺设顶层，并添加了轻质填料（例如谷壳或亚麻）。

不透明涂料

市场上可买到的涂料种类非常广泛。首先可以说，当使用普通涂料保护土墙时，它们一开始的效果显然令人满意。但是，很快就会发现诸如起水泡和附着力丧失之类的缺陷。因此，不能将涂料视为赋予土壤墙面持久饰面的手段。尽管如此，他们仍可以在适当的修复之前提供临时性保护。它们可以在室内使用，也可以在外墙上使用，但需要有很好的遮蔽措施以免受到自然环境的侵蚀。即使这样，最好还是将它们作为抹灰的精加工层的补充。要喷涂的表面应绝对干燥，并用刷子清除所有灰尘。此外，深入渗透进材料的底漆保护性较差，因此最好在亚麻籽油或在非常稀的铅基涂料中以每平方米0.50升的比例施加浸渍层。喷涂面层（分两层）时，最好的方法是咨询涂料制造商以获取技术建议。

当墙面用沥青稳定时，建议至少涂上 2 层到 3 层涂料，以免沥青渗出。当所有条件都有利时，即优质涂料、适当的载体准备和良好的施工，涂料可使用 3 年至 5 年。美国的实验表明，在砂土墙面会比在黏土墙面获得更好的结果。

1. 工业涂料

铝基涂料直接涂在土壤上时效果不好。它们可用于用沥青处理过的底漆或沥青稳定的墙。

酪蛋白基涂料可在土墙上获得令人满意的效果。

底漆可用于浸渍表面。

铅基涂料可以在亚麻子油处理过的表面上使用。

油基涂料的性能一般。

聚醋酸乙烯酯乳液有时可能令人满意。

请勿在易碎的墙面上使用水性色胶涂料。

乳胶漆在稳定土的墙上非常有效。

树脂基涂料通常能提供令人满意的结果，但硅类涂料则不太可靠。

丙烯酸涂料具有透气性、弹性、防水性，并且可以很好地抵抗土墙的碱化。

另一方面，应避免使用不透水的涂料、醇酸树脂、环氧树脂和聚氨酯，因为它们阻碍了水分的挥发。

氯化橡胶基涂料具有弹性，可以很好地抵抗高温、紫外线辐射和大气条件，可用于屋顶防水，但不能用于土墙。

2. 油

土墙是一种非常多孔的载体，可吸收大量的非氧化性油，例如污油。但是，由于无法浸透入墙体深处，它们的性能并不能令人满意。亚麻籽油被氧化，与空气反应而变得固定，仅微溶于水，可用于潮湿的土壤，它是用于铅基涂料和油基涂料非常不错的底层，但价格昂贵。蓖麻油具有相同的性能，但稀有且非常昂贵。鱼油可能同样好。棕榈油和乳木果油都已经在科特迪瓦进行了研究，但由于它们非常粘稠，使它们难以使用，并容易引起风化。

3. 植物汁液

众所周知，在热带国家大戟科植物的汁液可以用来保护土墙，但是必须要将其添加到石灰中（沉淀）。也可以使用龙舌兰和仙人掌的汁液，但它们有剧毒并且会伤害眼睛。在布基纳法索和贝宁以及加纳南部，使用了一种红色植物提取物，称为 "am"。在尼日利亚的北部，人们使用 "laso"，它是从当地被称为 "dafara"（ Vitis pallida ）的藤蔓中提取的。也有使用 "Makuba"，这是从角豆壳中提取的。还可以使用香蕉汁，但必须将其长时间煮沸，在此过程中会消耗大量燃料，并且无法保证它是绝对有效的。

4. 其他天然产品

涂料也可以由基于乳脂干酪（6 份）的胶水与生石灰（1 份）混合并在水中稀释后制成。涂料也可以用乳清制成，将 4 升乳清加到 2 千克白水泥中。这些配方是由南达科他大学开发的。

5. 土

生土浆料可在室内使用，并添加固定剂。这些浆料可以消除灰尘并平整表面。在室外它们并不持久，但是可以通过使用矿物粘合剂（石灰、水泥）或有机粘合剂（沥青、植物汁和各种油）或氨基酸的稳定来改进。即使经过改进，这些乳剂通常也必须定期刷新。

透明涂料

目前有一种强烈的趋势，旨在寻找一种能够永久地保护土面的产品，同时又能保持土面的外观。不幸的是，土是一种与其他工业材料截然不同的载体，用这些"神奇"产品所获得的结果至少是随机的，因为真实条件与实验室条件不同，许多问题在一段时间后会慢慢显现。

产品的化学成分和组成非常复杂，建议进行初步测试，以确保至少在中等强度和相当恶劣的外部条件下均能实现其有效性。其中许多被称为"完全防水"的产品，通常只能抵抗较低的孔隙水压力。一般来说，这种透明的产品有助于减少墙面在耐磨层处的恶化，其质量取决于渗透深度（至少 2 厘米）。这些产品可能会形成经过处理的土面结壳，从而引起墙面解体。这通常发生在硅酸钠和硅酮上。

对这些产品的了解——无论是基于石蜡、蜡、树脂还是各种矿物质——现在来看，它们的使用最好仅限于处理厚实抹灰的饰面层和在有遮盖的墙面上。

1. 表面防水剂

挥发性溶液中的硅需要适当干燥的表面，并且其使用受到裂纹尺寸的限制，因为裂纹的大小不得超过 0.15 毫米，尤其是在裸露的墙面上，考虑使用这种溶液的唯一途径是抹灰饰面。

水溶液或乳液中的硅可以使其自身适应一定程度的载体湿度，尽管上述条件同样适用。

必须特别注意金属皂，硬脂酸盐和聚烯烃。氟酸盐，或更科学地说是氟硅酸盐，通过与碳酸钙反应形成人工煅烧物。它们对用石灰稳定的土壤完全没有影响。它们可以令使用石灰砂浆进行碳化抹灰的效果更好。

2. 树脂基成膜浸渍处理

如果它们能被最初几厘米的土壤强烈吸收，并且没有形成一层厚的表层外壳，则它们可以为有遮盖的外墙提供有吸引力的解决方案。应进行检查以确保对水蒸气的渗透性保持不变，并且可以维护更新浸渍物。

3. 防水涂料

这些产品基于有机溶液中或分散在水中的树脂而开发，它们的效率受到载体中可能存在或出现的裂纹的限制，起泡的风险和对水蒸气的渗透性不足使得它们的使用非常不可预测，原则上应避免使用它们。

自远古时代以来，由非水硬性石灰制成的石灰水已在许多地区广泛使用，它们代表了一种相当便宜的保护墙面的方法，使其免受雨水的有害影响，特别是在缺少高级材料，并且预算受到严格限制的情况下。这些石灰水最适合在室内或室外有遮蔽的墙面上提供保护，而且，它们可以很容易得到改进，可以持续很多年。

1. 缺点

石灰水不是特别耐用，因为它们很容易被洗掉，最简单的应对方法是必须定期（一年一次或两次）刷新，特别是在潮湿的气候条件下。添加剂可以极大地改善它们，这些添加剂包括植物油（亚麻籽油、坚果油、蓖麻油、巴豆油和大麻油），胶水、酪蛋白、含水率较高或较低的盐（硫酸锌、明矾钾、氯化钠），树脂或油性树脂，橡胶或水溶性橡胶树脂。这种石灰水对机械冲击也非常敏感，并且仅能提供有限的磨损保护。

2. 好处

由非水硬性石灰制成的石灰水价格便宜，并且耐碱性和耐沥青渗出性（用沥青稳定的墙体）都相当好。浅色表观可以反射太阳辐射，它们很容易被氧化物着色。尽管必须小心谨慎，但可以轻松、快速地运用它们，并且不需要专门的劳动力。它们很容易维护更新，并且老化不会造成载体的重大缺陷，定期地更新可以使结构恢复活力。它们具有调节载体及其周围环境之间的水分平衡的优点。它们的成分（生石灰或熟石灰、盐、甲醛）导致它们具有一定的防腐性能。这为原本应是不幸和不健康的贫民窟带来了光明和卫生。

3. 粘结剂

采用量产、过细筛的生石灰，将非水硬性石灰在糊状物中熟化，可获得最佳效果。浆料应在使用前几天准备好。商品熟石灰也可以，条件是它不能太过碳化。钙和镁氧化物的含量不应低于80%，而二氧化碳含量则不应高于5%。

4. 粘合剂的制备

生石灰熟化所用的容器或槽应比原有容量要大得多，因为材料体积大大增加（加倍）。由于生石灰的熟化会产生高温（120℃）至130℃），因此还应注意燃烧的隐患，最好在夜间（凉爽）操作并备足大量清洁水。将所有团块打碎，石灰充分混合，直到获得均匀的糊状物为止，通过添加适量的水使糊状物达到所需的稠度。如果使用熟石灰，则应检查过筛的质量，基本混合比是一体积的熟石灰与一体积的水，可能需要适当加水以获得所需的稠度。

5. 应用

石灰水应涂在干净、无尘的表面上，该表面应无任何剥落现象，至少要涂两层（最好是三层或四层）。第一道涂层很薄，但随后的涂层越来越厚。第一层可以使用涂料刷，而用于第二层可以是扫帚，甚至庭院用的扫把也可以用于后面的涂层。涂刷应当在墙面处于阴影中时进行，并且避免高温或过冷，还应采取预防措施避免淋雨，否则可能会冲刷掉墙面上的石灰水。最好的方法是"湿壁画"法（墙壁未干时涂刷），但这很难在土墙上进行，因此，在干燥的表面上施工是最常用的方法，应注意打湿表面，最好是用干净的石灰浆，但不要过度浸泡表面，过厚的涂层会剥落，并且干燥应缓慢。

6. 简单测试

预先称重一个体块，然后涂两层石灰水。将该体块浸入水中两天，然后再次称重。如果重量差约为几十克，则石灰浆是好的。如果差异在几百克的数量级，则应拒绝使用这种石灰水。

7. 填充剂

填充剂是粘合剂的添加剂，它具有粘结剂本身无法提供的石灰浆特性。这里讨论的填充剂都与石灰相容。

亚麻籽油 增加了抵抗湿度变化的能力，并提高对载体的附着力，应在使用前即时添加。

动物油脂 是一种由甘油酯组成的动物脂肪，当应用于石灰水时，通过增加耐水性和附着力使其具有更大的可塑性。比例：在石灰中加入约 10%（按重量计）的熔融动物油脂。动物油脂可以用硬脂酸钙或亚麻籽油代替。

脱脂奶 或乳清（10 天）增加石灰水的抗渗性。使用前，将 1 份脱脂奶或乳清加入 10 份用于制备粉刷的水中。

酪蛋白胶 在粉末中被称为"冷胶"，起固定作用。可以加入福尔马林增加它的强度。在沸水中溶解这种胶水，直到它变软（2 小时），比例为 2.5 千克胶加 7 升水。

动物胶 提高石灰浆的附着力。它们包括由皮肤和骨头制成的胶水。

黑麦粉 形成一种可溶于温水的植物胶；当呈糊状时需要添加硫酸锌作为防腐剂。可提高表面硬度和耐磨性。

明矾 是钾和水合铝的双重硫酸盐。在使用之前，应先将少量的糊状物（先磨碎，然后在水中煮沸一小时）添加到石灰水中，提升了可加工性、表面硬度和耐磨性。

氯化钠（普通盐）在石灰水中保持水分，并促进石灰的碳化。使用前应缓慢加入石灰水中（溶解）。钙盐和磷酸三钠（Na_3PO_4）也被使用。

甲醛 具有脲醛的防腐和稳定性能。溶于水，慢慢加入石灰和酪蛋白胶或石灰和磷酸三钠的混合物中。保存不便。

糖蜜（糖结晶后留下的糖浆状残渣）：添加到石灰中的重量百分比为 0.2%，可加速碳化并提高强度。

矿物填料 惰性填料或土壤（高岭土）。

着色剂 以湿润粉末的形式存在的纯矿物；使用前添加。

刷白料配方																			
		生石灰 (CaO)								熟石灰 Ca(OH)									
		Q1	Q2	Q3	Q4	Q5	Q6	Q7	Q8	S1	S2	S3	S4	S5	S6	S7	S8	S9
生石灰	(2)	20	20	20	20	20	20	20	20									
熟石灰	(2)									25	25	25	25	25	25	25	25	25
硅酸盐水泥			2															<25
水	(1)	40	40	40	40	47	49	50	60	30	30	32	32	40	63	63	65	50
亚麻籽油	(1)											1						1
计量动物脂						2	1.2											
脱脂奶	(1)		6.5															
酪蛋白											2.5							
动物胶				1.4														
黑麦粉							0.8											
明矾					1							0.6		0.6	0.6	0.2		
氯化钠		5	0.7				0.8								1.3	2.5		
硫酸锌			0.3															
磷酸三钠											1.5							
甲醛	(1)										1.9							
糖蜜	(1)														7.8			
评价			D			D				D			D	D		D		

1) 所有数字都是以公斤为单位，除了以升为单位的液体。
2) 所选参考量基本上对应于20kg生石灰= 25kg熟石灰。
3) D表示石灰水相当耐用。

水泥浆料和水硬性石灰浆料

简单的水泥或水硬性石灰浆料可提供良好的保护，并可以改善土墙的耐久性。当预算有限并且不受墙体碱度影响时，它们通常是可行的。在良好的施工条件下，它们可以帮助减少大部分墙体中稳定剂的使用数量。这种类型的浆料在硬化时需要在潮湿的环境中进行，并且必须仔细监督硬化过程。因此，与基于非水硬性石灰的石灰浆相比，它们更难施工。由于水泥和水硬性石灰比非水硬性石灰研磨得更细，因此应降低需水量，水泥／水的比例为 1 到 1.5，而非水硬性石灰为 0.78，结果导致可加工性和覆盖能力降低。这类浆料对水蒸气的通过性限制较大，因此仅适用于水蒸气从内向外运动不成问题的区域（即在亚热带地区非常好）。它们的使用寿命有限（在稳定的墙体上），为 5 年到 10 年，因此需要定期刷新。也存在基于白水泥的涂料，并且可以提供各种颜色，这些涂料含有添加剂以改善其可塑性，它们仅适用于稳定的土墙和非常坚固的墙体，但即使在此情况下，结果也很少令人满意。在脆弱墙体上，不应该使用水泥涂料（剥落、起泡）。

一般而言，当要给稳定的墙面进行水泥浆或水硬性石灰浆饰面时，应小心处理载体（填满孔和裂缝，除尘）并充分润湿。当混合物中不含氯化钙（保留水分的盐）时，这种加湿是必不可少的，氯化钙的使用在炎热和干燥地区是合理的（不超过混合物的 5%）。润湿有利于施工并防止过快的收缩，但可能会降低浆料的不渗透性。在水泥中添加水硬性石灰（最多 25%）对浆料没有任何作用，但能使施工更容易（可塑性提高）。用水泥或水硬性石灰浆料至少应涂两层，每层厚度为 1 至 1.5 毫米，甚至三到四层更好。第一道涂层应使用刷子（不要太硬），而随后的涂层可以用扫帚或喷壶喷涂。

如果基层光滑，则应先涂上一层薄的涂层，以用作后续厚涂层的上浆剂或底漆，如果表面粗糙，则相反。涂浆料应在墙处于阴影中时进行。一旦最后的涂层干燥，应将其润湿以水合水泥，并应在夜幕降临之前再次进行。第二层最好在第一层涂刷后的 12 小时内涂刷，有条件的话，最好在 24 小时后再次润湿第一层并继续涂刷。这些浆料应在制备后的 2 小时内使用，切勿在第二天使用剩下的部分。可以添加着色剂（各种氧化物的 3% 至 7%）或防水剂，但这应该在最后一层上完成。防水剂可以是 2% 的硬脂酸钙溶液添加到水泥中，也可以是 2% 的硫酸铜溶液（浓度为 100 克添加 10 升水）。永远不要忘记，如果在准备不充分的墙面上涂水泥浆，会容易剥落、起壳、鼓包、并失去所有保护能力，更不用说它会令建筑物看起来破旧。

配方

1. 将一百份硅酸盐水泥与五十份硅砂或任何其他坚硬细砂混合。氯化钙等于水泥量的 4%。作为防水剂，添加的硬脂酸钙的量等于水泥体积的 2%。在混合水泥、氯化钙和硬脂酸钙之后，再将砂子混合进去。水的量差不多等于水泥的量，但这可能会根据现场条件而有所变化。

2. 由红土、水泥和水制成的泥浆（科特迪瓦）。两辆手推车的各 50 升红土、一袋水泥和 175 升水。泥浆的覆盖率为 2.5 千克每平方米，换句话说，每平方米 340 克水泥，这是非常经济的。

沥青浆料

完全干燥、表面处理良好（粗略磨光、刷洗和除尘）的土墙可以通过涂上一层沥青产品［如乳剂、稀释剂、弗林特科特（Flintkote）公司沥青产品等］进行保护。当地的气候条件非常重要，因为这些产品或多或少不透水蒸气。而且，沥青产品用于表面处理的时效性不是很长，必须注意确保定期进行维护刷新。尽管如此，这些沥青浆料却是最便宜的，并且大大提高了土墙抗水侵蚀和表面磨损的能力。这些沥青涂料发挥作用的先决条件是其所涂刷基层面的干燥度。如果基层面潮湿，则会出现水泡和气泡，并很快导致涂层脱落，甚至更糟的是土墙遭受损失。沥青涂层经常因为阴沉的颜色，即黑色，而被抵制，这个缺点可以通过对它们进行表面处理来解决，这种表面处理可以是油漆或水泥或石灰基浆料。此类饰面应在沥青墙面处理后的几个月内进行，以使沥青涂层中的任何缺陷都变得明显，并避免沥青渗出。在沥青稳定墙面或涂有沥青涂层的墙面上涂油漆，特别是油性漆之前，必须涂上沥青基铝漆底涂层。这种涂料与墙面的乳剂兼容：涂料中的铝片会扩散并覆盖墙面，从而防止沥青从墙面中渗出。也可以考虑其他可立即应用的处理方法，其中包括在新的沥青涂层上用洗净的砂子打磨。对这些沥青稳定墙饰面的研究表明，一般而言，用刷子涂的产品（例如石灰乳，沥青乳液，聚乙酸乙烯酯或苯乙烯乳液）仍具有很高的水渗透性，但阻止了沥青的渗出。不建议使用水性涂料和醇酸乳液。油性涂料耐水性好，但水分不易渗出。从这两个角度来看，沥青涂料都是令人满意的。

配方

1. 煤焦油涂料：1 体积的硅酸盐水泥，1 体积的汽油和 4 体积的煤焦油。焦油不必预先加热，水泥和石蜡先混合，然后再加入焦油。用粗刷将混合物涂在由水和气体焦油混合物制成的细底漆上，颜色是黑色的。

2. 用 2 体积粗苯和 1 体积溶解在苯汽油中的沥青，加入少量树脂和生石灰，可制成液态沥青浆料。用刷子或喷雾形式涂抹，这个浆料的颜色为褐色。

3. 也可以用 25 千克预热的沥青和 50 升的石油制备浆料。将沥青一点一点地添加到油中，并仔细混合直至完全溶解，待混合物冷却后，将其通过细滤网倒入另一个容器中，以筛除任何未溶解的材料和异物。可以用农药喷雾器按每人每天 100 平方米的速度喷洒，颜色是深灰色，在石灰乳中添加动物胶的面漆可以消除这种不美观的颜色。

土墙恶化的许多症状是由于多种机制的共同作用，这些机制在很大程度上与当地气候条件的影响有关，例如雨水、霜冻、高温，以及相关人员的影响，诸如缺乏维护，缺乏有关如何使用它们的知识以及机械震荡。对抹灰的观察表明：

这些抹灰要么状态良好：它们可以是旧的并且维护良好的，或者是新的并且不久前的（不到 5 年），最近才应用的。要么这些抹灰状况很差：它们可能已经很老，有 50 年了，但它们的耐用性值得称赞，虽然与现代抹灰相比说不上令人羡慕。这些通常是基于非水硬性石灰的抹灰，处于不良状态的新抹灰在最多 5 年（可能是对抹灰进行评估的最短时间）后，情况就会变得非常糟糕，这些抹灰通常是水泥抹灰。实际上，是水泥取代了旧抹灰中积累的专有技术，水泥可能已经解决了某些问题（例如，施工速度，可靠性），但并不能真正提供持久的替代方法。因此，传统专业知识的流失和现代知识的缺乏通常是导致缺陷的主要原因。这同样适用于住宅的维护。以前，抹灰被更多地视为磨损层，必须定期进行维护（例如，重新涂刷）。似乎在大多数富裕国家中，作为一种社会习俗的房屋维护正在逐渐消失。这种转变是由于对某些产品（例如水泥、涂料）的过度信赖所致。在许多发展中国家，构筑物的维护仍然是社区中的重要社会纽带——马里定期举行节日翻新清真寺的抹灰活动，全村都参加，就是一个很好的例子。

1. 缺陷及其原因

常见的现象从简单的脏痕（破坏结构的外观）到成分的变化。主要缺点是组合不良，缺乏柔韧性或粘附性差，防水性差。这些缺陷的原因包括：使用不合适的材料，粗心的应用，结构张力，缺乏维护或支撑结构的缺陷（例如沉降和开裂）。

2. 症状

下面讨论的非常典型的现象揭示了土墙上有缺陷的抹灰。

剥落 抹灰层可以很容易地用指甲刮破并分解。主要出现在易触碰的地方，例如门窗的侧壁。

侵蚀 被侵蚀的抹灰层很薄，不能再保护墙面。侵蚀可能是均匀的，越来越薄的抹灰层趋于消失。侵蚀也可能是局部的，抹灰可能会残留为点点瘢痕。

龟裂 抹灰层的表面开裂成无限多的线状裂缝，水会渗入。

裂缝 它们的数量可能很少，可能是豁开的；也可能非常多，有些是闭合的。细裂纹或龟裂可能发展成较大的裂纹，有被水和霜渗透的危险。

鼓包 可以是局部或整体膨胀的抹灰，并是可见的一个或一系列的鼓包。抹灰不再附着在墙上导致墙的表面听起来是空心的，其片段有可能从墙上掉下来。

起泡 抹灰处有直径不大于 20 毫米、深度可变的小坑。起泡通常发生在基于石灰的抹灰上，有渗水和冻害的危险。

晶化 抹灰因白色或灰色小环而变色，这些是具有碱或碱土性质的结晶或无定形沉积物，包括硫酸盐、碳酸盐和硝酸盐。这些盐的积聚可能导致抹灰的解体和疏松。

浸透 水被困在抹灰层的厚度中，导致出现晶化或引起开裂并丧失附着力。一旦开始，抹灰层可能会很快分解。

暗斑 这些可能以黑色或棕色斑块的形式出现，它们是水变干后残留的有机物腐烂或局部渗水的结果。

3. 机制

膨胀 结霜或干湿交替会导致黏土部分在墙体、抹灰界面处膨胀。如果抹灰层过硬，它会先开裂，然后崩溃。同样，在非均质墙（例如在夯实土中孤立的大石头）上，土壤和石头的热膨胀差异会导致局部破坏。

收缩 当抹灰第一次干燥时，它会收缩，使材料承受压力，可能会失去附着力和出现松动。这发生在抹灰层太硬，载体又太光滑的时候。当载体粗糙时，同样的抹灰也能导致开裂。附着力低时，裂纹明显且数量较少；附着力高时，裂纹细小但数量多。抹灰层越厚，强度越大，裂缝就会越宽。如果收缩是暴露在风或太阳下的结果，它们就只会出现在抹灰的外部表面：抹灰是干燥的（在湿润的基层上蒸发和饱和，不会产生任何吸力）。裂缝也可能在界面处发展，并向含水量少的干墙外表面推进，从而导致毛细吸力从抹灰／载体界面起作用。最易发生的点是内凹处的阴角和阳角周围。

蒸汽压力 水蒸气可能以凝结的形式积聚在抹灰载体界面处。可能会出现起泡现象导致脱层。这种现象在内部蒸气压高于外部蒸气压的海洋和温带气候中很常见。这种压差导致蒸气通过墙面和抹灰层运动迁移，并且这些必须是可渗透的，这就是应避免不透水或过厚抹灰的原因。另一个相反的问题——室内冷凝——在热带气候或空调房中可能会出现。

其他 导致抹灰常见缺陷的其他机制是雨水的渗入或通过裂缝进入的水滴（湿气的积累），使用不合适的材料（未充分熟化的石灰、旧水泥），因抹灰层的潮湿或过度光滑而引起的风化（表面出现浮浆），微生物（地衣、藻类、苔藓）和植物（爬山虎、常春藤）的侵袭，草率的应用（砂浆或载体准备不足，霜冻或高温），雨水侵蚀，风蚀和机械冲击造成的损坏。

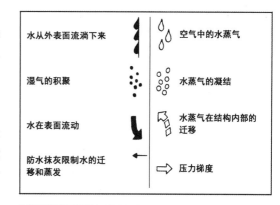

水从外表面流淌下来		空气中的水蒸气	
湿气的积聚		水蒸气的凝结	
水在表面流动		水蒸气在结构内部的迁移	
防水抹灰限制水的迁移和蒸发		压力梯度	

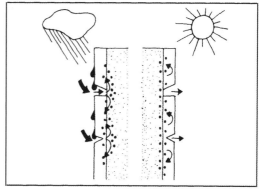

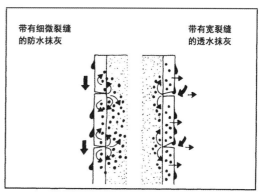

带有细微裂缝的防水抹灰　　带有宽裂缝的透水抹灰

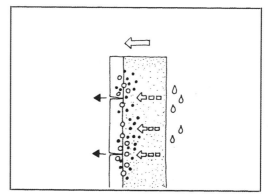

在抹灰中可以观察到的主要缺陷大体上是由于：

- 抹灰的构成不正确和构造缺陷；

- 仓促应用，并且不尊重现有的基本技艺规则；

- 恶劣的场地条件；

- 不正确或草率的应用；

- 载体准备不足。

留意良好的实践，专有技术和文献是非常重要的。此外，将抹灰持久应用于土墙需要特别注意的最重要的要素是正确准备载体，以及使用强度不太高的粘合剂，这些粘结剂会导致产生富砂浆和塑性砂浆。

1. 抹灰的构成

应避免单层抹灰，因为它们太厚太密。基于矿物粘合剂（石灰/水泥和黏土）的抹灰应涂上多层，至少两层（第二层未开裂），最好涂三层，包括打底层、中涂层和表层凝固。三层的应用对于常规的石灰基和水泥基抹灰而言尤为重要，因为它们的厚度会随着中涂层和面层的厚度而减小。

打底层 （或在美国称为锚固层）这是应用于载体的第一层涂层，为中涂层提供支撑。它是由具备一定流动性的砂浆制成，充分提供了粘结性，并被非常精细地研磨，用泥刀大力将其涂在准备好的载体上，其厚度为 2 厘米至 4 厘米，表面粗糙。

中涂层 这是一种中间涂层，可弥补载体上的任何不均匀性，它使抹灰具有坚固性和不透水性，同时保持对水蒸气迁移的可渗透性。在打底后两到八天以一层或两层的形式施涂，最终厚度为 8 厘米至 20 毫米之间。中涂层将没有裂缝并塓平，多层涂覆（如果可能）可以堵住下层涂层中的细小裂缝。减少粘合剂的用量，而使用更细的砂。用抹子或刷子在中涂层上开槽，以改善对面层的附着力，中涂层的固化必须是彻底的。

面层 该涂层完成了防护性抹灰，并堵住了中涂层中的所有裂缝；就颜色和质地而言，它是装饰性的涂层。面层的粘合剂含量最低，因为根本不允许出现裂缝。应当注意，不要用面层过度挤压中涂层，因为有可能导致水分到达表面并产生裂纹。这是一个可能需要时不时重做的层。

2. 何时应用

在下列情况之前，绝不应该对土墙进行抹灰：

- 收缩已经稳定；这可能需要数周或数月的时间。厚夯土的时间可能是 6 到 9 个月，垛泥或黏土秸秆的整体墙至少需要 3 到 4 个月甚至 1 年；在干燥且不太晚的情况下（至少 2～3 个月）完成土坯或压缩砌块墙的一年内；

- 墙体已发生沉降；为此抹灰用的模板必须完整，包括由于楼板和屋顶引起的任何荷载；

- 由于干燥引起的水和湿气的运动迁移已经停止。墙体内部核心中的水重量比不应超过 5%，这可以作为何时开始进行抹灰工作的指标。现场施工时的天气状况有重要影响。

3. 适用条件

- 不要在过冷的天气或高温下进行抹灰。避免在大雨中，日晒和狂风中以及非常干燥的环境中工作，最佳气候条件是适度温暖和稍潮湿的时候。

- 进行水平和垂直连接，以一次完成 10 平方米至 20 平方米大小的区块。墙体区块应在开始的一天内完成。

- 要特别注意交叉口和开间的侧壁。如果载体发生变化（例如，土和木头），则抹灰时应在该点加入钢筋。不要继续抹灰到地面（毛细作用）；在墙脚的水平方向留一条接缝。

- 通过在表面喷水（早上或晚上）和挂上保护膜的方式以防止热量及可能冲掉抹灰的雨水，避免过度快速干燥，保持环境潮湿。

- 确保配料（粘合剂和砂子）的质量良好，并且混合正确。

- 在温暖的气候下，建议在施工后三周左右对抹灰进行清洁维护，以堵塞裂缝。

4. 应用技术

- 手动，用于基于土的抹灰。将灰浆球用力地扔到墙上，然后用手掌抚平，避免手指过度用力。

- 使用常规工具：抹泥刀，抹子，避免过度压缩。

- 使用刷子或扫帚：液态抹灰层，或使用可调节的手动灰泥吹制机，使表面达到拉毛罩面效果。

- 使用气动吹气机或抹灰泵时，请确保可以调节吹气压力，因为吹气压力不能太强或太弱。

5. 载体的准备

应用抹灰的准备阶段必须特别细心。

除尘 载体必须清除所有松散和碎裂的材料以及灰尘，应用金属刷子刷过并小心地擦干净。

打湿 载体不得吸收抹灰中包含的水分，因为这可能会阻碍凝结并降低抹灰的附着力。因此，为了避免毛细吸力，必须打湿载体，但不应过度，因为太多会形成一层水膜，从而降低附着力。载体应该会呈现变深的颜色，也就是说对载体喷水要直到水可以流下来为止，该操作可能需要若干种施水方式。要区分完全或仅在其表面稳定的载体（打湿直到饱和）和未经稳定的载体（几乎不应被打湿）（有导致黏土膨胀的风险）。在非稳定的载体上，浸渍水蚀有助于形成裂缝以增加抹灰附着力。

锚固点 在砖砌上，必须用工具将接缝变粗糙。在夯土上，用刷子清除浮土露出石子。良好的锚固点可确保抹灰的良好附着力。

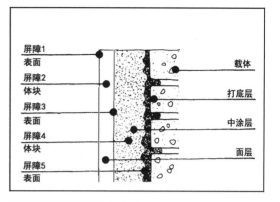

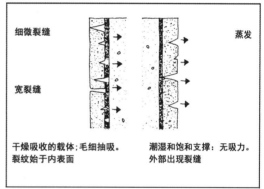

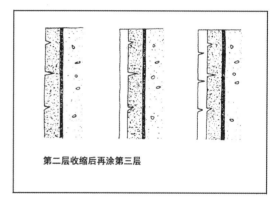

第二层收缩后再涂第三层

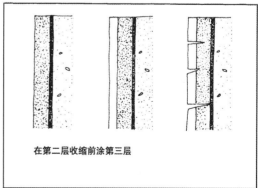

在第二层收缩前涂第三层

载体					
整体的			砌块的		
夯土般光滑	垛泥般多孔	黏土秸秆般非常多孔	砌块般光滑	土坯般多孔	草泥般非常多孔
1	2	3	4	5	6

1. 胶水

（适用于 1、2、4、5。）中间技术发展集团（ITDG）已对白色细木工胶（稀释的聚醋酸乙烯酯）的使用进行了测试。将这种胶水在水里稀释，用刷子涂刷两层，固定灰尘，促进抹灰砂浆的附着力。该胶水表面处理应优先与经纤维增强的抹灰结合使用。也可以使用其他与抹灰兼容的粉尘固定剂。

2. 刮、除尘

（适用于 1、2、4、5。）刮擦载体对于那些非常易碎的载体尤其重要，因为这样可以去除任何缺乏粘结力或固定不牢的部分材料。在夯土上，这会显露出承载抹灰的砂子和砾石骨架。在大多数的用土作为成分的载体上，除尘是不可少的。当干燥或潮湿（不使墙体浸透）时可以使用刷子，或使用压缩空气鼓风机。

3. 开槽

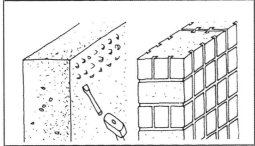

（适用于 1、2、4、5。）在用压缩砌块和土坯砖建造的墙体上，将接缝刮至 2 至 3 厘米的深度，并通过刮出来的接缝槽锚固抹灰。这些块本身可以开槽或凿刻，开槽是确保抹灰锚固在夯土和垛泥墙上的好方法。带开槽表面的砌块还可以用块体专用模具预制，模板上安装有夯实土用的带钉燕尾榫板条。

4. 孔

（适用于 1、2、3、4、5、6。）这种锚固技术特别适用于夯土，垛泥墙和黏土秸秆载体。它涉及在材料仍然潮湿或刚拆模时开很多斜孔，孔的深度至少应为 3 厘米，最好为 6 厘米。当建造用的是球形或条状土块时，孔直接开在新材料上。

5. 穿墙

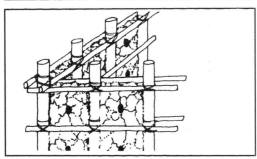

（适用于 2、3。）在加蓬、柱子之间用垛泥墙建造的房屋时使用此工序。用匕首将覆盖在网上的大量粘性土刺穿。抹灰同时应用于内部和外部，并且这两层通过某种联结方式结合在一起。

6. 锚固点

（适用于 1、2、3、4、5、6。）墙面上布满了固体碎片、石片或破碎的陶器，这种皮壳可以很容易地在新鲜的垛泥墙，甚至在抹泥墙上进行制作。碎片是斜放的，在砌块或土坯墙上，将碎片插入新的砂浆中。也可提供与抹灰成分相同的锚固点，例如，夯实土的外层中含有石灰条。

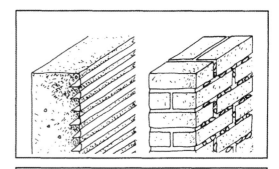

7. 钉子

（适用于 1、2、4、5。）钉子最好镀锌且长（至少 8 厘米），头部宽而平。它们以规则的模式插入墙体，每个钉子之间的距离约为 10 厘米至 15 厘米。由于它们可能会阻碍抹灰的施工，因此另一种方法是在钉子所在的位置打洞，使钉子与载体保持水平，或者在完成中间涂层后插入钉子。

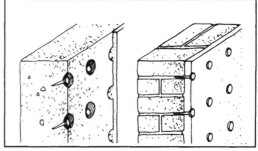

8. 格栅结构

（适用于 1、2、3、4、5、6。）可以使用常规的细铁丝网（六角孔）。最好将网镀锌（暴露在室外的墙体），虽然非镀锌网的粘合性更好。用钉入网眼并钉成规则三角形的钉子固定网，也可以将钢丝编织到钉入墙面的钉子上。

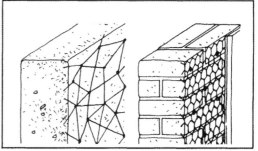

9. 篱笆条

（适用于 1、2、3。）一些施工技术将篱笆条裸露在外。在柱子上的抹泥或垛泥，甚至芦苇模板之间的夯土都是这种处理方式。有时，这也可以用厚实的黏土秸秆来完成，上面覆盖着编织的藤条或芦苇来固定抹灰效果。

10. 纤维

（适用于 2、4、5。）内罗毕大学测试了一种结合了水泥和剑麻纤维的墙面保护材料。将该混合物作为第一涂层使用，并且剑麻短纤维保持可见，从而促进后续涂层的粘附。也可以使用其他天然纤维（椰壳纤维、大麻纤维等）合成纤维（聚丙烯）、动物毛发或编织材料（黄麻袋子）代替剑麻。

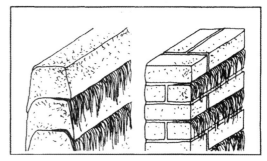

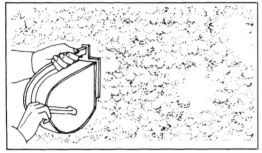

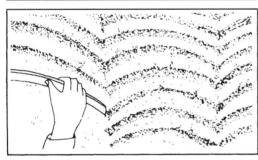

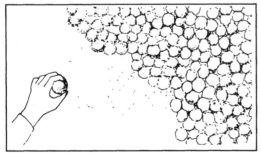

饰面

表面涂层除了在室内和室外起到墙面的保护作用外，还起到装饰建筑的作用。在许多国家，抹灰被用于饰面和装饰建筑这方面是众所周知的，并且在人类记忆中已经被开发利用了很长时间。它包括各具特色的工艺和手法，就像饰面层的质地或纹理一样，大量的墙体凹凸、颜色，用各种其他材料进行装饰。可见抹灰的饰面处理是手动进行的，可以使用传统的砖石工具（抹子、托灰板、钢齿等），也可以使用吹制机械来完成。

对墙体表面进行各种处理，以获得最终外观，可以在硬化前（抹光面或粗抹灰）进行，也可以在硬化后进行（例如刮擦或上釉效果）。

一般来说，内部饰面通常是光滑的，以减少内部活动产生的灰尘附着，而外部饰面通常比较粗糙，其优点是不易开裂或底层出问题。

光滑面饰　通常在室内使用，用泥刀和抹子抹平。

梳刷面饰　硬化后，用金属篦子或带钉的抹子（即带有从其底部伸出钢钉的抹子）刮擦抹灰的表面。待抹灰干燥后，可以用压缩空气或冲洗去除浮尘。

粗琢面饰　抹灰面由泥刀密集操作，彼此覆盖。当用泥刀拍打时，抹灰面呈现一种不规则纹理。

粒状面饰　抹灰由于抛掷或吹动（提洛尔防水砂浆，细砂，或灰泥吹扫设备）会导致外观粗糙，减少开裂。

破碎的粗面　首先对墙面进行颗粒状处理，然后用抹子或压平工具将其压碎。

搅打面饰　用扫帚或柔性纤维（例如棕榈树枝）搅打新涂抹的抹灰。

骨料面饰　将粗砂，小石头，碎石或贝壳扔到刚完成的抹灰面上。这种外露小石子镶嵌的抹灰面以减少龟裂的能力而闻名。

装饰

装饰是一种文化价值体系的载体，构成了社会的认同，传递着一个民族道德和伦理体系所必需的符号。非洲的建筑在这方面的表达极为丰富，装饰是美学的、魔幻的或宗教的和辟邪的（即提供保护以对抗恶魔的影响），或具有功能性的目的。

装饰需要形式、墙面的凹凸、颜色[各种天然或（当今）合成的颜料]、阴影和光的作用。仅举几例，有秘鲁昌昌（Chan Chan）遗址的动物形浮雕，以及尼日尔城市住宅和众多民族［豪萨（Hausa）、多贡（Dogon）、斯瓦希里（Swahili）、阿山特（Ashante）、苏库（Suku）、洛比（Lobi）等］的几何花卉和植物浮雕。在墙体的厚度上，几何装饰、绘画、模制、雕刻或塑造的变化是如此之多，以至于无法描述。另一方面，某些装饰较简单，例如放置在表面上的土球（撒哈拉），这样可以防止开裂（半球形扁平球的重复），从而提供永久遮阴和打破水分流失的热效应。壁画作品也是装饰的古老传统，克鲁（Kru），托马（Toma），基西（Kisi），阿散蒂（Ashanti），乌班吉（Ubangi）的非洲壁画主要在黑白、赭石和红色的对比上表达。或者是巴比伦人［伊什塔尔（Ishtar）门］所知的陶瓷涂层传统，至今仍在摩洛哥的齐利格（zelig）人中使用。

有许多标准化测试想要测试抹灰的质量，尤其是测试不可分离的载体，即抹灰复合体的行为。因此，抹灰测试的目的基本上是找到一种抹灰的方式，该抹灰方式对于特定的载体以及与用户选择的许多性能标准（例如维护频率，耐气候性和对力学因素的抵抗力）在时间上是可接受的。有许多实验室测试，各研究中心会定期对其进行修订。但是，它们并不是普遍适用的，并且由于多年来实验室的理想条件与实际使用条件之间缺乏对应关系，因此无法对其进行解释。然而，归根结底，时间确实是唯一真正的考验。对于通过自然暴露进行测试的抹灰配方，没有必要在其载体上进行抹灰测试，因为已经在实践中得到了证实。在鲜为人知的或新的抹灰的常规测试中，或者在可以改进专有技术的测试中，有一些测试会检查抹灰的特定属性。可以在现场对新拌砂浆进行测试，尝试检查砂浆的成分、凝结时间、拌和难度、机械强度和毛细吸收，这些测试是常规且易于进行的；或者也可以在硬化砂浆上进行。其他测试旨在测试抹灰载体的复合体行为。

1. 对硬化后的抹灰进行测试

- 表观体积密度测试。
- 测试潮湿时机械特性的变化。
- 测试抗压强度、抗拉强度和抗剪强度。
- 动态和横向弹性模量。
- 测试尺寸变化，重量变化。
- 表面硬度测试、层厚度测试、碳化深度测试。
- 测试含水率、毛细吸水率、重力吸水率。
- 测试承受水蒸气扩散和对水蒸气渗透性的能力。
- 水蚀和径流测试。
- 耐磨性测试。
- 易钉、易维护性测试。

所有这些测试在专业文献中都有详细描述。

2. 小规模测试

这些测试可能是有用的，但应用范围有限，因为它们没有将抹灰的墙视为一个整体，而是专注在片段上。尽管这些测试是科学的，但远不能接近真实情况。

孔隙率 首先将样品干燥（用干燥的空气或炉子），直到获得恒定的重量。然后将其完全浸没（涉及各种步骤），然后表面干燥（用布吸湿）并称重。孔隙率根据以下关系表示为百分比：

$$\frac{W' - W}{W} \times 100$$

（其中 W = 干重；W' = 水吸收的重量）

水分含量 根据材料的电阻率进行测量，仪器配备有两个电极，放置在抹灰中，或使用一种平板电容器，应用于抹灰并在仪表上给出直接读数。

吸收能力 水在压力下被迫进入抹灰的表面。在给定时间内流经预定区域的水量是通过一个扁平盒子收集记录的，该盒子通过防水腻子固定在适当的位置，并连接到固定水位的容器上（以确保恒定的压力）。抹灰的体块也可以完全浸入水中，并计算浸入前后的重量差异。

侵蚀 通过喷水或将水滴到材料上。

附着力测试 附着力通过带有护套的测力计测量，该护套的作用是在使用取芯器将一个直径 50 毫米的小圆块从抹灰表面切割完后（切割深度略大于抹灰深度），将其从抹灰表面上撕下。用合适的胶将小圆块粘合到金属盘上。如果抹灰中发生断裂，则附着力良好；如果断裂发生在抹灰和载体的交接面上，那附着力就不好了。

- 比利时规范 B14-210 描述了另一种操作工序。用环氧树脂将圆形（直径 8 厘米）或正方形（10 厘米 ×10 厘米或 15 厘米 ×15 厘米）的板粘贴到硬化的灰泥上。沿着胶合板切割灰泥层直至其底部。随后通过手动或液压设备将板和灰泥去除。

- 在摩洛哥已经尝试了另一种测试方法，用于测试抹灰对夯土的附着力。将多孔水泥块粘贴到已抹灰的夯土样品上，并在位于块体轴线上的环上施加拉力。该测试的目的是确定抹灰和夯土之间的附着力达到 1 千克 / 平方厘米。

3. 大规模测试

加速老化 该测试应尽可能反映当地的气候条件。暴露在热、雨和霜中的老化周期必须通过试验的正确解析来定义，因为这是衡量对应力反应的问题，而不是确定老化后的状态。

自然老化 在暴露于自然天气条件下的小型墙体上观察到了抹灰的性能随时间发生变化。建议确保这些测试墙体的方向与盛行的雨和风相对应。该测试已在多个国家尝试过，但在塞内加尔和美国已经进行了真正大规模的测试，它们数十年来一直是研究的对象。尽管如此，由于无法对影响大多数抹灰效果的动态水蒸气进行检查，因此对于围墙的测试结果比住宅的结果更为准确。

实验墙的最小暴露面积为 1 平方米。它们承受着该区域最大的气候应力。它们被防水檐盖住，每边伸出 10 厘米，并带有滴水装置。实验墙被至少 25 厘米高的墙脚与地面隔开，并设有防毛细屏障。抹灰顶端与顶盖间距最多 2 厘米，并向下延伸到墙脚，但不会与之接触。至少要花一年，通常是两到三年的时间才能得到第一个测试结论，这些结论没有把实验墙体边缘所遭受的其他干扰因素考虑进来。

4. 建筑物或建筑板

在美国、英国和其他几个国家及地区已经对建筑物或建筑面板进行了自然暴露测试。这些建筑物通常都没有被正常使用过，并且不同的暴露方向使它们很难进行比较。

事实上，现有建筑是进行实验和观察的最佳场所。

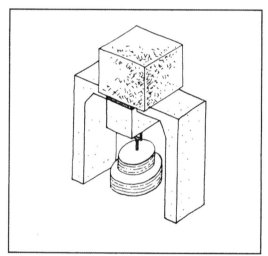

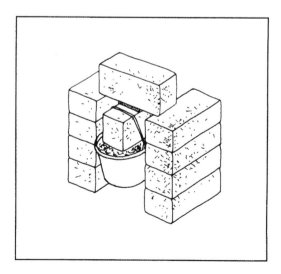

[1] AFSHAR, F. et al. 'Mobilizing indigenous resources for earthquake construction'. In *International Journal of IAHS* [J], New York: Pergamon Press, 1978.

[2] AGRA. *Recommandations pour la Conception des Bâtiments du Village Terre* [R]. Grenoble: AGRA, 1982.

[3] AHMED HASSAN HAMID. *Asphalt Based Coating* [R]. Roorkee: CBRI, 1972.

[4] ALCOCK, A. SWISHCRETE; *Notes on Stabilised Cement-earth Building in the Gold Coast* [M]. Kumasi: BRS, 1953.

[5] AN. *Maisons en Terre* [R]. Paris: CRET, 1956.

[6] ASLAM, M.; SATYA, R.C. *Technical Note on Surface Waterproofing of Mudwalls* [M]. Roorkee: CBRI, 1973.

[7] BCEOM. *La Construction en Béton de Terre* [S]. Paris: Service de l'habitat, 1952.

[8] BONA, T. *Manuel des Constructions Rurales* [M]. Librairie agricole de la maison rurale, 1950.

[9] BRIGAUX, G. *La Maçonnerie* [M]. Paris: Eyrolles, 1976.

[10] BUREAU DE L'HABITAT RURAL. *Surfaçage des Parpaings de Terre et Badigeonnage* [S]. Dakar: Direction de l'habitat et de l'urbanisme des TP et transports, 1963.

[11] CHATTERJI, A.K. 'Les efflorescences dans les ouvrages en briques'. In *Bâtiment Built International* [J], Paris: CSTB,1970.

[12] CINVA. *Le Béton de Terre Stabilisé, son Emploi dans la Construction* [S]. New York: UN, 1964.

[13] CRATERRE. 'Casas de tierra'. In *Minka* [J], Huankayo: Grupo Talpuy, 1982.

[14] CYTRYN, S. *Soil Construction* [M]. Jerusalem: the Weizman Science Press of Israel, 1957.

[15] DAYRE, M. *Commentaires de la Fiche: "Laboratoire tiers monde" UPA 6, concernant la recherche "Protection du matériau terre"* [M]. Grenoble: AGRA, 1982.

[16] DAYRE, M. *Conseils pour la Réalisation d'Enduits de Façade* [M]. Privas: DDE Ardeche, 1982.

[17] DELARUE, J. 'Etude du pisé de ciment au Maroc.' in *Bulletin RILEM* [J], Paris, 1954.

[18] DELAVAL, B. *La Construction en Béton de Terre* [M]. Alger: LNTBP, 1971.

[19] DENYER, S. *African Traditional Architecture* [M]. New York:Africana, 1978.

[20] DES LAURIERS, T. *Projet Addis-Abeba* [R]. Addis-Abeba: REXCOOP/MUDH, 1983.

[21] DETHIER, J. *Des architectures de Terre* [M]. Paris: CCI, 1981.

[22] DOAT, P. et al. *Construire en Terre* [M]. Paris: Editions Alternatives et Parallàles, 1979.

[23] DREYFUS, J. *Manuel de la Construction en Terre Stabilisee en AOF* [R]. Dakar: Haut commissariat en AOF, 1954.

[24] DREYFUS, J. 'Peintures et moyens de protection divers pour construction en terre ou en terre stabilisée'. In *Peintures, Pigments* [J], Vernis.

[25] DURIEZ, M.; ARRAMBIDE, J. *Etude sur Enduits et Rejointoiements* [M]. Paris: Dunod, 1962.

[26] EPHOEVI-GA, F. 'La protection des murs en banco'. in *Bulletin d'Information* [J], Cacavelli: CCL, 1978.

[27] FITZMAURICE. *Manuel de Constructions en Béton de Terre Stabilisé* [S]. New York: UN, 1958.

[28] GARDI, R. *Maisons Africaines* [M]. Paris-Bruxelle: Elsevier Sequoia, 1974.

[29] GRATWICK, R.T. *Dampness in Buildings* [M]. London: Crosby Lockwood and Son, 1962.

[30] GRÉSILLON, J.M.; DOURTHE, V. 'Un matériau pour les constructions rurales, la brique bi-couche'. In *Bulletin Technique* [J], Ouagadougou: EIER, 1981.

[31] GROBEN, E.W. *Adobe Architecture: its design and construction* [R]. New York: US Department of Agriculture Forest Service, 1941.

[32] GUIDONI, E. *Primitive Architecture* [M]. New York: Harry N. Abrams, 1975.

[33] GUILLAUD, H. *Histoire et Actualité de la Construction Terre* [M]. Marseille: UPA Marseille Luminy, 1980.

[34] HARNMOND, A.A. 'Prolongation de la durée de vie des constructions en terre sous les tropiques'. In *Bâtiment Build International* [J], Paris: CSTB, 1973.

[35] HOUSING AND HOME FINANCE AGENCY. 'A cheap coating for unstabilized earth walls'. In *Ideas and Methods Exchange* [J], Washington, Office of international affairs, 1961.

[36] INTERNATIONAL INSTITUTE OF HOUSING TECHNOLOGY. *The Manufacture of Asphalt Emulsion Stabilized Soil Bricks and Brick Maker's Manual* [R]. Fresno: IIHT, 1972.

[37] KAHANE, J. *Local Materials, a self-builders manual* [M]. London: Publications Distribution, 1978.

[38] KERN, K. *The Owner Built Home* [M]. New York: Charles Scribner's Sons, 1975.

[39]   KIENLIN. 'Le Béton de Terre'. In *Revue Génie Militaire* [J], Paris, 1947.

[40]   L' HERMITE, R. *Au Pied du Mur* [M]. Paris: Eyrolles, 1969.

[41]   LABORATOIRE FÉDÉRAL D' ESSAI DES MATÉRIAUX ET INSTITUT DE RECHERCHES. *Directives pour l' Exécution de Crépissages* [R]. Dübendorf: LFEMIR, 1968.

[42]   LETERTRE; RENAUD. Technologie du Bâtiment. *Grosœuvre. Travaux de Maçonneries et Finitions* [M]. Paris: Foucher, 1978.

[43]   MAGGIOLO, R. *Construcción con Tierra* [R]. Lima: Cornissión ejecutiva inter-ministerial de cooperación popular, 1964.

[44]   MANSON, J.L.; WELLER, H.O. *Building in Cob and Pisé de Terre* [M]. BRB, 1922.

[45]   MC CALMONT, J.R. *Experimental Results with Rammed Earth Construction* [R]. St Joseph: American Society of Agricultural Engineers, 1943.

[46]   MC HENRY, P.G. *Adobe Build it Yourself* [M]. Tuscon: The University of Arizona Press, 1974.

[47]   MIDDLETON, G.F. *Earth Wall Construction* [M]. Sydney: Commonwealth Experimental Building Station, 1952.

[48]   MILLER, L.A. & D.J. *Manual for Building a Rammed Earth Wall* [M]. Greeley: REil, 1980.

[49]   MILLER, T. et al. *Lehmbaufibel* [M]. Weimar: Forschungsgemeinschaften Hochschule, 1947.

[50]   Ministere des affaires culturelles. *Vocabulaire de l' Architecture* [R]. Paris: Ministere des affaires culturelles, 1972.

[51]   MORSE, R. '*Plastic-C coating. Plastic-B/C/D*' [OL]. Priv. com. New York, 1977.

[52]   MUSEUM OF NEW MEXICO. 'Adobe past and present'. In *El Palacio* [J], Sante Fe, 1974.

[53]   NEUBAUER, L.W. *Adobe Construction Methods* [R]. Berkeley: University of California, 1964.

[54]   PALAFITTE JEUNESSE. *Minimôme Découvre la Terre* [R]. Grenoble: Palafitte Jeunesse, 1975.

[55]   PATTY, R.L. 'Paints and plasters for rammed earth walls'. in *Agricultural Experiment Station Bulletin* [J]. South Dakota State College, 1940.

[56]   PGC-CSTC. Priv. com. Brussels, 1984.

[57]   PLANCHEREL, J.M. *Briques en Terre Séchée Revêtue de Planelles en Terre Cuite* [R]. Lausanne: Ecole Polytechnique de Lausanne, 1983.

[58]   POLLACK, E.; RICHTER, E. *Technik des Lehmbaues* [M]. Berlin, Verlag: Technik, 1952.

[59]   SIMONNET, J. *Recommandations pour la Conception et l' Exécution de Bâtiments en Géobéton* [M]. Abidjan: LBTP, 1979.

[60]   SOLTNER, D. *Les Bases de la Production Végétale* [M]. Angers: Collection Sciences et Techniques Agricoles. 1982.

[61]   UNCHS. 'Construction with sisal cement'. In *Technical notes* [J]. Nairobi: UNCHS (Habitat), 1981.

[62]   VAN DEN BRANDEN, F; HARTSELL, T. *Plastering Skill and Practice* [M]. Chicago: American Technical Society, 1971.

[63]   WILLIAMS-ELLIS, C.; EASTWICK-FIELD, J. & E. *Building in Earth, Pisé and Stabilized Earth* [M]. London: Country Life, 1947.

[64]   WOLFSKILL, L.A. et al. *Bâtir en Terre* [M]. Paris:CRET.

索马里一所乡村学校的原型，由压缩的土块构成，是联合国教科文组织和教育部的联合项目（建筑师：Thierry Joffroy,Serge Maini）（Thierry Joffroy, CRATerreEAG）

参考书目

一个现代精选的生土建造书目将包含一万多本书。其中大部分即便不是不可能，也是很难获得的。这里给出的参考书目只包括最重要的部分，这些书目可以通过正常的商业渠道获得。

German

[1] ADAM J.A. *Wohn und Siedlungsformen im SUden Marokkos* [M]. Munchen: Callwey Georg D.M., 1981 ISBN: 3--7667-0566-0.

[2] ADAM J.A., FARASSAT D., WIENANDS R., WICHMANN H., WRIGHT G.R.H., HROUDA B., FIEDERMUTZ-LAUN A., WILDUNG D. *Architektur der Vergänglichkeit. Lehmbauten der dritten Welt* [M]. Stuttgart: Birkäuser Basel, 1983. 254 pages. ISBN: 3--7643--1283--1.

[3] FROBENIUS-INSTITUT *Aus Erde geformt. Lehmbauten in West- und Nordafrika* [M]. Mainz: Verlag Philipp von Zabern, 1990. 200 pages. ISBN: 3 8053 1107 9.

[4] GARDI R. - *Auch im Lehmhaus lässt sich leben* [M]. Berne: Akademischer Druck, Verlagsanstalt, 1974. 248 pages.

[5] GÜNTZEL J.G. *Zur Geschichte des Lehmbaus in Deutschland. Band I. Bibliographie Band 2* [M]. Kassel: Gesamthochschule Kassel, Universität des Landes Hessen, 1986. 553 pages. ISBN: Band 1, Band 2: 3--922964-99-0.

[6] KEPPLER M., LEMCKE T. *Mit Lehm gebaut. Ein Lehmhaus im Selbstbau* [M]. Karlsruhe: Müller C.F.,1986. 125 pages. ISBN: 3--924466-02-5.

[7] LANDER H., NIERMANN M. *Lehmarchitektur in Spanien und Afrika* [M]. Königstein: Karl Robert Langewiesche Nachfolger Hans Koster KG, 1980. 132 pages. ISBN: 3--7845-7240-5.

[8] LESZNER T., STEIN I. *Lehm-Fachwerk. Alte Technik, neu entdeckt* [M]. Köln: Rudolf Müller, 1987. 156 pages +annexes. ISBN: 3--481-25491-1.

[9] MINKE G. *Lehmbau- Handbuch. Der Baustoff Lehm und seine Anwendung* [M]. Staufen: Ökobuch, 1994.321 pages. ISBN: 3--922964-56-7.

[10] NIEMEYER R. *Der Lehmbau und seine praktische Anwendung*. Grebenstein: Ökobuch Verlag Gmbh, 1982. 157 pages. ISBN: 3--922964--10-9.

[11] SCHILLBERG K., KNIERIEMEN H.*Naturbaustoff Lehm. Moderne Lehmbautechnik in der Praxis- bauen und sanieren*

mit Naturmaterialen [M]. Aarau: AT Verlag, 1993. 160 pages. ISBN: 3 85502 466 9.

[12] SCHNEIDER J. *Am Anfang Die Erde. Sanfter Baustoff Lehm* [M]. Frankfurt am Main: Fricke im Rudolf Müller Verlag, 1985. 84 pages. ISBN: 3--481-50241-9.

[13] VOLHARD F. *Leichtlehmbau: alter Baustoff- neue Technik*. Karlsruhe: Müller C.F., 1986. 159 pages.ISBN: 3--7880-7321-7.

Spanish

[1] PROYECTO REGIONAL DE PATRIMONIO CULTURAL Y DESARROLLO, 'Adobe en América y alrededor del mundo, historia, conservación y uso contemporáneo' In:*Exposición itinerante* [M], Paris: PNUD, UNESCO, 1984. 74 pages.

[2] AGARWAL A. *Barro, Barro! Las posibilidades que ofrecen los materiales a base de tierra para la vivienda tercermundista* [M]. London: Earthscan, 1981. 100 pages. ISBN: 0-905347-20-X.

[3] BARDOU, P., ARZOUMANIAN V.*Arquitecturas de adobe* [M]. Barcelone: Editorial Gustavo Gili, 1979. 165 pages. ISBN: 84-252--0924-2.

[4] BAULUZ DEL RIO G., BÁRCENA BARRIOS P. *Bases para el diseiw y construcción con tapaial* [M]. Madrid: Ministerio de Obras Públicas y Transportes, 1992. 79 pages. ISBN: 84-7433-839-5.

[5] CRATERRE: DOAT P., HAYS A., HOUBEN H., MATUK, S., VITOUX F. *Construir con tierra. Tomo I & 2* [M]. Bogota: ENDA America Latina, Fedevivienda, Dimension Educativa, 1990. Tome I: 220 pages, tome 2: 259 pages.

[6] FONT F., HIDALGO P. *El tapial. Una tècnica constructiva mil.lenária* [M]. Barcelone: Fermín Font, Pere Hidalgo, 1991. 172 pages (Catalan).

[7] HERNANDEZ RUIZ L.E., MARQUEZ LUNA J.A. *Cartilla de pruebas de campo para la selección de tierras en la fabricación de adobes* [M]. Mexico: CONESCAL, 1983. 72 pages. ISBN: 968-29--0055-7.

[8] MEDELLIN ANAYA A., RENERO J.L., IPIIIA F., CASTRO DE LA ROSA S. *La casa de tierra* [M]. Mexico: Instituto Tamaulipeco de vivienda y Urbanización, 1990. 93 pages.

[9] RODRIGUEZ E., MARTINEZ R. *Suelo cemento. Fundamentos para la aplicación en Cuba* [M]. Cuidad Habana: Instituto nacional de la Vivienda, 1991. 209 pages.

[10] VILDOSO A., MONZÓN F.M.; CRATERRE: HAYS A., MATUK S., VITOUX F. *Seguir construyendo con tierra* [M]. Lima: CRATerre, 1984. 236 pages.

French

[1] AGARWAL A. *Batir en terre. Le potentiel des matériaux à base de terre pour l' habitat du Tiers Monde* [M]. London: Earthscan, 1981. 115 pages. ISBN: 0-905347-19--6.

[2] ANDERSSON L.A., JOHANSSON B., ASTRAND J. *Torba stabilisée au ciment. Etude expérimentale d'un sol d'origine locale et développement de techniques pour sa mise en œuvre comme matériau de construction* [M].. Lund: Université de Lund, 1982. 72 pages+annexes. ISBN: 91-970225--0-0.

[3] BARDOU P., ARZOUMANIAN V. *Archi de terre* [M]. Marseille: Editions Parenthèses, 1978. 103 pages. ISBN:2-86364-001-1.

[4] COURTNEY-CLARKE M. *Tableux d' Afrique. L' art mural des femmes de l' Ouest* [M]. Paris: Arthaud, 1990. 204

[5] pages. ISBN: 2-7003--0851-4.

[6] CRATERRE. *Le bloc de terre comprimée. Eléments de base* [M]. Eschborn: GATE, 1991. 28 pages.

[7] CRATERRE: DOAT P., HAYS A., HOUBEN H., MATUK S., VITOUX F. *Construire en terre* [M]. Paris: Editions Alternatives, 1985. 287 pages. ISBN: 2 86 227 009-1.

[8] CRATERRE: GUILLAUD H. *Modernite de l' architecture de terre en Afrique. Réalisations des années 80* [M]. Grenoble: CRATerre, 1989. 190 pages. ISBN: 2-906901--04--0.

[9] CRATERRE: GUILLAUD H. *La terre crue, des matériaux, des techniques et des savoir-faire au service de nouvelles applications architecturales. Encyclopédie du bâtiment. No 46* [M]. Editions Techniques, Paris: éditions Eyrolles, 1990. 66 pages. ISBN: 141 472.

[10] CRATERRE: HOUBEN H., GUILLAUD H. 'Traité de construction en terre'. In: *L' encylcopédie de la construction en terre*. Vol 1, Marseille: Editions Parenthèses, 1989. 355 pages. ISBN: 2-86364--041--0.

[11] CRATERRE-EAG: HOUBEN H, ICCROM: ALVA A. *5e réunion internationale d' experts sur la conservation de l' architecture de terre. Actes de colloques. Rome, Italie, 22-23 octobre 1987* [M]. Villefontaine: CRATerre, 1988. Conference proceedings, 110 pages. ISBN: 92-9077 · 087-2.

[12] CRATERRE-EAG. *Blocs de terre comprimée. Manuel de conception et de construction* [M]. Eschborn: GATE, 1995. 148 pages.

[13] CRATERRE-EAG. *Blocs de terre comprimée. Manuel de production* [M]. Eschborn: GATE, 1995. 104 pages.

[14] CRATERRE-EAG. *Blocs de terre comprimée: choix du matériel de production* [M]. Bruxelles: CDI, 1994. 70 pages.

[15] CRATERRE-EAG. *Eléments de base sur la construction en arcs, voûtes et coupoles* [M]. Saint gallen,: SKAT, 1994. 27 pages.

[16] CRATERRE-EAG: 'Maisons en terre hier et auiourd'hui' In: *B.T. no 1002* [J], Cannes la Bocca: Publications de l'Ecole Moderne Française, 1988. 48 pages. ISSN: 0005-335X.

[17] DEVELOPMENT WORKSHOP *Les toitures sans bois, guide pratique* [M]. Lauzerte: Development Workshop, 1990. 77 pages. ISBN:2 906208 00 0.

[18] DOMAIN, S. *Architecture soudanaise. Vitalité d' une tradition urbaine et monumentale* [M]. Paris: L' Harmattan, 1989. 191 pages. ISBN: 2-7384--0234-8.

[19] FATHY H. *Construire avec le peuple. Histoire d' un village d' Egypte: Gourna* [M]. Paris: Editions Jérome Martineau, 1970. 305 pages + annexes.

[20] GARDI R. *Maisons Africaines. L' art traditionnel de bâtir en Afrique occidentale* [M]. Paris/Bruxelles: Elsevier Séquoia, 1974. 248 pages. ISBN: 2-8003--0046-9.

[21] JEANNET J., PIGNAL B., POLLET G., SCARATO P. *Le pisé. Patrimoine, restauration, technique d' avenir. Les cahiers de construction traditionnelle* [M]. Nonette: Editions CREER, 1993. 122 pages. ISBN: 2-902894--91--0.

[22] LAFOND P., AMRAN EL MALEH E. *Citadelles du désert* [M]. Paris: Nathan Image, 1991. 137 pages. ISBN:2-09-290096-X.

[23] LOUBES J.P. *Maisons creusées du fleuve jaune. L' architecture troglodytique en Chine* [M]. Paris: Créaphis, 1988.127 pages + annexes. ISBN: 2-907150--04--9.

[24] MAAS P. *Djenne chef d' œuvre architectural* [M]. Bamako/ Eindhoven: Institut des Sciences Humaines, Université de Technologie, 1992. 224 pages. ISBN: 90 6832 228 1.

[25] MESTER DE PARAJD C., MESTER DE PARAJD L. 'Regards sut l' habitat traditionel au Niger' In: *Les cahiers de construction traditionnelle. Vol. 11* [J]. Nonette: Editions CREER, 1988. 101 pages. ISBN: 2-902894--57--0.

[26] MOULINE S., HENSENS J. *Habitats des Qsour et Qasbas des valtées présahariennes* [M]. Rabat: Ministere de l'Habitat, 1991. 118 pages.

[27] OLIVIER M. *La matériau terre, compactage, comportement, application aux structures en blocs de terre* [M]. Lyon: INSA, 1994. 452 pages + annexes.

[28] SEIGNOBOS C. *Nord-Cameroun, montagnes et hautes terres* [M]. Marseille: Editions parenthèses, 1982. 192pages. ISBN: 2-86364--015-1.

English

[1] '6th International Conference on the Conservation of Earthen Architecture. Adobe 90 preprints" [C]. Marina Del Rey: The Getty Conservation Institute, 1990. Conference proceedings. 469 pages. ISBN: 0-89236-181--6.

[2] BOURDIER J.P., MINH-HA T.T. African spaces. Designs for living in Upper Volta [M]. New York: Africana Publishing Company, 1985. 232 pages + annexes. ISBN: 0-8419--0890-7.

[3] BOURGEOIS J.L., PELOS C. Spectacular vernacular. The adobe tradition [M]. New York: Aperture, 1989. 191pages. ISBN: 0-89381-391-5.

[4] CHANGUION P. The African mural [M]. London: New Holland, 1989. 166 pages. ISBN: 1 85368 062 1.

[5] COURTNEY-CLARKE M. African Canvas. The Art of West African Women [M]. New York: Rizzoli International Publications, 1990. 204 pages. ISBN: 2-7003--0851-4.

[6] COURTNEY-CLARKE M. Ndebele: the art of an African tribe [M]. New York: Rizzoli International, 1986. Book:290 x 285 mm, 200 pages, ill. ISBN: 0 8478 0685 5.

[7] CRATERRE. Earth building materials and techniques. Select bibliography [M]. Eschborn: GATE, 1991. 121 pages.

[8] CRATERRE. The basics of compressed earth blocks [M]. Eschborn: Gate, 1991. 28 pages.

[9] CRATERRE: DOAT P., HAYS A., HOUBEN H., MATUK S., VITOUX F. Building with earth [M]. New Delhi: The Mud Village Society, 1990. 284 pages.

[10] CRATERRE: EAG: HOUBEN H., ICCROM: ALVA A. 5th international meeting of experts on the conservation of earthen architecture. Proceedings of the international conference. Rome, Italy, 22-23 October 1987 [M]. Villefontaine: CRATerre, 1988. Conference proceedings. 110 pages. ISBN: 92-9077--087-2.

[11] CRATERRE-EAG. Compressed earth blocks. Manual of design and construction [M]. Eschborn: GATE, 1995.148 pages.

[12] CRATERRE-EAG. Compressed earth blocks. Manual of production [M]. Eschborn: GATE, 1995. 104 pages.

[13] CRATERRE-EAG. Compressed earth blocks: selection of production equipment [M]. Bruxelles: CDI, 1994. 70pages.

[14] CRATERRE-EAG: JOFFROY TH., GUILLAUD H. The basics of building with arches, vaults and cupolas [M]. Saint Gallen: SKAT, 1994. 27 pages.

[15] CRATERRE-EAG: ODUL P. Bibliography on the preservation, restoration and rehabilitation of earthen architecture [M]. Villefontaine/Rome: CRATerre-EAG; ICCROM, 1993. 136 pages. ISBN:92-9077-112-7.

[16] DENYER S. African traditional architecture: an historical and geographical perspective [M]. New York: Africana Publishing Company, 1978: Book 185 × 255 mm, 210 pages, ill., bibl. ISBN: 0-8419--0287-9.

[17] DMOCHOWSKI Z. R. An introduction to Nigerian traditional architecture. Northern Nigeria. Volume one. South West and Central Nigeria. Volume two. The Igbo-speaking areas. Volume three [M]. London: Ethnograpicha, 1990. Vol 1. 272 pages. ISBN: 0905788 26 5. Vol. 2: 298 pages, ISBN: 0 905 788 27 3; vol. 3: 245 pages, ill., graph. ISBN: 0 905 788 28 1.

[18] EASTON D. Dwelling on earth. A manual for the professional application of earthbuilding techniques [M]. USA: Napa, 1991. ll5 pages.

[19] EDWARDS R. Basic rammed earth. An alternative method to mud brick building [M]. Kuranda: The Rams Skull Press, 1988. 40 pages. ISBN: 0 909901 80 5.

[20] EDWARDS R. Mud brick techniques [M]. Kuranda: The Rams Skull Press, 1990. 48 pages. ISBN: 0 90990198 8.

[21] EDWARDS R., LIN WEI-HAO. Mud brick and earth building. The Chinese way [M]. Kuranda: The Rams Skull Press, 1984. 156 pages. ISBN: 0909901-34 1.

[22] FATHY H. Architecture for the poor. An experiment in rural Egypt [M]. Chicago: The University of Chicago Press, 1973. 194 pages + annexes. ISBN: 0-226-23915-2.

[23] HOWARD T. Mud and man. A history of earth buildings in Australasia [M]. Melbourne: Earthbuild Publications, 1992. ISBN: 0 646 06962 4.

[24] ITERBEKE M., JACOBUS P. Soil-cement technology for low-cost housing in rural Thailand. An evaluation study [M]. Leuven: PG CHS-KULeuven, 1988. 154 pages + annexes. ISBN: 97-43200-53-1.

[25] MCHENRY P. G. Adobe and rammed earth buildings. Design and Construction [M]. New York: Wiley-Interscience, 1984. 205 pages + annexes. ISBN: 0-8165-1124-1.

[26] MIDDLETON G. F., SCHNEIDER L. M. 'Earth-wall construction' in: *Bulletin no. 5. Fourth edition* [J], Chatswood: National Building Technology Centre, 1987. 67 pages. ISBN: 0-642-12289X.

[27] MOUGHTIN J. C. *Hausa architecture. Ethnographica* [M], London: United Kingdom, 1985. 175 pages. ISBN:0-905788-40-0.

[28] MUKERJI K., BAHLMANN H. 'Laterite for building' in: *Report 5* [J], Starnberg: IFT, 1978. 79 pages.

[29] MUKERJI K., CRATERRE. *Soil block presses. Product information* [M]. Eschborn: GATE, 1988. 32 pages.

[30] MUKERJI K., WORNER H., CRATERRE. *Soil preparation equipment. Product information* [M]. Eschborn: GATE, 1991. 19 pages.

[31] MUKERJI K., CRATERRE. *Stabilizers and mortars (for compressed earth blocks). Product information* [M]. Eschborn: GATE, 1994. 20 pages.

[32] NORTON J. *Building with earth. A handbook* [M]. London: IT Publications, 1986. 68 pages. ISBN:0 946688 33 8.

[33] PEARSON G. T. *Conservation of clay and chalk buildings* [M]. London: Donhead, 1992. 203 pages.ISBN: 1 873 394 00 4.

[34] PUDECK J., STILLEFORS B. *Adobe school furniture handbook. A manual on construction of furniture from mud* [M]. Stockholm: SIDA, 1993. 77 pages. ISBN: 91-586-6043-7.

[35] SMITH R.G., WEBB D.J.T. 'Small-scale manufacture of stabilised soil blocks' in: *Technology series. Technical memorandum no.12* [J], Geneve: ILO, 1987. 147 pages + annexes. ISBN: 92-2-105838-7.

[36] STEDMAN M. AND W. *Adobe architecture* [M]. Santa Fe: The Sunstone Press, 1987. 45 pages. ISBN:0-86534-111-7.

[37] STULZ R., MUKERJI K. *Appropriate building materials* [M]. Saint Gallen: SKAT Publications, 1993. 434

[38] pages. ISBN: 3-908001-44-7.

[39] TIBBETS J . M . *The earthbuilders' encyclopedia* [M]. Albuquerque: Southwest Solaradobe School, 1988. 196 pages. ISBN: 0-9621885-0-6.

[40] VERSCHURE H., MABARDI J.F. *Project: Earth construction technologies appropriate to developing countries. Case studies: Kenya/Zambia; China/Thailand; New Mexico; Tunisia!Ivory Coast; Ecuador; Algeria; Chad; Morocco; Tanzania; Sudan; Jordan; Mayotte; Iran; Niger; Egypt* [C]. Leuven/Nairobi: KUL, PGCHS, CRA, HRDU, 1983/1984. 19 reports and a conference proceedings.

[41] YESMEEN LARI.*Traditional architecture of Thatta* [M]. Karachi: The Heritage Foundation, 1989. 166 pages.

Italian

[1] AGO F. *Moschee in adòbe. Storia e tipologia nell' Africa Occidentale* [M]. Rome: Kappa, 1982. 146 pages.

[2] ANTONGINI G., SPINI T. *Ill cammino degli antenati. I lobi dell' Alto Volta* [M]. Rome: Laterza, 1981. 239 pages.

[3] BERTAGNIN M. *Il pisé e la regola. Manualistica settecentesca per l' architettura in terra. Riedizione critica del manuale di Giuseppe Del Rosso dell' economica costruzione delle case di terra (1793)* [M]. Rome: Edilstampa, 1992. 107 pages.

[4] GALDIERI E. *Le meraviglie dell' architettura in terra cruda* [M]. Rome: Laterza, 1982. 305 pages.

Portuguese

[1] *7a conferência internacional sabre o estudo e conservação da arquitectura de terra. Comunições Silves, Portugal, 24 a 29 de Outubro 1993* [C]. Lisboa: Direccão Geral dos edificios e Monumentos nacionais, 1993. Conference proceedings. 659 pages.

[2] *Taipa em painéis modulados* [M]. Brasilia: MEC/SG/CEDATE, 1988. 59 pages + annexes.

[3] BRAIZINHA J. J., GONÇALVES, A.C., LURDES DUARTE M., EL BASRI J., ALEGRIA J.A. *Batir en terre en Méditerranée. Construir em terra no Mediterrâneo* [M]. Portugal: Câmara municipal de Silves, 1993. 120 pages.

[4] DETHIER J. *Arquitecturas de terra ou o futuro de uma tradição milenar, Europa- Terceiro Mundo- Estados Unidos* [M]. Lisboa Portugal: Fundação Calouste Gulbenkian, 1993. 224 pages. ISBN: 2-85850-326-5.

译后记

本书的翻译始于 2017 年，当时是我刚写完博士论文，有一段相对比较空闲的时间，可以对自己感兴趣的事情做一些探索。另一方面原因是，2013 年王澍老师的"水岸山居"项目建成，这是国内最早尝试大规模生土实践的作品，我在经历过整个建造过程后，觉得需要对生土运用方面的理论常识以及线索体系进行更深入的补习。之前在 2014 年夏天，我收到卡戴生土建筑国际研究中心（CRA Terre-EAG）的负责人帕特里斯・多特（Patrice Doat）教授的邀请，到法国格勒诺布尔国立建筑学院进行访问，参观了研究中心大实验室并观摩了大一年级学生基础课程的教学过程以及与土有关的教学示范。

2016 年夏天，我受邀参加第十二届法国里昂国际生土大会，在会场外交流大厅摆放的大量法文生土著作中，发现了这本英文版的《生土建造》手册，当时我大致看了下，发现里面有大量的手绘插图，这些插图直观地告诉我这是一本非常系统和详实的生土方面的经典著作，于是回国后就想把这本书翻译成中文，填补国内这方面知识体系的空缺，也为生土建造在国内的应用和推广做一点力所能及的事儿。

在将近五年的断断续续翻译过程中，我得到了很多人的帮助，首先要感谢的是王澍和陆文宇老师，他们在十年前引领我开启了生土研究的大门，并在此书的翻译上帮我联系了原作者之一于贝尔・圭劳德（Hubert Guillaud）教授，于贝尔教授对我邮件里提出的问题每次都能给予耐心而细致的解释，这让我非常感动，另外一位原作者是雨果・胡本（Hugo Houben）教授，虽然已经离开了我们，但还是要感谢他曾给予我的指导；另外还要感谢帕特里斯・多特（Patrice Doat）教授、弗朗索瓦・盖德（Francoise Ged）女士、马克・奥泽（Marc Auzet）和朱丽叶・古迪（Juliette Goudy），如果没有他们几位的热心牵线和帮助，这本书也不可能会出版；在此，还要感谢原英文版的出版机构——英国实践行动出版社，在我写信告知经费不足的问题时，他们欣然同意以几乎免费的方式提供版权用于中文版的出版；最后还要感谢中国美术学院出版社的编辑老师们对书稿进行了仔细的审校。

由于本人水平有限，希望广大读者在阅读过程中提出宝贵意见，以便在将来有可能再版的时候予以更正。

陈立超

2022 年 5 月

浙江省版权局著作权合同登记号　图字：11—2022—357

责任编辑：楼　芸
版式制作：胡一萍
封面摄影：陈立超
责任校对：杨轩飞
责任印制：张荣胜

图书在版编目（ＣＩＰ）数据

　生土建造 ／（法）雨果·胡本，（法）于贝尔·圭劳
德著；陈立超，魏超超译 . -- 杭州：中国美术学院出
版社，2022.11
　书名原文：Earth Construction- A comprehensive
guide
　ISBN 978-7-5503-2923-2

　Ⅰ．①生… Ⅱ．①雨… ②于… ③陈… ④魏… Ⅲ.
①土结构－建筑结构－研究 Ⅳ．① TU36

中国版本图书馆 CIP 数据核字（2022）第 203531 号

生土建造

［法］雨果·胡本　　［法］于贝尔·圭劳德　著
陈立超　魏超超　译

出 品 人：祝平凡
出版发行：中国美术学院出版社
地　　址：中国·杭州市南山路 218 号 / 邮政编码：310002
网　　址：http://www.caapress.com
经　　销：全国新华书店
印　　刷：浙江省邮电印刷股份有限公司
版　　次：2022 年 11 月第 1 版
印　　次：2022 年 11 月第 1 次印刷
印　　张：24.5
开　　本：787mm×1092mm　1 / 16
字　　数：800 千
印　　数：0001—1500
书　　号：ISBN 978-7-5503-2923-2
定　　价：89.00 元